U0342502

"新闻出版改革发展项目库"入库项目

"十二五"国家重点图书

特殊钢丛书

55SiMnMo 钎钢金属学原理

——B$_4$型贝氏体形态、力学性能及应用

刘正义　著

北　京

冶金工业出版社

2017

内 容 提 要

本书论述了 55SiMnMo 钢金属学的有关问题。该钢在奥氏体化后经连续空冷（正火）热处理的金相组织是一种特殊的贝氏体，被命名为 B_4 型贝氏体，具有板条、粒状形貌，由板条铁素体和板条富碳奥氏体两相近似平行相间，或两相颗粒相邻组成，无碳化物。富碳奥氏体含量可达 20%～30%，它可有效延缓疲劳裂纹的形成和裂纹扩展速率。此外，还比较了该钢等温淬火、B_4 型贝氏体回火后金相组织和力学性能的变化；对小钎疲劳失效进行分析，讨论了影响钎杆凿岩寿命的主要因素。在书中还以 B_4 型贝氏体的主要特征为参考，讨论了学术界将板条、粒状贝氏体和粒状组织混为一谈的问题。

本书可供材料物理、金属材料及热处理、金相技术、材料失效分析、钢铁材料产品质量检测方面人员阅读，也可供高等学校相关专业的师生参考。

图书在版编目(CIP)数据

55SiMnMo 钎钢金属学原理：B_4 型贝氏体形态、力学性能及应用/刘正义著 . —北京：冶金工业出版社，2017. 10

（特殊钢丛书）

ISBN 978-7-5024-7628-1

Ⅰ. ①5… Ⅱ. ①刘… Ⅲ. ①钎钢—金属学 Ⅳ. ①TG142. 45

中国版本图书馆 CIP 数据核字（2017）第 232035 号

出 版 人 谭学余
地　　址 北京市东城区嵩祝院北巷 39 号　邮编　100009　电话　(010)64027926
网　　址 www. cnmip. com. cn　电子信箱　yjcbs@ cnmip. com. cn
策划编辑 张　卫　责任编辑　于昕蕾　美术编辑　彭子赫
版式设计 孙跃红　责任校对　李　娜　责任印制　牛晓波
ISBN 978-7-5024-7628-1
冶金工业出版社出版发行；各地新华书店经销；固安华明印业有限公司印刷
2017 年 10 月第 1 版，2017 年 10 月第 1 次印刷
169mm×239mm；15 印张；4 彩页；298 千字；222 页
58. 00 元
冶金工业出版社　投稿电话　**(010)64027932**　投稿信箱　**tougao@ cnmip. com. cn**
冶金工业出版社营销中心　电话　**(010)64044283**　传真　**(010)64027893**
冶金书店　地址　北京市东四西大街 46 号(100010)　电话　**(010)65289081(兼传真)**
冶金工业出版社天猫旗舰店　**yjgycbs. tmall. com**

（本书如有印装质量问题，本社营销中心负责退换）

《特殊钢丛书》序言

特殊钢是众多工业领域必不可少的关键材料，是钢铁材料中的高技术含量产品，在国民经济中占有极其重要的地位。特殊钢材占钢材总量比重、特殊钢产品结构、特殊钢质量水平和特殊钢应用等指标是反映一个国家钢铁工业发展水平的重要标志。近年来，在我国社会和经济快速健康发展的带动下，我国特殊钢工业生产和产品市场发展迅速，特殊钢生产装备和工艺技术不断提高，特殊钢产量和产品质量持续提高，基本满足了国内市场的需求。

目前，中国经济已进入重化工业加速发展的工业化中期阶段，我国特殊钢工业既面临空前的发展机遇，又受到严峻的挑战。在机遇方面，随着固定资产投资和汽车、能源、化工、装备制造和武器装备等主导产业的高速增长，全社会对特殊钢产品的需求将在相当长时间内保持在较高水平上。在挑战方面，随着工业结构的提升、产品高级化，特殊钢工业面临着用户对产品品种、质量、交货时间、技术服务等更高要求的挑战，同时还在资源、能源、交通运输短缺等方面需应对日趋激烈的国内外竞争的挑战。为了迎接这些挑战，抓住难得发展机遇，特殊钢企业应注重提高企业核心竞争力以及在资源、环境方面的可持续发展。它们主要表现在特殊钢产品的质量提高、成本降低、资源节约型新产品研发等方面。伴随着市场需求增长、化学冶金学和物理金属学发展、冶金生产工艺优化与技术进步，特殊钢工业也必将日新月异。

从20世纪70年代世界第一次石油危机以来，工业化国家的特殊钢生产、产品开发和工艺技术持续进步，已基本满足世界市场需求、资源节约和环境保护等要求。近年来，在国家的大力支持下，我国科研院所、高校和企业的研发人员承担了多项国家科技项目工作，在特殊钢的基础理论、工艺技术、产品应用等方面也取得了显著成绩，特别是近 20 年来各特钢企业的装备更新和技术改造促进了特殊钢行业进步。为了反映特殊钢技术方面的进展，中国金属学会特殊钢分会、先进钢铁材料技术国家工程研究中心和冶金工业出版社共同发起，并由先进钢铁材料技术国家工程研究中心和中国金属学会特殊钢分会负责组织编写了新的《特殊钢丛书》，它是已有的由中国金属学会特殊钢分会组织编写《特殊钢丛书》的继续。由国内学识渊博的学者和生产经验丰富的专家组成编辑委员会，指导丛书的选题、编写和出版工作。丛书编委会将组织特殊钢领域的学者和专家撰写人们关注的特殊钢各领域的技术进展情况。我们相信本套丛书能够在推动特殊钢的研究、生产和应用等方面发挥积极作用。本套丛书的出版可以为钢铁材料生产和使用部门的技术人员提供特殊钢生产和使用的技术基础，也可为相关大专院校师生提供教学参考。本套丛书将分卷撰写，陆续出版。丛书中可能会存在一些疏漏和不足之处，欢迎广大读者批评指正。

《特殊钢丛书》编委会主编

中国工程院院长　徐匡迪

2008 年夏

前　言

B₄型贝氏体是本书作者刘正义建议命名的，命名并不重要，只是一个符号而已，然而55SiMnMo钢B₄型贝氏体所具有本质特征使它不同于经典B₂型贝氏体（形态），本质是55SiMnMo钢有如下特征：（1）由铁素体和富碳奥氏体两个相组成；（2）无碳化物；（3）具有板条和颗粒形貌，板条的铁素体和板条富碳奥氏体相间、近似平行或颗粒相邻，在金相试样中，通常都是板条和颗粒状混合的形貌，没有看见过100%板条或100%颗粒状形貌；（4）过冷奥氏体在连续空冷到室温可获得100%B₄型贝氏体，在C曲线上贝氏体区等温只能获得部分B₄型和部分B₂型的混合贝氏体组织。

在20世纪50年代初，柯俊将过冷奥氏体在不同冷却温度区间所转变的贝氏体分别称为无碳化贝氏体（高温区转变的针状铁素体）、上贝氏体（中温区转变的羽毛状铁素体+Fe₃C）和下贝氏体（低温区转变的下贝氏体，由针状铁素体和ε-Fe₂C组成）。到了60年代末，邦武立郎和大森等将其分别用符号B$_I$、B$_{II}$、B$_{III}$表示柯俊的经典贝氏体，方便了应用，这些都已经为国际学术、工程界广泛认可。

就贝氏体转变温度而言，B₄型贝氏体是过冷奥氏体在B$_I$和B$_{II}$之间温度范围的转变产物，但不能将它归于B$_I$型贝氏体，因后者只是由单相铁素体组成，B₄型贝氏体则是由铁素体和奥氏体两个相组成而无碳化物。更不能将它归于B₂型贝氏体，因后者是由铁素体和碳化物组成。而邦武立郎对应命名B$_I$(B₁)、B$_{II}$(B₂)、B$_{III}$(B₃)型贝氏体又是大家认可的，不宜于更改其顺序，因此，作者建议将它命名为B₄型贝氏体，今后再发现新形态贝氏体，则往后顺序排，如可命名为B₅、…型贝氏体，这个建议既考虑到经典贝氏体的排序，又考虑到今后的新发现。尽管有不合理之处（将在中温转变的上贝氏体排在低温区转变的下贝氏体后面），但可行。

B₄型贝氏体具有粒状和板条状的形貌，作者不主张叫它粒状或板条状贝氏体。在 20 世纪 80 年代，国内对粒状或板条状贝氏体研究十分热门，发表了很多文章，但作者认为其在定义、形态、论述上有很多差异，将问题弄得有些复杂，主要问题是将粒状贝氏体和粒状组织混为一谈。而 B_4 型贝氏体有明确的特征：由板条或颗粒状铁素体和富碳奥氏体两相组成，无其他相，凡是不符合这一特征的就不是 B_4 型贝氏体。

作者也不主张叫它准贝氏体。康沫狂命名的准贝氏体具有板条、粒状形貌，由铁素体和富碳奥氏体相间组成、无碳化物，这与 B_4 型贝氏体特征相同。准贝氏体在等温条件下形成，不稳定，随着等温时间的延长，先期转变的无碳化物的准贝氏体向 B_2 型贝氏体转变，在室温下只能获得部分准贝氏体。还由于将准贝氏体分为上准贝氏体和下准贝氏体，而作者认为无碳化物准下贝氏体存在的可能性不大，因此也不宜将 B_4 型贝氏体叫做准贝氏体。

55SiMnMo 钢经 870～900℃ 奥氏体化 30min 空冷正火后，过冷奥氏体转变的 B_4 型贝氏体组织比较典型，组成相之一的富碳奥氏体可达到 25%～35%。作者曾在 1984 年 12 月受邀在上海一高校做"55SiMnMo 钢上贝氏体形态"学术报告，在会上没有一个人相信这个数据是真的，作者回广州后将硬度 HRC31 的试样寄去，他们用 X 射线测到奥氏体含量达 23.8%。硬度 HRC31 的试样，其金相组织是 B_4 型贝氏体+10%～15%块状复合结构混合组成，块状复合结构以体心立方马氏体为主，和 B_4 型贝氏体中的铁素体相的晶体结构相同，所以测出的数据只是相对值，比 B_4 型贝氏体中实际的奥氏体量少；如果用 HRC25～26 的试样，则组织呈现接近 100% B_4 型贝氏体形态，块状复合结构很少，用 X 射线衍射仪测出的奥氏体，会真实地反映 B_4 型贝氏体的实际奥氏体量，可达 30% 甚至更高。

制造小钎杆的专用钢，简称钎钢。钎杆是矿山、交通和国防等工程领域开山凿洞专用的一种工具，此工具用钢为 55SiMnMo 钎钢。55SiMnMo 钎钢是 20 世纪 70 年代中国人创造的一个新钢号，具有自主的知识产权，其标准成分的主要元素为：0.55%C+1.34%Si+0.78%Mn+0.45%Mo。它是一种十分优秀的钎钢，主要表现在两方面：一是，用它制造的六角形小钎杆，凿岩寿命长，可与瑞典生产的"世界王牌"

95CrMo 小钎杆媲美，寿命长的原因就在于它具有强韧性好的配合。空冷正火热处理后，宏观硬度一般在 HRC33～35，其金相组织是 70%～80%B_4 型贝氏体+20%～30%块状复合结构混合型组织。块状复合结构以马氏体为主+有碳化物下贝氏体（B_3），其硬度 HRC45～50，为小钎杆提供强度保障，使小钎杆弹性好不易弯曲，提高了疲劳强度；B_4 型贝氏体硬度虽只有 HRC25～26，但它有 20%～30%富碳奥氏体，会抑制疲劳裂纹的形核和扩展，为小钎杆提供韧性保障。二是，不含 Cr、Ni 元素，我国一直是提倡大力发展无 Cr、Ni 的新钢种。今天不受限制鼓励大家广泛使用 304 牌号的不锈钢，可是在 40 年前，Cr、Ni 极为缺乏，当时国内矿藏勘探情况不明，因 Cr、Ni 属航空高温合金原材料，国外对中国封锁，严禁向中国出口，故在国际市场上有钱买不到；含 Cr、Ni 的民用低合金钢在国际市场可买到，但又缺美元。现在，中国是生产不锈钢的大国，大部分 Cr、Ni 矿产来自国外，中国也陆续找到一些矿藏，但相关节约使用 Cr、Ni 的政策没有改变。

经典的 B_3 型贝氏体具有良好的综合力学性能，在工业上得到广泛的应用；而 B_2 型贝氏体的力学性能不好，几乎无使用价值。B_4 型贝氏体 55SiMnMo 钢的综合力学性能优异，成功用于高寿命小钎杆。55SiMnMo 钢除用于制造小钎杆外，还可试用来制造其他重要的机械零件，在机械制造方面，有很多如轴类零件要求综合力学性能好，采用中碳低合金钢调质热处理，硬度达到 HRC28～32，具有回火索氏体的金相组织，调质热处理工艺是淬火+高温回火，若改用 55SiMnMo 钢正火态同等硬度的混合型金相组织，不仅有更良好的力学性能，而且减少淬火变形，减少精加工量，减掉高温回火，节省能源和时间。

40 年前中国制造的小钎杆成分是碳 8 钢，平均凿岩寿命只有 10～20m/根；从瑞典进口的 95CrMo 小钎杆平均凿岩寿命超过 150m/根，两者差距甚大。1966～1969 年，当时冶金工业部组织钎钢攻关队，任命王新典、翁宇庆为队长，黎炳雄等都是主要成员。明确的任务是：创造不含 Cr、Ni 成分的钎钢，小钎杆的凿岩寿命要超过 150m/根。在研究工作期间，由于"文化大革命"的影响，研究工作进展并不顺利，经努力终于在 1969 年确定了 55SiMnMo 钢最佳成分，小钎杆的工作寿命已达到了所要求的水平，但工作队还是因"文革"被解散。到 1974

年冶金工业部又重起钎钢研究，任命徐曙光为协作组长，董鑫业、黎炳雄、李承基、林鼎文、刘正义等都是协作组主要成员，参加协作组的单位比较多，包括了产学研三方面的人，团队达100人，建立了抚顺新抚钢厂、贵阳钢厂、冶金部钢铁研究院、河北铜矿、红透山铜矿等基地。

　　钎钢协作组在1969年工作的基础上，对中空六角形钎钢生产方法、55SiMnMo钢小钎杆制钎工艺进行深入研究，如小钎杆在1969年凿岩寿命已偶尔达200m/根高水平，但性能不稳定，重复性不好，刘正义和林鼎文提出，从金相组织方面来控制、提高、稳定钎杆寿命，同时改进锻造钎尾技术等措施，收到比较好的效果。

　　中空六角形的小钎杆，几何形状、尺寸是细而长，截面：长度＝1：（60～70）。为了减少热处理变形，不能淬火；为了保证强度，不能退火；只能采用空冷正火工艺，既减少了变形，又保证了强韧性。空冷正火后的金相组织，已知道它是一种特殊的贝氏体，在翁宇庆攻关队时期已测绘出55SiMnMo钢的CCT曲线和TTT曲线，但不知道它是哪一种贝氏体，更没有考虑到空冷到室温后的贝氏体在重新加热到400℃过程中的变化。金相组织的转变，用普通金相浸蚀液（Nital）在普通金相显微镜下是难以辨别的，刘正义、李承基等分别借助染色剂、X射线衍射和电子显微镜等工具进行了研究，弄清了B_4型贝氏体的相组成，定量确定了高寿命小钎杆组织与热处理工艺强韧配合的最优值，促进了小钎杆寿命的提高和稳定，使用寿命超过150m/根的水平。小钎杆的使用寿命早已达到高水平，国产化的55SiMnMo钢小钎杆完全满足国内市场需求，其应用已达30年之久，但对其金相组织，在钎钢行业的观点仍然是各自表述。在2011年全国钎钢钎具年会上，刘正义、黎炳雄、林鼎文呼吁"统一认识"的必要性，具体指出某个作者，在什么场合下，关于55SiMnMo钢正火态金相组织表述有值得商榷之处，并希望达到统一正确的表述。在学术界，至今对其他材料的粒状和板条状型贝氏体的观点也不一致，各自表述的现象也是几十年了。这十分不利于对某类科学问题的深入研究。目前，在学术会议上普遍存在缺少讨论的氛围，一般有两个原因：一是时间安排紧，报告人做完报告后会议一般没有留下足够的讨论时间；二是礼节上的习惯，其他研究者不好当众指出报告人学术上的问题或提出疑问。在本书的第一章，作者用 55SiMnMo 钢 B₄ 型贝氏体的观点，对一些专业图书和论文中关于板条、粒状贝氏体的表述进行了评论。当然在评论上，作者也有可能存在两点误区：一是作者没有读懂原文的含义就作评论；二是作者还没有认识到贝氏体相变的复杂性，不能用 55SiMnMo 钢特殊无碳化物上贝氏体的观点评论其他钢板条、粒状贝氏体。作者在本书中如有评论不当之处，欢迎读者批评指正，也希望继续讨论。

　　本书内容包括了作者和合作的同事们的研究成果，作者对他们辛勤的劳动和支持本书的完成，表示真诚的感谢！

　　在此，作者要特别感谢两位同事：林鼎文教授和罗承萍教授。林鼎文教授，从 1974 年就开始和本书作者合作，参加冶金工业部钎钢协作组，受钎钢协作组的委托，带领华南工学院小分队（师生组成）到抚顺、贵阳，协助新抚钢厂和贵阳钢厂提高 55SiMnMo 小钎杆质量，还代表钎钢协作组组织各小钎杆生产单位，在矿山进行"大比武"（凿岩寿命对比试验）。林教授后调至华侨大学任教，但一直与作者合作撰写论文，探讨 55SiMnMo 钢正火态、回火态、等温态金相组织的变化。罗承萍教授，是金属材料透射电镜分析方面的著名学者，他对 55SiMnMo 钢正火态贝氏体精细结构的研究，为本书增添了色彩。

　　本书还有以下几位校友的贡献：符坚，他的硕士学位毕业论文，揭示了 55SiMnMo 钢超硬摩擦白层是纳米级马氏体；陈汉存，他的硕士学位毕业论文，对矿水介质影响小钎杆疲劳裂纹扩展速率（da/dN）的机理研究比较清楚；黄颖楷，他的本科生毕业论文，首次获得 55SiMnMo 钢超硬摩擦白层。他们的研究工作分别体现在本书相关章节里。在此，作者对他们对本书内容编撰的贡献表示衷心的感谢！

刘正义

2017 年 5 月 1 日

目　录

1 关于板条、粒状贝氏体的一些典型论述

在钢铁材料加热和冷却过程中所发生的基本相变，主要是奥氏体、珠光体、贝氏体和马氏体相变，其中以贝氏体相变及其所形成的金相组织形貌、形态和形成机制最为复杂[1,2]。除了经典的三种贝氏体外，还有其他形态的贝氏体，其中讨论得最多的是板条、粒状贝氏体。在学术界，关于板条、颗粒状贝氏体的观点不一致。主要是某些因素使板条或粒状贝氏体形貌有差异，但又缺乏识别方法；在定义上，将 C 曲线贝氏体和马氏体转变区的产物放在一起叫板条、粒状贝氏体，也不妥。55SiMnMo 钢正火（从奥氏体温度连续空冷至室温）态的贝氏体组织，也具板条、粒状贝氏体形貌特征，刘正义建议叫它 B_4 型贝氏体。它由约70%铁素体+30%富碳奥氏体层状相间或颗粒相邻排列，无碳化物，作者以此为参考来讨论究竟怎样定义条状、粒状贝氏体，它的特征、相组成、形貌……还有 B_4 型贝氏体与经典贝氏体的关系。

1.1 经典的贝氏体理论

1.1.1 柯俊的贝氏体模型

在 20 世纪 50 年代初，我国的柯俊总结了前人研究工作，提出了贝氏体形成机构模型，如表 1-1 所示[3]。过冷奥氏体在不同温度范围内转变的贝氏体分别叫做无碳化物贝氏体、上贝氏体和下贝氏体，下面分别介绍其主要特征。

表 1-1 经典贝氏体转变机构及特征

柯俊在 1955 年提出的贝氏体形成机构		邦武立郎和大森用符号简称命名	
模型	特征	模型	符号
高温 （α、γ 示意图）	无碳化物上贝氏体，单相	（铁素体条示意图）铁素体条	(B_I)
中温 （α、碳化铁 示意图）	有碳化物上贝氏体，双相	（渗碳体示意图）渗碳体	(B_{II})
低温 （碳化铁、γ、α 示意图）	有碳化物下贝氏体，双相	（碳化二铁或 ε-碳化物示意图）碳化二铁或 ε-碳化物	(B_{III})

1.1.1.1 无碳化物贝氏体

"当温度够高时，碳在奥氏体里的扩散不困难，在贝茵体形成的同时，碳会扩散到奥氏体里去，便得到不含碳的以贝氏体形成机构所产 α-Fe，即针状 Fe"，如图 1-1a 所示。"温度够高"是指：在 C 曲线上珠光体转变区与贝氏体转变区交界的温度区间。柯俊称其为过冷奥氏体高温分解，分解过程的简化模型如表1-1左侧部分所示。还须强调的是，无碳化物贝氏体的组成相只有一个（单相铁素体），因铁素体形状如针，所以有人叫它针状贝氏体。对针状无碳化物贝氏体的认识有一个历史过程[3]，前苏联学者们认为它是魏氏组织，是在高温奥氏体由于局部温度过高，引起成分变化导致局部生成针状铁素体，其意思是在 A_3 以上，高温奥氏体中已有针状铁素体，在随后的冷却过程被保留到室温，它也不受周围过冷奥氏体分解的影响。而柯俊用实验证明针状铁素体是在 A_1 以下温度（过冷奥氏体分解产物）形成的，在形成时，金相磨光面上有浮凸，如图 1-1b、c 所示，"浮凸"是贝氏体以切变方式生成的表现，针状铁素体属贝氏体的一种形态，没有碳化物，所以简称无碳贝氏体。持魏氏组织观点的苏联学者们赞成柯俊的观点，放弃初始的观点。但在国内，对针状铁素体，至今很少人说它是无碳贝氏体，一见到针状铁素体就判断它是过热的魏氏组织，仍沿用被苏联学者早已放弃的魏氏组织观点，这在国内很多教科书、金相图谱、失效分析等方面的专著和文章中都可以看到，把针状铁素体叫做魏氏组织，并作为钢铁材料热处理过热组织的标志。在 20 世纪 70 年代，有些文章的作者一方面认可针状铁素体是过冷奥氏体在 A_1 以下温度转变产物，另一方面仍叫它魏氏组织，而不认可它是无碳贝氏体；还有一些人叫它针状铁素体，但不讲它产生的机制，换句话说，不强调它是贝氏体。很显然，目前国内关于针状铁素体与魏氏组织的概念还是比较混乱，这不利于研究的深入与学术交流，建议今后对针状铁素体统称为无碳贝氏体应予认可。

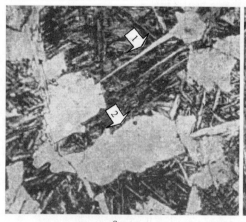

a   b

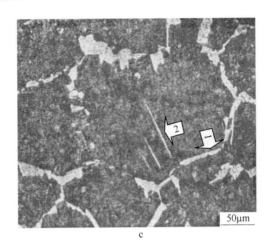

c

图 1-1　0.30%C+3.5%Ni 钢过冷奥氏体等温分解转变无碳贝氏体

（原位观察，3 张照片为同一个视场）

a—箭头 1 指针状铁素体，即无碳化物贝氏体，针状铁素体从晶界向晶内生长；箭头 2 指块状铁素体，
沿晶界生长，因加热脱碳所致；黑色体为回火马氏体。样品，将照片 c 的样品完全除去氧化层，
再用硝酸酒精浸蚀；b—过冷奥氏体在 614℃等温 30min 淬水，样品表面氧化脱碳，
但表面浮凸现象十分显著（样品表面在奥氏体化加热之前经磨平抛光）；
c—将照片 b 的样品磨平抛光，部分除去氧化层和脱碳层，硝酸酒精浸蚀的金相
组织，铁素体（沿晶界析出的铁素体为脱碳生成的铁素体）如箭头 1，所示
无碳贝氏体（针状铁素体）如箭头 2 所示

1.1.1.2　上贝氏体（有碳化物）

"在接近珠光体形成的温度所产生的贝氏体，它是由片层彼此平行排列的 α-Fe 和渗碳体组成，渗碳体呈颗粒（不连续或叫链状碳化物）夹在两片 α-Fe 之间"，典型上贝氏体形貌如图 1-2 所示[4]，柯俊称其为过冷奥氏体中温分解产物，分解过程的简化模型见表 1-1 左侧部分。上贝氏体与片状珠光体形貌相似，但不同于珠光体，珠光体的碳化物是连续的层片，层片也比较薄，珠光体的 α-Fe 层片的含碳量是平衡浓度（小于 0.02%C），而有碳化物上贝氏体的 α-Fe 片碳浓度是过饱和的（大于 0.02%C）。更重要的是形成机制不同，过冷奥氏体向珠光体转变时，领先析出相是碳化物，上贝氏体转变的领先相则是铁素体。珠光体是经 Fe 和 C 的充分扩散而成的，其组成相（α-Fe 和 Fe_3C）与奥氏体（母相）之间的界面不共格，而上贝氏体的组成相与奥氏体共格。相对珠光体转变而言，上贝氏体的转度温度低，贝氏体型的 α-Fe 片密集，α-Fe 片里的碳向其周围的奥氏体扩散难度加大，受到限制，于是碳便在 α-Fe 片之间沉淀为渗碳体。在 α-Fe 片两边有不连续碳化物，或两片 α-Fe 夹一层不连续碳化物所组成的上贝氏体，也叫羽毛状上贝氏体。

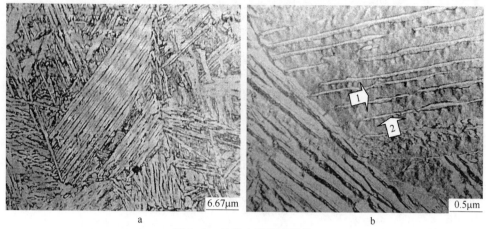

图 1-2 经典上贝氏体形貌

a—0.5%C+2.0%Mn 钢，475℃等温，羽毛状有碳化物上贝氏体，普通光学显微镜下特征；

b—上贝氏体复型透射电子显微镜照片，箭头 1 指 α-Fe 片，箭头 2 指不连续碳化物

1.1.1.3 下贝氏体（有碳化物）

"在接近马氏体点温度所形成的贝氏体"[3]，它也是由 α-Fe 和碳化物组成，碳化物是 Fe_2C 沉淀在 α-Fe 的（110）平面上且按一定的方向排列的。由于碳化物弥散细小，所以强度（硬度）很高（碳化物弥散强化），对金相组织显示剂也很敏感。典型的下贝氏体形貌如图 1-3 所示，柯俊称其为过冷奥氏体低温分解产物，分解过程的简化模型见表 1-1 左侧。在普通金相显微镜下，下贝氏体类似于回火马氏体；在电子显微镜下，两者有明显不同，下贝氏体的碳化物按一定方向排列，回火马氏体没有这一特征。

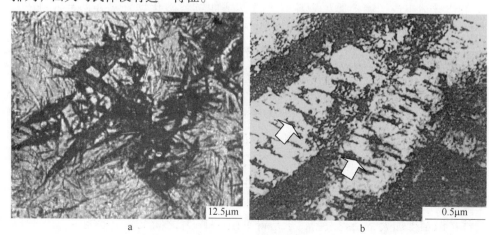

图 1-3 下贝氏体形貌

a—1.0%C+5.0%Ni 钢，250℃等温，针状有碳化物下贝氏体，普通光学显微镜下特征；

b—针状下贝氏体复型透射电子显微镜形貌，薄晶体衍衬像，箭头指有方向性碳化物

关于下贝氏体的形成过程（机理），柯俊是这么说的："当温度更低时，碳在奥氏体里扩散速度迅速降低，而在 α-Fe 里的扩散仍就可进行，这时碳的脱溶就改以贝氏体内部沉淀的方式形成碳化物，温度越低，碳化物越细，这种含有内部沉淀的贝氏体就是下贝氏体。应指出的是，碳不一定完全脱溶，因测出 Fe 具有体心四方点阵，所以 Fe 可能是过饱和的"。柯俊进一步说道："上贝氏体和下贝氏体形成机构虽然基本上是一样的，都是共格性长大，由于碳化物析出方式不同，它们在形态上就有很大差别"。

1.1.2 邦武立郎和大森表示方法

20 世纪 70 年代，邦武立郎用符号 B_I、B_{II}、B_{III} 或 B_1、B_2、B_3 分别代表无碳化物上贝氏体、羽毛状有碳化物上贝氏体和针状有碳化物下贝氏体，并简化了三种贝氏体模型，如表 1-1 右侧所示[5]。简化后的模型比柯俊的模型易懂，用符号表示不同类型的贝氏体，方便了科学和工程方面的表述与应用。

柯俊和邦武立郎的关于贝氏体经典分类、模型和表示方法，都为国际钢铁材料界认可，本章只作简要介绍。但在随后的岁月里，新的贝氏体形态不断地被发现，这些新贝氏体形态中最为关注的是粒状、板条状贝氏体和准贝氏体，本章将重点介绍和讨论如下。

1.2 不同作者对粒状、板条状贝氏体组织的论述

1.2.1 贝氏体、奥氏体条状相间并近似平行的组织[6]

1971 年在《Metallurgical Transctions》Vol. 2 September-2645 有一篇文章，作者 R. Le Houillier, G. Be'gin and A. Bube'，他们研究了 SAE9262 钢过冷奥氏体 400℃等温 15min 后，转变成贝氏体的特征。美国钢号 SAE9262 硅含量较高，成分：(0.55~0.65)%C+ (1.82~2.20)%Si+ (0.75~1.00)%Mn+ (0.25~0.40)%Cr，相当中国弹簧钢号 60Si2Mn 的成分，但该文表 1 所列出的成分却是：0.63%C+0.89%Mn+0.036%Si+0.31%Cr+…，Si 的含量出奇的低，工业用钢的含硅量不可能这么低，我们暂且不去讨论该文试样的成分有误的问题，就认定它是 SAE9262 钢。作者们将该钢 1000℃奥氏体化后，在 400℃等温 15min 淬水的金相组织，如图 1-4（原文第 2649 页的图 8 和图 9）所示。

该文的作者们对图 1-4a 的照片标注：A 和 B_A 两个区域，A 代表奥氏体，B 代表贝氏体，B_A 代表贝氏体+奥氏体；图 1-4b 的照片是 B_A 区碳复型透射电子显微镜形貌，该区由 B 和 A 呈条状相间组成，B 和 A 近似平行（相差角度 7°~8°），A（奥氏体）量达 40%，B 达 60%，无碳化物，这种特别的金相组织形态，可能是被 R. Le Houillier 等首先在等温条件下获得并公开发表。

但是上述两张照片值得讨论的是：（1）图 1-4a 的 A 区，说它是奥氏体，可

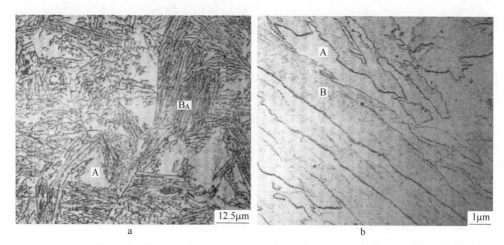

图 1-4　SAE9262 钢等温贝氏体

a—400℃等温 15min 淬水，光学显微镜金相组织形貌，硝酸酒精浸蚀；

b—图 a 中 B_A 区域碳复型透射电子显微镜形貌

能性不大，单独（游离）大块过冷奥氏体，直到室温（淬水）都不分解，除非含碳量或稳定奥氏体的其他合金元素特高。本书第 3 章也有类似的这种组织形态，如图 3-4c、d 上符号 F 所指，已证实它是由两个相组成，在普通 Nital 浸蚀下，以为它是单相的铁素体，用铁素体染色剂处理，显示其真面目，是一颗 B_4 型贝氏体，有两个相，中间是铁素体，外层是奥氏体，这正符合 B_4 型贝氏体相组成规律。在多数情况下，铁素体和奥氏体彼此近似平行相间组成，而这颗粒状 B_4 型贝氏体却是奥氏体包围着铁素体的形貌。（2）图 1-4b 的 B_A 区，说它是 B+A 近似平行（相差 7°~8°）相间组成的组织，不对，它应该是 F（铁素体）+A（奥氏体）平行相间组成的 B（贝氏体），不能将 F 与 B 等同，应该将 B_A 改写成 FA。按照 B_4 型贝氏体的组成概念：铁素体（F）、奥氏体（A）合起来才叫贝氏体，F 可叫贝氏体（B）的铁素体，A 可叫贝氏体（B）的奥氏体，分别写成 BF、BA。（3）在等温条件下，一般只能获得 B_4+B_2 混合型贝氏体组织，因此，图 1-4a 中一定会有 B_2（有碳化物）型贝氏体，康沫狂的准贝氏体理论也证明了这点。此问题将在本书第 3 章关于 B_4 型贝氏体回火转变机制中讨论。

1.2.2　铁素体和奥氏体两相组成[7~10]

中文期刊曾发表的 3 篇文章：（1）《金相组织对钎杆使用寿命的影响》，文章的执笔人为华南工学院（现华南理工大学）刘正义、林鼎文，见 1975 年《新钢技术情报》第 1 期；（2）《55SiMnMo 钢正火组织的研究》，文章执笔人为北京钢铁学院（现北京科技大学）李成基等，见 1977 年《新钢技术情报》第 1 期；（3）《55SiMnMo 钢上贝氏体形态》，作者华南工学院刘正义、黄振宗、林鼎文，见 1981 年《金属学报》第 2 期。这 3 篇文章对 55SiMnMo 钢正火态金相组织进行了较深入的研究，作者们都是当时冶金工业部钎钢钎杆攻关协作组的成员，因此所研究的内容相同，观点和结论一致，在第 3 章中有详细论述，在此简述如下：55SiMnMo 钢主要成分 $(0.50 \sim 0.60)\%C + (1.10 \sim 1.40)\%Si + (0.60 \sim 0.90)\%Mn + (0.40 \sim 0.55)\%Mo$，经 900℃奥氏体化后连续空冷（正火态）到室温所获得的金相组织是一种很特殊的上贝氏体，形貌类似板条或粒状。2011 年，刘正义、林鼎文、黎炳雄在全国钎钢钎具年会上撰文建议称之为 B_4 型贝氏体。它有三个主要特征：一是无碳化物，二是由两相组成，三是铁素体和奥氏体两个相条状相间或颗粒相邻排列。奥氏体占 25% ~ 35%（体积分数），含碳量达 1.48% ~ 1.60%（所以叫富碳奥氏体）。过冷奥氏体在连续空冷条件下可获得 100% B_4 型贝氏体，在等温条件下，只能部分获得 B_4 型贝氏体。B_4 型的贝氏体中的奥氏体十分稳定，即使放进 -196℃（液氮）冷却都不发生变化，只有重新加热（回火处理）才有变化。在回火状态时，当回火温度增加到约 200℃时再冷却到室温，在普通金相显微镜下可以看到，组成贝氏体两个相之一的板条富碳奥氏体宽度变狭（或颗粒变小），而铁素体板条变宽；当回火温度增加到约 400℃时，富碳奥氏体分解析出碳化物，碳化物分布在铁素体板条两侧，碳化物不连续呈链式状，类似 B_2 型贝氏体。其回火过程可描述为：随着回火加热温度的升高，由于碳的扩散而破坏了介稳平衡，铁素体相向富碳奥氏体推移长大，富碳奥氏体体积缩小，含碳量增加，直至温度约 400℃时，富碳奥氏体分解成不连续碳化物，分布在铁素体两侧。

为了与图 1-4 比较，在此重复第 3 章 55SiMnMo 钢正火态上贝氏体形貌的 3 张金相照片，根据照片特征提出了 B_4 型贝氏体的模型，见图 1-5。

比较图 1-5 和图 1-4 的 B_A 区，在普通金相显微镜下两者形貌相同，都是由两个相条状相间近似平行组成的组织，奥氏体（A）相的比例达 30% ~ 40%，无碳化物。不同的是：图 1-4 的 B_A 区，被认为是贝氏体（B）和奥氏体（A）组成的组织，而图 1-5 则认为是铁素体（F）和奥氏体（A）组成贝氏体组织，这不是一般分歧，而是涉及其本质问题。值得一说的是：选择性铁素体染色剂促进了对新贝氏体的研究。经染色剂处理 B_A 区，可以将组成相（铁素体和奥氏体）在普通光学显微镜下清晰区分开来。

再重复强调：彼此近似平行的 F 和 A 相互伴随而生，共同组成 B_4 型贝氏体。在 B_4 型贝氏体转变时，F 是领先相，并以贝氏体形成机制切变而生，但不能说它就是贝氏体，它只是 B_4 型贝氏体的组成相之一，或叫它贝氏体铁素体，只有它和另一个相（贝氏体）奥氏体共同组成的组织才能叫贝氏体（B_4 型）。这与羽毛状有碳化物 B_2 型贝氏体的观点是一致的。B_2 型贝氏体是由铁素体和碳化物组成的，可用符号 $BF+Fe_3C$ 表示或用 $BF+BC$ 表示更清楚，C 表示碳化物，但不能用 $B+Fe_3C$ 表示，因 B 包含了铁素体和碳化物。

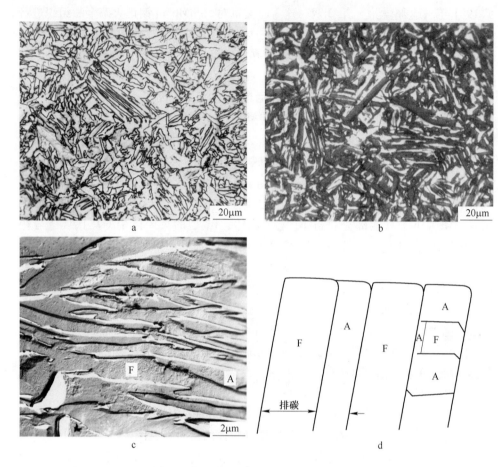

图 1-5　55SiMnMo 钢连续空冷贝氏体形态

a—900℃奥氏体化后空冷，（F+A）两相组成的贝氏体，Nital 浸蚀；

b—照片 a 所示的贝氏体，选择性染色剂 F 呈褐色，A 不染色（明亮）；

c—B_4 型贝氏体碳二次复型，铬投影的金相组织，铁素体（F）+奥氏体（A）

无碳化物，TEM 形貌；d—B_4 型贝氏模型示意图

1.2.3　岛状组织[11,4,2]

1.2.3.1　粒状贝氏体为 B_1 型贝氏体的观点

有些教科书和金相图谱将粒状贝氏体归于 B_1 型贝氏体，如 1980 年版的《金属学及热处理》一书，作者将贝氏体分为 3 种，随着形成温度不同出现 3 种形态，粒状贝氏体用符号 B_1 表示，上贝氏体用 B_2 表示，下贝氏体用 B_3 表示。关于 B_1 型粒状贝氏体的描述，原文："粒状贝氏体的形成温度最高，碳在奥氏体中能长距离地扩散，而且需要碳作很大的重新分布，出现很低的贫碳区，α 相才能

形成。随着α相的长大，碳几乎都富集到一些孤立的奥氏体'小岛'中去。α相长成大块状，含碳极低，这些高碳的奥氏体'小岛'形状很不规则，随后可能分解成珠光体，也可能转变成马氏体，或者原样不变地保存下来"。作者对 3 种贝氏体形成过程提出模型，如图 1-6a 所示。

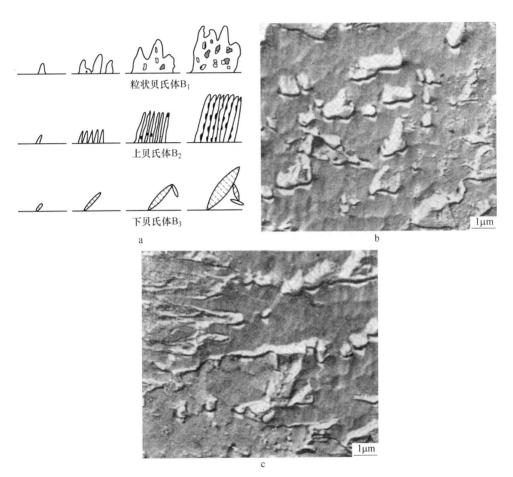

图 1-6　粒状贝氏体-岛状组织的形成、形貌

a—粒状贝氏体、上贝氏体、下贝氏体随温度形成示意模型（"教科书"图 7-71）；

b—粒状贝氏体形貌之一《金相图谱》一书的图 6-3 局部区域，TEM；

c—粒状贝氏体形貌之二《金相图谱》一书的图 6-3 局部区域，TEM

1.2.3.2　奥氏体小岛+铁素体内有碳化物的观点

为说明问题，本书作者从 1981 年版的《钢铁材料金相图谱》一书第 438 页图 6-4 电镜照片中局部截取两部分，见本书图 1-6b、c，图 1-6b 显示粒状形貌、图 1-6c 显示条状形貌。原文对图的说明："16Mn 钢，电弧焊接的热影响区金相组织，4%Nital 浸蚀后碳二次复型，TEM 形貌，1 万倍。焊接件热影响区的组织，粒状贝氏体在电子显微镜高倍放大下的情况。铁素体基体上布有渗碳体颗粒。粒状贝氏体中的小岛状组织，原为富碳奥氏体，随后在冷却过程中，可能分解为铁素体与渗碳体；或转变为马氏体；抑或仍为奥氏体。"

上述两本书关于粒状贝氏体特征的描述，有些问题需作如下讨论：

（1）从图 1-6a～c 照片和模型可以看出，上述两书对"粒状"和"条状"贝氏体特征的描述，其观点基本上是相同的，尤其是关于奥氏体在随后冷却过程中，可分解产物的观点相似，一种解释是分解成珠光体，另一种解释是可能分解为铁素体与渗碳体。在贝氏体转变区留下的奥氏体不可能向珠光体转变，因贝氏体转变温度比珠光体低。

（2）从内涵定义上看，粒状贝氏体是指什么？单指奥氏体小岛？单指富碳奥氏体小岛已分解后的组织、奥氏体小岛（或分解后的小岛）+铁素体（符号 A+F）、A 小岛+渗碳体颗粒（分布在铁素体基体上），还是 A 小岛+铁素体+渗碳体（分布在铁素体上的颗粒）？等等，定义上都不明确。如果说它是粒状贝氏体，一定要指明它是由哪些相组成的。

（3）关于过冷奥氏体的冷却过程，"教科书"没有涉及，"金相图谱"解释为电弧焊热影响区的金相组织，其冷却过程应该是连续空冷（正火），直到室温，照片显示的应是经连续空冷到室温的金相组织，没有"随后在冷却过程中"奥氏体还会分解的问题，"随后的冷却"是指"深冷"？根据李承基[8]对 55SiMnMo 钢 B_4 型贝氏体-198℃深冷试验，组成 B_4 型贝氏体中富碳奥氏体十分稳定，不发生分解。富碳奥氏体与残留奥氏体区别就在此，钢在淬火时，有一部分过冷奥氏体没有转变成马氏体，这一部分奥氏体叫残留奥氏体，它的成分如碳浓度基本上与过冷奥氏体相同，当深冷时，将向马氏体转变。粒状贝氏体中的富碳奥氏体相成分如碳浓度，远超过过冷奥氏体的碳浓度，而且分布不均匀，与铁素体接壤的边界上，碳浓度高过中心，高碳的界面与铁素体建立了界稳平衡，在连续空冷条件下，碳来不及扩散，界稳平衡将维持到室温及室温以下，深冷不能增加碳的扩散能力，不会向有碳化物的组织转变，也不会向马氏体转变，因碳浓度高而增加了稳定性。

（4）关于铁素体（F），"教科书"认为它是贫碳的，且没有提及其分布有碳化物；而"金相图谱"则认为铁素体基体上分布有碳化物，如果铁素体上分布有碳化物，奥氏体就不可能是富碳的。在图 1-6b、c 照片上的确看到有颗粒，而且有规律地排列。这有两种可能，一是 16Mn 钢焊接之后连续空冷，热影响区除奥氏体小岛外，其余是低碳板条马氏体，自回火后转变成回火马氏体；二是因为铁素体容易被 4%Nital 浸蚀而留下的痕迹。

（5）"教科书"将粒状或条状贝氏体归类于 B_1 型贝氏体，而邦武立郎等人

定义的 B_1 型贝氏体是单相的铁素体，即柯俊的针状铁素体，这显然有矛盾。根据图 1-6a 所示的模型，在第（2）点中已讨论，不明确粒状贝氏体是什么，如果是指小岛，小岛是单相奥氏体，不符合 B_1 型贝氏体是单相铁素体的特征；如指"随后分解"的小岛，更不符合 B_1 型贝氏体原意；如果是指奥氏体小岛+铁素体，不是 B_1 型贝氏体而是符合 B_4 型贝氏体相组成规律。

1.2.4 四部有关贝氏体相变专著的观点[12~15]

1991~2009 年科学出版社和冶金工业出版社先后出版了有关贝氏体相变的四本专著，书名分别是：（1）《贝氏体相变与贝氏体》，作者为刘世楷、徐祖耀；（2）《贝氏体相变》，作者为方鸿生、王家军、杨志刚等；（3）《贝氏体与贝氏体钢》，作者为康沫狂等；（4）《贝氏体与贝氏体相变》，作者为刘宗昌、任慧平。前三本书都是我国老金属学科学家们领头的团队，对几十年来贝氏体相变全面的总结。第四本是前几年才出版的，内容也十分丰富。关于粒状（板条）贝氏体，在这四本书里不是主要内容，都只占一点点篇幅，但粒状贝氏体是 30 多年来大家所关注的，并成为热门研究的一种新型贝氏体。由于上述四部专著对粒状贝氏体的各种观点的不一致性，这里有必要再深入讨论。下面分别摘录书里关于对粒（板条）状贝氏体形态（照片）展示和文字的描述，并加以讨论。

1.2.4.1 在铁素体基体分布有奥氏体小岛[12]

在《贝氏体相变与贝氏体》一书的 2.2.2 节（第 47 页），对无碳化物贝氏体作了如下描述："……硅迟缓渗碳体的形成，因此在硅钢和铝钢的上贝氏体中常常在室温时还保留残余奥氏体，而不析出渗碳体，形成无碳化物贝氏体。图 2-26 示出了 0.6C-2.0Si 钢经 400℃等温所形成的上贝氏体，其中并不存在渗碳体，其透射电镜照片如图 2-27 所示，在铁素体之间夹的为奥氏体（以 A 标记）……低、中碳贝氏体钢经热轧空冷或正火冷却至上贝氏体形成区的较高温度范围，析出贝氏体铁素体后，由于碳通过相界面部分地扩散至奥氏体内，使奥氏体不均匀地富碳，不再转变为铁素体"。该书作者还对粒状贝氏体作了定义性的表述，对铁素体夹富碳奥氏体的组织，作者说："……这些奥氏体区域一般如孤岛（粒状或长条状）分布在铁素体基体上，这种组织称为粒状贝氏体。图 2-28 示出了 0.1C-2.7Ni-1Cr 钢经正火后获得典型粒状贝氏体的光镜照片……当粒状贝氏体内奥氏体岛未分解以前，粒状贝氏体即为无碳化物贝氏体。因此，无碳化物贝氏体是粒状贝氏体的一种特殊组织。"以上摘录了该书的两段文字。该书的图 2-28 展示在本章图 1-7。

摘录的第一段文字和图 2-26、图 2-27 来自文献《Metallurgical Transactions》Vol. 2 September-2645，"A study of the peculiarities of austenite during the formation of bainite"，关于这篇文献，在本书图 1-4 也作了简要的介绍和讨论[6]。在《贝

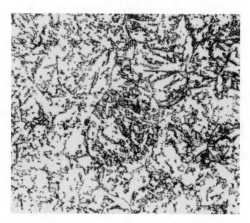

图 1-7   0.1C-2.7Ni-1Cr 钢正火典型颗粒状组织
（《贝氏体相变与贝氏体》一书的图 2-28，典型颗粒状贝氏体）

氏体相变与贝氏体》这本书里，作者们在总结粒状板条贝氏体时引用了该文的一段文字和图 8、图 9。这两张金相照片见本书图 1-4。对于两条铁素体之间夹一条富碳奥氏体，或两条富碳奥氏体间夹一条铁素体的无碳化物贝氏体观点明确、清楚，纠正了 R. Le Houillier 等将图 1-4a 的 B_A 区视为由贝氏体和奥氏体组成的无碳化物贝氏体的观点。这与刘正义等人关于 55SiMnMo 钢正火态 B_4 型贝氏体和康沫狂的准贝氏体特征相符。

第二段文字，值得讨论的问题：

（1）关于粒状贝氏体（定义），原文这么说："这些奥氏体区域一般如孤岛（粒状或长条状）分布在铁素体基体上，这种组织称为粒状贝氏体"。富碳奥氏体孤岛分布在铁素体基体上的观点，本书的作者不赞成，"孤岛"不是从铁素体中析出，不是从某个过饱和相分解出铁素体和孤岛富碳奥氏体。"孤岛"与铁素体伴随而生，铁素体是从过冷奥氏体中分解出来的，余下的奥氏体又接收了从铁素体中排出的碳，成为富碳奥氏体，换句话说，铁素体与富碳奥氏体小岛是相邻的关系，不能说它是分布在铁素体基体上。比如说回火马氏体特征，可以说碳化物分布在铁素体基体上，因碳化物和铁素体都是从过饱和 α 固溶体分解的产物；而珠光体特征，就不能说碳化物分布在铁素体基体上，碳化物相虽是领先形成，但它与铁素体是伴随而生的，彼此平行相间。如上所述，粒状贝氏体的定义建议改为"这些孤岛（粒状或长条状）的富碳奥氏体与铁素体组成的组织称为粒状（或条状）贝氏体"。

（2）原文说："当粒状贝氏体内奥氏体岛未分解前，粒状（或条状）贝氏体即为无碳化物贝氏体"，这个定义可以成立。如果孤岛分解了，是否就是粒状或条状的有碳化物贝氏体？按准贝氏体理论，等温时间长了，粒状贝氏体中奥氏体会分解，形成有碳化物贝氏体[14]。在本书 3 章关于 B_4 型贝氏体回火转变也讨论到这个问题，将 B_4 型贝氏体重新加热到临界温度，板条或颗粒状富碳奥氏体会分解为铁素体和碳化物，碳化物呈链状分布在铁素体两侧，类似 B_2 型有碳化物贝氏体。

（3）原文说："无碳化物贝氏体是粒状贝氏体的一种特殊组织"。这种观点值得商榷，粒状贝氏体是一种特殊（新型）的贝氏体，其特殊性就是它无碳化物，又是由铁素体和奥氏体两个相组成。如果是由铁素体和碳化物组成而形貌呈粒状者，类似 B_2 型贝氏体特征，不能叫它粒状贝氏体。此外粒状贝氏体与无碳化物贝氏体又不能画等号，因无碳化物贝氏体还有针状 B_1 型贝氏体。反过来，粒状贝氏体是无碳化物贝氏体的一种特殊组织，这个讲法可以。

关于图 1-7，说它是"典型粒状贝氏体的光镜照片……"也是值得商榷的，这张照片相似于本书图 3-15 所示金相组织的形貌。55SiMnMo 钢空冷正火后的 B_4 型贝氏体，再重新加热到 400℃ 以上的回火组织，类似 B_2 型贝氏体，有大量碳化物，那些小岛不是奥氏体，不属于粒状贝氏体。

1.2.4.2　区分粒状贝氏体和粒状组织的重要性[13]

在《贝氏体相变》一书的第 8 页、第 10 页、第 28 页对粒状或板条贝氏体，对无碳化物贝氏体的形态特征，作了文字和金相照片的展示和描述，并在第 10 页强调区分粒状贝氏体和粒状组织的重要性。

《贝氏体相变》一书的第 8 页提到："……如上所述，上下贝氏体由铁素体和碳化物两相组成，但是，若合金中含有一定量的硅和铝时，贝氏体组织由铁素体及富碳残余奥氏体组成，这种由铁素体板条束组成的贝氏体，称无碳化物贝氏体（carbide-free bainite），其典型形态如图 1.6 所示，在光学显微镜下，难以和一般的上、下贝氏体相区别，只能在透射电镜下予以区别"。作者们还讨论了无碳化物贝氏体形成机理，最后断定指出："在板条束间存在的富碳奥氏体膜被稳定，而以残余奥氏体形式保留下来。若继续延长等温时间，则可能在上述残余奥氏体膜内析出碳化物"。

《贝氏体相变》一书的作者很明确肯定了含硅和铝合金的贝氏体由铁素体和富碳奥氏体两个相呈板条束组成，无碳化物，说得很清楚，很明确。这种观点与 55SiMnMo 钢正火态的无碳化物贝氏体（B_4 型贝氏体）特征相符。这点很重要，由于贝氏体种类复杂，一谈贝氏体就要先说明它是单相（如柯俊的针状铁素体、无碳化物）还是多相组成，组成相是什么？在前面其他作者们所说的"贝氏体，奥氏体条状相间近似平行的组织""岛状组织"都没有明确条状或粒状贝氏体是由什么相、几个相组成，粒状贝氏体是指岛状富碳奥氏体还是指铁素体+岛状富碳奥氏体，还是铁素体+Fe_3C+岛状富碳奥氏体。还有，将由铁素体+奥氏体组成的贝氏体，说成是由贝氏体+奥氏体组成的组织，含糊不清。但值得讨论的问题：（1）作者举证说"由铁素体板条束组成的无碳化物贝氏体形貌特征照片"，这句话有两点不清，第一点原文的图 1.6，肯定是"笔误"。图 1.6 显示的金相组织没有板条特征，而是针状组织，见本书图 1-8。这张照片与《贝氏体相变》一书的第 6 页图 1.4 照片所显示的金相组织完全相同，原文对这两张照片的观点是不同的。作者说图 1.4 是典型的下贝氏体，说图 1.6 是无碳化贝氏体，本书作者认为确切的是下贝氏体+马氏体，图 1.6 是 300℃等温 30min 淬水组织，图 1.4 是250℃等温 25min 淬水组织，两者等温温度相近（钢成分不同），所以金相组织相同。下贝氏体的特征就是在针状铁素体基体上有弥散的 Fe_2C，易受金相浸蚀剂的腐蚀，所以在金相显微镜下显得很暗（黑）。从上所述，对含硅和铝钢的板条束无碳化物贝氏体的描述很清楚，但没有提供照片。第二点"……这种由铁素体板条束组成的贝氏体，称无碳化物贝氏体"，省略另一个富碳奥氏体相。应该是由铁素体板条和富碳奥氏体板条束相间组成的贝氏体，称为无碳化物贝氏体，如此来描述无碳化物板条束贝氏体特征，将会给人更清楚的印象。（2）作者说的"富碳残余奥氏体"，应删去"残余"两字，理由是：如果常温下的奥氏体与过冷奥氏体（A_1 温度以下）的成分相近，则常温下的奥氏体可叫"残余奥氏体"；而组成板条贝氏体的富碳奥氏体成分与过冷奥氏体有很大差异，它是在相变过程中出现的，不能叫它"残余奥氏体"。（3）"富碳奥氏体膜"的观点不清楚，如果对低碳或超低碳钢而言，可断定其无碳化物板条贝氏体是两条铁素体之间夹富碳奥氏体膜或细小的富碳奥氏体岛（或颗粒），原因已在其他地方说了；对中碳钢而言，无碳化物板条贝氏体是两条铁素体夹一条富碳奥氏体，而该书的第 8~10 页说的含硅、铝钢，含 Si 的钢一般是弹簧钢，如 60Si2Mn 钢、55SiMnMo 钢等都在中碳范围。刘正义和李承基对 55SiMnMo 钢的 B_4 型贝氏体的测量：由铁素体和富碳奥氏体相间组成的板条无碳化物贝氏体，富碳奥氏体占贝氏体总体积的30%，铁素体：富碳奥氏体已达到 3：1（见图 3-3a）；R. Le. Houillier 测量达

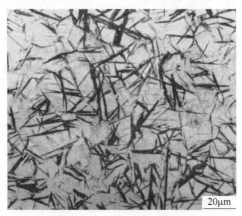

图 1-8　典型下贝氏体+马氏体组织（500×）

（《贝氏体相变》一书的图 1.6，原文说它是无碳化物贝氏体 LOM 形态）

40%（见图1-4b），F：A=3：2，富碳奥氏体占如此之高的比例，不能说是一层膜。又如在低碳马氏体板条间的残余奥氏体，占总体积百分数微不足道，因此可以说低碳马氏体板条束间夹有一层残余奥氏体膜，而在板条贝氏体里的奥氏体不能笼统说它是"膜"。

在《贝氏体相变》一书的1.1.7节（第28页）进一步展示的是低碳板条束贝氏体，"当低合金钢碳含量为0.1%~0.25%时，若冷却速度较快，则贝氏体呈板条状，如图1.20（a）为Fe-0.15C-3.0Mn钢空冷（正火态），图中以粒状贝氏体为主，但也存在板条束贝氏体。由图可知，与粒状贝氏体相比，板条束贝氏体组织更细，在LOM下，由于分辨率较低，因而无法确定其内部精细结构……与上贝氏体不同的是，板条形态明显，不具有羽毛状特征，与粒状贝氏体相比，其贝氏体铁素体板条连续，无小岛"。

对《贝氏体相变》一书的1.1.7节（第28页）所描述的问题和图1.20所展示的贝氏体，还要作如下的讨论：（1）在文字上，对板条束贝氏体特征，仍然需要强调但没有强调由什么相、几个相组成。（2）图1.20(a)~(c)三张金相照片见本书图1-9，展示的是低碳板条束贝氏体（原文没有箭头，箭头为本书作者刘正义加上去的），非常重要，无论是LOM还是SEM的特征都与55SiMnMo钢的B_4型贝氏体相似，因钢的含碳量低，富碳奥氏体比例小。《贝氏体相变》一书的图1.20a类似于本书图3-22a和c，箭头所指是有碳化物羽毛状贝氏体（B_2型贝氏体），其余是B_4型贝氏体。它是一种混合贝氏体组织，在等温条件下，一般都是混合型贝氏体，在连续空冷条件下，较少出现B_2型贝氏体。原文说："……与上贝氏体不同的是，板条形态明显，不具有羽毛状特征"，事实上，加在原文图1.20上的箭头，就是羽毛状有碳化物的B_2型贝氏体。关于在等温条件下，既有B_4型贝氏体又有B_2型贝氏体的金相组织的原因，在本书的第3章关于55SiMnMo钢在等温条件贝氏体转变有讨论，在此就不多说了。《贝氏体相变》一书的图1.20b显示的是B_4型贝氏体，金相磨面腐蚀较深，B_4型贝氏体的两个组成相之间已有明显的衬度，如箭头所指是板条富碳奥氏体。《贝氏体相变》一书的图1.20c类似于本书图3-7b，在扫描电镜下，亮的相是奥氏体，暗的相是铁素体。相对地说，奥氏体比铁素体抗腐蚀性强，铁素体相被腐蚀得深些，凹下去了，所以在电子荧屏上看到暗（黑）衬度，反之，奥氏体亮。（3）粒状与板条状混合形貌在55SiMnMo钢B_4型贝氏体中也是常见的，但原文说："……若冷却速度快，则贝氏体呈板条状……"，而在本书的第3章中讨论B_4型贝氏体颗粒状与板条状形成原因的观点相反，同一个样品，边沿颗粒状为主，心部板条为主，因边沿冷却速度大，形核率高，来不及长大，所以呈颗粒状（或以颗粒状为主），关于这点，仍值得再讨论。（4）《贝氏体相变》一书的图1.20显示的是低碳板条束贝氏体，这种贝氏体同样出现在中碳合金钢55SiMnMo、60Si2Mn钢，因B_4型贝氏体特征主要是 Si、Mn、Mo 合金元素作用的结果。不同成分的钢，会影响组成相之一的富碳奥氏体数量。

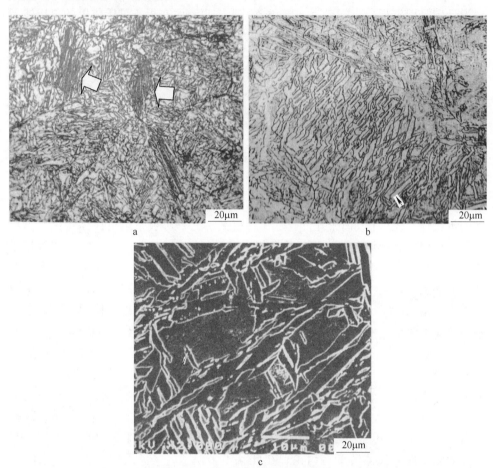

图 1-9　低碳板条束贝氏体形态

（《贝氏体相变》一书的图 1.20，图上的箭头是刘正义加上去的）

a—Fe-0.15C-3.0Mn 钢 LOM；b，c—Fe-0.20C-2.32Mn 钢 LOM 及 SEM

在《贝氏体相变》一书的第 10 页（1.1.4 节），关于粒状贝氏体和粒状组织的区别，有一段文字描述和金相照片的展示。原文第 3 段文字如下："……60 至 70 年代初，人们对粒状贝氏体与粒状组织（granular structure）从表象到实质均不够清楚，不仅相互混淆，往往统称为粒状贝氏体，甚至还和其他组织混淆，故难于排其害而用其利。主要问题有：（1）粒状贝氏体是'铁素体基体+小岛'类型的组织，但具有这种形态的组织是否均是粒状贝氏体？虽然 Habraken 等曾对粒状贝氏体给出上述定义，但未说明它与其他类型'铁素体基体+小岛'组织在金相形态及本质上的区别。（2）在粒状贝氏体转变机制方面存在分歧。方鸿生，白秉哲等做了系统工作，提出：1）粒状贝氏体与粒状组织定义：粒状贝氏体与粒状组织均由'铁素体+岛状组织'组成，但粒状贝氏体的铁素体为中温转变形成的上贝氏体铁素体，而粒状组织则为先共析区析出的先共析铁素体。2）粒状贝氏体及粒状组织形态特征：粒状贝氏体中的小岛呈半连续长条形，近于平行地排列在铁素体基体上，沿母相晶界分布有许多小岛，故易于显示母相晶界；粒状组织中的小岛呈不规则形状，无规则地分布在无规则形状的铁素体基体上，不易显示母相晶界。"

《贝氏体相变》一书的作者们提出不能将粒状贝氏体和粒状组织"相互混淆"，"铁素体+小岛"组织，既可能是粒状贝氏体，也可能是粒状组织。这是十分重要的问题，在20~30年前，粒状贝氏体成为热门研究对象，在一些文献中将颗粒状组织称为粒状贝氏体，缺乏足够的证据。例如本章介绍的关于板条（粒状）贝氏体的文献、书本、手册上的一些观点不一，概念不清楚。首先是关于粒状贝氏体的定义，观点不统一，不确切，造成混乱。该书作者们提出：根本的区别是铁素体在何温度形成；粒状贝氏体中的铁素体为中温转变形成，而粒状组织中的铁素体则为先共析温度区析出，以及在金相显微镜下区分两者的原则。从本质上将粒状贝氏体与粒状组织相区别，这是一个非常重要的观点，但在金相技术实践中，要很有经验才能识别铁素体在什么温度形成。

关于"铁素体+小岛"组织，对铁素体有个新观点，但仍需要值得讨论的问题：（1）从铁素体特征提出区分粒状贝氏体和粒状组织的原则，但没有说明"小岛"是什么？"小岛"可能是富碳奥氏体、碳化物、铁素体、下贝氏体或马氏体。本书作者认为，只有小岛是富碳奥氏体无碳化物的组织，而且铁素体和小岛都是在C曲线贝氏体区形成，才能叫做粒状贝氏体（这是粒状贝氏体特定的含义），其他只能叫它混合组织或叫它粒状组织。（2）在《贝氏体相变》一书的第15页图1.9，如本书图2-10所示；还有第16和17页的图1.10都被说成是粒状贝氏体，此图所展示的金相组织类似于本书的图3-15，55SiMnMo钢B_4型贝氏体回火转变的组织，本书作者称之为"回火贝氏体"或类似B_2型有碳化物贝氏体。它是B_4型贝氏体在约400℃回火转变的产物，或在等温时间较长转变的B_2型贝氏体，在条状或粒状铁素体（相对回火前，铁素体条变宽）两侧或周围有不连续的碳化物，这和经典的B_2型（有碳化物，羽毛状）上贝氏体形貌相似，但两者的差别在于铁素体，B_2型贝氏体的铁素体的碳有一定的过饱和度，而图3-15组织的铁素体是平衡碳浓度，换句话说，它既不同于B_4型贝氏体，也不同于B_2型贝氏体，本书作者暂叫它类似B_2型贝氏体或叫它"回火贝氏体"，其叫法是值得再研究的。B_4型贝氏体在400℃左右回火，铁素体板条变宽，富碳奥氏体板条消失，而不连续碳化物又是分布在铁素体两侧，回火前后的形貌大不相同。总之，图1-10所示金相组织是B_2型有碳化物贝氏体，不能叫它粒状贝氏体。

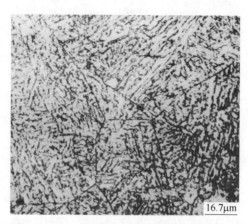

16.7μm

图 1-10   B₂ 型有碳化物贝氏体或粒状组织

（《贝氏体相变》一书的图 1.9，Fe-0.12C+3.0Mn-0.001B 钢中粒状贝氏体 LOM 组织，

600×，大量形成 α 板条。本书作者判断它是有碳化物贝氏体或粒状组织）

原文的"图 1.10，Fe-0.1C-2.32Mn-0.0037B 合金粒状贝氏体精细结构（空冷，8000×），（a）为 SEM 形态，（b）~（d）为 TEM 组织，证实小岛为板条马氏体，下贝氏体及孪晶马氏体"。这个观点更需要商榷，既然小岛不是富碳奥氏体，就不能叫它粒状贝氏体，只能叫粒状组织（或叫复合组织）。理由：马氏体和下贝氏体不是在 TTT 曲线上贝氏体区转变产物，而是等温完了随后冷却中的转变产物，不能和上贝氏体区的转变产物拉在一起叫它粒状贝氏体，在上贝氏体区等温有何产物？铁素体肯定有，还应该能找到富碳奥氏体小岛，换句话说，应有真正的粒状贝氏体。由于 TEM 样品可观察的区域很小，在一个样品上找不到，在另一个样品上可能找到。

1.2.4.3   准贝氏体[14]

《贝氏体与贝氏体钢》一书提出了"准贝氏体"的概念。准贝氏体的形貌呈粒状或板条状，或粒状和板条状混合组成。在 P87 有两段文字和图，本书的图 1-11 是原文的图 1 和图 3，分别为 15CrMnMoV 钢和 40CrMnSiMoV 钢的等温 TTT 曲线，两曲线的形状相似，都由三条 C 曲线组成，有一定的代表性。作者研究了等温后冷却到室温的金相组织，其文字表述如下："高温 C 曲线区短期等温（图 1 点①）为转变初期阶段组织（图 2a），表明岛状物无秩序分布在块状铁素体（MF）基体上。经研究为无明显浮凸的球状组织，称粒状组织（G_S）。中温 C 曲线（图 1 点②）短期等温为初期阶段组织（图 2b），岛状物呈线性分布在贝氏体铁素体（BF）板条之间，称粒状贝氏体（B_g），有别于 G_S。保温时间长，在同一温度可见到典型上贝氏体（B_u）（图 2c）也可称 B_{II}，B_g 和 B_u 应属于相似类型组织，只是岛尚未转变为片状碳化物。低温 C 曲线中点③组织（图 2d），为典

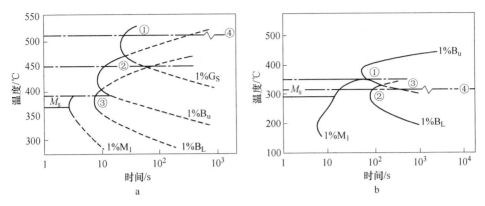

图 1-11　《贝氏体与贝氏体钢》一书第 85 页图 1 和第 86 页图 3

a—15CrMnMoV 钢 1243K 奥氏体化后的中温 TTT 图

b—40CrMnSiMoV 钢 1193K 奥氏体化后的中温 TTT 图

型下贝氏体（B_L），亦可称 B_{III}。经试验表明单一类型的贝氏体只有短时等温方可出现。混合组织是经常发生（图 2e）的，这类组织在一般文献中常称粒状贝氏体，实际上是不确切的，因为属不同 C 曲线的产物。"

接着，作者还说道："含 Si 的中碳合金钢（40CrMnSiMoV）中温 TTT 曲线由两个 C 曲线组成（图 3），高温 C 曲线上点①转变组织为无碳化物的上贝氏体（图 4a），由 BF 和奥氏体（A）组成，类似 B_1 或无碳化物贝氏体（B_{CF}），但长期保温可转变为典型 B_u（图 4b），所以无碳化物上贝氏体，为一种 B_u 的过渡形态，故可称为准贝氏体（B_{mu}）低温 C 曲线（图 3）中点②无碳化物下贝氏体，可称为准下贝氏体（B_{mL}）（图 4c），长期保温又转变为典型 B_L（图 4d），此碳化物可称贝氏体碳化物 BC_3，故 B_{mL} 为一种 B_L 的过渡形态……"

为了便于讨论，将该书上述两段文字中的图 2d、2e 和图 4a、4c 和 4d 摘录在本书图 1-12，没有将原文的图 2 和图 4 全部摘录，只是选择性地摘录了 5 张照片。

对上述两段文字和 5 张照片作如下讨论：

（1）对准贝氏体观点比较明确、清楚的两个问题：1）准贝氏体的形态特征，准贝氏体是无碳化物的，由铁素体（BF）和奥氏体（A）两相相间组成，即在铁素体之间夹奥氏体或在奥氏体间夹铁素体。由于对贝氏体的观点不一，或者说贝氏体的种类繁多，所以在讨论贝氏体形态时，要说清楚所研究的贝氏体是单相还是多相组成，每一个相是什么。这点很重要，"准贝氏体"特征讲清楚了，应该用铁素体（BF）的类似符号（BA）表示奥氏体，而不是用 A 来表示奥氏体。2）准贝氏体的形成条件，C 曲线的上贝氏体转变区，短时间等温所获得的准贝氏体，随着等温时间的延长准贝氏体向有碳化物羽毛状上贝氏体（B_2 型

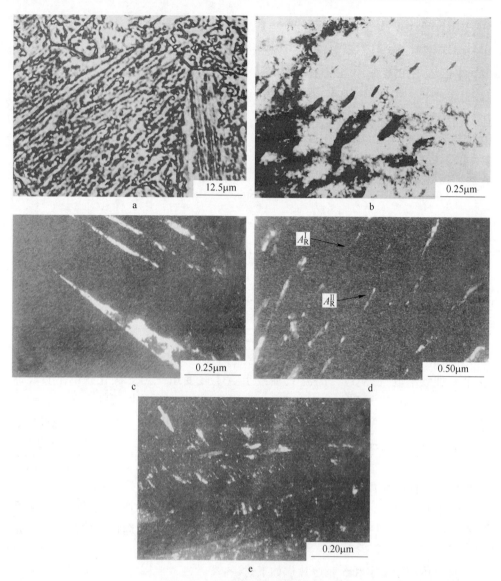

图 1-12　准贝氏体和粒状组织区别

（《贝氏体与贝氏体钢》一书第 87 页图 2，第 88 页图 4，关于准上贝氏体和准下贝氏体形态特征。

其符号：G_S—粒状组织；B_g—粒状贝氏体；B_L—典型下贝氏体；B_{mu}—准上贝氏体；B_{mL}—准下贝氏体）

a—原文图 2e-点④783K 等温 2h，G_S+B_g；b—原文图 2d-点③663K 等温 10s，B_L；c—原文图

4a-点①623K 等温 100s，奥氏体暗场像，B_{mu}，TEM；d—原文图 4c-点②583K 等温 700s，

奥氏体暗场像，B_{mL}，TEM；e—原文图 4d-点④583K 等温 48h，渗碳体暗场像，B_L，TEM

贝氏体）转变，或者说准贝氏体 B_{mu} 是 B_2（B_u）型有碳化物贝氏体的一种过渡形态。但没有强调准贝氏体的奥氏体相是富碳的，富碳的程度是高温（或过冷）

奥氏体平均碳量的几倍。在《贝氏体与贝氏体钢》一书的第565页，作者的另一篇文章中强调了"在铁素体之间分布着富碳奥氏体薄膜（A_K）"。关于"薄膜（A_K）"的观点也值得讨论，就第565页的图而言，说准贝氏体是由 BF 和 A_K（富碳奥氏体薄膜）组成，可以这么说，因为 A_K 尺寸确实是薄，但就中碳钢而言，准贝氏体的富碳奥氏体要达到20%~30%（体积分数），不能叫它为薄膜，这个问题在前面已讨论过。

（2）等温准贝氏体（B_{mu}）的组成相（形态）特征，与以 55SiMnMo 钢正火（连续空冷）态为代表的 B_4 型贝氏体的组成相特征完全相同，正如《贝氏体与贝氏体钢》一书的作者们所说，等温时间对 B_{mu} 的形态影响十分显著，长时间等温 $B_{mu} \rightarrow B_u$（B_2）转变。在本书的第3章也有讨论，本书作者认为：那是由于 B_4 型贝氏体发生回火转变的结果。贝氏体转变属不完全转变，需要在一个很长时间里才能完成，其转变量随等温时间延长而增加。在上贝氏体转变温度，过冷奥氏体首先向 B_4 型无碳贝氏体转变，随着等温时间延长，先期转变的无碳化物 B_4 型贝氏体，发生自回火转变，转变成具有 B_2 型有碳化物羽毛状上贝氏体特征，将要结束等温处理过程，最后所转变的 B_4 型贝氏体来不及回火，仍保留 B_4（或 B_{mu}）型贝氏体特征，即 BF+BA 特征。因此，在中温区超过一定时间等温的贝氏体组织是混合型的，即（BF+BA）和（BF+BC），也可表示为 $B_{mu} + B_u$（B_2）。如果是 55SiMnMo 钢连续空冷，如正火所得到组织将是单一（比较纯的）B_4 型贝氏体（或准贝氏体 B_{mu}）和块状复合结构，不混杂有 B_2 型（有碳化物）贝氏体。如果将连续空冷后的 B_4（或 B_{mu}）型贝氏体，从室温再加热到一定临界温度点，在临界温度以下回火，即使长时间的回火也没有碳化物析出，保持 B_4 型贝氏体（BF+BA_K）特征；当回火温度超过临界点时，B_4 型贝氏体立即发生回火转变（Fe_3C 分布在条状的 BF 之间或粒状的 BF 周围，Fe_3C 不连续，呈链状）。55SiMnMo 钢正火的 B_4 型贝氏体回火临界温度约在400℃，在400℃以下回火，只是 BF 体积分数增加，BA 体积分数减少；在400℃或400℃以上回火时，BA 分解出现碳化物。准贝氏体向有碳化物 B_2 型贝氏体过渡的倾向，有无临界点还是有待研究的一个问题。

（3）关于本书图 1-12 五张照片所展示的金相组织，值得讨论的问题。这五张照片都是从《贝氏体与贝氏体钢》一书中摘录的。图 1-12a，原文说它是粒状组织+粒状贝氏体（$G_S + B_g$）；本书作者认为是 B_u（B_2 型有碳化物羽毛状上贝氏体）+B_{mu}（准贝氏体或叫 B_4 型贝氏体），以 B_u 为主，B_{mu} 是少量分布在局部地区，其理由已在前面（2）中讨论了，此照片的金相组织是在510℃等温2h后获得的，等温温度超过 B_4 型或 B_{mu} 回火转变临界点，大部分 B_{mu}（或 B_4）已向 B_u（B_2）转变，大量的不连续碳化物出现在 BF 的两侧，其他粒状组织可能性不大。图 1-12b，原文说它是下贝氏体（B_L），本书作者认为它是 B_2（B_u）型有碳化物贝氏体，不连续的 Fe_3C 分布在 BF 两侧。图 1-12c 原文说它是准贝氏体（B_{mu}），本书作者支持这一观点，符合铁素体（BF）之间夹有富碳奥氏体，富碳奥氏体呈岛状（粒状），也有呈条状的。图 1-12d 原文说它是准下贝氏体（B_{mL}），按等温温度 310℃ 来看，已是在下贝氏体转变温区，但从形态来看，仍然是 BF 之间夹有奥氏体，它与图 1-12c 的形态是相同的。图 1-12e，原文说它是下贝氏体（B_L），从准下贝氏体（图 1-12d 中 B_{mL}）转变而来。说它是经典（柯俊）的下贝氏体有道理：在 BF 基体上呈一定的角度分布着 Fe_2C，图 1-12e 的形态符合这一特征。但要说它是从图 1-12d 准下贝氏体形态转变而来，那就很难解释，因图 1-12d 显示的奥氏体已分布在 BF 两侧（这是准贝氏体特征），只有这些富碳的奥氏体才有分解成 $BF+Fe_2C$（或 Fe_3C）的趋势，而铁素体没有析出碳化物的可能，两侧的 Fe_3C（或 Fe_2C）不会跑到 BF 中间去，富碳奥氏体中的碳不能反扩散向 BF 走，因温度只有 310℃，碳的扩散能力很低，不可能远程扩散；再说，其他过冷奥氏体的碳（钢的平均含碳量），即使温度高些，也不能向 BF 中扩散，因铁素体的溶碳能力很低，只能是铁素体中的碳向奥氏体扩散，奥氏体的溶碳能力强。除非图 1-12d 所示的组织是 M-A（马氏体-奥氏体）粒状组织，在 310℃ 等温时，马氏体变成回火马氏体，在铁素体基体上的碳化物是从马氏体中析出的，如果这点能成立，那 M-A 粒状组织又是从哪里来？解释不了。总之，从无碳化物下贝氏体（B_{mL}，或叫准下贝氏体）转变成有碳化物下贝氏体（B_L）结论和事实需要再研究、探讨。

1.2.4.4　BF+（M-A）的观点[15]

《贝氏体与贝氏体相变》一书的 2.2.2.2 节（第 24、25 页）是这么说的："粒状贝氏体属于无碳化物贝氏体。当过冷奥氏体在上贝氏体温度区等温时，析出贝氏体铁素体（BF）后，碳原子离开铁素体扩散到奥氏体中，使奥氏体中不均匀地富碳，且稳定性增加，难以再继续转变为贝氏体铁素体，这些奥氏体区域一般呈粒状或长条状，即所谓岛状，分布在贝氏体铁素体基体上。这种富碳的奥氏体在冷却过程中，可以部分地转变为马氏体，形成 M-A 小岛。这种由 BF+（M-A）岛构成的整合组织称为粒状贝氏体。图 2-9 为典型的粒状贝氏体组织，可见在块状铁素体和片状铁素体内部存在颗粒状小岛，其在冷却过程中可能转变为马氏体+残留奥氏体，即形成 M-A 岛。"

这段文字的前面，将粒状贝氏体的形态、定义都说得比较清楚。粒状贝氏体属无碳化物贝氏体，形成过程是：过冷奥氏体在上贝氏体温度区等温，先析出贝氏体铁素体，从铁素体中排出的碳进入奥氏体，使奥氏体局部富碳且增加稳定性，难以再继续转变为贝氏体铁素体。不过这段文字的后半段观点值得商榷。(1) 将 BF+（M-A）定义为粒状贝氏体不妥，BF 是在 C 曲线（TTT 曲线）上贝氏体区转变的产物，而 M-A 是在马氏体区的转变产物，不能将两者拉在一起称为贝氏体（或粒状贝氏体），只能叫它混合粒状组织或叫粒状组织。（2）在《贝氏体与贝氏体相变》一书的图 2-9 的"块状和片状"铁素体内部存在颗粒状小岛（M-A），这种观点不好理解，建议将"内部存在"改为"之间夹有"。还有图 2-9 已经是常温下的金相组织，就不存在再冷却再转变的问题，该转变的都已转变。（3）用 55SiMnMo 钢 B_4 型贝氏体转变过程来表述粒状组织形成过程（供参考）。过冷奥氏体在上贝氏体区某温度等温，BF 领先析出，将碳排向邻近的奥氏体，使局部奥氏体富碳，在某一瞬间，碳主要是集中在 BF 与奥氏体相邻的边界上，靠近相界面奥氏体区的碳浓度远高于心部，局部高碳的奥氏体可称为 BA，它是与 BF 同时而生的。但它不稳定，随着等温时间的增加，碳向心部扩散，"相界面"不断向奥氏体推移，BF 不断长大。直到等温将要结束时，BA 有两个可能，分解为 BF+BC（C 是碳化物，叫它贝氏体碳化物），或不分解。不分解的 BA 也可能有两个结果：碳浓度低的 BA 随着淬火（或空冷）而转变成马氏体；碳浓度很高的 BA 仍保持奥氏体（面心立方）晶体特征，一直到室温都与 BF 保持稳定的平衡，不因淬水而转变，只有保持到室温的 BF+BA 组成才叫粒状贝氏体（B_4 型贝氏体），如将岛状马氏体拉在一起，只能叫它粒状组织。还要强调一点，等温淬火后的马氏体有两种，其一，过饱和碳浓度是原过冷奥氏体的平均值；其二，过饱和碳浓度高于过冷奥氏体的平均值，低于 BF 建立界稳平衡的要求的碳浓度。换句话说，凡是低于与 BF 建立界稳平衡所要求碳浓度的 A，在淬火（或空冷）中都将转变成马氏体，凡是达到与 BF 建立界稳平衡所要求碳浓度的 BA，在淬火（或空冷）中都不会转变成马氏体。

55SiMnMo 钢空冷正火组织就是一种混合粒状和条状组织，如硬度在 HRC33～35 的样品，70%～80%是 B_4（BF+BA）型粒状和条状形貌的贝氏体，20%～30%是块状复合结构。块状复合结构由有碳化物下贝氏体和马氏体组成，它具有典型的岛状形貌，但它不是 B_4 型贝氏体的组成部分。本书图 3-12 所示的金相组织，正是上面所讨论的一种复杂的粒状组织。

此外，在《贝氏体与贝氏体相变》一书的图 1-7(d) 的模型（示意图）中，与 BF 相邻的 A，应该是条状上贝氏体组成相之一的 BA，在室温下两条 BF 之间夹一条 BA，或两条 BA 中夹一条 BF，在贝氏体区等温就已形成这种形貌，不因淬水或空冷而变，BA 的碳浓度与 γ_2 不同，γ_2 会因淬水或空冷而转变成马氏体或有碳化物下贝氏体。

1.2.5 在板条铁素体夹有奥氏体或碳化物的都是 B_{II} 型贝氏体[16]

《新型材料科学与技术》一书关于板条、粒状贝氏体，有两段文字和照片：第 173 页，"……低碳钢中贝氏体铁素体呈板条形态，但贝氏体可以是无碳化物的（B_I），在板条间有残余奥氏体，或铁素体板条间有碳化物存在（B_{II}），或铁素体板条内有碳化物存在（B_{III}）"。第 177 页，关于低碳贝氏体钢的弛豫（R）—析出（P）—控制（C）轧制的研究。原文"中温相变产物主要为板条贝氏体，以及少量形状不规则的粒状贝氏体或针状铁素体，由于板条细节不易区分，高倍扫描电镜（SEM）看到的主要有两类典型组织，一类为板条组织，另一类为不规则长条状或针状铁素体，贝氏体板条宽度小于 $0.5\mu m$，同方向的板条组成平均 $4\sim6\mu m$ 宽的板条束，相邻的板条束之间界限清楚，板条之间存在断续或很薄的残余奥氏体。"RPC 工艺轧制态沿轧向截面组织见图 1-13，这两张照片来自尚成嘉等的研究工作，见《超细晶钢——钢的组织细化理论与控制技术》一书的第 299 页。

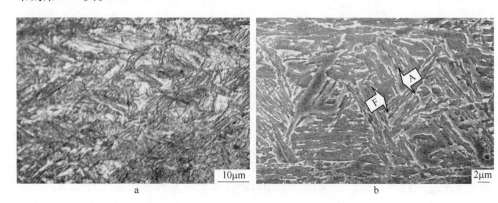

图 1-13　RPC 工艺轧态沿轧向截面组织

（《新型材料科学与技术》一书第 178 页图 4.2-19）

a—金相照片；b—扫描电镜照片（箭头是刘正义添加）

　　《新型材料科学与技术》一书对贝氏体的分类及无碳化物、粒状、板条状贝氏体作了简要介绍。上述第一段文字简要说到贝氏体多种类型、特征。在前面的资料文献和书本所讨论的都是板条铁素体和板条富碳奥氏体组成无碳化物贝氏体，或铁素体和颗粒状（小岛）富碳奥氏体组成的无碳化物贝氏体，简称条状和粒状贝氏体。"条状"和"粒状"有其特别的含义。但《新型材料科学与技术》一书的第 173 页和第 177 页的标题是谈板条、粒状贝氏体，却将早期的由单相针状铁素体组成的无碳化物贝氏体、双相（铁素体和碳化物）组成的羽毛状上贝氏体、双相（针状铁素体和 Fe_2C）组成的针状下贝氏体，或分别用符号表示的 B_{I}、B_{II}、B_{III} 型贝氏体，都列于板条状或粒状贝氏体，总的来说不妥。具体来说：（1）原文"……低碳钢中贝氏体铁素体呈板条状，但贝氏体可以是无碳化物的（B_{I}）……"，作者将无碳化物贝氏体称为 B_{I} 型贝氏体要商榷，B_{I} 型贝氏体是专指由单相针状铁素组成的贝氏体，要强调单相铁素体，而无碳化物贝氏体包括 B_{I} 型贝氏体和板条铁素体中间夹板条或颗粒富碳奥氏体的贝氏体……（2）原文"……在板条间有残余奥氏体，或板条间有碳化物存在（B_{II}）……"

将两条状铁素体中间夹条状富碳奥氏体的无碳化物贝氏体，两条铁素体间夹不连续碳化物的羽毛状上贝氏体都列为 B_{II} 型贝氏体，也是值得商榷的。还有，两条铁素体间夹碳化物，要讲清碳化物是连续与不连续的问题。（3）原文 RPC 工艺"……一类为板条组织，另一类为不规则长条状或针状铁素体……板条之间存在断续或很薄的残余奥氏体。"因控轧过程是连续变形—空冷过程，出现比较复杂的混合组织，不容易分清，这是事实，说板条间存在很薄的残余奥氏体，奥氏体很薄有道理，因为奥氏体与铁素体要建立稳定平衡，是靠奥氏体中高浓度的碳来维持平衡的，换句话说，奥氏体必须是高碳的，而低碳钢总的含碳量就低，要达到与铁素体平衡碳浓度，即使在奥氏体的边界也不容易达到，只有奥氏体的体积很小才行。两条铁素体间的富碳奥氏体不能叫它残留奥氏体，因它的成分与过冷奥氏体不同，在相变过程中增加了碳的浓度，是新的富碳奥氏体，称其为富碳奥氏体才恰当。

上述第二段文字（《新型材料科学与技术》第 177 页）以及本书图 1-13 来看，图 1-13a 是低倍的普通光学显微镜下的形貌，确实分不清其组织特征；图1-13b 是电子金相，高倍且由于扫描电镜的二次电子像景深大，看清其特征属 B_4 型贝氏体的形貌，或叫它板条或颗粒状贝氏体，是由两个相组成的。较亮如箭头 A 所指是奥氏体相，较暗如箭头 F 所指是铁素体相。用普通的金相浸蚀剂（Nital）浸蚀金相样品，容易被浸蚀的相凹下，抗蚀能力较强的相凸上，铁素体和奥氏体相比，奥氏体的抗蚀能力高过铁素体，因此铁素体相凹下，奥氏体相凸起。扫描电镜的二次电子像，凸起点，在荧屏上亮；稍凹下的点，在荧屏上暗。根据 SEM 像的形貌衬度原理看图 1-13，能勉强将铁素体和奥氏体分清。虽然铁素相凹下去，奥氏体相凸起，但两者高度差很小，尽管 SEM 景深大，但两个相的衬度仍然很小。如果采用彩色显示剂（见第 3 章），能将铁素体和奥氏体鲜明地区别开。在此，再次强调从染色金相看到的是 B_4 型贝氏体形貌特征，一般都是板条状和粒状混合。没有 100% 板条，也无 100% 粒状。在板条状区，铁素体和富碳奥氏体都呈板条状，两个相彼此近似平行、相间组成；在粒状区，铁素体和奥氏体都呈颗粒状，彼此相邻。在板条中，除了铁素体和富碳奥氏体都呈条状外，还有一种是铁素体呈条状，富碳奥氏体呈粒状（小岛状），这就是准贝氏体形态，奥氏体小岛呈线性排列，并与铁素体条平行，如箭头所示。SEM 荧屏上所显示凸起点是否为碳化物？肯定不是，如果是，它会更亮，因铁素体与碳化物的衬度大过铁素体与奥氏体的衬度。

该文针对 SEM 照片所说的："主要有两类典型组织，一类为板条组织，另一类为不规则长条状或针状铁素体"。从前后文字上看，"板条组织"是指板条贝氏体，"长条状或针状铁素体"应该是指游离的铁素体。图 1-13b 的组织，按作者的观点，那就是"板条贝氏体+铁素体"。这种观点也是要商榷的，因为原文作者尚成嘉等没有很明确板条贝氏体的组成相是什么，没有弄清 SEM 照片上显示的哪些是铁素体，哪些是奥氏体。要具体指明哪些属不规则长条状或针状游离铁素体，那是指认不出来的，所有铁素体（包括板条、不规则长条状、针状）都是和奥氏体相联系，共同组成板条或粒状无碳化物贝氏体（B_4 型或叫准贝氏体）。

1.2.6　关于超低碳的贝氏体组织[17]

《超细晶钢——钢的组织细化理论与控制技术》一书的第 277 页，关于低（超低）碳贝氏体钢的组织类型及形貌，在 1.3 节中写道："习惯上，人们把贝氏体形态分为上、下贝氏体，粒状贝氏体及无碳化物贝氏体等，ULCB 钢由于含碳量低，其组织形态属于无碳化物贝氏体，贝氏体板条之间无渗碳体型碳化物，板条内亦无这类碳化物析出，板条内存在大量的位错，而板条边界由位错墙构成，板条之间存在一些尺寸细小的残留奥氏体及 M-A 小岛，形貌见图 2-1-3"，与这段文字所述相似的另一组照片为本书图 1-14（原文第 289 页图 2-1-17）。

《超细晶钢——钢的组织细化理论与控制技术》一书的图 2-1-3 和图 2-1-17 所示的组织很相似，图 2-1-17 清楚，且有 SEM 形貌，所以摘录为本书图 1-14，这几张照片是在连续空冷条件（RPC 工艺）的金相组织。MA 箭头所指应是马氏体+奥氏体小岛。尚成嘉等所研究的超低碳钢无碳化物贝氏体的观点和其他文献资料的观点相类似。作者们所说的板条贝氏体之间夹有细小的富碳奥氏体，事实上是板条铁素体之间夹有富碳奥氏体小岛，或叫做板条贝氏体铁素体之间夹有贝氏体富碳奥氏体小岛，很明确地说，超低碳钢的无碳化物贝氏体由板条铁素体和富碳奥氏体小岛组成。将铁素体说成是贝氏体不妥，铁素体板条开始是以切变机制形成，具有贝氏体特征，但不能说它就是贝氏体，与它并存而生的还有富碳奥氏体。铁素体的长大，将碳排向邻近的奥氏体，如果邻近的奥氏体不接受排出的碳，它就不能成为铁素体，当温度继续下降时，就可能发生下贝氏体或马氏体相变。本来，富碳奥氏体也应该是板条，而事实上是细小岛的原因：由铁素体和富碳奥氏体小岛组成的贝氏体形貌，是在贝氏体转变区形成的，一直保持到室温都稳定不变，要求奥氏体小岛的碳浓度达到 1.4%~1.6%，才能维持铁素体与细小的奥氏体小岛之间的稳定平衡。超低碳钢的总含碳量很低，只有奥氏体的体积微小才能达到要求。不连续的细小颗粒比连续条状的体积小。这些细小颗粒状富碳奥氏体是连续条状变来的，它呈线性排列就是证明，符合"准贝氏体"的观点。关于 M-A 或 MA 组成，在两条铁素体之间夹有马氏体小岛，存在的可能性是有的，因在贝氏体转变时，有些奥氏体小岛碳浓度达不到 1.4%~1.6%，处于不稳定状态，在温度连续下降过程中会向马氏体转变。而 M-A 或 MA 小岛是何物？有两种理解：（1）两条铁素体之间夹的有些是马氏体，有些是富碳奥氏体；（2）同一个颗粒小岛，既有马氏体也有奥氏体，从理论上来说，这也是有可能的，如果同一岛状颗粒，碳的分布不均匀，在连续降温过程中，碳达不到 F 和 A 两相平衡浓度的那部分向马氏体转变，碳达到与铁素体平衡浓度的那部分保持不变。不管怎么说，只有在贝氏体转变温度区间转变的铁素体+富碳奥氏体（岛、膜或条状）的组织才能叫贝氏体，而夹有马氏体小岛者应叫做混合组织，或叫粒状组织，不能叫贝氏体，在前面已讨论过这样的问题。

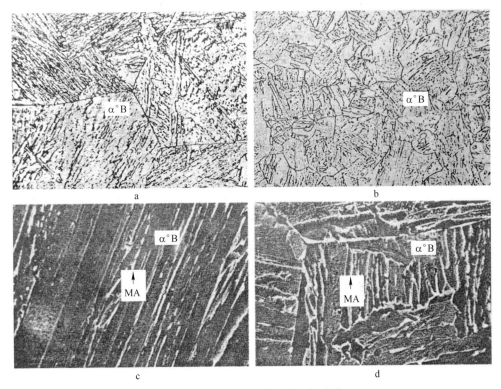

图 1-14　低碳贝氏体钢的组织形貌

（《超细晶钢——钢的组织细化理论与控制技术》一书的图 2-1-17）

a，b—光学照片；c，d—扫描照片

（a，c 是原奥氏体等轴晶粒大小为 200μm；b，d 是原奥氏体等轴晶粒大小则为 20μm）

1.2.7　在钎钢钎杆生产企业界对 55SiMnMo 钢 B_4 型贝氏体的认识

1.2.7.1　贝氏体+奥氏体的观点[18]

《钎具用钢手册》一书，作者是黎炳雄、赵长有、肖上工、董鑫业、胡铭，这本书的出版时间约在 2000 年。书的第 1 页介绍 55SiMnMo 钎钢的一段文字中提到："在热轧空冷情况下得到粒状或板条状贝氏体为主和富碳奥氏体组织。"该段文字进一步谈到"55SiMnMo 钢富碳残余奥氏体无论是条状或块状，对疲劳裂纹的扩展有良好的抑制作用。"很显然，对 55SiMnMo 钢空冷正火的组织状态有误解，将 B_4 型贝氏体的组成相之一的铁素体说成是贝氏体，将组成相之二的奥氏体说成是贝氏体以外的另一种组织（奥氏体相）。55SiMnMo 钢热轧空冷条件下的金相组织是"贝氏体"+富碳残余奥氏体混合组织，这是不妥的一种观点（理解），作者们为什么会有这种误解？可能的原因：55SiMnMo 钢热轧空冷条件下获得一种混合金相组织，通常是 B_4 型贝氏体（铁素体+（20%~30%）富碳奥氏体）组成，硬度 HRC25~26 占 70%~80%再加（20%~30%）块状复合结构（以马氏体为主+B_3 型下贝氏体，硬度可达 HRC50 以上），混合组织硬度 HRC30~35。问题是：B_4 型贝氏体中的富碳奥氏体占 20%~30%，而混合组织中的块状复合结构也是 20%~30%，将两个不同概念的（20%~30%）混淆了，反正不能将块状复合结构误说成是奥氏体。由于《钎具用钢手册》在钎钢钎杆企业界都将它视为行业标准，十分重视其内容。因此，该手册关于 55SiMnMo 钢空冷正火态的"贝氏体特征"和组织状态的不正确观点，在很多人的文章中被引用，在此就不多说了。

1.2.7.2　55SiMnMo 钢特殊上贝氏体-铁素体和奥氏体片层相间组成

2009 年全国钎钢钎具会议论文集第 204 页《回火温度对 55SiMnMo 钢金相组织和性能的影响》[19]，作者为肖上工，该文中有一段："55SiMnMo 钢是一种贝氏体钢，它在正火（或热轧）后的组织为：一种具有特殊形态的上贝氏体（它之所以特殊，因为这种上贝氏体是由 30%左右的残余奥氏体和铁素体片层相间组成，而不是由针状铁素体和碳化物组成），也有人将这种组织形态称为无碳化物贝氏体，这是由于该钢中 Si 元素的存在，阻碍了碳化物析出。因其形态为粒状，现一般将其称为粒状贝氏体"。这段文字，将 55SiMnMo 钢正火态金相组织形态、贝氏体的特征说得很清楚，与 B_4 型贝氏体和准贝氏体特征一致。只是将贝氏体组成相之一的富碳奥氏体说成是"残余奥氏体"，关于残余奥氏体的概念，已在前面作过阐述。

1.2.7.3　呼吁对 55SiMnMo 钢的 B_4 型贝氏体金相组织的统一认识

2011 年全国钎钢钎具会议论文集第 175 页《冲击凿岩钎具用钢的选择（上）》[22]，在该文中写道："55SiMnMo 钢空冷条件下所获得的特殊上贝氏体特征：1）无碳化物；2）两相组成；3）铁素体和富碳奥氏体相间组成，属于上贝氏体。为了区分以往三种贝氏体，所以叫做特殊上贝氏体，简称特 $B_上$ 或叫 B_4 型贝氏体"[20,21]，这是正确的认识。必须指出的是：将 55SiMnMo 钢空冷条件下的组织称为上贝氏体+残留奥氏体或上贝氏体+富碳奥氏体都不对，应予纠正。"……根据研究，组成 B_4 型贝氏体两个相的体积分数，铁素体约占 70%，富碳奥氏体约占 30%……高寿命的六角钎杆，硬度应控制在 HRC38 左右，相应的金相

组织才是 $70\%B_4$ 型贝氏体+30%块状复合结构……"

55SiMnMo 钎钢，从它诞生到 2011 年，经过了半个世纪，用它制造的六角形小钎杆早已成为中国的王牌钎杆，可与国外同类王牌钎杆媲美，并进入国际市场。但对它在空冷（正火）状态下的金相组织和贝氏体认识（观点）不一致，说明了理论研究落后于生产实践。在 2011 年全国钎钢钎具会议上，刘正义和林鼎文呼吁钎钢钎杆研究工作者们予以重视，得到黎炳雄、肖上工等老钎钢工作者的响应。

在近二三十年，关于粒状（或板条状）贝氏体的研究，是一个热门的课题，发表了大量的论文（包括著作），在本书的本章中只对其中一部分进行了简要的介绍和讨论。本书作者对一些文献资料、专著、手册中关于板条（粒状）贝氏体的形态，发表了自己的观点，不对之处，请批评指正。

1.3 关于粒、板条状贝氏体"讨论"的焦点

为了便于讨论，将问题限定在亚共析低合金钢范围的金相组织，不讨论其他成分钢或合金的金相组织。

1.3.1 确定金相组织的重要判据

1.3.1.1 组成相

金相组织是由相组成的，由奥氏体、铁素体、马氏体和碳化物四个基本相组成多种常见的金相组织。在确定某种金相组织时，首先要指出是由几个相组成（是单相还是多相），组成相是什么。有些作者在论述（定义）粒、条状贝氏体时没有说清楚。

1.3.1.2 形成的温度范围

过冷奥氏体向其他组织转变时，一定是遵循 C 曲线所示规律顺序向铁素体、珠光体、上贝氏体、下贝氏体和马氏体转变，这些金相组织都是由 C 曲线相应转变区来命名的。有些作者将在上贝氏体转变区和马氏体转变区的产物拉在一起叫它粒状、板条状贝氏体是不妥的。最典型的是 BF+（M-A）或 B+（M-A），BF 或 B 是在贝氏体温度区转变的产物，M 是在马氏体区转变的产物，不能拉在一起叫它粒状贝氏体。

1.3.2 粒、板条贝氏体与粒状组织

粒状组织与粒状贝氏体是不能等同的，因组成相不一样，粒状、板条状贝氏体有特定含义，由铁素体和奥氏体组成，无碳化物；反过来也亦然，凡是无碳化物，由铁素体和富碳奥氏体组成的金相组织都是粒状、条状的贝氏体形态。

粒状组织，过冷奥氏体在 C 曲线贝氏体转变区和其他转变区分别转变的产

物，它是一种混合组织，貌似粒状或板条状，也可叫它粒状或板条状组织，比如本书图 3-12a、b 所示组织，由 B_4 型贝氏体和块状复合结构混合而成的粒状组织。

此外，当等温处理时，在上贝氏体区转变的产物也有两种，例如本书图 3-22c 所示的组织，既有 B_4 型无碳化物贝氏体，也有 B_2 型有碳化物贝氏体；这也是准贝氏体理论所说的：典型 B_2 型有碳化物贝氏体（B_u），是由准贝氏体（B_g）随等温时间增加转变而来的。一般来说，在上贝氏体区等温结束之后的组织，都是 B_u+B_g 和马氏体混合组织，暂不说马氏体，只说同在上贝氏体转变区的 B_u+B_g，叫粒状（板条）组织还是叫它上贝氏体组织？本书作者仍主张叫它上贝氏体，这是历史上一直叫下来的，不宜改叫。过去没有人注意到上贝氏体区等温的产物还有准贝氏体或 B_4 型贝氏体的问题，不改叫的另一个理由，如果等温时间足够长，B_u 比例占多数，B_g 的比例是少数。

第 1 章引用的其他著作的原文

参 考 文 献

［1］北京钢铁学院金属材料与热处理专业 . 马氏体、贝氏体的组织形态、机械性能和应用［J］. 江苏省机械科学研究所内部资料，1977，8：9.

［2］陈友萱 . 贝氏体的形态、性能及其控制［C］. 第二届热处理年会交流论文，1979，3：1.

［3］柯俊 . 奥氏体在中温转变的机构［J］. 1954 年金属研究工作报告会会刊，第五册：金属物理及检验：81.

［4］李炯辉 . 钢铁材料金相图谱［M］. 上海：上海科学技术出版社，1981：438.

［5］邦武立郎 . 低炭素マルテンサイトおよびベイナイト钢の特性［J］. 热处理，12 卷 2 号，昭和 47 年 4 月：94.

［6］Houillier R Le，Be'gin G，Bube' A. A study of the peculiarities austenite during the formation of bainite［J］. Met. Trans，1971，2：2645.

［7］钎钢协作组（刘正义、林鼎文主笔）. 金相组织对钎杆使用寿命的影响［J］. 新钢技术情报，1975.1：1.

［8］抚顺新抚钢厂 . 北京钢铁学院相 74 小分队（李承基，余永宁主笔）.55SiMnMo 钢正火组织的研究［J］. 新钢技术情报，1976，1：1.

［9］刘正义，黄振宗，林鼎文 .55SiMnMo 钢上贝氏体形态［J］. 金属学报，1981，17，2：148.

［10］刘正义 .55SiMnMo 钢金属学问题，纪念肖纪美院士八十寿辰文选［M］. 北京：科学出版社，2000.

［11］王健安 . 金属学及热处理［M］. 北京：机械工业出版社，1980.

［12］刘世楷，徐祖耀．贝氏体相变与贝氏体［M］．北京：科学出版社，1991.

［13］方鸿生，王家军，杨志刚，等．贝氏体相变［M］．北京：科学出版社，1999.

［14］康沫狂．贝氏体与贝氏体钢——纪念康沫狂先生九十华诞论文集［M］．北京：科学出版社，2009.

［15］刘宗昌，任慧平．贝氏体与贝氏体相变［M］．北京：冶金工业出版社，2009.

［16］李元元，等．新型材料科学与技术［M］．广州：华南理工大学出版社，2012.

［17］翁宇庆．超细晶钢——钢的组织细化理论与控制技术［M］．北京：冶金工业出版社，2003.

［18］黎炳雄，赵长有，肖上工，等．钎具用钢手册［M］．贵阳钎钢研究所情报室印刷，2000.

［19］肖上工．回火温度对55SiMnMo钢金相组织和性能的影响［C］．2009年全国钎钢钎具会议文集，2009：204.

［20］刘正义，黎炳雄，林鼎文．55SiMnMo钢正火态的金相组织需要统一认识［C］．2011年全国钎钢钎具年会论文集，2011.11：45.

［21］刘正义．55SiMnMo钢为代表的特殊上贝氏体形态［C］．第十届全国固态相变凝固及应用学术会议（特邀报告）论文集，2012.5：3.

［22］黎炳雄，刘正义．冲击凿岩钎具用钢的选择（上）［C］．2011年全国钎钢钎具年会论文集，2011.11：175.

2 55SiMnMo 等钎钢相变动力学特征

2.1 引言

在我国，钎钢是钎具用钢的总称，它包括了整体钎杆、锥形钎杆用钢，螺纹钎杆用钢，镐钎用钢，钎头用钢，连接套用钢，钎尾用钢等六大类 61 个钢号[1]。由于篇幅所限，更重要的是要突出 55SiMnMo 钢的特殊性，因此在本章中重点讨论 55SiMnMo 钢及相关联的 35SiMnMoV 和 40MnMoV 钢的金属学原理（主要是相变特征）。

55SiMnMo 钢用作六角形中空小钎杆的杆体材料，经过 30 多年的生产实践，通过正火热处理的小钎杆，其凿岩寿命已达到国际王牌钎杆的水平[2]。

35SiMnMoV 钢用作六角形中空小钎杆的杆体材料，采用正火热处理的小钎杆，其凿岩寿命（岩石系数 $f = 10$）也达到 60～70m/根。早在 1973 年刘正义等制作 35SiMnMoV 渗碳小钎杆，其凿岩寿命达到 120～130m/根；到 1988 年贵阳钢厂批量生产的 35SiMnMoV 钢渗碳小钎杆，其凿岩寿命也达到超百米水平。另外，35SiMnMoV 钢一直作为小钎杆的钎头用钢，直至目前，它是最好的钎头用钢。

40MnMoV 钢用作六角形中空小钎杆内孔衬管（简称衬管），保证了 55SiMnMo 钢小钎杆的高寿命。55SiMnMo 或 35SiMnMoV 钢小钎杆，在内孔表面镶嵌上一层 0.5～1mm 厚度的 40MnMoV 钢（复合体），当小钎杆采用正火热处理时，内孔表面获得下贝氏体加马氏体的复合组织，强化了钎杆的内表面，提高了其抗气泡腐蚀的能力，减少钎杆内疲劳断裂，提高小钎杆平均寿命。

在国外，95CrMo 钢制作的六角形中空小钎杆，号称国际的王牌钎杆；在国内，由于 55SiMnMo 钢小钎杆可与国际王牌钎杆相媲美，因此，95CrMo 钢小钎杆很少生产，但在市场上有卖，那是在进口凿岩机时搭配进入中国市场的，数量不多，在中国市场上，55SiMnMo 钢六角中空小钎杆占绝对优势，因此 95CrMo 钢钎杆用钢也不多讨论。

2.2 小钎杆用钢牌号、成分、相变临界点

2.2.1 小钎杆用钢的牌号与成分[1,3]

国产六角中空小钎杆用钢，主要是三个钢号：55SiMnMo、35SiMnMoV 和

40MnMoV。在20世纪70年代，国产小钎杆杆体材料用T8（碳8）钢，直到20世纪80年代才被彻底淘汰，进口的小钎杆用钢是95CrMo，上述钢成分列于表2-1。

表 2-1 小钎杆用钢化学成分

国家	钢号	用途	化学成分/%							
			C	Si	Mn	Cr	Mo	V	S	P
中国	55SiMnMo	杆体	0.50~0.60	1.10~1.40	0.60~0.90		0.40~0.55		≤0.030	≤0.030
	35SiMnMoV	杆体、钎头	0.32~0.42	0.60~0.90	1.30~1.60		0.40~0.60	0.07~0.15	≤0.030	≤0.030
	40MnMoV	内衬管	0.35~0.44	0.50~0.80	1.40~1.80		0.40~0.60	0.07~0.15	≤0.030	≤0.030
	T8（碳8）	杆体	0.77~0.85	0.17~0.37	0.50~0.80	≤0.25			≤0.045	≤0.040
瑞典	95CrMo	杆体	0.44~0.90	0.25~0.45	0.20~0.45	0.80~1.20	0.15~0.30		≤0.035	≤0.035

在1967年前，国外王牌小钎杆以瑞典的95CrMo钢为代表，是世界产量最大的钎具钢，该钢是由轴承钢加入0.20%~0.40%Mo发展而来的，它的最大优点是在热轧（钢）状态或热轧后正火（空冷）热处理条件下，获得索氏体+屈氏体的金相组织，其硬度可控制在HRC34~42，具有较好的抗疲劳强度和耐磨性[1]。在中国，95CrMo钢小钎杆的凿岩寿命，在岩石系数$f=10~12$条件下，平均寿命可稳定在150~250m/根。该钢的缺点是对缺口比较敏感，这对在坑道作业条件下很不利，一旦表面有碰伤，就会造成钎杆折断和早期疲劳。对热处理时的加热温度要求也比较严格，因为该钢的过热敏感性比较强。

中国是钎杆消耗大国。55SiMnMo钢小钎杆是中国王牌钎，其凿岩平均寿命也可稳定在150~200m/根，年生产量5万~10万吨，再加进口国外生产的中空钢（用于小钎杆）和其他规格钎杆消耗总量约18万吨/年。55SiMnMo钢的最大优点是节省了合金元素铬，成本低，中国是缺铬少镍资源的国家（在20世纪尤为突出）。该钢热轧（钎钢）状态或热轧后再正火（空冷）热处理条件下，获得的金相组织是无碳化物上贝氏体（B₄型贝氏体）+块状复合结构，其硬度可控制在HRC28~38，具有很好的疲劳强度。它是在弹簧钢基础上发展而来的，例如弹簧钢 55Si2Mo 和 55Si2MoV 等都是标准牌号的弹簧钢。

35SiMnMoV 钢是在 30SiMnMoV 钢基础上改进而来的，它是一个很优秀的钎头用钢[1]。六角中空小钎杆配上钎头才能凿岩，钎头的本体（也有叫裤体）用 35SiMnMoV，在钎头本体的前面镶嵌有（钎焊）碳化钨（WC+Co）硬质合金，凿岩机的冲击能量通过钎杆的杆体传到钎头硬质合金片，破碎岩石达到凿岩目的。钎头的质量和凿岩效率，取决于硬质合金和本体材料，如果在凿岩中，钎头本体材料变形，钎焊在上面的硬质合金刀片会脱落，钎头本体也常有疲劳破裂。35SiMnMoV 钢的钎头，配以 55SiMnMo 或 95CrMo 钢小钎杆的杆体，都有很高的寿命。

40MnMoV 钢，作为小钎杆用中空钢的内衬管材料，取得很好的效果，由于中空的钎杆在凿岩过程中，从中心孔通有压力的矿井水，对管壁有气泡腐蚀（空蚀），使钎杆过早发生内疲劳引起断裂[4]。40MnMoV 钢自硬能力（在正火热处理条件下强度提高能力）强，在与 55SiMnMo 钢同等热处理条件下，可获得比 55SiMnMo 钢更高的强度（硬度），其金相组织是以下贝氏体为主，其次是马氏体和 B_4 型贝氏体所组成的混合组织，硬度可控制在 HRC40~45。在国外，曾用马氏体型不锈钢做小钎杆内衬管也取得很好的效果[1]。不论 40MnMoV 或不锈钢内衬管，都会增加钎杆制造工艺的难度，废品率高，成本高，现在没有内衬管的小钎杆也越来越多。

对钎杆的要求，除了高的疲劳强度，特别是抗弯疲劳的能力要强，还要求有低的缺口敏感度，良好的循环韧性和大的内耗（吸震能力强），以及耐磨耐腐蚀性都是有要求的。除此之外，小钎杆的制造工艺性能要好，例如热处理的变形不能大。小钎杆长 1.5~3m，六角形的两个平行边相距 22mm（0.022m），细长杆件，热处理时的加热和冷却都会引起变形，将制造过程中的变形控制在允许范围，表现该材料的工艺性能良好；又如锻造时，始锻温度与终锻温度的温差范围宽，换句话说即使终锻温度低些也不容易打裂等等都属工艺性能良好。既要保证钎杆的硬度比较高，又要保证变形小，只有选择正火空冷热处理工艺才能实现。从金相组织来说，上贝氏体的硬度和获得上贝氏体工艺引起的变形也是比较小的。

因此，要根据小钎杆的性能与工艺要求，来充分考虑设计小钎杆用钢的成分。

2.2.2　钢的相变临界点

钢液在冷却凝固或固态钢加热和冷却过程中发生了内部结构和性能变化的特定温度，称之为临界温度或临界点。内部结构的变化是指相变（新相的产生或旧相的消失）。小钎杆用钢相变主要的临界点见表 2-2[1]。

表 2-2　小钎杆用钢主要相变临界点

钢　号	A_{c_1}	A_{c_3}	A_{r_1}	A_{r_3}	M_s	M_z
55SiMnMo	760℃	785℃	680℃	735℃	275℃	室温以下
35SiMnMoV	737℃	816℃	329℃	475℃	385℃	189℃
40MnMoV	723℃	803℃			287℃	127℃
T8（碳 8）						
95CrMo	755℃		720℃		190℃	

表 2-2 中所列钢的主要临界点各符号的意义[1,5,6]：A 表示临界点，不同成分的钢，其临界点高低有差别，不同成分的钢，其临界点的数目也不同，最少的是一个，有的多达几个。r 表示钢从高温向低温冷却时，临界点的记号（r 来自法文"冷却"的字首）；c 表示钢从低温向高温加热时临界点的记号（c 来自法文"加热"的字首）；M 表示马氏体相变临界点，s 表示马氏体开始转变点，z 表示马氏体转变完成（终止）点。以上这些符号都是国际认可（通用）记号。

关于表 2-2 中临界点 A，在钢铁材料科学上有"理论点"与"实际点"之分，"理论点"用 A_1、A_2、A_3、…表示，它是在很缓慢加热或冷却条件下的临界点。冷却（正反应）和加热（逆反应）的正反应与逆反应临界点是相同而重合的。"实际临界点"用 A_{r_1}、A_{r_2}、A_{r_3} 和 A_{c_1}、A_{c_2}、A_{c_3} 表示。在实际工业生产中，钢都不是用很慢的速度进行加热或冷却，因此实际发生相变的温度与"理论临界点"不一致，加热和冷却的相变点也不重合（有偏离），出现"过冷"或"过热"的滞后现象。在亚共析钢（小于 0.8%C 的钢）中几个主要的"实际临界点"的物理意义如下：

（1）A_{c_1}。A_{c_1} 是奥氏体开始形成的实际温度，它是钢从低温向高温加热时的第一个相变点，在理想条件下应该是 A_1。铁-碳合金如亚共析钢在室温的组织是珠光体+铁素体，用相变反应式可表示（α+Fe₃C）+α，当加热到 A_1（723℃）时，发生共析反应，珠光体向奥氏体转变，在理论上应该如此，但由于"过热滞后"现象，必须要加热到比 A_1 高一点的温度才能发生共析反应，比 A_1 高一点的温度就叫 A_{c_1}。55SiMnMo 钢的 A_{c_1} 是 760℃，比其 A_1（723℃）高 37℃；40MnMoV钢的 A_{c_1} 与 A_1（723℃）重合……在 A_{c_1} 发生的相变，可用反应式表达，即

$$(\alpha + Fe_3C) \xrightarrow{A_{c_1}\ (>A_1)} \gamma \cdots \tag{2-1}$$

在 A_{c_1} 温度时，珠光体（α+Fe₃C）转变成 γ，此时钢中的相是 α+γ。

（2）A_{c_3}。A_{c_3} 是终止（完成）奥氏体相变的实际温度，它是钢在加热时的第 2 个相变点，在理论上应是 A_3（A_2 是居里点），铁-碳合金的 A_3 是随含碳量而变的，实际上，钢必须加热到 A_{c_3} 才能发生第 2 次相变，第 2 次相变是指 α（铁素体）全部转变为奥氏体，钢从多相变成单相，其相变反应式：

$$\alpha \xrightarrow{\quad A_{c_3} > A_3 \quad} \gamma \cdots \qquad\qquad (2\text{-}2)$$

当加热到高于 A_{c_3}（30~50℃）温度并保温一段时间后，原来是固态的亚共析钢，便处于单一且均匀的奥氏体状态，完成了固态相变的正反应，固态相变的逆反应是从高温（高于 A_{c_3} 点 30℃）向低温冷却。

（3）A_{r_1} 和 A_{r_3}。从奥氏体状态向低温冷却时，将会有两次逆反应的相变发生，并出现两个逆反应相变临界点 A_{r_1} 和 A_{r_3}，由于"过冷滞后"现象，$A_{r_3} < A_3$，$A_{r_1} < A_1$，相变反应式如下：

$$\gamma \xrightarrow{\quad A_{r_3}\ (<A_3) \quad} \alpha \cdots \qquad\qquad (2\text{-}3)$$

$$\gamma \xrightarrow{\quad A_{r_1}\ (<A_1) \quad} (\alpha + Fe_3C) \cdots \qquad\qquad (2\text{-}4)$$

将式（2-1）、式（2-4）和式（2-2）、式（2-3）合并改成正、逆反应式，如下：

$$\alpha \underset{\text{冷却} A_{r_3}\ (<A_3)}{\overset{\text{加热} A_{c_3}\ (>A_3)}{\rightleftharpoons}} \gamma \cdots \qquad\qquad (2\text{-}5)$$

$$(\alpha + Fe_3C) \underset{\text{冷却} A_{r_1}\ (<A_1)}{\overset{\text{加热} A_{c_1}\ (>A_1)}{\rightleftharpoons}} \gamma \cdots \qquad\qquad (2\text{-}6)$$

反应式（2-3）表现过冷奥氏体的相变开始时铁素体领先，当单一均匀的奥氏体冷却时，在局部区域先析出铁素体（α），并向周围的奥氏体排碳（此即奥氏体的碳浓度高过钢的平均含碳量，变成富碳奥氏体），当温度不断下降时，铁素体的体积分数不断增加，奥氏体体积不断减少，而奥氏体的含碳浓度也不断增加，当温度下降到 A_{r_1} 点时，奥氏体的碳浓度正好达 0.8%，即共析钢的含碳量，立即发生奥氏体共析分解反应，转变成珠光体，如反应式（2-4），共析分解反应是渗碳体相（Fe_3C）领先。

（4）M_s。M 是马氏体相变临界点，在快速冷却条件下，过冷奥氏体转变成马氏体。奥氏体转变成马氏体是在一个温度范围内完成的，其转变开始于 M_s 点温度，终止于 M_z 点温度。

上面详细阐述关于 A_{c_1}、A_{c_3}、A_{r_1}、A_{r_3}、A_1、A_3 等符号的意义，目的就在于使读者通过铁-碳平衡状态图上这些符号的比较，更好地理解与应用铁-碳平衡图，如图 2-1[5] 所示。

2.2.3　合金元素在钢中存在的形式

本章所讨论的只限于国产高寿命小钎杆用钢所含合金元素在钢中的相互作用。四个小钎杆用钢的主要合金元素是碳、硅、锰、铬、钒。单个合金元素在钢中的作用问题，资料很丰富，问题和规律比较清楚，容易讨论，但各合金元素相

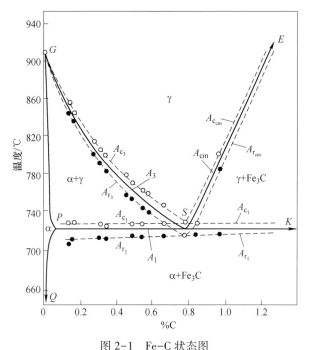

图 2-1 Fe-C 状态图

左下角（以 7.5℃/h 加热和冷却速度测定 A_{c_1}、A_{c_3}、A_{r_1}、A_{r_3}）

互作用，问题比较复杂，由于资料所限，只能就单个合金元素对钢组织结构、性能的影响进行简要性讨论，有助于对 55SiMnMo 钢 B_4 型贝氏体的了解。

2.2.3.1 钢中的主要晶体结构

A 固溶体

固溶体一般指两个以上（包括两个）合金元素（组元）在固态下保持相互溶解，并形成一种晶格，其晶格与组成组元之一的晶格类型相同。固溶体可分为置换式固溶体和间隙式固溶体，在钢铁中的间隙固溶体，例如碳在 γ-Fe 中的固溶体，其晶格与 γ-Fe 相同（面心立方）。碳原子钻进 γ-Fe 晶格空隙中，形成间隙固溶体的先决条件是间隙 C 原子半径比 Fe 原子半径小，两种原子半径差别越大越容易形成间隙式固溶体。两原子半径相近，容易形成置换式固溶体。间隙式固溶体对间隙原子的固溶度是有限的，如碳在 γ-Fe 中的固溶度最大只有 2%；碳在 α-Fe 中的固溶度更小，只有 0.006%~0.02%。

B 金属性化合物

两合金组元以金属键结合组成具有金属特性的新化合物，称之为金属性化合物。其晶格特殊，不同于组成组元的任一组元。组成金属性化合物的组元可以是金属元素，也可是非金属元素例如 Fe_3C、VC、Fe_4N 等。

C　机械混合物

在钢中常见的机械混合物是固溶体和金属性化合物的混合，如珠光体，它是由铁素体（固溶体）和渗碳体（金属性化合物）混合而成；又如下贝氏体，它是由铁素体和 ε-碳化物（Fe_2C）混合而成的。由一个相组成的合金叫单相合金，由两相或多于两相组成的合金叫双相或多相合金（钢），钢都是由多相合金组成，综合性能好。

2.2.3.2　合金元素、合金、合金相

A　合金元素

合金元素包括金属元素和非金属元素。在结构钢中有益的非金属元素有 C、B、N 等，按钢的标准要求适当保留在钢里；有害的非金属元素主要是 S、P、O、H，按钢的标准要尽量减少，最好除尽。此外，还有有害的非金属元素与金属组成的夹杂物，也是要求最好除尽。

B　合金

钢是一种合金。合金是指熔合两种以上的金属（或少量非金属元素）而获得的具有金属性能的物质。组成合金的各元素称之为合金组元。合金性能多样化，这是由它的晶体结构所决定的。钢是由不同的结构晶体所组成的。

C　合金相

钢（Fe-C 合金）中成分相同，结构相同的部分称之为"相"或叫"合金相"，相与相之间的界面称之为相界面。固态亚共析碳钢中一般只有两种基本相，即固溶体和化合物相。固溶体是总称，其包含三个基本相：（1）奥氏体相，它是碳溶解在 γ-Fe 中的间隙固溶体，晶格类型是面心立方结构，与 γ-Fe 相同，可记作"γ-Fe（C）"，或称为"γ-固溶体"，也有叫"γ-相"的，或简称为"γ"，碳在 γ-Fe 中的溶解度最大可达 2%（质量分数，相当于 8.7% 原子）；（2）铁素体相，它是碳溶解在 α-Fe 中的间隙式固溶体，晶格类型是体心立方结构，与 α-Fe 相同，可记作"α-Fe（C）"或叫"α-固溶体"，也有叫"α-相"的，或简称为 α，碳在 α-Fe 中溶解度很小，最高只能达 0.02%（723℃），在室温下才只能是 0.006%；（3）马氏体相，它是碳在 α-Fe 中过饱和间隙固溶体，它的晶体结构类似体心立方的 α-Fe，马氏体的含碳量与高温奥氏体的含碳量相同，由于含过量的碳，使原是立方的晶格变成长方晶格，晶格发生严重歪扭。用 a 表示晶格常数，立方晶格是三轴相等，长方晶格则是三轴中有一轴被碳撑长了，变成 c，$c>a$。比起奥氏体和铁素体，马氏体是一种亚稳相，在常温下稳定，一旦有热的影响，就有发生分解的趋势，如加热到 180℃，就能明显看到回火马氏体转变，析出碳化物。关于化合物相，前面已讲，不重复。

在室温下，碳钢里是没有奥氏体相的，因为过冷奥氏体冷却到 723℃ 时就完全分解了。如果碳钢中有 Mn、Ni 等合金元素的作用，与 γ-Fe 形成置换式固溶

体，则这种合金奥氏体稳定性很强，再加上碳的间隙（钻进去）作用，成为复合型固溶体，奥氏体则可一直保留到室温，如低碳高合金的不锈钢、高碳高合金的工具钢，在室温下都会保留大量而稳定的奥氏体，而中碳（亚共析碳钢）低合金的55SiMnMo钎钢，在室温下含有大量的奥氏体稳定相，甚至到−178℃都不转变，并且由奥氏体和铁素体组成一种新的贝氏体，目前还有很多人不太相信这是事实。

2.3 主要合金元素在钎钢中的作用

2.3.1 几个主要元素

几个主要元素指 C、Si、Mn、Mo、Cr、V，它们在小钎杆用钢中起了主要作用，保证了小钎杆的高质量及寿命。在一般情况下，由于这些合金元素含量不高，属钢中的杂质范围，但在钎钢中却成为主要合金元素。

（1）钢中常存杂质元素，指 C、Si、Mn、S、P 五大元素，C 是高炉铁水中带进炼钢炉的（如转炉炼钢）或从废钢废铁中带进炼钢炉（如电弧炉炼钢）的。碳与铁形成间隙固溶体或碳化物，它是钢最有效的强化元素。高炉铁水含碳量很高，通过炼钢减少含碳量达到要求。Si 和 Mn 都是炼钢炉中加入脱氧剂而残留在钢中，与铁形成置换式固溶体，强化了钢，一般 Si 含量小于 0.5%、Mn 含量小于 0.8%。适量的 Si、Mn、C 对钢的性能有益，而 S、P 是有害的元素，炼钢时力求除尽。

（2）隐存杂质元素，如 O、N、H 等，对钢的性能十分有害，有害气体按质量计很微小，不易清除，不易检测，如氢，含量只要达到百万分之几就会使钢产生"白点"而报废。

（3）偶存杂质元素，如 Cr、Ni、Ti、V 等，因某种偶然缘故进入了钢内，如炼钢炉料（废钢废铁）含有过高的这些元素，一般来说，对钢的性能都有好的影响。

（4）人为加入的合金元素，按钢的标准要求量，如若要求钢中 Si 含量大于 0.5%、Mn 含量大于 0.8%、Cr 含量大于 0.25%、Ti 含量大于 0.1%、…，则都要人为采取措施加入。

2.3.2 小钎杆用钢中的合金元素及其作用[8]

2.3.2.1 碳的作用

碳是非金属元素，它与铁在一起生成二元铁-碳合金，以固溶体和碳化铁的形式存在于钢中，这是工业用钢的基础，钢的性能和价值首先取决于含碳量。碳原子直径小，铁原子直径大，有利于形成间隙固溶体。碳是固溶体强化的最有效元素。碳和 γ-Fe 生成固溶体，其晶格是面心立方结构，碳和 α-Fe 生成的固溶体是体心立方结构。在常温下，碳在 γ-Fe 中的溶解度可达 2%，但在 α-Fe 中的溶解度却很小，在 723℃下可达 0.02%，γ-Fe 和 α-Fe 的溶碳能力相差 100 倍。在常温下 α-Fe 只能溶解 0.006%的碳。碳原子和许多金属原子的亲和力都很大，除生成固溶体外，还能生成合金碳化物。在钢中常见的金相组织如珠光体、经典的贝氏体都是铁与碳形成的 α-固溶体和金属化合物组成的机械混合物，坚硬的马氏体也是 α-Fe 过饱和碳的固溶体。亚共析碳钢中珠光体量与含碳量有关，如 0.4%C 钢其珠光体约占 50%，0.2%C 钢其珠光体量约占 25%，因此可根据珠光体量判断钢的含碳量，这在工业生产和科学研究上也是常用的知识。钢的含碳量对钢的连续冷却相变动力学曲线有显著影响。碳会降低 Fe-C 合金的 A_3 点和 M_s 点，在 Fe-C 平衡相图上碳是扩大 γ 相区的元素，碳在 γ-Fe 中的扩散速度比其他合金元素快千倍、万倍。

2.3.2.2　硅的作用

硅和氧的亲和力比较强，在炼钢炉中加入 Si-Fe 以减少钢的含氧量，有一部分硅与氧结合成为炉渣，有一部分硅就永远留在钢中，与铁形成置换式固溶体，强化了钢，提高钢的屈服强度、疲劳强度和弹性极限，因此弹簧用钢里含 Si 比较高。一般钢含硅量不超过 0.4%，超过 0.4%Si 的钢叫含硅合金钢，这是有意加入的硅。硅是不形成碳化物元素（与碳无亲和力），以原子态形式存在于 α-Fe 或 γ-Fe 中，也可间隙到铁与其他合金元素中，共同组成置换式固溶体。硅使 Fe-C 平衡图的共析点左移（向低碳方向移动），即共析温度被提高了（高于 723℃），例如 0.4%C 钢，加入 1%Si，会使 A_{c_3} 提高 40~50℃、A_{c_1} 和 A_{r_1} 升高 15~20℃[5]。由于硅提高 A_1，因此使珠光体转变温度也增加。Si 缩小 Fe-C 平衡相图上 γ 区，因此当 Si 含量比较高时，会使固态的钢在任何温度下都是铁素体（如电工硅钢片）。Si 阻碍碳在铁素体中扩散，但在 γ-Fe 中又会促进碳的扩散。含硅高的钢淬火加热时要适当提高奥氏体化温度（因 A_{c_3} 被提高了），但又要防止脱碳，因 Si 促使表面脱碳倾向性增加。硅能提高钢（淬火后）的抗回火性。硅使钢的脆性转变温度升高。

2.3.2.3　钒的作用

在钢中加入微量钒，对强化铁素体和增加其韧性有显著效果，钒和碳的亲和力大，易形成细小颗粒的 V_4C_3，阻止晶界移动，细化钢的晶粒和组织，降低钢的热加工过热敏感性，增加钢的回火稳定性。当钒存在于固溶体中时，它阻碍碳的扩散，使相变速度减慢。钒会提高 A_{c_3}，因此含钒钢的正火、淬火加热奥氏体化温度要提高，保温时间应适当延长。钒降低马氏体点，增加淬火后残留奥氏体量。钒会降低钢加热时的过热敏感性和脱碳倾向性。

2.3.2.4　锰的作用

锰和氧、硫有强的亲和力，向炼钢炉中加入 Mn-Fe 或炉料中含锰高的废钢废铁，以减少钢液中的氧和硫，一部分锰进入炉渣，有一部分也永远留在钢中。为提高钢的性能，有意多加锰于钢中，使钢成为含锰钢。锰与碳的亲和力也比较强，锰取代铁进入渗碳体，形成 Fe_3C（Mn）或 Mn_3C（Fe）复合碳化物。从 Fe-C 平衡相图上看，Mn 扩大 γ 相区，当 Mn 含量达 12%时，可使钢在室温下保持为稳定的奥氏体（高锰奥氏体钢）。锰可以强烈地降低钢的相变临界点，如 Mn 含量达 1%时，钢的临界点下降 $A_{c_1}6℃$、$A_{c_3}65℃$、$A_{r_1}50℃$、$A_{r_3}70℃$，马氏体相变临界点也强烈下降。由于 Mn 降低相变临界点，在冷却过程中的相变速度变慢，将会增加钢在淬火后的残留奥氏体量。Mn 对等温转变曲线影响也很显著，使 C 曲线右移，有利于贝氏体的形成。但是 Mn 增加了钢的过热敏感性，易使钢的晶粒粗化，增加钢的回火脆性，Mn 还阻碍炼钢炉中钢液除氢，从而易使钢锭产生白点。Mn 阻碍 35SiMnMoV 钢的渗碳层浓度和厚度。

2.3.2.5 钼的作用

在 Fe-C 平衡相图上，Mo 提高 A_3 点，缩小 γ 相区。Mo 抑制奥氏体向珠光体转变，但对奥氏体向贝氏体转变影响不大，如果在 Mo 和 Mn 联合作用下，将会明显影响 A（奥氏体）转变为 B（贝氏体）。Mo 提高 A_{c_3} 临界点，因此奥氏体化温度要提高。Mo 可固溶在 α-Fe 和 γ-Fe 中，也可溶入 Fe_3C 中，其碳化物结构有（Fe、Mo）$_3C$、MoC 和 Mo_2C，这些碳化物都比较稳定，溶入奥氏体的速度慢，Mo 在 Fe 中的扩散速度慢，阻碍 C 的扩散。Mo 能提高钢的淬透性。

2.3.2.6 铬的作用

铬与碳的亲和力很强，易形成稳定的碳化物，铬与铁也能形成固溶体并显著增加钢的淬透性，但也增加钢的回火脆性。Cr 缩小 γ 相区，降低 A_3 临界点，使等温转变曲线右移，即相变孕育期加长，Cr 对 M_s 点的影响，一方面 Cr 降低 M_s 点，另一方面若 Cr 是以碳化物形式与奥氏体共存，则奥氏体中的 Cr 和 C 都将减少，反而使 M_s 点升高。Cr 能提高碳素钢轧制状态的强度和硬度，但是韧性和塑性降低，Cr 能提高钢的抗腐蚀性和抗氧化能力。

2.4 钢的相变动力学曲线

相图反映了在平衡条件下，不同温度和金相组织（合金相）之间相互关系；而相变动力学曲线则反映了在不平衡条件下，冷却速度和金相组织（合金相）之间相互关系。钢在高温奥氏体化后再冷却，在冷却过程中，冷却速度决定冷却后的组织和性能。冷却速度与冷却方式有关，冷却方式有很多种，如随炉冷（退火）、空冷（正火）、水或油冷（淬火）等，这都是连续冷却。也有等温冷却，即从高温冷到某一温度，等温停留一段时间，然后再冷却，此过程简称等温冷却。高温奥氏体在不同过冷度下等温测定相变过程，绘出"奥氏体等温转变曲线"；另一种是在不同冷却速度进行连续冷却过程中测定相变过程，绘出"奥氏体连续冷却转变曲线"。相变动力学曲线也叫"C"曲线或叫"S"曲线，这是从曲线形状像"C"或"S"的叫法。根据英文单词开头字母缩写，过冷奥氏体等温转变曲线，可叫"TTT 曲线"；过冷奥氏体连续冷却中转变（或叫"热动力学"）曲线，可叫"CCT 曲线"。

过冷奥氏体：奥氏体从 A_3 温度，以比较慢的速度冷到 A_1 温度，奥氏体将向珠光体转变（共析分解）；但若快速冷到 A_1（略低于 A_1）或 A_1 以下不同的温度，且在冷却过程中没有发生分解转变的话，这种奥氏体叫"过冷奥氏体"。过冷奥氏体会发生新的相变，相变的驱动力是过冷度。过冷度定义：从钢的共析反应温度 A_1 到某一相变开始温度之差，一般用 ΔT 符号表示之，$\Delta T = A_1 - T_i$，T_i 是等温度（相变开始温度），A_1 是共析反应温度。冷却速度越大，过冷度越大。过冷度的大小是钢的组织（合金相）与性能的决定因素，"C"曲线反映钢从高温奥氏体在不同过冷度下相变过程、相变的极限温度、相变的相对数量与时间。

2.4.1　Fe-C 合金的 C 曲线

Fe-C 合金的 C 曲线有等温处理和连续冷却处理两种曲线。

2.4.1.1　Fe-C 等温 C（TTT）曲线

将过冷奥氏体放在 A_1 以下某一温度停留，它就会发生分解转变，这种转变叫做"过冷奥氏体的等温转变"。C 曲线是用大量实验数据绘制出来的，由于 55SiMnMo 属亚共析低合金钢，其 C 曲线比较复杂，相对而言，共析成分的碳钢如碳 8 钢的 C 曲线较简单，因此将它作为案例来说明 C 曲线的测定方法和步骤。

利用过冷奥氏体在冷却过程中发生相变时，伴随着热、体积和磁变化效应，测量这些物理变化，并配金相法和硬度测量而取得相应的数据点，将这些点绘制在温度和时间坐标上。例如用金相法实测 C 曲线。

A　测试方法

准备 10～12 个小盐浴炉，分别维持在 800℃、700℃、680℃、630℃、… 300℃、…（盐浴炉越多，温度间隔越小，曲线的精度越高）；再准备 0.8%C 钢小试块（10mm×5mm×5mm）一百多个，（全部或分组）放入 800℃ 盐浴炉 30min，使其充分奥氏体化，保温后分批（每批 10～12 个小试块）从 800℃ 盐浴炉取出投入到其他等温炉如 700℃ 盐浴炉里，进行等温处理（保温），从淬入 700℃ 盐浴中立即计时，在 0.5s、1s、10s、…、100s、…等温后各取出一块淬入水中，同样操作方法投入 680℃ 保温，并一块一块的淬入水中。然后一块一块进行硬度测定和磨制金相样品，测出各样品的相转变量。实际上就是测量珠光体、贝氏体和马氏体相对数量，马氏体量就代表了在某一温度某一时间等温时余下的奥氏体量，在淬水时转变成马氏体了。这样就可找到奥氏体转变量 0%、1%、25%、…、100%（100% 就是转变终了点，在这一点，样品淬水后没有马氏体）

的数据点。整理数据可获得 C 曲线，上述过程可用图 2-2a 来示意。由于在不同温度下，相变的持续时间相差很大，为了使 C 曲线比较规整，将"数据点"绘在单对数坐标上，即将横坐标（时间）改为对数坐标，如图 2-2b 所示[5]。

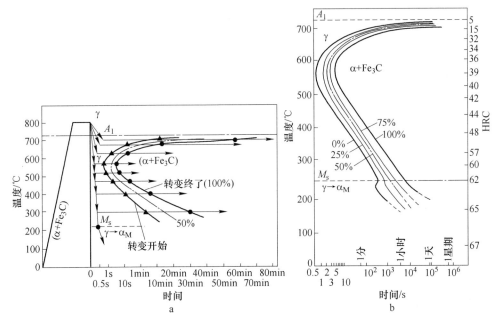

图 2-2 钢的等温转变曲线测定绘制方法

a—测定共析碳钢（0.8%C）的 C（TTT）曲线的试验方法示意；

b—0.8%C 钢奥氏体等温转变曲线——C 曲线，横坐标时间是对数

B 等温 C 曲线的特征

从图 2-2C 曲线可看到以下几点：

（1）在 C 曲线上，可将 A_1 温度至 M_s 点粗略分成三个温度区间：高温、中温和低温。高温区是珠光体形成区（$A_1 \sim 600℃$），中温区是上贝氏体形成区（600~400℃），低温区是下贝氏体和马氏体形成区（400℃以下）。

（2）孕育期。在某一温度等温的过冷奥氏体，不是立即就发生分解转变，而是停留一段时间才开始分解转变。从开始等温到开始分解转变的一段时间叫该温度下的"孕育期"，或叫相变的准备期。不同的过冷度，孕育期不同。共析碳钢在约560℃，孕育期最短，用 τ_0 符号表示，τ_0 约为7s。孕育期的长短对热处理工艺的制定很有参考价值，为获得某一种钢所希望的金相组织，则根据该钢的 C 曲线，选定冷却速度制定工艺。

（3）过冷度（ΔT）对奥氏体转变所需时间（孕育期）的影响。奥氏体在临界点 A_1（共析钢是723℃）以上为稳定相，在理论上，能长时间保持原状态而不

转变，一旦冷到 A_1 以下，就成为不稳定相，处于不稳定的奥氏体，就是奥氏体处于过冷状态，所以叫它"过冷奥氏体"，过冷奥氏体只能短暂存在孕育期中，它有强烈的转变成新的稳定相趋势。在不同的过冷度下，奥氏体发生转变的速度不同。

当 ΔT 较小时，过冷奥氏体分解转变过程进行得很慢，甚至长达几小时才能完成转变；当 ΔT 增大时，过冷奥氏体分解速度加快，甚至在几秒钟内便完成转变，大约在 560℃ 时转变最快，表明在此温度等温，过冷奥氏体最不稳定，低于560℃ 等温，随着过冷度进一步增加，过冷奥氏体的稳定性反而增强，分解转变过程缓慢下来，尤其是在接近 M_s（大约240℃）点等温，过冷奥氏体完成转变的时间又要以小时计了。

过冷度对 C 曲线的影响，主要表现在对相变开始转变的时间有影响，如700℃ 等温，$\Delta T=23$℃（A_1-700℃），奥氏体可保持 10min 后才分解，向珠光体（$\alpha+Fe_3C$）转变；560℃ 等温，$\Delta T=73$℃（A_1-650℃），奥氏体只能保持 6~7s 就开始分解；560℃ 等温，$\Delta T=163$℃，不够 1s 奥氏体就开始分解，5s 完成转变。

（4）临界点。在 C 曲线上有两个很重要的临界点即"鼻点"和 M_s 点。

1）"鼻点"。它是过冷奥氏体最不稳定的温度点，在鼻点温度之上和之下的温度等温，过冷奥氏体的稳定性随过冷度的增大而变化的规律是截然不同的。这是因为过冷奥氏体的稳定性由两个矛盾因素所共同决定。第一个因素是过冷奥氏体分解（相变）时，前后两种状态的能量之差（用 ΔF 表示），过冷奥氏体（原始状态）的能量比同一温度新相状态（转变后的新相是 $\alpha+Fe_3C$ 混合组成）的能量高，两状态能量之差就是相变的推动力，等温温度越低（ΔT 越大）ΔF 越大，过冷奥氏体越不稳定，相变的速度也越快，但当 $\Delta T \geqslant 150$℃，即等温温度在560℃ 左右，相变速度反而下降了。这是因为决定过冷奥氏体稳定性的第二个因素 D 起了主导作用，D 是原子扩散系数，当等温温度越低时，D 越来越小，特别是碳原子的扩散能力随温度的降低急剧降低，等温温度降低，虽然 ΔF 增大，但碳原子的扩散速度赶不上新相生核和核长大的需要，所以相变速度减慢了。等温温度、相变速度（正），ΔF 和 D 之间的关系见图 2-3[5]。随 ΔT 增大，ΔF 和 D 变化规律相反。所以 C 曲线上的"鼻点"是转折点，在鼻点等温，D 和 ΔF 在相变中都起主导作用，过了鼻点，则 ΔF 对相变的主导作用逐渐加强，D 的作用逐渐减弱。在鼻点以上，主导因素相反。

2）M_s 点。它是马氏体转变点，当等温温度低到 M_s 点时，碳原子完全不能扩散了，过冷奥氏体在 ΔF 主导下，以切变的方式转变成马氏体，马氏体是非扩散型相变。M_s 点是两类性质截然不同相变的"分水岭"，在 M_s 点以上等温发生的是扩散型相变（珠光体和贝氏体），在 M_s 点以下等温发生的是非扩散型相变（马氏体）。而鼻点则是珠光体和贝氏体相变的"分水岭"，在鼻点以上温度等温

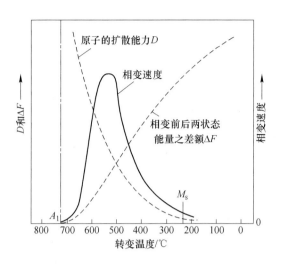

图 2-3 ΔF 和 D 对过冷奥氏体转变速度的影响

获得的金相组织是珠光体，在鼻点和 M_s 点之间等温将会获得贝氏体组织。碳钢 C 曲线只有一个鼻点，合金钢一般都有两个鼻点。

综上所述，过冷奥氏体分解（相变）的驱动力是过冷度，过冷度为相变提供了能量。过冷度对钢的固态相变有强烈的影响，当它超过某一个限度后，使相变的性质发生根本性改变，由扩散型转为非扩散型相变。

2.4.1.2 影响 C 曲线的主要因素

很多因素都会影响过冷奥氏体分解转变的产物和转变速度，都会影响 C 曲线的形状、临界点和位置。凡是提高奥氏体稳定性的因素，都使孕育期延长，转变减慢，使 C 曲线右移。凡是降低奥氏体稳定性的因素，都加速过冷奥氏体的分解转变，使 C 曲线左移。比较起来，钢的化学成分对 C 曲线的影响最为显著，因此在下面简要介绍一下主要成分对 C 曲线的影响。

A 碳的影响

碳对 C 曲线上所显示的过冷奥氏体四个转变区都有显著的影响，如先共析转变，先共析转变是指先共析铁素体和先共析渗碳体转变。共析成分的碳钢（0.8%），C 曲线上没有先共析区，低于 0.8%C 钢的 C 曲线有先共析铁素体（α相）区，高于 0.8%C 钢的 C 曲线有先共析渗碳体（Fe_3C 相）区；又如珠光体转变区，共析成分 0.8%C，过冷奥氏体最稳定，C 曲线的鼻点最靠右；而小于和大于 0.8%C，过冷奥氏体的稳定性都不如共析成分，C 曲线的鼻点都向左移；再如贝氏体转变区，过冷奥氏体的含碳越少，贝氏体转变越快，孕育期也越短，C 曲线的 B 转变区随碳的增加一直向右移，反之一直向左移。对马氏体转变区，随着碳的增加，M_s 点逐渐降低。

B   合金元素的影响

碳对 C 曲线的影响十分显著（敏感），除碳外，其他合金元素对 C 曲线的影响见图 2-4[8]。图 2-4 所示规律都只是单个元素作用的结果；实际上，工业钢铁都是多元成分，多种合金元素相互作用，有些元素起正面的影响，有些合金元素则起反面影响，复合作用决定了 C 曲线的左右或上下的位置。图上的箭头只表示了不同元素对 C 曲线左右移动的影响，对 C 曲线上下移动的规律比较复杂，对主要临界点 A_1、A_3 的影响明显，如 Cr、Mo、W、Si、V 都使 A_1、A_3 点升高（上移），而 Ni、Cu、Mn 则使之降低（下移）；Mn、Mo、Cr、Ni、W 等元素使贝氏体区开始点 B_s 降低，Mn、Cr、Ni、Mo、W、Si 等使 M_s 点降低。

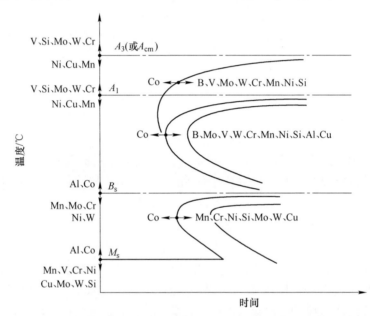

图 2-4   合金元素对过冷奥氏体等温转变 C 曲线的影响

2.4.1.3   Fe-C 连续冷却条件下的 C（CCT）曲线

连续冷却条件下与等温条件下相变 C 曲线形状相似，两者都是通过改变过冷度大小来驱动相变的发生。等温相变是在选定的温度里用急冷的强制手段造成各种过冷度来影响相变，而连续相变使用选定的冷却速度连续自然地获得不同的相变过冷度来驱动相变发生。

钢的等温相变 C 曲线测定比较容易，因此在很多专门资料（图书）里都可找到国家标准钢号的等温相变 C 曲线；连续冷却相变 C 曲线的测定难度大一点，在资料（图书）里不容易找到。测定方法见图 2-5[8]，仍以共析碳钢（0.8%C）为例，先绘出不同冷却速度（v_1、v_2、…、v_8）下的冷却曲线，每根冷却曲线的两个拐点代表相变开始和终止。把拐点相应连成线，则获得连续冷却条件下的 C 曲线。

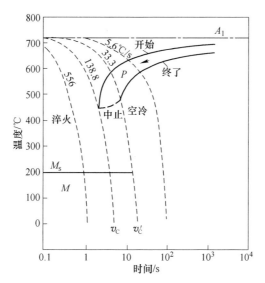

图 2-5　0.8%C 钢过冷奥氏体连续冷却相变 C 曲线

　　碳 8 钢（Fe-C 合金）连续冷却条件下的 C 曲线特征如下：只有珠光体和马氏体转变区，无贝氏体转变区。珠光体区多了一条"中止线"，这条线在等温转变 C 曲线上是没有的，它的含义：冷却曲线一旦与中止线相交，过冷奥氏体便停止转变，并一直保留到马氏体转变区。

　　中止线的两个端点是两个冷却速度的临界点。v_C' 的含义，当实际冷却速度小于 v_C' 时，则过冷奥氏体将 100% 转变成珠光体，若大于 v_C' 则转变成珠光体+马氏体；v_C 的含义，当过冷奥氏体的实际冷却速度小于 v_C 时，则有珠光体转变，大于 v_C 时则无珠光体而只有马氏体转变，所以 v_C 是保证过冷奥氏体在连续冷却过程中不发生分解而 100% 转变成马氏体的最小速度，称为"上临界冷却速度"，或叫"淬火临界速度"；v_C' 则是保证过冷奥氏体在连续冷却过程中 100% 分解成珠光体而无马氏体的最大冷却速度，称为"下临界冷却速度"。

　　在工业生产中，连续冷却热处理工艺用得比较多，如淬火、正火、退火等，而等温冷却热处理工艺也常用，如分级淬火、等温淬火等。等温淬火的优点可获得单一的贝氏体组织，其综合力学性能比较好。选择适当的工艺参数进行连续冷却处理，如空冷正火，可获得混合的复合组织，改善力学性能，如 55SiMnMo 钢连续空冷正火，可获得比较复杂的混合金相组织，显著改善了抗疲劳性能。

2.4.2　合金钢的等温 C（TTT）曲线

　　合金钢的等温和连续冷却 C 曲线比碳素钢的复杂，下面只列举几个与小钎杆有关的钢 C 曲线。

2.4.2.1　55SiMnMo 钎钢的等温 C 曲线

冶金部钢铁研究院测定，先采用磁性法测量，再用金相法校核，测得的 C 曲线如图 2-6a 所示[1]。它比碳钢 C 曲线复杂，如图 2-2 所示的 0.8%C（共析成分）碳钢的 C 曲线，形状比较简单。图 2-6a、b[1,9] 相比，含碳量相同，合金钢的 C 曲线（一般都）有两个"鼻点"，有贝氏体转变区；碳钢只有一个"鼻点"，没有贝氏体转变区。影响钢 C 曲线的合金元素包括了碳，即使是碳钢，若含碳量不同，也会使 C 曲线有变化，0.55%C 的碳钢，在 700℃ 等温时，多了一条产生铁素体相的线，而共析成分 0.8%C 的碳钢，在 700℃ 等温时，可获得 100% 珠光体，没有 $\gamma \rightarrow \alpha$ 转变的线。

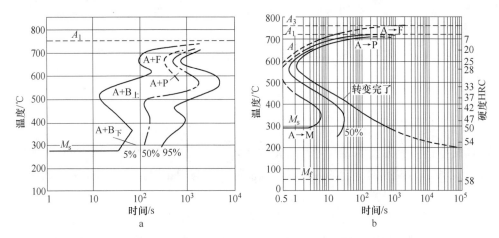

图 2-6　中碳钢和中碳合金钢的等温转变 C 曲线比较

a—55SiMnMo 钢等温转变 C 曲线（奥氏体化温度 870℃，《钎具用钢手册》一书图 1-1）；

b—55 碳钢等温转变 C 曲线（奥氏体化温度 910℃，《合金钢手册》一书图Ⅲ-3-38）

55SiMnMo 钢等温 C 曲线由两个 C 组成，类似 S 形，分四个区；奥氏体向铁素体转变（A+F），温度范围在 620~760℃ 之间；奥氏体向珠光体转变（A+P），温度范围在 550~600℃ 之间；奥氏体向贝氏体转变（A+B），温度范围在 300~580℃ 之间，在这个区间还分上、下贝氏体转变。下贝氏体转变温度范围比较狭，在 250~350℃ 范围；奥氏体向马氏体转变（A→M），温度范围在 M_s（300℃ 以下）。与碳钢相比，55SiMnMo 钢等温相变 C 曲线具体特征有如下几点：（1）S 形曲线整体右移，表明比 55 碳钢的相变速度慢了。能使 C 曲线右移的合金元素主要是碳、锰，其次是钼，如果钼是单独作用，对 C 曲线的（A+P）区右移会有明显的影响，但对（A+B）区的影响甚微；但若钼和锰联合作用，则会明显使（A+B）区右移。（2）相变孕育期显著增长，如 55 碳钢最短孕育期"鼻点"只有 0.7s，而 55SiMnMo 钢的第二个"鼻点"超过 10s。（3）相变起始与终止转变线之间宽度增加，表明扩散型相变速度显著减慢，从 10 多秒到 2~3min 内才完成转变，有利于扩散型的贝氏体相变充分完成。（4）奥氏体分解成珠光体或贝氏体都只能完成95%，另有5%一直保留到M_s点以下而转变成马氏体。

2.4.2.2　35SiMnMoV 钎钢的等温 C 曲线[1]

用磁性法和金相法测定的 C 曲线如图 2-7 所示。35SiMnMoV 钢也属亚共析钢，含碳量偏于低碳范围，可用作渗碳小钎杆和钎头。该钢的 C 曲线与55SiMnMo 钢比较，C 曲线整体左移，因含碳量低了，碳是影响 C 曲线左右移的主要元素。在图上还可看到有（A+F）区，过冷奥氏体在A_{c_1}~600℃分解过程中先有铁素体析出，然后才进入珠光体形成区（A+F+P）。另一点就是贝氏体转变区还比较宽，表明相变速度减慢，有利于贝氏体转变。还有一点值得注意的是M_s点提高到385℃，有利于在连续冷却条件下，获得马氏体数量比较多，但影响贝氏体的转变量。

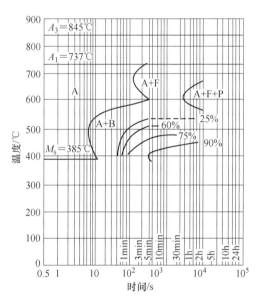

图 2-7　35SiMnMoV 钢等温转变 C 曲线

2.4.2.3　40MnMoV 钎钢的等温转变 C 曲线

用热膨胀法、磁性法和金相法组合测定的 C 曲线如图 2-8 所示[1]，40MnMoV 钢也属亚共析钢，等温 C 曲线比 55SiMnMo 钢，C 曲线右移明显；比35SiMnMoV 钢，右移更加显著，右移的主要原因应该是锰的作用（达1.7%Mn），有利于贝氏体转变。在同等条件的连续空冷中，内孔比外层的冷却速度小，但仍可获得以下贝氏体和马氏体为主的复合组织（类似 55SiMnMo 钢的块状复合结构），硬度比外层还要高，保证了"内壁"强化的效果。

2.4.2.4　95CrMo 钢的等温转变 C 曲线

95CrMo 钢的等温转变 C 曲线见图 2-9。

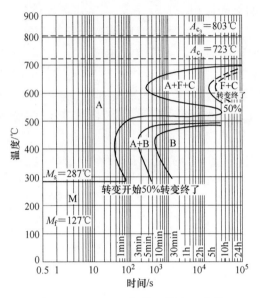

图 2-8　40MnMoV 钢等温转变 C 曲线

C	Si	Mn	Mo	Cr
1.00	0.32	0.35	0.25	1.00

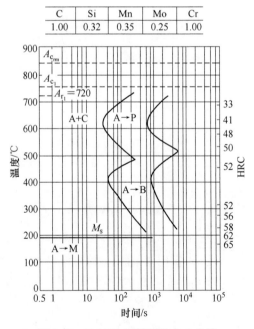

图 2-9　95CrMo 钢等温转变 C 曲线

2.4.3　55SiMnMo 钎钢连续冷却相变 C 曲线

由黎炳雄提供的 55SiMnMo 钢在连续冷却条件下测定的 C 曲线如图 2-10 所

示，钢的总成分见图 2-10e 上边的表，C、Si、Mn、Mo 的波动见图 2-10a~d。

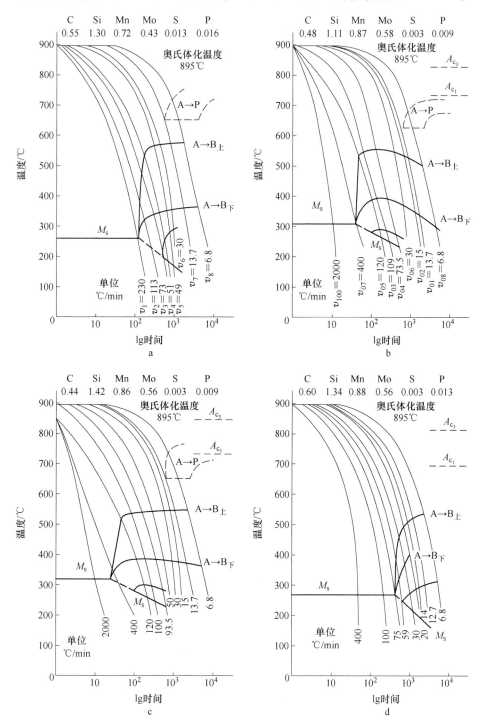

试样化学成分

编号	C	Si	Mn	Mo	S	P	注
0号	0.55	1.30	0.72	0.43	0.013	0.016	低锰低钼
1号	0.48	1.11	0.87	0.58	0.003	0.009	低碳低硅
2号	0.44	1.42	0.86	0.56	0.003	0.009	低碳高硅
3号	0.60	1.34	0.88	0.56	0.003	0.013	高碳高硅

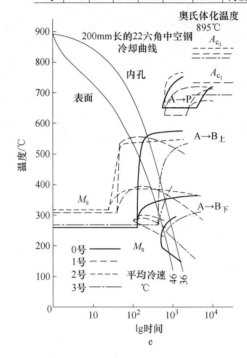

图 2-10   55SiMnMo 钢过冷奥氏体连续冷却转变 C 曲线

a—0 号试样, 低锰低钼; b—1 号试样, 低碳低硅; c—2 号试样, 低碳高硅;

d—3 号试样, 高碳高硅; e—0 号、1 号、2 号、3 号试样汇总比较

    以上五个 C 曲线都是 55SiMnMo 钢的连续冷却转变 C 曲线, 每个 C 曲线所用钢的成分都有点波动, 只能是定性的比较。

    图 2-10a 是 0 号试样, 其成分与表 2-1 相比, 四个合金元素都在标准范围以内, 与图 2-4a 等温相变所用试样成分相近, 相对标准成分而言, 属中碳高硅, 可以看出, 等温与连续冷却相变 C 曲线, 在形状上有很大差异, 曲线向左旋转, 珠光体区与贝氏体区分开了。更具体地说, 因硅偏高, 对 C 曲线有以下影响:

    (1) 整个 C 曲线显著向右移, 孕育期延长, 贝氏体区的"鼻点"右移到大于 100s, 而等温 C 曲线贝氏体区"鼻点"在 10~11s 间, 这就表明相变速度显著减慢。

    (2) 贝氏体转变区, 尤其是上贝氏体转变区显著增大, 在比较宽的温度范围都在上贝氏体转变区内, 使上贝氏体转变获得充分机会。贝氏体转变的生核与长大都是比较慢的,要有充分的时间,才能转变更多的贝氏体。

(3) 下贝氏体转变终止线低于 M_s 点,说明过冷奥氏体十分稳定,在某种特定冷却速度下,可能在马氏体形成之后仍保留少量奥氏体向下贝氏体转变。

(4) 珠光体转变区向右移更加显著,在很慢的冷却条件下都不易获得珠光体。

图 2-10b 是 1 号试样的 C 曲线,试样的碳和硅比图 2-10a 的低,但钼高,相对标准成分而言属低碳低硅高钼,C 曲线明显向左移了,相变的孕育期也缩短了,表明相变速度有所加快。本来硅是减慢相变速度的元素,现在是硅和碳量都减少,有利于相变速度加快。钼含量虽高,单一钼作用会使 C 曲线右移,但钼和锰的联合作用,不如碳和硅的影响大,最终还是 C 曲线左移了。

图 2-10c 是 2 号试样的 C 曲线,与标准成分相比属低碳高硅高钼,C 曲线左移,M_s 点进一步升高,贝氏体转变区开始转变温度也略有下降,相变速度加快,不利于上贝氏体转变。

图 2-10d 是 3 号试样的 C 曲线,与标准成分相比属高碳高锰高钼,C 曲线显著右移,M_s 点显著降低,但是贝氏体转变区变狭小,意味着相变孕育期虽然长了,但贝氏体转变过程都缩短了。

图 2-10e,将图 2-10a~d 四图集聚在一起,便于比较。从图 2-10e 可见,2 号样品(图 2-10c,低碳高硅)的 C 曲线左移最显著,其次是 1 号样品(图 2-10b,低碳低硅),C、Si、Mn、Mo 四个元素都影响 55SiMnMo 钢 C 曲线,都影响相变速度,比较起来,C 和 Mn 的影响程度大过其他元素。

2.4.4 从 C 曲线来看 55SiMnMo 钢

人们重视的是连续冷却 C 曲线特征,因钎杆最后热处理工艺采用连续空冷。

2.4.4.1 成分波动对连续冷却 C 曲线的影响

从图 2-10 可以看出,只要成分有小的波动,C 曲线就有明显的变化。在工业化生产实践中,每一炉钢液、同一炉钢液浇铸不同的钢锭、同一钢锭不同局部区域,其成分不均匀是难免的。在随后的轧制和热处理过程中都不会有显著的改善。C 曲线的变化反映了金相组织的变化,例如 B_4 型贝氏体和块状复合结构的比例、B_4 型贝氏体两组成相铁素体和富碳奥氏体的比例都有变化,这种变化会影响力学性能的不一致,影响钎杆寿命。总之,成分的波动影响 C 曲线变化太敏感,这是 55SiMnMo 钢的缺点之一。

2.4.4.2 两种 C 曲线的差异

等温与连续冷却 C 曲线不仅在形状上有差异,更重要的是:过冷奥氏体在两种 C 曲线贝氏体转变区所转变的贝氏体,其形态也有很大差异。已有研究表明[10],在等温 C 曲线贝氏体转变区的临界点以上等温所获金相组织是混合贝氏体，以 B_2 型有碳化物贝氏体为主，其次是 B_4 型无碳化物贝氏体；在临界点以下等温，可获得 B_4 型贝氏体，但其组成相的富碳奥氏体所占比例显著减少。而连续冷却 C 曲线的贝氏体转变区，获得的贝氏体是单一的 B_4 型贝氏体，没有发现 B_2 型贝氏体。而且还可以控制连续空冷的速度获得 100% B_4 型贝氏体。这个问题，将在第 3 章提供进一步讨论的证据。在制造 55SiMnMo 钢小钎杆热处理工艺上，采用控制连续空冷速度，使过冷奥氏体在上贝氏体转变区只转变 70%～80% 为 B_4 型贝氏体，还有 20%～30% 留到下贝氏体（B_3 型贝氏体）和马氏体区才转变，从而获得一种混合组织，保证小钎杆高寿命。连续空冷的速度容易控制，这是 55SiMnMo 钢的优点之一。

参 考 文 献

［1］黎炳雄，赵长有，肖上工，等 . 钎具用钢手册［M］. 贵阳钎钢研究所情报室，2000.

［2］黎炳雄 . 我国中空钢及钎钢生产的发展过程中大事记［C］. 第十八届全国钎钢钎具年会论文集，2016. 11（株洲）：22.

［3］冶金部钻杆超国际水平突击队 . 钻具试验总结（内部资料）. 1969，10：79.

［4］黎炳雄，刘正义 . 冲击凿岩钎具用钢的选择（上）［C］. 2011 年全国钎钢钎具年会论文集，2011. 11：175.

［5］东北工学院金相专业 . 金属学及热处理（讲义）［M］. 东北工学院（自印），1962.

［6］北京钢铁学院金相考研组 . 金属学（试用教材）［M］. 北京钢铁学院（自印），1974.

［7］金属学编写组 . 金属学［M］. 上海：上海人民出版社，1977.

［8］王健安 . 金属学及热处理［M］. 北京：机械工业出版社，1980.

［9］冶金部钢铁研究院 . 合金钢手册（下册）［M］. 北京：冶金工业出版社，1964.

［10］刘正义，林鼎文 . 再论 55SiMnMo 钢贝氏体形态［C］. 2014 年全国钎钢钎具年会论文集，2014. 10（周口）：200.

3   55SiMnMo 钢正火（连续空冷）的 B₄ 型贝氏体形态

钢的贝氏体转变是比较复杂的一种相变，钢铁材料的贝氏体相变及其形态，至今还不断有新发现，如板条、粒状贝氏体等。因此在相变这门老学科里，贝氏体相变还常被大家所关注。关于贝氏体转变机制更是争论激烈[1]，争论的焦点分为两类：切变机制（理论）派，以贝氏体转变引起表面浮凸现象为依据，力持贝氏体是非扩散型相变观点；扩散机制派，以贝氏体转变时铁素体台阶长大现象为依据，力持贝氏体是扩散型相变观点。两种观点经几十年的激烈交锋，现在基本上得到统一看法：贝氏体既有切变型相变特征，也有扩散型相变的特征，在贝氏体形成初期比较符合切变机制，图 3-9b 中脊线也可证明；在后期（铁素体尺寸加厚）比较符合台阶长大的扩散型相变机制，在温度比较低时形成的贝氏体，符合切变机制。在应用方面，贝氏体钢的经济效益也很好，因贝氏体相变速度比较慢，贝氏体组织容易在自然空气中冷却（正火热处理）条件下获得，可减少环境污染，节约成本，减少钢件因热处理冷却速度大而变形。贝氏体组织的综合力学性能较好，所以贝氏体钢、铸铁得到广泛的应用。

当钢铁材料从奥氏体化温度，在自然环境中空气冷却（简称"空冷"）即正火条件下，连续降温直至到室温的过程（简称"连续空冷"）中，要经过高温转变（奥氏体向珠光体转变）、中温转变（奥氏体向贝氏体转变）和低温转变（奥氏体向马氏体转变）过程，贝氏体是中温转变的产物。不同钢铁材料（由于成分上的差异），在空气中连续冷却，所得到的金相组织也有差异，如碳素钢在相同的空冷条件下，0.8%C 钢的金相组织是 100% 片状珠光体，小于 0.8%C 钢的金相组织是珠光体+铁素体，大于 0.8% 钢的金相组织是珠光体+碳化物。合金钢的情况更为复杂，在空冷条件下，所获得的金相组织可能是一种混合组织（既有珠光体，又有贝氏体，还有马氏体）。55SiMnMo 钢是中碳低合金钢，在连续空冷条件（正火）下，获得混合的金相组织，是一种比较复杂、也是很特殊的金相组织，刘正义将它分别命名为 B₄ 型贝氏体和块状复合结构[2,3]，本章对此将作详细讨论。

3.1   B₄ 型贝氏体形貌特征[2,4~8]

3.1.1   用普通光学显微镜研究 B₄ 型贝氏体形貌特征

3.1.1.1   试样的制备

1 号、2 号、3 号三个 55SiMnMo 钢的样品，其尺寸都是 22mm×25mm×10mm，

分别加热到 860℃、880℃、900℃，保温 30min 奥氏体化后，再以 40~60℃/min 相同的冷却速度连续空冷至室温，三个样品的宏观硬度都相近，HRC25~27。三个样品的奥氏体化温度有差别，但都远超过 55SiMnMo 钢 A_{c_3}（785℃）点，这有利于奥氏体的均匀性。

3.1.1.2　B_4 型贝氏体的形貌特征

过冷奥氏体在空冷中分解转变后的金相组织如图 3-1 所示，a、b、c 分别代表三个样品的金相组织，都是在比较慢的冷却速度连续空冷（正火热处理）条件下获得的 B_4 型无碳化物上贝氏体的典型形貌。从图 3-1 可见，金相组织由颗粒状和条状两种形貌混合组成。1 号试样（图 3-1a）条状比例多些，2 号和 3 号试样（图 3-1b、c）颗粒状多些。根据实践，100%的条状或 100%颗粒状形貌，不容易获得。

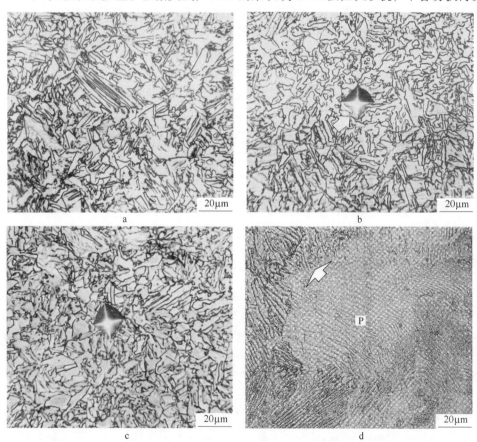

图 3-1　光学显微镜下 B_4 型贝氏体形貌比较

a—1 号试样，900℃×30min 奥氏体化，40~60℃/min 速度空冷，HRC26，4%Nital，100%B_4 型贝氏体；
b—2 号试样，880℃×30min 奥氏体化，40~60℃/min 速度空冷，HRC27(HV280)，4%Nital，100%B_4 型贝氏体；
c—3 号试样，860℃×30min 奥氏体化，40~60℃/min 速度空冷，HV270~275，4%Nital，100%B_4 型贝氏体；d—碳钢，820℃×30min 奥氏体化，空冷，HRC15~17 箭头所指区域与 B_4 型贝氏体极为相似，3%Nital，P 表示珠光体

用"双磨面"金相法观察条状的厚度都在微米级，因此叫它柱状贝氏体也是可以的。关于柱状贝氏体，在一些文献中也讲到其特征，但含义与 B_4 型贝氏体有些不同，为了使问题简单些，不论具有板条状、粒状或柱状形貌特征，只要它是由铁素体和奥氏体相间组成，无碳化物者，作者统称叫它 B_4 型贝氏体。条状和粒状的比例与奥氏体化温度和过冷奥氏体的冷却速度和钢的局部区域成分等因素有关，如同一个样品心部和边缘的金相组织有差别，心部的条状形貌比较多些，边缘少些，因边缘的冷却速度大于心部；还有奥氏体化温度越高，金相组织中条状比例越多，这类的问题在其他章节中还有进一步讨论。

上述金相组织（图3-1a~c所示）在早期的一些金相图谱和相关著作中，都比较少见，从图可见，条与条、颗粒与颗粒，或条与颗粒之间都有清晰的界面，但界面不规则；不同颗粒或板条，其尺寸大小相差比较大。将它与图3-1d所示碳8钢空冷的金相组织比较[9]，两者很相似，如P所指，片状珠光体的形貌也不是很均匀的，多数区域片层相间很规则，而箭头所指区域就不规则。所以冶金部钎钢攻关队早在1967年就将图3-1a~c所示金相组织叫做"伪珠光体"[18]（在钎钢攻关队有些技术文章中也叫它上贝氏体），形貌确实像粗片状珠光体。从形成温度来看，它是过冷奥氏体在上贝氏体转变温度范围内形成，应属上贝氏体，但它又不像经典的上贝氏体形貌。钎钢攻关队叫它"伪珠光体"，以示区别它不是珠光体。

图3-2是 B_4 型无碳化物上贝氏体的高倍形貌。将1号试样放在光学金相显微镜下，拍下800倍的金相组织，再经光学放大约3.8倍，总放大倍数约3000。从高倍看，B_4 型贝氏体更像粗片状珠光体。在同一个晶粒内，彼此平行的板条或相邻的颗粒，哪些是铁素体、奥氏体，有无碳化物？回答不了，分辨不清。一个晶粒内的板条平行排列的方向基本一致，但与相邻晶粒内板条排列的方向有明显的差异，这与珠光体、低碳马氏体相变形貌特征较相似。板条间和颗粒间（包括颗粒与板条间）有界面，如箭头I所指，颜色很暗，是相界面；紧靠相界面的还有阴影，如箭头S所指，颜色较淡，衬度明显，但不能确定它是相界面还是什么物相（放最后讨论）。在形貌上的差异，不是本质问题，其本质问题是图3-2所示的金相组织由什么相结构组成，它是单相还是多相组织，有无碳化物。

粗片状珠光体是由条状铁素体和片状碳化物两相相间组成，用3%~4%硝酸酒精（Nital）浸蚀剂，在高倍（1000倍）普通光学显微镜下清晰分辨出两个组成相，但要肯定其中一个相是碳化物，简单的办法是用染色金相，如古老的也是最有效的碳化物染色剂——苛性钠苦味酸水溶液，配方是苦味酸2g+氢氧化钠25g+水100mL，加温到80℃将金相抛光面的试样放入10~15min，碳化物被染成黑色，铁素体不染色，两相的衬度十分鲜明。组成粗片状珠光体的碳化物相呈连续的片状（从晶界的一边到另一边，中间不断续）。

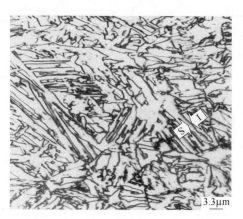

3.3μm

图 3-2　55SiMnMo 钢 B₄ 型贝氏体形貌特征

（4%Nital，800×3.8（光学放大），样品的宏观硬度 HRC26；箭头 I 指
相界面，箭头 S 所指阴影可能是奥氏体相高碳区）

　　经典的 B_2 型贝氏体也是由条状的铁素体和碳化物组成，碳化物分布在铁素体两边，用 3%~4%Nital 浸蚀，在光学显微镜下，不容易区分组成相。在电子显微镜下，两相间有衬度，能分清铁素体和碳化物，而且看清碳化物呈不连续（或叫链状）形貌特征[9]。

　　粗片状珠光体与 B_2 型贝氏体都是由铁素体和碳化物相间组成的，但两者有区别，主要有三点：（1）珠光体铁素体两侧的碳化物是连续的，B_2 型贝氏体铁素体两侧的碳化物是不连续的；（2）珠光体铁素体的碳是平衡浓度（≤0.02% C），B_2 型贝氏体铁素体的碳浓度是过饱和的（≥0.02%C）；（3）硬度，粗片状珠光体只有 HRC15~17，而 B_2 型贝氏体可达 HRC25~30，因过饱和的碳使铁素体晶格畸变，硬高增高。

　　以上讨论粗片状珠光体与 B_2 型贝氏体的一些特征，对进一步研究图 3-1 所示金相组织（B_4 型贝氏体）是有帮助的。

3.1.1.3　用彩色金相法显示 B_4 型贝氏体形态

　　可借助前面讨论区分粗片状珠光体和 B_2 型贝氏体组织形态特征的方法，进一步研究图 3-1 所示 B_4 型贝氏体形貌特征。分辨金相组织的组成相，最有效的方法是用透射电子显微镜，但制样有相当难度。在 21 世纪已有用块状试样金相磨面，有颜色显示金相组织组成相的光学仪器。在 20 世纪 70 年代，刘正义等用染色金相技术在普通金相显微镜下显示 B_4 型贝氏体的组成相，取得很好的效果，促进了对 B_4 型贝氏体的深入研究。其原理：将块状试样金相磨面浸入铁素体染色剂保持一定时间，在铁素体表面沉积一定厚度的黑褐色薄膜，由于奥氏体表面张力大，染色剂在奥氏体相表面不能成膜或成膜很薄，而铁素体相表面张力小，染色薄膜牢靠地沾附在表面，以此分辨铁素体和奥氏体相[2]。

（1）铁素体染色剂配方：2g 亚硫酸钠+5mL 冰乙酸（醋酸）+50mL 蒸馏水，混合均匀，使亚硫酸钠充分溶解。该染色剂用来显示铁素体，铁素体被染成棕褐色，所以叫它铁素体染色剂[2]。

（2）操作顺序：将块状试样制作成金相抛光面，先用 3%~4%Nital 浸蚀 3~4s，在显微镜下看到如图 3-1a~c 所示的金相组织（并拍照）；再将被 3%~4%Nital 浸蚀过的金相磨面浸入染色剂中约 2min，冲水并吹干，供金相显微镜观察。

（3）染色效果：经上述染色过程处理的样品，在金相显微镜下观察并拍摄照片如图 3-3 所示。图 3-3 的 a~c 所示金相组织的试样与图 3-1a~c 所示金相组织的试样相同，但两图所显示的金相组织形貌差别很大。

在图 3-1a~c 染色前组成相之间衬度很小，分辨不了组成相；染色后如图 3-3a~c 和图 3-4b、d 所示的组成相黑白分明，组成相之间的衬度很大，清楚地分辨出两个相，棕褐色（在黑白衬度的照片上，黑色就反映了棕褐色）是铁素体，因为染色剂就叫"铁素体染色剂"，只有铁素体才能被染成棕褐色，不染色（白亮）的是否就是奥氏体？或其他相如碳化物呢？在此暂且肯定它是奥氏体，在后面章节将会对这些问题提供证据。在图 3-3 还有 d~f 三张照片，其情况如下：试样经 4% Nital 浸蚀，金相组织是 B₄ 型贝氏体，如图 3-3d 所示，这也就是55SiMnMo 钢空冷正火后常见到的一种 B₄ 型贝氏体+少量块状复合结构混合组织形貌，与图 3-1a~c 比较，相界面比较规整，有少量的块状复合结构（组织）。再经铁素体染色剂后的金相组织如图 3-3e 所示，它和图 3-3a~c 相比，奥氏体量多，从照片可以测定奥氏体的体积分数达到 40%，而且奥氏体的条或颗粒相互连接，将铁素体条或颗粒包围。除了这张照片所反映的 B₄ 型贝氏体中奥氏体体积分数达 40% 外，还在 2 号试样的少数视场区域观察到奥氏体超过40%，如图 3-3f 所示。在后面，还会看到比这两张照片的奥氏体更多的 B₄ 型贝氏体组织。

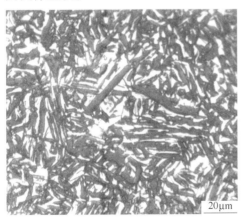

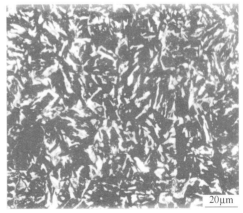

a　　　　　　　　　　　　　　　　　b

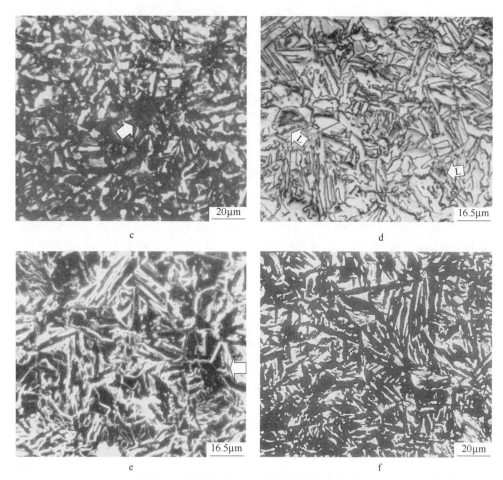

图 3-3　染色剂区分 B₄ 型贝氏体的两个组成相

a—将 1 号试样用铁素体染色剂处理 2min，褐黑色是铁素体，白色是富碳奥氏体，铁素体和奥氏体相间组成 B₄ 型贝氏体；b—将 2 号试样用铁素体染色剂处理 2min，褐黑色是铁素体，白色是富碳奥氏体，铁素体和奥氏体相间（或相邻）组成 B₄ 型贝氏体；c—将 3 号试样用铁素体染色剂处理 2min，褐黑色是铁素体，白色是富碳奥氏体，铁素体和奥氏体相间（或相邻）组成 B₄ 型贝氏体，箭头指金刚石四棱锥压痕记号；d—900℃×30min 奥氏体化，40～60℃/min 速度空冷，HRC27～28，4%Nital，B₄ 型贝氏体为主，少量块状复合结构（如箭头 L 所指）；e—将图 d 所示金相组织的试样，用铁素体染色 2min，褐黑色是铁素体，白色是富碳奥氏体（奥氏体的体积达 40%），块状复合结构如箭头所指；f—900℃×30min 奥氏体化，60～80℃/min 速度空冷，HRC29～30，4%Nital+铁素体染色 2min，趋于粒状 B₄ 型贝氏体的奥氏体相超过 40%

　　图 3-4a～d 四张是同位观察和拍摄的照片。原位对比染色前后的组织，给人的印象更为直观。图 3-4a 和 b 是在同一个试样、同一个金相磨面、同一个视场的“同位”观察和拍摄；图 3-4c 和 d 是在另一个试样的“同位”观察和拍照。

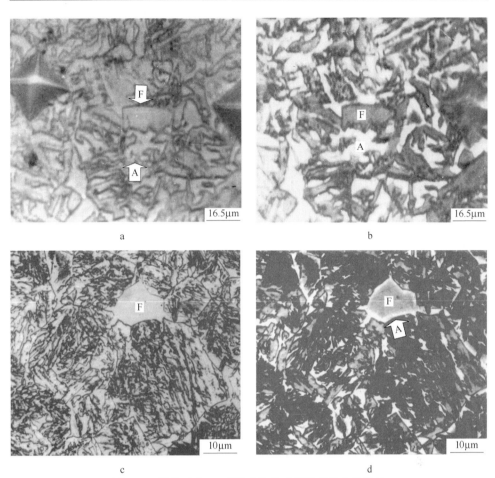

图 3-4　原位对比 B₄ 型贝氏体组成相铁素体和奥氏体

a—将空冷正火的试样，用 4%Nital 浸蚀 4s 后所显示的金相组织，要求分清两箭头所指的组成相
（见 b 图）；b—将图 a 所示金相组织的试样，再经铁素体染色剂处理 2min，F 所指是铁素体，A 所指
的是奥氏体；c—将空冷正火+300℃回火的试样，用 4%Nital 浸蚀 4s 后所显示的金相组织，要求
判别 F 所指区域的相组成（见图 d）；d—将图 c 所示金相组织的试样，再经铁素体染色剂
处理 2min，F 所指区域是奥氏体包围的一块铁素体，箭头 A 指奥氏体，中间是铁素体

图 3-4a 和 c 是两个试样经 4%浸蚀所显示的金相组织，并在拍照的视场区域做一个印记，再将试样经铁素体染色剂 2min，找回有印记的视场，并拍摄"黑白衬度"的照片，如图 3-4b 和 d 所示。经 4%浸蚀的照片（图 3-4a），在照相时，使用了显微镜的最小光圈（最小进光量），铁素体和奥氏体之间有微弱的衬度，如箭头 A 所指的一个相，衬度稍明亮，形象地说它就像一个接力（左手拿接力棒）赛跑的田径运动员；在他的头上面有一个稍暗的相如箭头 F 所指，形象地说它就像一头"肥猪"（头部，尾巴都没有显示出来）。箭头 A 和 F 所指的两个相之间有微弱衬度，肯定它们是两个相，但不鲜明。图 3-4b 就鲜明地显示它们是

两个相，"田径运动员"是奥氏体相，"大肥猪"除了嘴巴外，其他部位都是棕褐色的铁素体，嘴巴（小圆点）是奥氏体。

此外，图 3-4c 上符号 F 所指衬度亮的大颗粒十分突出，一般来说，普通钢材用 3%~4%Nital 浸蚀后衬度亮的相，可能是淬火马氏体、铁素体、奥氏体、碳化物。而图 3-4d 显示它是被奥氏体包围的一大颗铁素体，（周边一圈没有被染色，是奥氏体），但铁素体的染色比较淡，因染色膜比较薄，可能是因面积大加之奥氏体的包围而影响棕褐色膜的厚度。关于大块铁素体被奥氏体包围的两相，其界面没有被显示出来？这个问题有待进一步探讨研究。

（4）彩色照相：图 3-3 和图 3-4 都是黑白照相，没有显示试样染色后金相组织各组成相有颜色的特征，而图 3-5a~d 的彩色照片代表了典型的 B₄ 型贝氏体的相组成状态。总的来说，彩色照相层次比较分明。但黑白照片也是有优点的，因黑与白在一起，衬度的效果好，而彩色的衬度效果不如黑白照片，如图 3-6a、b 对比可看出，图 3-6a 的黑白衬度好，图 3-6b 的彩色衬度不够鲜明，不如图 3-6a。

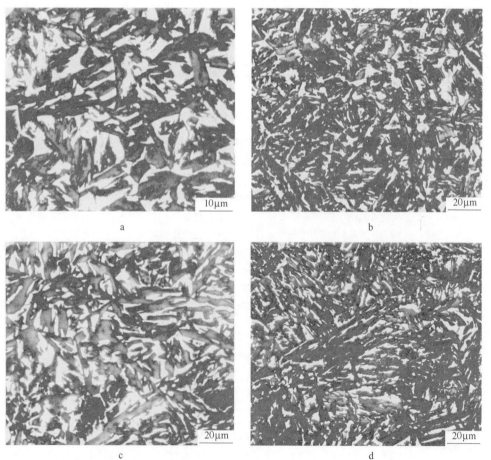

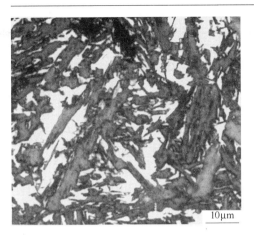
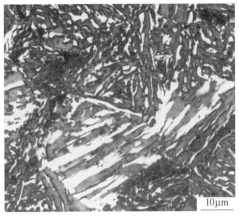

e   f

图 3-5 B₄ 型贝氏体染色后彩色照相（见书后彩页）

a—空冷正火试样，经铁素体染色剂处理 2min，亮衬度者是富碳奥氏体，棕褐色者是铁素体；b—空冷
正火试样，经铁素体染色剂处理 2min，亮衬度者是富碳奥氏体，棕褐色者是铁素体，B₄ 型贝氏体
趋于颗粒状；c—空冷正火试样，经铁素体染色剂处理 2min，亮衬度者是富碳奥氏体，棕褐色者是
铁素体，蓝色者是块状复合结构；d—空冷正火试样，经铁素体染色剂处理 2min，亮衬度者是
富碳奥氏体（细条状者多，颗粒状者少），棕褐色是铁素体；e—空冷正火试样，经铁素体染色剂
处理 2min，亮衬度者是富碳奥氏体，棕褐色者是铁素体；f—空冷正火试样，经铁素体染色剂
处理 2min，亮衬度者是富碳奥氏体，棕褐色者是铁素体，两相近似平行相间的关系明显

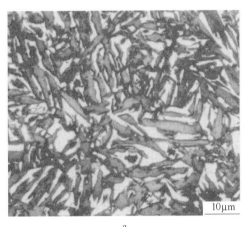
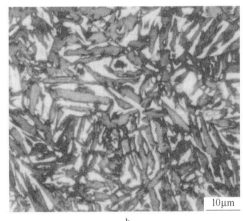

a   b

图 3-6 彩色与黑白照相比较（见书后彩页）

a—试样经铁素体染色剂处理后，黑白照相，褐黑色和灰色均为铁素体，白色为富碳奥氏体。黑白分明，效果好；
b—图 a 所示经铁素体染色剂处理后，彩色照相，棕褐色是铁素体，白色是富碳奥氏体，效果稍差

（5）奥氏体的体积分数：B₄ 型贝氏体由铁素体和奥氏体两相组成，而两相
各占体积分数，需要有一个定量的说法。试样经染色后，两个相之间具有鲜明衬
度，可用定量金相方法测出奥氏体的体积分数，例如粗略测定图 3-3a 所示的奥
氏体占 30%~35%，图 3-3b 中约占 25%，图 3-3c 中约占 20%，图 3-3f 中超过

40%。关于 B₄ 型贝氏体中奥氏体所占比例究竟是多少，与诸多因素有关，在后面将会讨论到。

（6）从图 3-3 可见，在 B₄ 型贝氏体中，奥氏体所占比例不均匀性；染色金相显示，不同试样或同一个试样而观察不同视场区域，奥氏体所占比例有比较大的变化，显示其不均匀性，刘正义等曾作过测定：试样 900℃奥氏体化 30min，以 60~80℃/min 速度空冷，所获得的 B₄ 型贝氏体，用定量金相法测定其组成的奥氏体平均值约 30%。在后面还要讨论到用 X 射线方法测定奥氏体的含量。

3.1.2　用电子显微镜研究 B₄ 型贝氏体形貌特征

3.1.2.1　B₄ 型贝氏体在扫描电镜（SEM）下的形貌特征

用 SEM 的二次电子成像研究金属材料的金相组织，其优点是制试样简单，普通光学显微镜所用的金相磨面（抛光—硝酸酒精浸蚀），就可放在 SEM 里观察金相组织特征。SEM 上配有能谱，可对疑为碳化物的亮点进行成分监测和判断[25]。只要试样表面有微小的几何尺寸变化，都会影响 SEM 的二次电子探测器收集到二次电子信号强度的变化，形成表面形貌衬度。用 3%~4% 硝酸酒精浸蚀 55SiMnMo 钢正火态金相试样磨面，由于铁素体和奥氏体两个相的抗浸蚀能力都比较强，两个相被腐蚀的程度都比较轻，因此在普通光学显微镜下，被腐蚀的两个相之间衬度很小，不易区分两个相。但用铁素体染色剂，可使两个相形成鲜明反差（衬度）。也可用扫描电镜来显示金相组织，扫描电子显微镜（SEM）具有景深大的特点，对浸蚀程度差异很小（两相之间的高度差，即不平度的差别很小）的两个相，显示在电子荧屏上的几何尺寸衬度却较明显，可以比较清楚地分辨两个相，如图 3-7a~e 所示，亮衬度的是奥氏体，暗衬度的则是铁素体。当金相样品磨面用 3%~4%Nital 浸蚀时，两相的抗浸能力都很强，但相对来说奥氏体比铁素体的抗蚀能力更强些，所以铁素体被腐蚀得较深一点，凹下去一点；奥氏体被腐蚀得浅，相对说凸上去一点，两者的衬度差虽很小，但扫描电镜的景深好，可将凹凸相近的两个相（衬度小）显示出来。

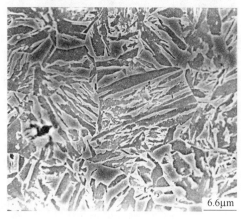
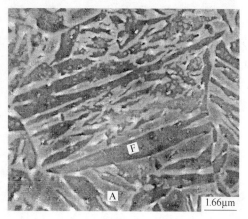

a　　　　　　　　　　　　　　　　　　b

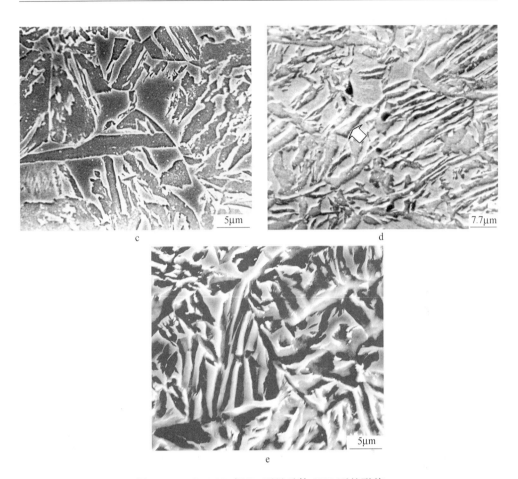

图 3-7　55SiMnMo 钢 B₄ 型贝氏体 SEM 下的形貌

a—试样金相磨面经 3%Nital 4s，亮衬度是富碳奥氏体，暗衬度是铁素体；b—图 a 所示金相组织的高倍
照相，符号 A 所指富碳奥氏体，F 指铁素体；c—试样金相磨面经 3%Nital 5s，亮衬度和灰色衬度者为
富碳奥氏体，形状呈块状（粒状）者多，暗衬度者是铁素体，3000×；d—试样金相磨面经 3%Nital 5s，
箭头（凸起）是富碳奥氏体，凹下是铁素体，可见 B₄ 型贝氏体组成相之一的富碳奥氏体的体积分数
超过 40%；e—试样金相磨面经 4%Nital 8s，深度浸蚀，富碳奥氏体与铁素体之间衬度大

　　图 3-7a、c、e 所显示 B₄ 型贝氏体呈颗粒状趋势明显，图 3-7d 显示呈板条
趋势明显。图 3-7b 是 a 的局部（板条）放大，在同一个晶粒内的奥氏体和铁素
体板条相间，彼此近似平行。在条状铁素中间还有颗粒状奥氏体小岛，这些小岛
基本上都在同一条线上，与条状的奥氏体也近似平行。这些和普通染色金相所看
到形貌特征一致，能谱分析也没有发现碳化物的迹象。

　　用扫描电镜研究金相组织，与普通光学金相显微镜相比，确有优点，其效果
类似于染色金相，由于 20 世纪 70 年代，国内 SEM 稀缺，用染色金相技术研究

B$_4$ 型贝氏体，显得很有成效。与光学显微镜相反，经铁素体染色剂处理的金相磨面，在 SEM 下其效果不好。主要原因：用硝酸酒精浸蚀后的金相磨面，铁素体被浸蚀凹下去，与奥氏体形成高度差，虽然很小，但 SEM 仍能很好地显示两个相的差别；若经铁素体染色剂处理后，在铁素体相表面形成黑褐色薄膜，将凹下去的铁素体填高了，而奥氏体表面没有膜或膜很薄，黑褐色的薄膜与奥氏体之间的高度差减少，因此两个相的衬度小，所以染色后在 SEM 下的效果不好。

3.1.2.2　B$_4$ 型贝氏体在透射电子显微镜（TEM）下的形貌特征

利用穿透电子成像研究金属材料的金相组织，比 SEM 的优点更多，它可显示金相组织组成相、相的晶体结构、位向关系等。但在这一章，主要还是研究 B$_4$ 型贝氏体的形貌，可直接显示证明由铁素体和奥氏体两相组成，无碳化物。

透射电镜的样品制作比 SEM（普通光学金相样品）难度大，对图像的分析（识别）也不容易，特别是薄晶体样品的制备成功率很低。碳复型样品成功率高些，但碳复型样品获得的信息较少，所以用碳复型研究金相组织的方法越来越少，一般都采用薄晶体样品。

20 世纪 80 年代初，制取透射电镜薄晶体的电解双喷减薄仪和离子轰击减薄仪，在国内正处于研究试制阶段，很少单位拥有这些设备。本书的作者曾使用普通电解减薄，应用样品边缘效应，在电解的过程中，样品边缘的局部区域达到电子光学透明程度（约 100nm 厚度），供在 TEM 下观察研究。

A　碳二次复型膜的 B$_4$ 型贝氏体形貌

碳二次复型样品的制作方法：将金相样品磨面，经 4% 硝酸酒精浸蚀，在普通光学显微镜下，清楚显示金相组织；再用较稀释的醋酸纤维素（醋酸纤维素充分溶于丙酮，丙酮与醋酸纤维素的质量比大约是 100:(3~5)），滴在金相样品磨面，尽量使其均匀，等干燥后（丙酮挥发完）获得一均匀的醋酸纤维素薄膜，此膜已完好地将金相组织复制下来。因醋酸纤维不导电和熔点低，承受不了 TEM 电子束轰击，因此，将醋酸纤维素膜再复制成碳膜，碳膜的导电性好熔点高，耐电子束轰击。碳膜的制备方法：将一次醋酸纤维素膜的复型面朝上，放入真空室（10^{-4}Pa 真空度），先用 Cr 投影（以增加衬度）再用光谱纯度的两根碳棒做正负极，使其接触发热并在真空室内蒸发，在一次复型的醋酸纤维素膜面上沉积一层碳膜，碳膜厚度为 50~100nm，最后将醋酸纤维膜用丙酮溶掉，剩下 Cr 投影+碳膜，金相组织完整地复制在碳膜上。将碳膜裁剪成小于 3mm×3mm 方块，放在支撑铜网上，进入 TEM 样品室进行观察。上述过程的程序总结如下：金相样品观察面用 4% 硝酸酒精浸蚀→醋酸纤维素薄膜复型，将金相组织复印在醋酸纤维膜上，这叫一次复型或叫正复型→真空室、Cr 投影、碳膜复型，将复印在醋酸纤维素膜上的金相组织，转复印在碳膜上，也叫做碳二次复型，或叫负复型→溶解醋酸纤维素膜，留下二次复型的碳膜→TEM 观察碳膜上的金相组织。作者曾用碳膜一次复型，其效果也不错，具体做法如下：将经 4% Nital 浸蚀的金相磨面，不用醋酸纤维素正复型，而直接进入真空镀膜室内，先 Cr 投影，再碳膜，第一次就将金相组织复印在碳膜上，但是，将碳膜从金相磨面上取下来，却不像取下醋酸纤维素膜那么容易，碳膜与金相磨面黏附十分牢靠，必须用高氯酸+冰乙酸为电解液，金相试样和碳膜分别为正负极，进行电解取碳膜，当通电 2~3s 后，碳膜就飘浮在电解液中，清洗后的碳膜即可上 TEM 样品台。碳膜抗高氯酸腐蚀能力强，不受丝毫的损伤，但金相磨面被破坏掉了。

　　用 TEM 观察碳二次复型，B₄ 型贝氏体组织的形貌特征如图 3-8a、b 所示。在铁素体或奥氏体相之间有较好的衬度，在两相的内部或相界面上都无碳化物，如果金相样品的组织中有碳化物，醋酸纤维素在第一次复型时，部分碳化物将被萃取在膜上，并在第二次复型转移到碳膜上。

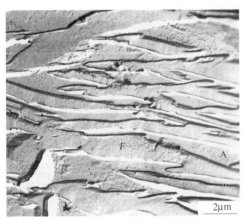 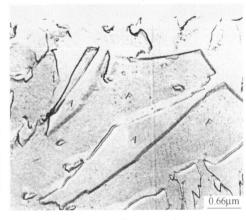

a　　　　　　　　　　　　　　　　　b

图 3-8　无碳化物 B₄ 型贝氏体碳二次复型 TEM 形貌特征

a—B₄ 型贝氏体板条束（为主），金相磨面 4% Nital，碳二次复型，铬投影，铁素体（F）+奥氏体（A），

无碳化物，因相界面有 Cr 投影，衬度很好；b—图 a 所示金相组织在 TEM 下高倍观察，也无碳化物

　　B　B₄ 型贝氏体薄晶体衍衬像[10]

　　将做过普通金相、SEM 或 TEM 复型的大块试样，制成薄膜在 TEM 下观察其金相组织形貌特征，或用电子衍射技术判断组成相的相结构，判断有无碳化物。

　　制作薄晶体的难度比较大，成功率低，碳复型制作 TEM 样品成功率很高，而且可供观察的面积大，比如一个 3mm×3mm 的碳膜所显示的金相组织基本代表了金相试样同等面积的组织状况。而薄晶体制样就要碰"运气"，如直径 3mm、厚度 0.075mm 的薄片，当减薄到电子束能穿透的地方只有几微米区域是有价值的。薄晶体制作过程：用线切割，从大块试样上切取 0.15~0.20mm 厚度薄片，将薄片通过机械再减薄至 0.05~0.075mm 厚超薄片，裁剪成直径 3mm 小块，再通过电解减薄（双喷或其他电解）到电子束透明的程度 50~100nm，有条件者，可将 0.05~0.075mm 超薄片直接用离子减薄至 50~100nm，薄晶体样品的成功率低的原因，无论是离子减薄还是电解减薄都将产生不均匀的减薄，在局部区域穿孔，在孔的周围，如果有足够面积达到 50~100nm 厚度，那么这样品就算成功了，否则前面的工作都将"前功尽弃"。

超高压 TEM 用的薄晶体样品厚度可大于 100nm，样品较容易制作，但样品越厚，电子束穿过样品所产生的衍衬像重叠，使相的形貌越不清晰，不易识别和分析。用 200kV 透射电镜，观察分析薄晶体样品的金相组织形貌特征比较合适。

TEM 观察薄晶体的金相组织特征如图 3-9 所示。薄晶体的衍衬像所显示的

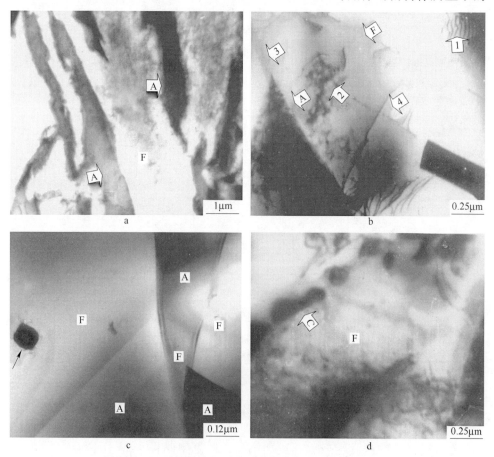

图 3-9　B₄ 型贝氏体和回火组织薄晶体 TEM 衍衬像比较

a—B₄ 型贝氏体的衍衬像，箭头 A 和 F 分别指两种晶体大致平行相间，亮衬度（因晶体较薄）的 F 是铁素体，暗衬度（因晶体较厚）的 A 是奥氏体，无碳化物；b—高倍下，相邻彼此平行的 A 和 F 两个相（两个晶体），箭头 3 指相界面，箭头 2 指位错缠结，箭头 1 指位错堆积，箭头 4 指中脊线，没有碳化物；c—B₄ 型贝氏体（颗粒状）薄晶体衍衬像，根据电子衍射花样标定，相应的相结构分别是：F 指铁素体，A 指奥氏体。箭头指氮化物（夹杂），无碳化物；d—图 a、b 所示的 B₄ 型无碳化物贝氏体组织的样品，450℃ 回火后的薄晶体衍衬像，有碳化物，如箭头 C 所指。反证法：如果正火态 B₄ 型贝氏体有碳化物应该看到

铁素体和富碳奥氏体之间的衬度比较好，两个相的电解减薄速度不一，铁素体相的减薄速度快过富碳奥氏体，因此奥氏体的厚度较厚，在电子荧屏上表现暗的是奥氏体相，亮的是铁素体相。通过电子衍射也证明图 3-9a~c 所指的两个相分别是铁素体和奥氏体，无碳化物的任何迹象；图 3-9d 是 55SiMnMo 钢正火的 B₄ 型贝氏体，经 450℃回火后转为有碳化物的金相组织，碳化物和铁素体之间衬度十分鲜明。反证法在图 3-9a~c 上，如果有碳化物其衬度也一定如图 3-9d 所示；图 3-9b 的铁素体中有中脊线，由此也可证明贝氏体的铁素体形核和长大初期是按马氏体型切变的方式进行的，中脊线是第一次均匀切变的结果[28]。

3.1.3　B₄型贝氏体各组成相体积分数及其含碳量

三个问题：（1）铁素体和奥氏体的组成比例约为 3:1，用什么方法测定？（2）B₄ 型贝氏体组成相的含碳量，为什么说奥氏体相是富碳的？（3）染色金相是区分铁素体和奥氏体的有效方法，被染色的一定是铁素体，不染色的是否一定就是奥氏体呢？下面将讨论这三个问题。

3.1.3.1　定量金相法[27]

首先要求获得一个精心制作的金相磨面，并经染色处理的样品，或一张经染色的金相照片，如图 3-3 所示黑白分明的照片。再通过图像处理（定量金相），可确定图 3-3a 中奥氏体（亮色衬度）相占 30%~35%（体积分数）。有些照片所示的奥氏体可能少些，还有些可能更多奥氏体，而平均大约是 3:1。

3.1.3.2　X 射线定量测定金相组织的相组成[4,11,26]

这是比较常用的一种方法，特别是自动 X 射线衍射仪，方便且快速。

作者测定组成相的工作是在 1978 年，那时普遍使用 X 射线晶体分析仪，仪器来自东德；X 射线全自动衍射仪则是在改革开放以后才进入高校的实验室的。用 X 射线晶体分析仪定量测定金相组织的奥氏体相，首先是摄取德拜相，根据德拜相进行计算。测定方法如下：将大块试样制成直径 0.3mm、长约 8mm 针状德拜相试样，固定在德拜相相机的旋转台上，经 8~10h 的 X 射线衍射，在感光胶片上获得德拜相，经计算和比较，获得 B₄ 型贝氏体中奥氏体量和奥氏体的含碳量[2,4]。

X 射线晶体结构分析结果表明，所研究的 B₄ 型贝氏体组织是由铁素体和奥氏体两相组成的。根据 $(311)_\gamma$ 和 $(220)_\alpha$ X 射线对的光度曲线如图 3-10a 所示进行计算，求得奥氏体体积分数是 30%。北京钢铁学院（现北京科技大学）李承基等，用 X 射线衍射仪研究了 B₄ 型贝氏体的奥氏体含量，他们对 55SiMnMo 钢正火态硬度 HRC30 的块体试样，用 Co 靶 K_α 辐射进行了 X 射线衍射测量，其衍射峰如图 3-10b 所示。对奥氏体 $(200)_\gamma$ 和铁素体 $(112)_\alpha$ 的衍射峰，量出它的积分强度进行计算，计算出奥氏体含量 33%。

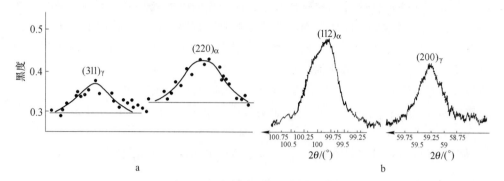

图 3-10　X 射线定量测定奥氏体

a—X 射线晶体分析仪，德拜相分析，$(311)_\gamma$ 与 $(220)_\alpha$ 线对的光度曲线（参考文献 [11] 的图 4）；

b—X 射线衍射仪分析 $(112)_\alpha$ 与 $(200)_\gamma$ 衍射峰，Co 靶，K_α 辐射（参考文献 [4] 的图 9）

　　上述不同的人用三种方法（定量金相、X 射线晶体分析仪和 X 射线衍射仪）测定，B_4 型贝氏体的组成相奥氏体在 30%~35%间，不同的试样、不同视场，奥氏体所占体积百分数有差别，但可以肯定的一个事实，中碳低合金成分的 55SiMnMo 钢，在正火态的金相组织组成相之一的奥氏体量，可达到 30%（左右），铁素体和奥氏体的比例约 3∶1，这就是 B_4 型贝氏体奇特之处，在常温下，奥氏体竟达到如此高的比例。

　　X 射线测定 B_4 型贝氏体中的奥氏体达 30%~35%，这与染色金相中看到的不染色的奥氏体相所占的体积分数相近，因此而肯定染色金相中不染色的相就是奥氏体。

3.1.3.3　奥氏体的含碳量[4,11,2]

　　在 B_4 型贝氏体中无碳化物，它是由铁素体和奥氏体组成的。铁素体在常温下的溶碳量很低（<0.02%），而经典的有碳化物羽毛状上贝氏体（B_2 型贝氏体）铁素体相碳浓度是过饱的（≥0.02%），而 B_4 型贝氏体的铁素体含碳量是平衡浓度还是过饱和的？作者的观点：B_4 型贝氏体铁素体的碳浓度是非过饱和的，如果是过饱和的，铁素体就会处于不稳定状态，一回火就会有碳化物析出，但是当 B_4 型贝氏体在 400℃ 以下回火时，随着回火温度的增加或时间的延长，只是铁素体相体积分数不断增大，奥氏体相体积分数不断缩小，没有碳化物析出，当回火温度达 400℃ 时，在铁素体相两侧才有碳化物析出，这些碳化物是因为奥氏体相体积缩小到极限而发生分解所形成，而不是从铁素体相中析出来的。这个问题，将在后面的 B_4 型贝氏体回火转变中进一步讨论。

　　从推理角度上可知奥氏体应该是富碳的，本书作者及合作者早在 1978 年用晶体分析仪，Co 靶和 Fe 靶先后在同一张感光胶片上记录德拜相，取高角线条进行直线外推，计算出奥氏体的精确晶格常数 $a = 0.36235\text{nm}$，按经验公式推算奥氏体的含碳量为 1.50%。北京钢铁学院的研究者们，也用 X 射线衍射仪测定奥氏体的含碳量达 1.48%（精确测定奥氏体的晶格常数 $a = 0.36235nm$）。

两学校所测定的奥氏体含碳量相近，约在 1.50%。从铁-碳合金相图可知，奥氏体在 A_3 温度的极限溶碳量可达 2%（在常温下的极限溶碳量会降低），因此，所推算的奥氏体含碳量（1.5%）肯定在极限范围以内。

高碳的奥氏体可称其为富碳奥氏体，在热力学上，富碳奥氏体在常温和低温下很稳定，即使在 -198℃ 低温下也稳定，无明显的变化，而且稳定性随着含碳量的增加而加强。当 B_4 型贝氏体形成之后并冷却到常温，如再重新加热，进行"回火处理"，则 B_4 型贝氏体就变成不稳定，随着回火温度增高，富碳奥氏体的体积分数减少，碳的浓度进一步增加。

3.1.4　B₄ 型贝氏体的形成过程（机制）

3.1.4.1　B₄ 型贝氏体初期转变形貌特征

在前面所看到的都是 55SiMnMo 钢连续空冷到定温条件下，B_4 型贝氏体完成转变之后的形貌特征，但没有看到 B_4 型贝氏体初期形成的特征，只有看到初始形成的特征形貌，才能推知它形成的过程。图 3-11 基本反映了 B_4 型贝氏体形成之初的状态。

图 3-11 所示金相组织的试样制备，根据 55SiMnMo 钢奥氏体化后连续空冷 CCT 曲线，B_4 型贝氏体是在 550~300℃ 温度范围内形成。将多个试样同时 900℃ 奥氏体化后，一并空冷到约 550℃（在较暗的光线下，目视试样微红，完全凭感觉），每隔 2s 放一个试样于水中淬火，估计每个试样入水的温度相近，因 B_4 型贝氏体在形成过程中有热放出来（辉光），每一个试样空冷时间虽有几秒钟的差别，相互间的温度不会有很大的差异，但 B_4 型贝氏体的转变量却有明显的不同。从多个试样中选出两个具有代表性的试样。

图 3-11a 代表了 B_4 型贝氏体开始转变的状态，铁素体领先形成，彼此平行的铁素体针从晶界往晶内生长相似 B_1 型贝氏体[12]。图 3-11b 代表了在局部区域的 B_4 型贝氏体两个组成相（铁素体和奥氏体）已建立了介稳平衡。图 3-11c 是图 3-11b 试样用铁素体染色剂处理后的形貌。图 3-11d 是图 3-11b 试样碳二次复型 TEM 形貌。从图 3-11d 可看到在铁素体条（箭头 F 所指）和马氏体（M 所指）之间有一条比较狭窄的奥氏体（箭头 A 所指），它在淬水前后都是奥氏体，不因淬水转变成马氏体，因它在淬水前的碳浓度很高，相邻铁素体排出的碳都"堆"在此处，因时间关系还来不及向中部扩散，高碳的过冷奥氏体很稳定，它与相邻的铁素体所建立了介稳平衡还没有被破坏，所以不因淬水而转变成马氏体；而 M 所指的马氏体区，淬水前也是奥氏体，只是碳浓度比较低，碳浓度比较低的过冷奥氏体不稳定，淬水即转变成马氏体。

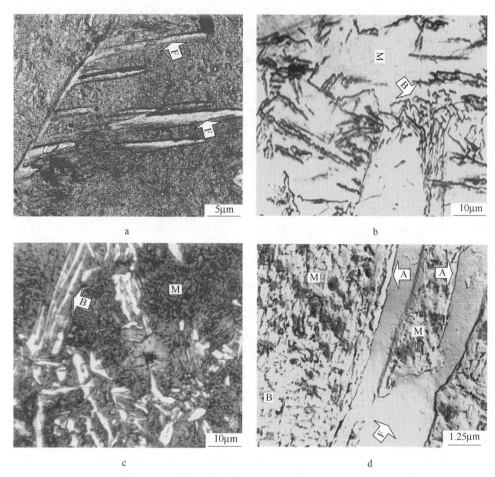

图 3-11　连续空冷条件 B₄ 型贝氏体初始形成特征

a—约 550℃淬水+200℃回火试样，箭头 F 指针状铁素体，其他是回火马氏体，3％Nital；b—约 550℃
淬水，比图 a 试样在空气中多停留约 6s 淬水，箭头 B 指 B₄ 型贝氏体，M 指淬火马氏体，3％Nital；
c—将图 b 所示金相组织的试样，经铁素体染色剂处理 2min，箭头 B 指 B₄ 型贝氏体，M 指马氏体；
d—将图 b 所示组织的试样，二次碳复型+铬投影，TEM 形貌，箭头 A 指奥氏体，箭头 F 指
铁素体，M 指马氏体，B 指 B₄ 型贝氏体

3.1.4.2　B₄ 型贝氏体形成过程（形成机制）

　　贝氏体是比较复杂的一类相变，但转变过程有其共性，都是形核—长大过程。先回顾 B₂ 型等温贝氏体转变特征，再说 B₄ 型连续空冷贝氏体。B₂ 型贝氏体等温转变过程[12]：先是由于过冷奥氏体在成分上有起伏，或局部区域在热力学上有能量起伏，出现微观贫碳区（多数都是在晶界上），进而形成铁素体晶核，并以切变和部分共格的形式向奥氏体内长大成铁素体条（简单地讲就是铁素体领先析出），其铁素体条是沿着奥氏体的 $\{111\}_\gamma$ 惯习面长大。铁素体和奥氏

体两相的晶格间存在西山关系 $\{110\}_\alpha /\!/ \{111\}_\gamma$、$\{110\}_\alpha /\!/ \{112\}_\gamma$。铁素体形核以后向外排碳，其周围的奥氏体就会出现碳的富化。在铁素体条的尖端形貌都比较尖细，说明它是逐渐扩散长大的，先沿纵向伸长，再横向长粗，先期形成彼此平行的铁素体条之间都是奥氏体，淬水之后都转变成马氏体。在后期铁素体体积的增加，必然使奥氏体体积减少，随等温时间延长，奥氏体的碳浓度不断增加，以致高浓度碳的奥氏体分解，析出碳化物。根据本书作者的研究，准贝氏体的观点和介稳平衡理论经综合考虑[13,21]，对其转变过程还可进一步讨论，有助于对 B$_4$ 型贝氏体形成了解。

Hehemann 在论述贝氏体相变机理时提出了碳钢在中温转变时，铁素体和奥氏体可以建立介稳平衡，只有奥氏体达到一定碳浓度才能与铁素体形成介稳平衡，未达到所要求的成分条件，介稳平衡容易被破坏，而形成另一种平衡。根据介稳平衡的概念来解释 B$_2$ 和 B$_4$ 型贝氏体形成过程：贝氏体形成时，铁素体相以切变形式领先析出，并向周围的奥氏体排碳，而奥氏体接收铁素体排出的碳，两相力求建立相互平衡，只有奥氏体相的碳达到一定的浓度才能建立平衡，平衡就等于稳定。在初期，奥氏体相的碳浓度不可能达到很高，因铁素体排出的碳总量是有限的，奥氏体相的容碳量又很大，但是在相界面建立局部平衡是可能的。从铁素体排出的碳，由于时间关系而堆集在相界面的奥氏体相的一侧，形成局部奥氏体富碳化，其浓度易达到与铁素体相建立界面稳定平衡所要求的成分条件，这种相界面的稳定平衡可叫它介稳平衡。虽然局部富碳的奥氏体和铁素体能形成的介稳平衡，但是相变没有结束，在贝氏体转变温度范围，碳有扩散能力，很快从界面向奥氏体相中部迁移，介稳平衡遭到破坏，铁素体相便向奥氏体相推移长大，奥氏体体积减小，而碳浓度进一步富化；铁素体与富碳奥氏体边界重新建立新的介稳平衡（或叫临时的介稳平衡）。碳的扩散再次破坏介稳平衡，铁素体再一次推移长大……如此往复进行。如果中断这种变化，那些还没有达到介稳平衡成分条件的富碳奥氏体，是不稳定的而向下贝氏体或马氏体转变。碳浓度超过介稳平衡成分条件的富碳奥氏体也不稳定，它会分解析出碳化物，建立铁素体和碳化物之间的介稳平衡，形成 B$_2$ 型贝氏体。而只有相界面碳浓度正好满足稳定平衡所要求成分条件，奥氏体相中部碳的平均浓度也达到了相当饱和度，增强其稳定性的那些局部区域，淬水前后两相的状态不变，如图 3-11b、c 所示的 B$_4$ 型贝氏体，以及后面将要讨论的等温条件下也看到 B$_4$ 型贝氏体的形成。

B$_4$ 型贝氏体是无碳化物上贝氏体，在铁素体条之间有大量的富碳奥氏体，既不同于 B$_2$ 型贝氏体，也不同于"粒状贝氏体"中奥氏体小岛（小岛易被分解），但是它们的转变机制（转变过程）仍符合 B$_2$ 型贝氏体转变规律。55SiMnMo 钢奥氏体化后在连续空冷条件下，过冷奥氏体来不及向共析铁素体和珠光体转变，比较快的过冷到大约 550℃，便进入贝氏体转变区，过冷奥氏体向贝氏体转变有两个可能：向无碳化物 B_4 型贝氏体转变；向有碳化物 B_2 型贝氏体转变。首先向 B_4 型贝氏体转变，大约在 300℃ 完成转变，完成转变的温度范围比较宽；从开始到完成转变的时间和转变量受钢成分，如碳、硅、锰和钼等元素的影响[2,14,15,16,29]，钢的碳较高，有碳化物的趋势；但硅高，硅和碳无亲和力，是不形成碳化物元素，它固溶在 α-Fe 中阻止碳的扩散，不利于碳化物的形成，它固溶在 γ-Fe 中加速碳的扩散，还使碳在奥氏体中的溶解度增加，也不利 Fe-C 形成碳化物，硅抑制碳化物析出，增加奥氏体的稳定性。钢中还含有较高的锰，锰和碳都是扩大 γ 相区的元素，其联合作用占有优势，抵消硅和钼缩小 γ 相区的程度；锰和碳一样，使钢的 M_s 点降低，也有利于奥氏体稳定；还有钼，阻碍碳的扩散，能抑制珠光体转变。由于各元素综合作用的结果在上贝氏体形成过程中，一旦铁素体以切变方式领先形成，它就向邻近两侧的奥氏体排碳，将 0.55% 的碳都排向奥氏体，力求达到铁素体碳的平衡浓度（≤0.02%C），在周围的奥氏体边界先富碳化，力求达到与铁素体建立介稳平衡所要求的碳浓度，边界的奥氏体富碳后稳定性增加。在 550~300℃ 温度区间所建立的铁素体和富碳奥氏体介稳平衡并不稳定，尽管受到其他元素的影响，但碳仍具有强的扩散能力，不过扩散速度随温度下降在减慢，但相变过程要持续到 300℃ 以下，铁素体不断长大，奥氏体不断减少，奥氏体中碳浓度不断增加，直至相界面成为稳定的一道墙，阻止铁素体向奥氏体推进长大，维持铁素体和富碳奥氏体的体积比平均为 3∶1 左右，富碳奥氏体浓度平均达 1.4%~1.6% 范围（富碳奥氏体边界碳浓度高于平均值），此时才能终止相变过程。控制 B_4 型贝氏体转变的主要因素是碳的扩散过程，碳的扩散速度至关重要。在连续空冷条件下，冷却速度相对比较快，如果碳不能快速地从奥氏体边界迁移到心部，则影响铁素体长大，也影响奥氏体心部碳浓度，使其稳定性下降，可能向其他组织转变，或者不能形成典型的 B_4 型贝氏体。在连续空冷的条件下，55SiMnMo 钢的过冷奥氏体转变成 B_4 型贝氏体比较典型，表现有两大特点：在 40~60℃/min 冷却速度下，转变完全，可获 100% B_4 型贝氏体；组成相之一的富碳奥氏体量可达到 30% 以上。在 550~300℃ 温度区间，其他合金元素的原子难以扩散移动，但对碳原子的行为有十分重要的影响，特别是硅，它会强烈地抑制在碳浓度高的相界面产生碳化物，避免 B_2 型贝氏体的出现，也难以产生 B_3（下贝氏体）型贝氏体。

过冷奥氏体向 B_4 型贝氏体转变是一个自发的过程[17]，靠相界面从铁素体向奥氏体推移。所需驱动力，据相变热力学条件 $\Delta G = -\Delta G_v + (\Delta G_s + \Delta G_d)$（$\Delta G < 0$），相变才能自发完成。$\Delta G$ 为总的自由能变化，ΔG_v 为参加相转变体积总化学自由能降低，ΔG_s 为界面自由能增加，ΔG_d 为弹性自由能增加，只有碳在奥氏体中扩散重新分布才能满足 $\Delta G < 0$ 的条件。由于面心立方的奥氏体容碳量大，碳在奥氏

体中的扩散速度远大于在铁素体中的扩散速度，因此相界面靠奥氏体一侧的富碳快速向奥氏体心部移动，实现界面向奥氏体方向移动。

一般来说，钢的过冷奥氏体，在连续空冷（正火）过程中，从宏观上看，降温是一个连续过程，从微观上看是一个等温过程，奥氏体向无碳化物 B_4 型上贝氏体转变时，伴随潜热的放出，扩散型相变放出的潜热可达 84J/g，有人测出相变潜热可使等温槽的温度升高 40℃，由于潜热使试样冷却速度减慢，局部区域在短暂时间里温度保持不变，相当短暂的等温过程。而 55SiMnMo 钢在连续冷却条件下，试样可获得 100% B_4 型贝氏体组织，但若按该钢等温曲线规范进行等温，不容易获得纯的 B_4 型贝氏体，只能获得 B_2+B_4 混合型的贝氏体组织。在鼻点温度等温，才有可能在试样局部区域获得以 B_4 型贝氏体为主的混合贝氏体，在其他温度等温，一般都得到以 B_2 型贝氏体为主，少量 B_4 型贝氏体的混合组织。其原因将在后面等温贝氏体里讨论。

3.2　55SiMnMo 钢块状复合结构组织[3]

在一般情况下，55SiMnMo 钢连续空冷（正火热处理）所获得的金相组织都是混合型的组织：一部分是 B_4 型贝氏体，另一部分则是块状复合结构（以马氏体为主，其次是下贝氏体）。一个 55SiMnMo 钢的试样或一条钎杆，只有在很特定的冷却速度（40℃/min 左右）条件下，才有可能获得完全的 B_4 型贝氏体，40℃/min 左右的冷却速度几乎是一个临界的冷却速度，低过这个速度（如 20～30℃/min）会出现铁素体和珠光体，高过这个速度（如大于 60℃/min）会出现块状复合结构组织。

在工业生产中，小钎杆正火热处理的冷却速度是很难准确测定的，也是挺难准确控制的。一般都是根据经验，从试样正火后的硬度来判断冷却速度，硬度反映了冷却速度，例如硬度 HRC24～26，其正火冷却速度就是在 40～60℃/min 范围，可获得比较纯的 B_4 型贝氏体，块状复结构比例趋于零，所谓"趋于零"是指在金相显微镜下寻找不到，但不等于说完全没有，因有些体积细小的块状复合结构容易被忽略。

具有生产使用价值的 55SiMnMo 钢小钎杆，要求的是混合组织，B_4 型贝氏体与块状复合结构组织的比例适当（巧妙）地配合，比如 3:1（块状复合结构约占 30%）。硬度达到 HRC35～36，才具高寿命。纯粹的 B_4 型贝氏体（硬度 HRC26 左右）韧性虽有余但强度不足，细长的小钎杆变形弯曲，无实用价值；块状复合结构组织的硬度 HRC50 左右，强度虽大但韧性不足，细长的小钎杆容易折断（脆性大），控制两者 3:1 的比例，是小钎杆高寿命的基本保证。获得 3:1 的比例，是通过控制空冷的冷却速度而实现的，冷却速度越大，块状复合结构组织比例越大。

3.2.1   混合组织的形貌特征

图 3-12 是比较典型的混合组织形貌。图 3-12a 箭头 L 指块状复合结构，圆圈里（B 所示）的是 B₄ 型贝氏体，两者的比例大约是 1：3，符合小钎杆高寿命金相组织的要求。图 3-12b 圆圈里的也是 B₄ 型贝氏体，L 也是指块状复合结构。但两图所显示的 L 有差别，图 3-12a 的块状复合结构里以下贝氏体为主；图 3-12b 中的块状复合结构以马氏体为主，下贝氏体少，局部区域的成分不同会影响马氏体和下贝氏体的比例。如碳浓度高的局部区域，由于 M_s 点降低，在连续空冷条件下，下贝氏体的比例就会多些。还有其他元素的偏聚，也会影响贝氏体的比例。图 3-12a、b 两图圆圈里的组织是以 B₄ 型贝氏体为主，但也可能有少量不容易分清的细小块状复合结构。在类似图 3-12a、b 圆圈里的图 3-12c 上可以分清小块复合结构，其方法是将连续空冷到室温的样品，重新加热到 200℃再空冷到室温，块状复合结构中的马氏体被回火，回火马氏体容易被显示。

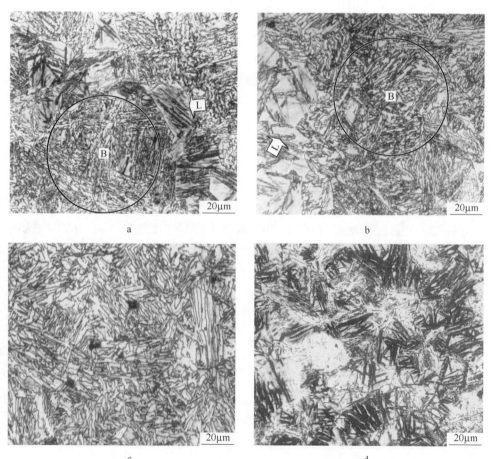

a

b

c

d

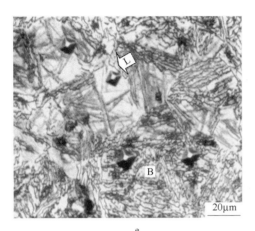
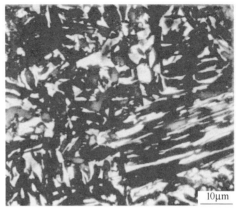

e　　　　　　　　　　　　　　　　　　　f

图 3-12　55SiMnMo 钢连续空冷混合金相组织（见书后彩页）

a—连续空冷，HRC35~36，箭头 L 指块状复合结构（呈带状分布，其中下贝氏体是有碳化物的）组织，
其他如圆圈内属 B_4 型贝氏体，4%Nital；b—连续空冷，HRC32~34，箭头 L 指块状复合结构，圆圈内
属无碳化物 B_4 型贝氏体（类似图 a），3%Nital；c—类似图 a 圆圈内 B_4 型贝氏体，块状复合结构很
少量（试样 200℃ 回火，回火马氏体易显示），4%Nital；d—连续空冷，冷却速度大于 140℃/min，
HRC47~48 金相组织，块状复合结构与 B_4 型贝氏体的体积分数约为 9∶1，以块状复合结构为主，
少量 B_4，4%Nital；e—试样的宏观硬度 HRC36~37，块状复合结构如 L 箭头所指（硬度 HV530），
B_4 型贝氏体如 B 所指（硬度 HV265），两者的硬度压痕大小如图示，3%Nital；f—连续空冷，
HRC30~31，经铁素体染色剂处理，块状复合结构呈蓝色，铁素体呈棕色，奥氏体呈亮色（不染色）

　　55SiMnMo 钢空冷正火的宏观硬度最高可达 HRC48~50，相应的金相组织，块状复合结构达到 90% 以上，如图 3-12d 所示。图 3-12e 显示块状复合结构和 B_4 型贝氏体各自显微硬度的差别，从照片上压痕大小比较，可知两者的硬度差别比较大。图 3-12f 是一张彩色的照片，反映铁素体被染成棕褐色，块状复合结构染成蓝色（块状复合结构在 4%Nital 浸蚀后呈浅黄色）。

3.2.2　块状复合结构形貌特征

　　图 3-13 是块状复合结构组织形貌及特征，图 3-13a 是块状复合结构碳二次复型的 TEM 比较典型的形貌，马氏体和针状下贝氏体的混合组织，如箭头所指。图 3-13b 是图 3-13a 所示的针状组织局部放大，可见针状组织上有碳化物被萃取下来，经电子衍射，如图 3-13c 所示，经计算并标定，属于 ε-碳化物（Fe_2C），符合经典的 B_3 型下贝氏体组织特征。

　　从上可见，块状复合结构是由多个相组成，主要是马氏体相，其次是有碳化物下贝氏体（铁素体+ε-碳化物两个相）。块状复合结构，形貌呈多边形，它与 B_4 型贝氏体相邻有不连续的界面，界面不连续是 B_4 型贝氏体的两个相分别与块状复合结构中马氏体相邻的表现，有界面的是如箭头 A 所指奥氏体相，与马氏体

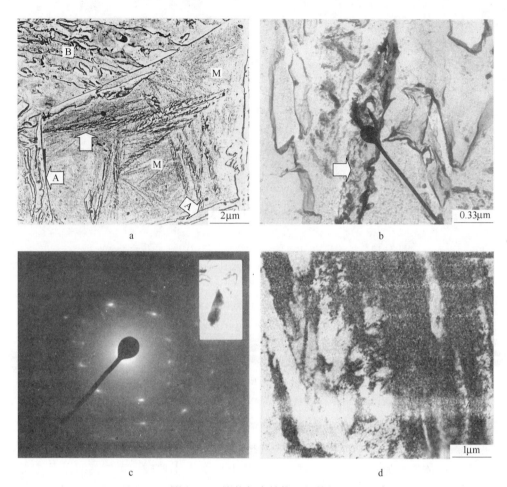

图 3-13　块状复合结构组织特征

a—4%Naital，醋酸纤维素、碳二次复型（铬投影），块状复合结构形貌，M 指马氏体，箭头指针状
下贝氏体，箭头 A 指奥氏体，TEM；b—图 a 所示针状下贝氏体萃取复型，箭头指针状铁素体上
分布着碳化物（Fe_2C），TEM；c—图 b 所示铁素体针上的碳化物电子衍射花样，标定
碳化物是（Fe、Mo）$_2$C，TEM；d—块状复合结构中位错型马氏体衍衬像，TEM

相邻，面心立方与体心立方晶格之间差异太大，在常温下，两相的界面明显；彼此相邻的马氏体和铁素体，都是体心立方晶格，只是歪扭程度不同，所以无界面，或界面不明显。

3.2.3　块状复合结构的形成过程（探讨）

前面谈到块状复合结构有两种，见图 3-13a 和 b，一是下贝氏体+马氏体，二是只有马氏体。过冷奥氏体由于成分起伏不均匀，如碳和钼浓度较高地区（晶粒），奥氏体比较稳定，不能满足铁素体领先的条件，过冷奥氏体不容易向铁素

体和奥氏体组成的 B_4 型贝氏体转变，而保留到下贝氏体转变温度时，由于温度低，碳化物形核率较低，另一方面也由于 M_s 点低，有一部分符合条件的则先转变成下贝氏体，还有一部分来不及向下贝氏体转变过冷到 M_s 点以下，则转变为位错型马氏体，在常温下看到的这部分块状复合结构是由下贝氏体和马氏体组成的；还有一部分过冷奥氏体不仅碳、钼浓度高，而 Si 也高，抑制碳化物形核与长大，没有下贝氏体转变，只有马氏体转变。在常温下没有下贝氏体的块状结构常常被观察到，在本书里很多地方都谈到块状复合结构，但没有强调是上述哪种块状结构，因为这不是一个重要的问题。

除了富碳地区（一个晶粒）易转变为块状复合结构外，富 Mo 区域也有此可能，这是因为：（1）Mo 是碳化物形成元素，正如图 3-13c 所表明，复合结构的下贝氏体针上碳化物是 C、Mo、Fe 的复合碳化物；（2）当铁中 C、Si、Mn 元素含量相同时，在奥氏体化温度和正火冷却速度相同条件下，含 0.25% Mo 的钢，其块状复合结构比不含 Mo 的钢大为减少，由此两点可以说明块状复合结构与富 Mo 区域有关。

下贝氏体针多数从晶内开始生长，而不是从晶界向晶内生长，这是由于成分偏析，晶内有可能为下贝氏体生长提供核心；也有下贝氏体针从晶界向晶内生长，符合一般相变规律，当下贝氏体针从晶界向晶内生长时，在生长的前沿也会诱发另一条下贝氏体针形核和生长，这也是下贝氏体针从晶内开始生长除成分偏析外的另一个原因。

此外，形成块状复合结构的那些晶粒的晶界也非常稳定，因邻近晶粒进行 B_4 型贝氏体转变时，向边界排碳，使其边界形成富碳奥氏体，这种富碳奥氏体与铁素体之间是界面平衡的，因此能保留到常温，这也是常看到奥氏体包围块状复合结构的形貌。

3.2.4 块状复合结构的比例控制

在正火连续空冷后所获得的混合组织中，块状复合结构所占比例是可控制的，最主要是控制冷却速度，其次是奥氏体化温度和时间。在同等冷却速度条件下，随着奥氏体化温度增加，块状复合结构量减少；在同等奥氏体化温度和同等冷却速度条件下，保温时间越长，块状复合结构越少，这是由于温度越高或保温时间越长，奥氏体的成分越均匀，不存在或很少存在 C 和 Mo 的偏聚区。

3.3 连续空冷条件下影响金相组织的主要因素

55SiMnMo 钢 900℃奥氏体化后连续空冷所获得的金相组织，主要有以下几点特征：（1）混合组织，由 B_4 型贝氏体和块状复合结构组成，要获得单一的 B_4 型贝氏体（硬度约 HRC25），在技术上能做到（将冷却速度控制在约 40℃/min），但也不是轻而易举的事；（2）B₄ 型贝氏体组织一般都是板条和颗粒混合组成的形貌，要想获得单一的板条或颗粒状形貌，也很难做到；（3）B₄ 型贝氏体组成相之一的铁素体与组成相之二的富碳奥氏体分别所占体积分数变化范围大，在特定条件下才是约 3∶1。除以上 3 点外，还有其他特征。下面简要讨论影响这些特征变化的因素。

3.3.1　钢的成分

影响连续冷却条件下 C 曲线左右移动的元素如碳，偏高的碳（大于 0.55% C），使 C 曲线右移，低碳（小于 0.55%C），使 C 曲线左移。还有 Mo，正如在第 2 章所讨论的一样，单一的钼对 C 曲线影响不明显，但若碳和钼联合作用（高碳高钼），使 C 曲线右移很显著。C 曲线右移，允许冷却速度在一个比较宽的范围变化都能获得合适的硬度，冷却速度变化大，硬度变化却不大，反映了 B₄ 型贝氏体与块状复合结构组织的比例变化也不大。当 C 曲线左移时，会出现过高硬度（块状复合结构占比例多）。

3.3.2　过冷奥氏体的冷却速度[25]

冷却速度对钢的正火组织影响十分敏感，主要表现在以下两个方面。

（1）对"混合组织"的影响。正如在前面对图 3-12 所讨论的问题一样，空冷速度影响 B₄ 型贝氏体与块状复合结构的比例组成，空冷速度大，块状复合结构比例大，反之块状复合结构少。在工业生产中，对场地环境温度和轧钢设备、制钎设备的温度没有严格控制，将影响钎钢或钎杆的冷却速度。当空冷速度变化范围比较宽，其硬度变化也大，可从 HRC25 左右到 HRC50 左右，如图 3-1a，图 3-12c、b、a、d 顺序分别代表了从低硬度到高硬度变化，也代表了块状复合结构在混合组织中的比例。55SiMnMo 钢空冷可达到的最高硬度（估计冷却速度在 140~200℃/min）是在 HRC50 左右，空冷可达到的最低硬度（估计冷却速度 40℃/min）在 HRC25 左右。如果硬度超出这个范围，需要改变冷却方式，不能采用空冷，例如高过 HRC50 的冷却方式，用淬火。淬火也是连续冷却的一种形式，使用的介质不是空气而是水或油或其他传热快的介质。淬火后的金相组织则是马氏体，或是马氏体加下贝氏体。又如低过 HRC25 的冷却方式，用炉冷。"炉冷"，也是连续空冷的一种形式，只不过是空气稀薄而少对流，冷却速度很慢，如 5~10℃/min，关于随炉冷却后的金相组织将显示在图 3-24。

（2）对 B₄ 型贝氏体形貌的影响。冷却速度影响 B₄ 型贝氏体呈条状或颗粒状的形貌。根据实践，连续空冷不易获得 100% 粒状或 100% 条状形貌，一般都是既有粒状也有板条状混合形貌。冷却速度对混合组织的比例影响比较明显，冷却速度快，由于铁素体形核率大于生长率，碳的扩散速度的限制，因此呈颗粒状的趋势大；冷却速度慢，为铁素体条延伸变宽提供了时间，或者说铁素体形核率小于生长率，碳的扩散比较充分，因此呈板条状的趋势大，在连续空冷条件下，B_4型贝氏体是在一个温度范围、一个时间范围完成的，在完成转变的温度范围内，高温形成的 B_4 型贝氏体呈条状的趋势，低温度所形成的 B_4 型贝氏体呈粒状的趋势，究竟 B_4 型贝氏体是粒状还是板条状特征问题，如呈板条比例大，则具有板条特征，反之亦然。

影响 B_4 型贝氏体粒状和板条状比例的还有其他因素，如超温奥氏体化后，增加了过冷奥氏体的稳定性，过冷奥氏体越稳定，条状的比例越大。又如时间的影响，如过冷奥氏体在上贝氏体转变区，从开始到完成转变，其过程经历了数分钟，初期转变的 B_4 型贝氏体板条或颗粒状奥氏体随时间而变狭、缩小，体积比例减少，碳浓度增加；反之，铁素体相变宽、长大，体积比例增加。

总之，板条状和粒状的比例是由碳的扩散速度所控制的，用人工通过冷却速度来控制碳的扩散速度，做到板条状比例定量，要求达到多少就是多少，暂时还做不到，从实践来看，板条状的力学性能优于粒状，因板条奥氏体阻止疲劳裂纹扩展的效果好。将在第 6 章中显示出来。

3.3.3　B_4 型贝氏体中富碳奥氏体所占比例

在前面已谈到曾测定 B_4 型贝氏体中富碳奥氏体约占 30%，铁素体约占 70%，两者大约是 1：3，但在不同的文献资料中有比较大的差异，有下列因素影响所报道的数据。

（1）测量方法。X 射线和定量金相两种测量方法相比，前者测定的是相对值，后者测定的是绝对值。当试样 B_4 型贝氏体比较纯，块状复合结构量可忽略不计的情况，如 HRC25 的试样，两种测量方法所测得的数据比较一致（相近），当块状复合结构比较多时，X 射线测出的富碳奥氏体体积分数偏低，甚至过低。定量金相法测定值真实可靠，但定量金相法所观测的范围很小，所以有人为的因素影响测量值，如观测视场（区域）的选择会因人而异，不同观测视场奥氏体量有差异。

（2）不同温度所转变的 B_4 型贝氏体。B_4 型贝氏体的转度范围比较宽，从 550℃ 开始到约 300℃ 范围结束，都是 B_4 型贝氏体转变的温度范围。在高的温度形成时，富碳奥氏体量少，因为在转变过程中，由于碳的扩散能力强，铁素体容易长大，条状或颗粒状的富碳奥氏体不断变狭小；反之，在低的温度形成时，富碳奥氏体量多，因碳的扩散能力随温度下降而减小，铁素体不易长大，富碳奥氏体变狭小的速度减慢。在不同温度形成的 B_4 型贝氏体，不仅奥氏体量不同，而且碳浓度的分布、均匀的程度也不同。在低的温度下形成时，从铁素体排出的碳都堆集在相界面，碳缺少扩散能力和时间，相界面的碳浓度高于心部；反之，在高温下形成后，碳的扩散能力强，且有足够的时间从相界面向心部扩散，减少了富碳奥氏体碳浓度分布梯度。正因为上述原因，同一个试样不同观测视场（局部区域），不同晶粒的 B₄ 型贝氏体比例都是有差异的，这也是用定量金相法测量奥氏体比例偏大或偏小的原因。另外一个问题需要强调：从奥氏体化温度连续空冷所转变的 B₄ 型贝氏体中，铁素体和奥氏体的比例约为 3∶1；而 55SiMnMo 钢高寿命小钎杆，正火态 HRC35 左右的混合组织中，B₄ 型贝氏体和块状复合结构的比例，大约也是 3∶1，两个 3∶1 是巧合，两回事不要误解。

3.4　B₄ 型无碳化物上贝氏体的回火转变[2,19,20]

　　"回火"是指：55SiMnMo 钢的过冷奥氏体连续空冷到室温，获得 B₄ 型贝氏体或 B₄ 型贝氏体+块状复合结构混合组织之后，再重新加热的过程，类似于淬火马氏体回火加热过程。回火转变过程及产物如图 3-14~图 3-16 所示普通金相组织形貌特征。

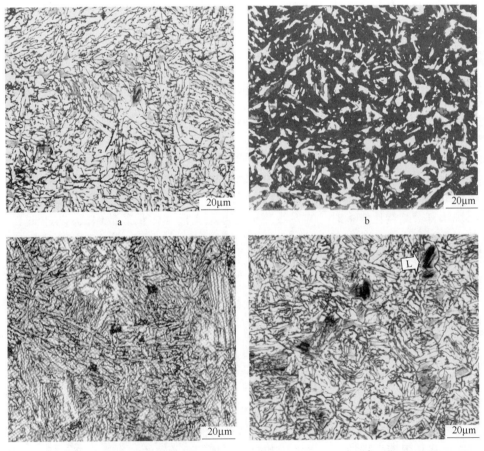

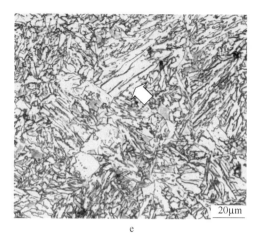

e

图 3-14　B₄型贝氏体在375℃以下回火组织变化形貌

a—过冷奥氏体连续空冷与图 3-1a～c 相近的 B₄ 型贝氏体，4%Nital；b—将图 a 所示金相组织的样品
进行染色处理，奥氏体的比例占 20%～25%；c—连续空冷到室温的 B₄ 型贝氏体重新加热 200℃ 回火
30min，与图 a 相比，无明显变化，4%Nital；d—连续空冷到室温的 B₄ 型贝氏体，重新加热到 300℃
回火 30min，与图 a 相比，B₄ 型贝氏体形貌无明显异样，该试样有少量块状复合结构（如箭头 L
所指已明显回火），4%Nital；e—连续空冷到室温的 B₄ 型贝氏体，重新加热到 375℃ 回火 30min，
与图 d 相比，条状变宽（箭头所指）颗粒变大，但仍保持 B₄ 型贝氏体形貌特征，4%Nital

3.4.1　冷处理

在合金钢（特别是高合金钢）淬火之后，金相组织是淬火马氏体和残留奥氏体，残留奥氏体不稳定，冷处理（经 0℃ 以下）、回火或在外力作用下，残留奥氏体会向马氏体转变，而 B₄ 型贝氏体中有大量奥氏体，这些奥氏体在冷处理条件下很稳定不会变化，即使在 40～-198℃（液氮）温度范围，B₄ 型贝氏体的铁素体和富碳奥氏体所建立的界面稳定平衡很稳定，不受温度、时间变化和应力作用的影响。如自然环境的温度，在中国的冬天和夏天极端的温度变化可达到 40～-40℃，矿山 300～400m 深井下采掘现场温度长年一般在 5～10℃；小钎杆服役时受复杂应力作用；有些钎杆储放在井上或井下潮湿的仓库 1～2 年才使用，这些条件的变化都不影响 B₄ 型贝氏体铁素体和富碳奥氏体量的比例组成，更不会出现第三相。

3.4.2　重新加热（回火处理）

试样回火前都是 900℃ 奥氏体化，空冷速度为 60～80℃/min，冷到室温，获得 B₄ 型贝氏体+少量块状复合结构，类似如图 3-14a、b 所示形貌。将室温下的 B₄ 型贝氏体试样重新加热回火处理，将会改变其形貌如铁素体和奥氏体的比例组成，甚至出现碳化物。

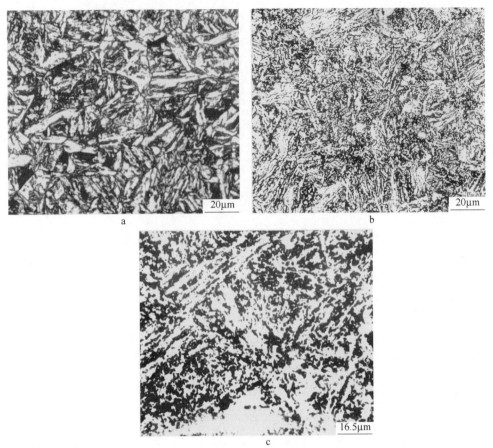

图 3-15　B₄ 型贝氏体在 400℃以上回火组织形貌的变化（见书后彩页）

a—连续空冷到室温的 B₄ 型贝氏体，重新加热到 400℃回火 30min，与图 3-14a、c、d 相比，金相
组织有显著变化，4%Nital；b—连续空冷到室温的 B₄ 型贝氏体，重新加热到约 450℃回火 30min，与
图 3-14 相比，金相组织有显著变化，4%Nital；c—连续空冷到室温（正火）的 B₄ 型贝氏体，
重新加热到约 500℃回火 30min，与图 a、b 相比，有更显著的变化，4%Nital

（1）在普通金相显微镜下，用 3%～4%Nital 浸蚀试样后的金相组织形貌，受
回火温度影响而变化。

1）在 375℃以下回火，图 3-14c、d、e 分别代表 200℃、300℃、375℃回火
试样的金相组织。从照片上看，B₄ 型贝氏体中有些板条或颗粒随着回火温度的
增加变宽了或增大了，表明其组成相之间的比例有变化。由于试样的不同，不能
定量地描述其组成相之间比例变化有多大，但变化的趋势是可以看得出来的，尤
其是 375℃回火后变化显著。从染色金相看，板条变宽、颗粒变大的相是铁素
体，变狭小的相是奥氏体。而且从 TEM 照片上看，是无碳化物的，保持着铁素
体和奥氏体相间组成，属于 B₄ 型贝氏体形貌特征。

2）在 400℃以上回火，如图 3-15a～c 所示，分别代表 400℃、450℃、500℃

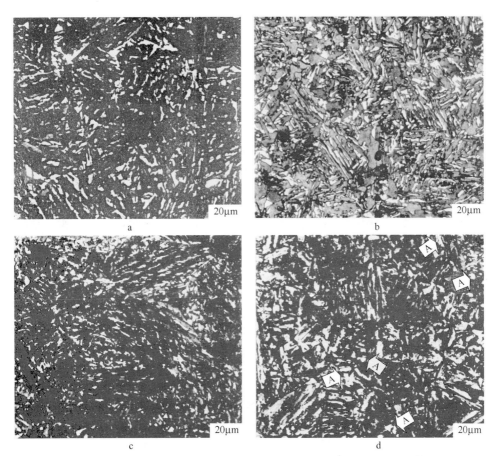

图 3-16　B₄ 型贝氏体回火组织染色后形貌（黑白照相，见书后彩页）

a—B₄ 型贝氏体 300℃ 回火 30min 后，经铁素体染色剂处理 2min，亮衬度者是富碳奥氏体（约占 20% 体积

百分数）与图 3-14d 是同一个试样，视场不同；b—B₄ 型贝氏体 375℃ 回火 30min 后，经铁素体染色剂

处理 2min，亮衬度者是富碳奥氏体（体积分数约占 20%），与图 3-14e 所示金相组织虽不是同一个

试样，但奥氏体的比例、特征清晰；c—B₄ 型贝氏体 400℃ 回火 30min，经铁素体染色剂处理 2min，

亮衬度者是富碳奥氏体（所占体积仍有 5%~8%）；d—B₄ 型贝氏体 500℃ 回火 30min，经铁素体

染色剂处理 2min，箭头 A 指富碳奥氏体（数量很少），与图 3-15c 所示金相组织是同一个试样

回火试样的金相组织，B₄ 型贝氏体形貌完全变了样，铁素体变得更宽，更重要的是出现了许多点状物，TEM 分析，证明这些点状物是碳化物。

3）B₄ 型贝氏体回火金相组织的染色，将经 3%~4%Nital 浸蚀的试样，再用铁素体染色剂处理 2min，铁素体相仍是棕褐色，奥氏体相是亮衬度，黑白照片如图 3-16 所示，由于不同回火温度的试样不是同一个样，因此不能定量比较，只能看趋势（定性）。300℃ 与 375℃ 回火，金相组织的变化不明显。在 400℃ 回火后，变化显著，条状的奥氏体变得很狭小且不连续，颗粒状的奥氏体变得很细小，奥氏体总量显著减少。500℃回火后，仍有少量奥氏体（孤岛），如图 3-16d 所示。彩色照片如图 3-17 所示。

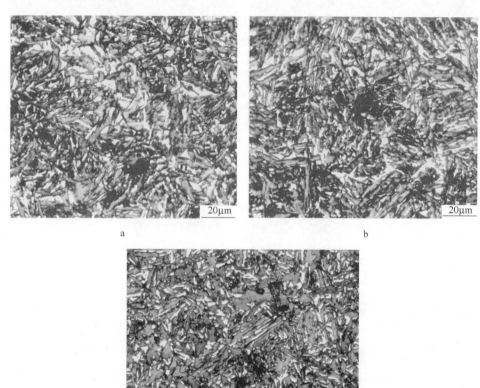

图 3-17　B₄ 型贝氏体回火组织染色后形貌（彩色照相，见书后彩页）

a—B₄ 型贝氏体 200℃回火后，经铁素体染色剂处理 2min，亮衬度者是富碳奥氏体，棕褐色是铁素体；

b—B₄ 型贝氏体 300℃回火后，经铁素体染色剂处理 2min，亮衬度者是奥氏体，棕褐色是铁素体；

c—B₄ 型贝氏体 375℃回火后，经铁素体染色剂处理 2min，亮衬度者是富碳奥氏体

（明显狭小），棕褐色者是铁素体，500×

（2）在 TEM 下回火组织特征，以下用碳二次复型和薄晶体衍衬像所显示的都是 B₄ 型贝氏体回火后的形貌变化。

1）在 375℃以下回火，组织变化（TEM 形貌）如图 3-18 所示。图 3-18a 和 b 是碳二次复型照片，图 3-18c 是薄晶体衍衬像照片，总的趋势是铁素体条或颗粒在变宽或变大，从衍衬像看，奥氏体条变得很狭，但三张照片都没有显示有碳化物迹象。

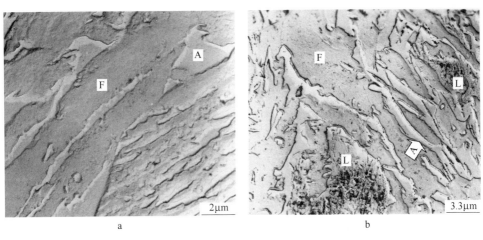

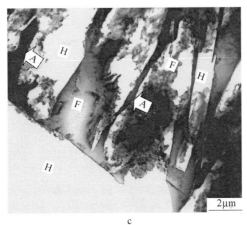

图 3-18 B₄ 型贝氏体 375℃以下回火组织变化 TEM 形貌

a—B₄ 型贝氏体 300℃回火 30min 后的形貌，箭头 A 指富碳奥氏体相，F 指铁素体相，醋酸纤维素、碳
二次复型（铬投影）无碳化物；b—B₄ 型贝氏体 375℃回火后的形貌，箭头 A 指条状富碳奥氏体相
（相对变狭小），F 指条状铁素体相（变宽），无碳化物，L 指块状复合结构已回火有碳化物被萃取，
醋酸纤维素、碳二次复型（铬投影）；c—B₄ 型贝氏体 375℃回火后，薄晶体衍衬像，H 指
薄晶体膜穿孔，F 指铁素体相，箭头 A 指富碳奥氏体相（变狭小）

2）在 400℃以上回火，组织形貌变化如图 3-19 所示。图 3-19a 是条状 B₄ 型贝氏体经 400℃回火后形貌的碳二次复型照片，分布在铁素体条两侧的是碳化物，如箭头 C 所指碳化物不连续呈链状；图 3-19b、c 是颗粒状 B₄ 型贝氏体 450℃和 400℃回火后的薄晶体衍衬像照片，显示了铁素体和碳化物形貌特征，不连续呈链状的碳化物包围着铁素体；图 3-19d、图 3-19e 是衍衬像及碳化物的电子衍射花样照片；图 3-19f 是条状 B₄ 型贝氏体在 500℃回火后的薄晶体衍衬像，碳化物明显聚集长大，这与 B₄ 型贝氏体形貌截然不同。

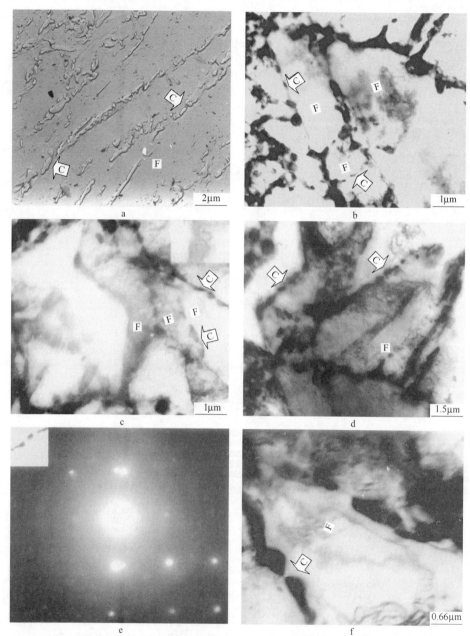

图 3-19　B$_4$ 型贝氏体 400℃以上回火组织变化（TEM 形貌）

a—条状 B$_4$ 型贝氏体 400℃回火后的形貌，箭头 C 指不连续的碳化物相，F 指铁素体相，有无富碳奥氏体相不易分辨，醋酸纤维素、碳二次复型（铬投影）；b—颗粒状 B$_4$ 型贝氏体 450℃回火后，薄晶体衍衬像，F 指铁素体相，箭头 C 指碳化物相；c—B$_4$ 型贝氏体 400℃回火后，薄晶体衍衬像，箭头 C 指不连续状碳化物相，F 指铁素体相；d—趋于条状 B$_4$ 型贝氏体 400℃回火后，薄晶体衍衬像，箭头 C 指不连续状碳化物相；e—图 d 箭头 C 指碳化物电子衍射花样，经标定是 Fe$_3$C；f—B$_4$ 型贝氏体 500℃回火后，薄晶体衍衬像，箭头 C 指不连续状碳化物相（明显聚集长大），F 指铁素体相

3.4.3　回火温度对奥氏体总量的影响

硬度 HRC28~29，块状复合结构比较少的试样，经不同温度回火，随着回火温度的增加，被保留的奥氏体量可用 X 射线衍射仪或者用定量金相法（铁素体染色剂）测定。如 X 射线测定，用 $Co-K_\alpha$ 衍射，衍射面分别为 $(111)_\gamma$ 和 $(110)_\alpha$，相应的衍射角是 22.25° 和 26.17°，利用积分强度方法计算奥氏体量，其结果如表 3-1 所示，400℃、500℃回火后，由于奥氏体量比较少，X 射线衍射峰值很小（难以计算），两种方法所测量的奥氏体含量相近。

表 3-1　不同温度回火后奥氏体含量　　　　　　　　（%）

回火温度	正火	200℃	300℃	400℃	500℃
富碳奥氏体量用 X 射线法测定	31.2	27.1	20.3		
富碳奥氏体量用定量金相法测定	32	28	22	6	1~2

3.4.4　回火临界温度（点）

无碳化物的 B₄ 型贝氏体，经回火转变成有碳化物回火组织，有一个临界温度，就在 375~400℃ 之间，在 375℃ 以下回火的 B₄ 型贝氏体，随着回火温度的增加，尽管铁素体与奥氏体比例不断变化，奥氏体总量不断减少，但无碳化物出现，保持着 B₄ 型贝氏体形貌的基本特征（铁素体与奥氏体相间组成，无碳化物）。在 400℃ 回火，出现了碳化物，不属于 B₄ 型贝氏体形貌。究竟临界点是 375℃ 还是 400℃？刘正义曾定为约 400℃，因为 375~400℃ 之间没有做其他温度试验。

仅从金相组织变化来确定 B₄ 型贝氏体回火出现碳化物的临界点，能说明问题；作者还用膨胀仪测试回火过程中的体积变化效应[11]，进一步支持（佐证）金相法所确定的事实。55SiMnMo 试样两组：第一组 3 根是正火状态金相组织，B₄ 型贝氏体约占 85%，块状复合结构约占 15%，HRC32；第二组 3 根是淬火（定子油冷却剂）状态金相组织，淬火马氏体+少量下贝氏体，HRC53~54，每一组试样分别 3 次测量各点的数据取平均值绘于图 3-20。

两条曲线的体积膨胀量随加热温度增加而变化的规律相似。淬火试样膨胀曲线有两个拐点，第 1 个（约 160℃）与淬火马氏体回火有关，第 2 个（约 350℃）与回火马氏体的碳化物聚集有关。从正火试样的膨胀曲线可以看出：100℃（温度）以下为直线，随后体积有所收缩，即第 1 个拐点，它与块状复合结构（以马氏体为主）中的马氏体开始回火有关，拐点的直线延长线与曲线相交点（箭头所指），大约在 200℃，这个交点应该是 B₄ 型贝氏体的铁素体向奥氏体推移长大的起点。从 200~400℃，膨胀曲线的斜率，正火试样大于淬火试样，这与 B₄ 型贝氏体中铁素体不断向奥氏体推移长大有关。第 2 个拐点，应该是正火试样出现碳化物的反映。

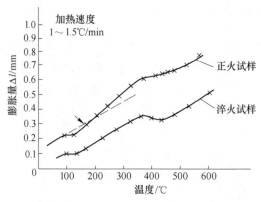

图 3-20　55SiMnMo 钢空冷正火、淬火后再连续加热回火的膨胀曲线

3.4.5　相界面稳定平衡与回火转变

3.4.5.1　相界面稳定平衡

在常温以下（包括常温）B_4 型贝氏体的组成相及相界面都很稳定。"稳定"是指：相内无新相出现，相界面无变化（无新相，不移动，相界面位置和尺寸不变），其稳定性与碳的行为有关。就铁素体而言，含碳量是平衡浓度，它是稳定相，处于低能状态。可将界面分成两半，在铁素体一侧的界面，也是处于低能状态，不会出现新相。而奥氏体相，也是稳定相，因为它的含碳量很高（平均达1.4%~1.6%），在奥氏体溶碳极限范围以内，碳浓度越高越稳定，在奥氏体一侧的相界面更加稳定。奥氏体相的碳浓度分布不均，在图 3-2 箭头上有反映，如箭头 S 所指阴影是碳聚集区，边界的碳高于心部，尽管从热力学上说奥氏体相内部处于高能状态，处于不稳定状态，但由于碳没有扩散能力，只能堆积在边界上，加强了边界的稳定性，也保证了相界面的稳定（不移动）。铁素体和奥氏体两相既无新相出现，相界面又无变化，也就是说两相处于平衡状态。关键是相界面稳定，才能保证两相平衡而稳定，简称为界面稳定平衡。如果在奥氏体相里的碳发生扩散迁移，界面稳定平衡被破坏，这种现象在室温及室温以下不可能发生。但是李承基等人在 1977 年测试过，具有 B_4 型贝氏体的试样，经-198℃处理后，奥氏体量比室温下少了 3%，这个数据不能说明 B_4 型贝氏体的稳定程度，因为 3%变化是在 X 射线测量误差范围以内；此外，被测试样不完全是 100% B_4 型贝氏体，其中有一定比例的块状复合结构，在块状复合结构中有少量与马氏体连在一起的奥氏体，这些少量的奥氏体具有合金钢淬火后残余奥氏体的特征，不够稳定，经低温处理将会转变成马氏体。

3.4.5.2　界面失去稳定平衡

在室温下的 B_4 型贝氏体，重新加热（回火处理），随着温度的升高，首先是奥氏体相从稳定状态变为不稳定状态，从而影响 B₄ 型贝氏体的整个系统不稳定。因碳原子获得能量，恢复扩散能力。在边界高碳的奥氏体区，其碳不会逆向向铁素体扩散，只能向中部扩散，一旦碳向中部扩散，边界的碳浓度下降，相界面就失去平衡，其结果，相界面向奥氏体推移，奥氏体体积减小，铁素体体积增加。由于边界的铁素体和奥氏体相有界面的共格关系，界面通过碳的扩散向奥氏体移动，其过程比较容易完成。奥氏体的体积减小，维持边界区高碳，保证界面新的稳定平衡。界面向奥氏体相移动的距离，受温度的控制，从 300℃ 温度回火开始，在金相显微镜下，明显看到（经铁素体染色剂处理）铁素体变宽，奥氏体变狭，奥氏体体积减小的现象，直到 375℃ （从 375~400℃ 间没有研究）回火，仍然是奥氏体和铁素体保持界面稳定平衡，在奥氏体相及其界面都无新相出现，相对室温来说，相界面却移动了比较大的距离。当达到 400℃ 温度回火时，情况变了，碳具有更强的扩散能力，碳都集中到少量体积的奥氏体中，使奥氏体的碳浓度达到溶碳极限程度而发生分解（A→F+C），在相界面上出现了大量的碳化物，原来连续的相界面消失。即使在临界点回火，还不是所有的奥氏体都分解了，仍有 6%~10% 体积不连续的奥氏体有规律地分布在两条铁素体之间。因这些奥氏体的碳浓度还没有达到溶碳极限，所以不分解。即使将回火温度升到 500℃，还有少量的奥氏体，但分布没有什么规律，只是在铁素体和碳化物大海中偶尔见到的一个"孤岛"。

3.4.5.3　回火过程模型

回火过程模型以简图 3-21 表示，a、b 两图都表示 B₄ 型贝氏体在回火过程

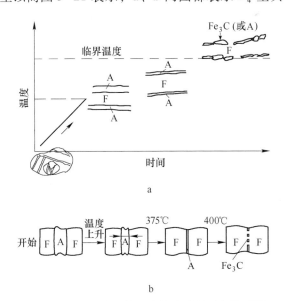

图 3-21　B₄ 型贝氏体回火转变过程示意模型图

中发生组织变化的特征，它分为两个阶段，在临界点以下回火，奥氏体不会分解，随着回火温度的升高而奥氏体体积减小，铁素体体积增加，相界面向奥氏体相移动，但仍保持 B_4 型贝氏体的形貌（铁素体和奥氏体相间组成，无碳化物）特征。当回火温度达到临界点时，在铁素体两侧出现不连续的碳化物，并失去了 B_4 型贝氏体的形貌特征。该图只考虑了温度的影响，实际上时间也会影响到转变过程，但研究得不够。本书的作者断定：在临界温度以下回火，富碳奥氏体量随着回火时间的增加而减少，富碳的程度更浓，尺寸更狭小，反之铁素体相板条或颗粒尺寸更宽大，但不会出现碳化物。在临界点或更高温度回火，即使短时间也会有碳化物出现，随着时间的延长，碳化物聚集长大，富碳奥氏体量更少。

3.4.6 B_4 型贝氏体铁素体相的含碳量

在前面谈到 B_4 型贝氏体组成相之一的铁素体，其含碳量是平衡碳浓度（≤ 0.02%），的确如此，因在所有 TEM 照片上都没有显示铁素体基体上有碳化物。在回火过程中，如果铁素体相是过饱和的，就会在铁素体基体上有碳化物析出。虽然 400℃ 温度回火，有碳化物相，但都是分布在铁素体两侧或周边，它是富碳奥氏体分解而成的，不是从铁素体固溶体中析出的。

3.4.7 关于"回火贝氏体"的概念

B_4 型贝氏体经过约 400℃（临界点）回火，转变成有碳化物的回火组织，其形貌相似于 B_2 型有碳化物贝氏体，但两者的形成机理不相同。B_4 型贝氏体回火组织，是由于温度的影响，铁素体与奥氏体相界面稳定性被破坏，界面向奥氏体一侧移动，铁素体体积分数不断增加；奥氏体所占比例不断减少，碳浓度不断增高，最后富碳奥氏体碳浓度达到极限值，分解成铁素体和碳化物。而有碳化物的 B_2 型贝氏体的形成，是由过冷奥氏体在连续冷却或等温过程中分解而形成铁素体和碳化物的。除此之外，B_2 型贝氏体铁素体的碳是过饱和浓度，B_4 型贝氏体回火组织铁素体的碳是平衡浓度。由于以上两原因，B_4 型贝氏体在临界点以上回火的组织，刘正义等在 1974 叫它"回火贝氏体"，而不叫它 B_2 型贝氏体，也不叫它有碳化物上贝氏体。"回火贝氏体"的硬度比 B_4 型贝氏体提高 2~4HRC，因其内部的碳化物弥散强化。

3.5 55SiMnMo 钢等温贝氏体[21,8]

在前面所讨论的 B_4 型贝氏都是在连续空冷条件下形成的，而不是在等温条件下形成的。然而等温热处理是钢铁材料获得贝氏体组织，或细珠光体如屈氏体组织常用的一种方法，一讲到钢铁材料的贝氏体就会联系到等温热处理。很多成分的钢铁材料在连续空冷（正火热处理）条件下，不能获得贝氏体组织，只是当材料尺寸比较大时，在局部区域可获得少量的贝氏体。如果在成分上属于贝氏体钢，则情况就不同了，即使在连续空冷（正火）条件下也可获得 100% 贝氏体组织。

55SiMnMo 钢属贝氏体钢，过冷奥氏体在连续空冷（正火）和等温条件下都可获得贝氏体组织。然而在两种条件下所获得的贝氏体有很大的差别，前者可获得 100%B_4 型贝氏体，其组成相是铁素体和富碳奥氏体，无碳化物，等温却很难获得 100%B_4 型贝氏体，下面将讨论其原因。

3.5.1 关于回火贝氏体

在前面讨论到 B_4 型贝氏体在临界点或临界点以上回火后，转变成有碳化物的回火组织，其形貌与 B_2 型贝氏体（有碳化物的贝氏体）相似，刘正义有两点理由不叫它 B_2 型贝氏体而叫它"回火贝氏体"，这只是一种理论分析，但为了使问题简单化，从此开始，在后面仍将"回火贝氏体"叫做 B_2 型贝氏体。再强调一次，无碳化物的 B_4 型贝氏体，经回火后转变成有碳化物类似 B_2 型贝氏体的回火组织，不叫它"回火贝氏体"，仍叫它 B_2 型贝氏体，在以下章节里不再说明或注解。

3.5.2 等温贝氏体的组织形貌

在等温条件下获得比较典型贝氏体组织，其普通光学显微镜下的形貌如图3-22 所示，试样复型在透射电子显微镜（TEM）下的形貌如图 3-23 所示。图 3-22a~c 所显示的都是在 C 曲线上贝氏体转变温度区等温所形成的组织，图 3-22a 以 B_4 型贝氏体为主，加少量 B_2 型贝氏体。判断识别是否是 B_2 型贝氏体的依据：金相试样在 4%Nital 浸蚀下，B_2 型贝氏体被浸蚀得比较深，衬度比较暗，如箭头 B_2 所示，因 B_2 型贝氏体有大量的碳化物，所以容易被浸蚀，图 3-22b，以 B_4 型贝氏体为主，加少量块状复合结构，也有 B_2 型贝氏体，但分散不明显。从图 3-22a、b 两图看，等温的 B_4 型贝氏体其相界面比较不规则，可能与碳的充分扩散有关。图 3-22c 显示的试样在高于 C 曲线鼻点温度等温，过冷奥氏体向贝氏体转变速度减慢，即使延长时间，也只有大约一半转变成贝氏体，另一半淬成马氏体，由于等温时间较长，贝氏体组织以 B_2 型贝氏体为主，B_4 型贝氏体只有少量，图 3-22d 显示的试样是在低温下贝氏体区等温后淬水，其金相组织是下贝氏体+马氏体。

图 3-23 所显示的是碳二次复型等温贝氏体的 TEM 形貌，图 3-23a，上半部都是 B_2 型贝氏体；下半部，左边是马氏体，右边是 B_4 型贝氏体。在复型的 TEM 图像上区别组织的组成相，是一件不容易的事情。如何区分 B_4 和 B_2 型贝氏体？

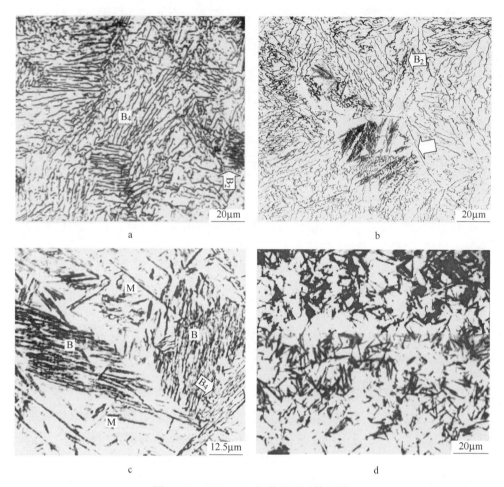

图 3-22   55SiMnMo 钢等温贝氏体形貌

a—在 500℃（55SiMnMo 钢等温 C 曲线鼻点）等温 3min 淬水，获混合型贝氏体，箭头指少量的 B_2

（有碳化物）型贝氏体，大部分是 B_4 型（无碳化物）贝氏体 4%Nital；b—和图 a 相似，不同的是，

以 B_4 型贝氏体为主，有少量块状复合结构（马氏体和下贝氏体）如箭头所指，也有少量 B_2

型贝氏体（箭头 B_2 所指），4%Nital；c—560℃（超过鼻点，转变速度慢些）等温 15min

淬水，4%Nital，金相组织：B 指 B_2 型贝氏体，M 指马氏体，箭头 B_4 指 B_4 型贝氏体；

d—300℃等温 2min 淬水试样，3%Nital 浸蚀的金相组织，下贝氏体（B_3 型）和马氏体，HRC52

铁素体相容易区别，在 4%Nital 浸蚀下，铁素体相被浸蚀，凹下去了，表面比较
粗糙；奥氏体相和碳化物相不易区别，表面都比较平滑，两者都是抗 4%Nital 浸
蚀，可从形貌上区分，在铁素体两侧的相（光滑者）呈不连续者是碳化物，呈
连续者则是奥氏体相，根据这一特征辨别 B_4 和 B_2 型贝氏体。图 3-23c，深浸蚀
者（箭头 B_2 所指），是 B_2 型贝氏体，符号 B 所指 B_4 型贝氏体。图 3-23c 所显示

的是 B_4、B_2 型贝氏体和马氏体的混合组织，在淬水前，由于大部分区域具备向贝氏体转变条件，转变成 B_4 和 B_2 型贝氏体，少部分未转变的过冷奥氏体，淬水即转变成马氏体；B_2 是早期转变的 B_4 型贝氏体"自回火"转变而成的，B_4 是等温后期由过冷奥氏体转变而成的。

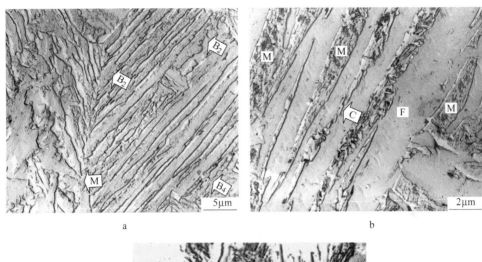

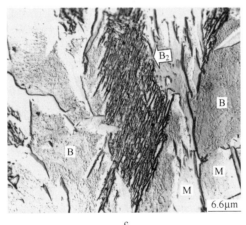

图 3-23 55SiMnMo 钢等温贝氏体 TEM 形貌

a—550℃ 等温 15min 淬水试样，4%Nital 浸蚀，复合金相组织（碳二次复型+铬投影）形貌：右上角区是 B_2 型贝氏体，右下角区是 B_4 型贝氏体，左上角区是 B_2 型贝氏体，左下角区是马氏体，TEM；b—550℃ 等温 10min 淬水试样，4%Nital，碳二次复型，F 指铁素体，M 指马氏体，箭头 C 指不连续碳化物；c—530℃（过鼻点，转变速度慢些）等温 3min 后淬水，4%Nital，醋酸纤维素、碳二次复型（铬投影）金相组织形貌：B 指 B_4 型贝氏体，箭头 B_2 指 B_2 型（有碳化物）贝氏体，M 指马氏体，TEM

3.5.3 等温贝氏体的特征

过冷奥氏体在连续空冷条件下，可以获得 100% 的 B_4 型贝氏体，而在等温条件下所获得的贝氏体组织与等温温度和时间有关。在等温转变 C 曲线上，贝氏体转变区比较宽，可将它分成两个温度区间。第一个温度区间在 560~400℃间，在这个温度区间等温，所获得的贝氏体组织是混合型的，当等温时间比较短时，在试样的局部区域能获得以 B_4 型贝氏体为主+少量 B_2 型的混合贝氏体组织，如图 3-22a、b 所示，这是在 C 曲线"鼻点"温度等温，过冷奥氏体向贝氏体转变的速度快，孕育期短，转变成贝氏体的体积分数大。等温的时间虽然短，但仍有少量的 B_2 型贝氏体。超过或低过"鼻点"等温，过冷奥氏体向贝氏体转变速度减慢，孕育期长，转变成贝氏体的体积分数小，所获得的贝氏体组织是以 B_2 型为主，只有少量的 B_4 型贝氏体。第二个温度区间在 400~240℃间，等温的 B_4 型贝氏体与连续空冷的 B_4 型贝氏体，在形貌上是一样的，由铁素体和奥氏体相间组成，无碳化物，但等温形成的 B_4 型贝氏体中奥氏体总量少过连续空冷的。

　　过冷奥氏体在等温和连续空冷条件下所转变的贝氏体组织有比较大差别的原因是：B_4 型贝氏体在 200~550℃温度区间不稳定，会发生自回火转变。"回火转变"有两种情况：（1）在前面讲过的，过冷奥氏体连续空冷到室温获 B_4 型贝氏体，再重新加热。B_4 型贝氏体将发生回火转变，当回火温度超过临界点时，B_4 向 B_2 型贝氏体转变。（2）在等温情况下，过冷奥氏体先期转变的 B_4 型贝氏体，在等温温度不变、等温时间延长的情况下，也有回火转变，有向 B_2 型贝氏体转变的趋势，暂称为"自回火"，类似于淬火马氏体，因工件余热转变为回火马氏体。当等温将要结束前的短时间所形成的少量 B_4 型贝氏体来不及回火而保留到室温。在前面讨论过，B_4 型贝氏体回火成 B_2 型贝氏体，有临界温度点，低过临界点回火，B_4 型贝氏体的奥氏体总量减少，但不会出现碳化物。就 55SiMnMo 钢而言，在 400℃以下，240℃以上等温不会出现 B_2 型贝氏体。在下贝氏体温度区间等温，所获得的组织是下贝氏体+马氏体的混合组织，如图 3-22d 所示。下贝氏体是由 Fe_2C 相和铁素体相组成，是有碳化物的贝氏体组织。但有些文献却提出了无碳化物下贝氏体的组织形态[21]，作者在第 1 章对无碳化物下贝氏体的观点提出了不同的看法，在此不再说了。

　　最后，还要强调一点：钢的等温 C 曲线（TTT 曲线）和连续冷却 C 曲线（CCT 曲线）都是在 50 多年前测试绘制出来的，一直沿用至今，为广大科技工作者认可，成为指导钎钢生产、保证钎杆质量的理论依据。但是对连续空冷和等温条件下所形成的贝氏体组织究竟有什么不同这个问题，研究得不够。相对来说，在连续空冷条件下所形成的贝氏体研究多些，因为对小钎杆的生产有实用价值。而等温形成的贝氏体好似只看到本书图 3-22 所显示几张照片。因等温热处理工艺对小钎杆生产不适用，所以研究得不多。为了更好地探讨、认识 B_4 型贝氏体特征，对比一下等温条件下所形成的贝氏体组织是有意义的。关于等温条件下所形成的组织，其力学性能更无研究，但可预言：它与连续空冷的组织在硬度相同条件下相比，它的抗疲劳性能一定比较差，尤其是在 B_4 型贝氏体组织回火转变临界点以上等温，因 B_2 型有碳化物贝氏体的影响，将会使疲劳裂纹扩展速率 da/dN 增大；在 B_4 型贝氏体组织回火转变临界点以下等温，虽无 B_2 型贝氏体，但所获得的 B_4 型贝氏体组成相之一的奥氏体体积分数减少，也将增加材料的脆断倾向性，对缺口敏感。

3.6 随炉冷却的金相组织

用箱式电炉加热 55SiMnMo 钢试样，加热到奥氏体化温度（880~900℃），断电后炉门不打开，试样随炉温自然下降而冷却，这也是冷却速度特别慢（3~4℃/min）连续空冷的一种形式，在热处理技术上，叫它退火，一般中碳钢经退火后组织都是珠光体加铁素体，而两者所占体积约各一半。而 55SiMnMo 钢经退火—随炉冷却，金相组织更为复杂。随炉冷却也有冷却速度不均匀的问题，如靠近炉门的冷却速度大，在炉中心的冷却速度慢，反映在金相组织上有差异。靠近炉门，金相组织中除铁素体、珠光体成团状外，贝氏体的数量（比例）多。随炉冷却的贝氏体类似于等温条件所获得的贝氏体（B_2+B_4 型贝氏体），其中 B_2 型贝氏体是因 B_4 型贝氏体自回火转变而成的。

从图 3-24 可见，不管是在炉门口还是在炉中心的试样，贝氏体组织所占比例都比较大，其次是珠光体，而铁素体占比例少。组织组成的比例与冷却速度和 C 曲线的形状特征有关。加热炉在自然环境的降温过程中，在不同的温度区间降温速度不同，从 900~700℃ 区间，降温速度快，在 300℃ 以下降温速度就很慢；在降温过程中，过冷奥氏体转变为不同的组织顺序是：先析出铁素体，由于降温速度

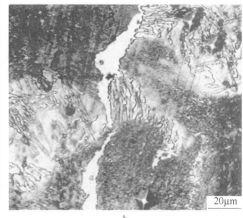

图 3-24　随炉冷却后的金相组织

a—900℃奥氏体化，试样放在炉中心，随炉冷却速度小，白块状是铁素体（沿晶析出），黑色是珠光体，其他是贝氏体（B_2+B_4 型贝氏体），3%Nital；b—900℃奥氏体化，靠近炉门的样品随炉冷却，白色块状是铁素体，黑色是珠光体，其他是贝氏体（B_2+B_4 型贝氏体），贝氏体的比例大，铁素体比例小，3%Nital

快，C 曲线上铁素体转变区又窄，所以铁素体转变量少；再转变成珠光体，在珠光体转变过程中，由于降温速度减慢，加之 C 曲线珠光体转变区比较宽，所以珠光体的比例较大；最后，炉温降到贝氏体转变区，炉温的下降速度进一步减慢，而且 C 曲线贝氏体转变区也比较宽，所以贝氏体比例大，当炉温下降到 300℃ 以下，炉子的降温速度更慢，但过冷奥氏体都已全部转变，所以没有下贝氏体和马氏体。

　　55SiMnMo 钢在连续空冷速度非常慢的随炉冷却条件下，还能获得比较多的混合贝氏体，这种混合组织虽然没有什么使用价值，但对了解贝氏体钢的相变特点还是有益的。在实际生产钎钢过程中的某个工序，因控制不良如终轧后经冷床冷却不够，再堆冷，就有可能出现少量的铁素体和珠光体，应予避免。

3.7　超温奥氏体化后的 B₄ 型贝氏体[22]

　　奥氏体化温度对 55SiMnMo 钢金相组织的影响如图 3-25 所示。

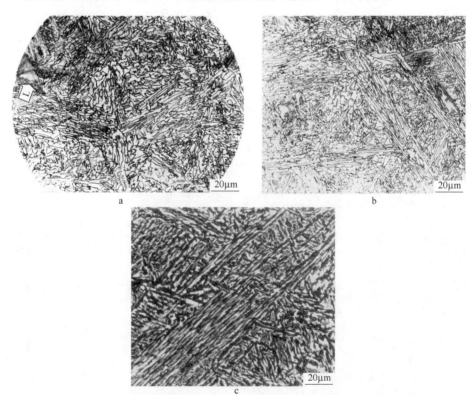

图 3-25　奥氏体化温度对 55SiMnMo 钢金相组织的影响

a—900℃奥氏体化，空冷冷却速度为 60~80℃/min，以 B₄ 型贝氏体为主，箭头 L 指块状复合结构，3%Nital；

b—1100℃奥氏体化，空冷冷却速度为 80~100℃/min，以 B₄ 型贝氏体为主，块状复合结构很少，3%Nital；

c—1250℃奥氏体化，空冷冷却速度为 80~100℃/min，3%Nital+铁素体染色剂处理 2min，

B₄ 型贝氏体组成相之一的奥氏体近 50%

根据 55SiMnMo 钎钢标准[23]，最佳的奥氏体化温度是 860~880℃，将该钢的奥氏体化温度提到 900℃，已经是偏高了，如果用 1100℃进行奥氏体化，那就是超温了，奥氏体温度偏高或超温对连续空冷（正火）后 B_4 型贝氏体形貌影响进行对比，图 3-25a、b 两金相照片来自同一个试样，分别两次加热。从图中可见，两者的基本形貌特征没有变，只是条状明显变得细长；超温奥氏体化后空冷速度增大，块状复合结构反而少了。超温奥氏体化的试样，从图 3-25c 染色金相照片看，奥氏体总量很高，达到 40% 左右，如果将奥氏体化的温度提高到 1250℃，试样的奥氏体总量将达到 50%。在实际生产中不会采用超温奥氏体化，因超温奥氏体化后，B_4 型贝氏体的奥氏体相比例太高，硬度低，不适于小钎杆服役条件。比较起来，超温奥氏体化的研究工作不多，仅提出一点看法：因奥氏体温度越高，过冷奥氏体越稳定，组成 B_4 型贝氏体中的奥氏体也越稳定，延迟相界面移动，阻碍了铁素体长大。此外，由于超温，奥氏体晶粒粗大，各晶粒的成分比较均匀，导致 B_4 型贝氏体铁素体在各晶粒内形核概率趋于相等，而开始转变的温度点又降低，碳的扩散能力也降低，所以 B_4 型贝氏体有细长的特征。

参 考 文 献

[1] 海海曼 R F，金斯曼 H R，阿伦森 H I．关于贝氏体反应的一场辩论 [M]．中译本，内部资料，共 25 页，翻译人和翻译时间不详．

[2] 刘正义，黄振宗，林鼎文．55SiMnMo 钢上贝氏体形态 [J]．金属学报，1981，17，2：148．

[3] 刘正义，李祖羹，林鼎文．55SiMnMo 钢中以马氏体为主的块状复合结构 [J]．金属学报，1986，22，1：A60．

[4] 抚顺新抚钢厂，北京钢铁学院相 74 小分队（李承基，余永宁主笔）．55SiMnMo 钢正火组织的研究 [J]．新钢技术情报，1977，1：1．

[5] 罗承萍，黎炳雄．55SiMnMo 钢下贝氏体碳化物的生成机制 [C]．首届全国相变研讨会论文集，1993.11：37．

[6] 刘正义．55SiMnMo 钢金属学问题，纪念肖纪美院士八十寿辰文选 [M]．北京：科学出版社，2000．

[7] 刘正义．55SiMnMo 钢为代表的特殊上贝氏体形态 [C]．第十届全国固态相变凝固及应用学术会议论文集，2012.5（苏州）：3．

[8] 刘正义，林鼎文．再论 55SiMnMo 钢贝氏体形态 [C]．2014 年全国钎钢钎具年会论文集，2014.10（周口）：145．

[9] 李炯辉．钢铁材料金相图谱 [M]．上海：上海出版社，1981：438．

[10] [英] 赫什 P 等．薄晶体电子显微学 [M]．刘安生，译．北京：科学出版社，1983．

[11] 刘正义，林鼎文，黄振宗．55SiMnMo 钢上贝氏体形态及其机械性能（特邀报告）．广东省机械工程学会热处理年会，1979.1：1．

[12] 柯俊．奥氏体在中温转变的机构 [J]．1954 年金属研究工作报告会会刊，第五册：金属

物理及检验：81.

[13] Hehemann R E. Phase transfrmation ［J］. ASM, Metals park ohio, 1970：397.

[14] 林鼎文，刘正义. 影响 55SiMnMo 钎钢 B_4 型特殊上贝氏体组织的因素 ［C］. 第十八届全国钎钢钎具年会论文集，2016，11（株洲）：109.

[15] Liu S K, Zhan J. The influence of the Si and Mn concentrations on the kinetics of The bainite transformation in Fe-C-Si-Mn Alloys ［J］. Metalluryical Transactions, 1990, 21A：1517.

[16] 蒋周洪，罗承萍，刘正义. 40MnMoV 钎钢的贝氏体组织 ［J］. 材料研究学报，1996 年，10（5）：483.

[17] 王建安. 金属学及热处理 ［M］. 北京：机械工业出版社，1980：44.

[18] 冶金工业部钎钢攻关队. 钻具试验阶段总结（内部资料），1967：85.

[19] 廖玉炎，刘正义. 55SiMnMo 钢的上贝氏体回火转变 ［J］. 金属学报，1989，5：A375.

[20] 蒋周洪，许麟康，刘正义. 40MnMoV 钢正火后回火组织特征 ［J］. 兵器材料科学与工程，1992，15（6）：39.

[21] 康沫狂. 贝氏体与贝氏体钢——纪念康沫狂先生九十华诞论文集 ［M］. 北京：科学出版社，2009.

[22] 刘正义，林鼎文，余国展. 正火温度对 55SiMnMo 钢疲劳裂纹扩展速率，da/dN 的影响 ［J］. 华南工学院学报，1983，11（1）：72.

[23] 黎炳雄，赵长有，肖上工，等. 钎具用钢手册 ［M］. 贵阳钎钢研究所情报室，2000.

[24] 刘正义，林鼎文. 55SiMnMo 钢正火态的硬度与金相组织 ［C］. 2010 年全国钎钢钎具年会论文集，2010.10（乐清）：85.

[25] 张大同. 扫描电镜能谱仪分析技术 ［M］. 广州：华南理工大学出版社，2009.

[26] 范雄. X 射线金属学 ［M］. 北京：机械工业出版社，1981.

[27] 彼里西阿 G E. 体视学和定量金相学 ［M］. 孙惠林，译. 北京：机械工业出版社，1980.

[28] 刘志林. 合金价电子结构与成分设计 ［M］. 长春：吉林科学技术出版社，1990.

[29] 林鼎文，刘正义. 影响 55SiMnMo 钎钢 B_4 型特殊上贝氏体组织的因素 ［C］. 第十八届全国钎钢钎具年会论文集，2016.11：109.

4 55SiMnMo 钢贝氏体相变晶体学研究❶

4.1 前言

经 900℃奥氏体化的过冷奥氏体正火处理，55SiMnMo 钢生成混合组织：包括两部分，第一部分是上贝氏体，由铁素体和富碳奥氏体两个相呈板条相间组成，无碳化物，它是一种新型的上贝氏体，第二部分是块状组织，由马氏体、下贝氏体和少量奥氏体组成，下贝氏体是有碳化物的，在铁素体片上呈一定角度分布的 ε-碳化物（Fe_2C）。刘正义建议将上述两部分分别命名为 B_4 型贝氏体和块状复合结构。在第 3 章，对这两部分形貌特征作了研究。本章是研究其晶体学特征，各组成相的精细结构，例如：在上贝氏体铁素体和下贝氏体铁素体条中均生成清晰的中脊线和生长单元，表明两种贝氏体的铁素体在形核，长大都是符合诱发形核规律，如马氏体型切变机制形核，扩散机制长大，中脊线是第一次均匀性切变的结果，台阶是扩散长大的依据。采用电子衍射花样和菊池线测得铁素体和奥氏体之间的位向关系大致符合 G-T 关系，即密排晶面张开 0.5°，密排晶向张开 1.9°。根据中脊线测量得到的铁素体惯习面是（5 12 7）$_f$，距密排晶面（111）$_f$∥（011）$_b$ 约 20°。实测的贝氏体惯习面和位向关系与由马氏体晶体学表象理论（PTMC 理论）预测的符合得很好。

关于合金中贝氏体相变的本质所引起的争论比其他任何相变的都多。很具参考价值的有 Bhadeshia 和 Christian[1] 以及 Aaronson[2,3] 等人的总结性评论。本章是应用透射电镜（TEM）对正火态的含 Si、Mn、Mo 中碳（55SiMnMo 钢）的贝氏体进行较为详细的研究。采用此钢进行贝氏体研究的一个优点是，该钢中较高的 Si 含量能阻止正火过程中碳化物的形成，因此使得奥氏体-铁素体界面研究以及贝氏体的晶体学位向关系研究变得较为容易。正如后面指出的，此钢贝氏体相变最初阶段的晶体学特征度可用马氏体的晶体学表象理论来解释，因此本研究遵从了 Srinivasan 和 Wayman[4] 开创性的研究方法，同时也参考了此后 Bhadeshia 和 Edmonds[5]，Ohomori[6]，Hoeksrta[7]，Sandvik[8] 以及 Servant 和 Cizeron[9] 等人的

❶ 本章内容来自罗承萍教授的研究成果。Luo C P, Weatherly G C, Liu Zhengyi. The crystallography of bainite in a medium-carbon steel containing Si, Mn, and Mo [J]. Metallurgical Transactions A, 1992, 23A, 5: 1403~1411. 刘正义根据罗承萍的这篇论文改写成本书第四章，改写后没有经罗承萍审阅，修改的主要内容在本书 4.7 节有说明。

研究。但是，此钢的贝氏体相变也表现出了某些扩散型相变的特性，因此不能满足马氏体相变的所有条件[2,3]（不过，还没看到哪个人关于贝氏体的实验研究结果能满足马氏体表象理论的所有要求）。

新型无碳化物上贝氏体主要形态呈条状，即条状铁素体总是与条状的富碳奥氏体相间组成；也有颗粒状铁素体与颗粒状富碳奥氏体相邻组成的无碳化物上贝氏体，上贝氏体的组成之一的铁素体相具有清晰的中脊线；同时探讨了针状下贝氏体生成机制、ε-Fe_2C 的析出行为。采用 900℃奥氏体化 30min 再 320℃等温 10min 的样品。下贝氏体的针状铁素体也具有清晰的中脊线。虽然这种中脊线的 TEM 衬度尚不清楚，但它已被用于测量马氏体[11,12]和贝氏体[7]相变的惯习面。本研究采用了包括中脊线在内的两种较精确的、并且有互补作用的惯习面测量方法，其中一个在研究 Ni-Cr 合金中具有魏氏组织形态的 BCC 析出相时曾使用过[13]。

4.2　实验方法

研究采用的试样，从锻打后的 100mm×50mm×20mm 工业用 55SiMnMo 钢方坯料上，切下横截面为 20mm×20mm×20mm 的方块，再经 900℃奥氏体化 30min，以大约每分钟 80℃的速度空冷至室温（正火）。经过正火的方条用砂轮打磨除去表面氧化皮，用电火花切割切下 0.2mm 厚的薄板，并用金相砂纸减薄至 0.075～0.05（<0.1）mm 的薄片，用冲模冲成 ϕ3mm 的小圆片。再用电解双喷减薄仪制备 TEM 薄膜试样，采用 Tenupol-2 电解双喷减薄仪，腐蚀液含 6%高氯酸、35%正丁醇和 59%甲醇，工作温度为-25℃，腐蚀电流为 0.12A。采用配有高倾角试样台的 JEOL 100 透射电镜进行 TEM 观察，加速电压为 120kV。

4.3　实验结果

4.3.1　正火组织的形态和精细结构

900℃正火生成的显微组织如图 4-1a 所示，显示了用 3%～4%Nital 浸蚀的普通金相（500 倍）组织，平行排列的条片组织（也有粒状）达到 90%，用符号 B_u 表示，在第 3 章是用 B_4 表示，在本章的照片上用 B_u 表示，在叙述和讨论的文字中有些地方又用 B_4 表示，两个符号表示的内容完全相同。在普通金相显微镜下分不清这种组织是由什么相组成的。曾用铁素体染色剂显示它是由两相组成的组织。经研究，B_u（B_4）是由铁素体相和富碳奥氏体相组成，无碳化物，这是一种新的贝氏体形态，组成 B_u 贝氏体的两个相分别叫 B_u 型贝氏体的铁素体和 B_u 型贝氏体的富碳奥氏体，或者简称为贝氏体的铁素体和贝氏体的奥氏体。在图 4-1a所示的组织中还有一些所谓 M-B_L 块状区，约占 10%，叫它块状复合结构，这种区域由片状马氏体（M）、下贝氏体针（B_L）和少量包围着下贝氏体针的残余奥氏体组成。B_L 在早期，被柯俊称为下贝氏体，是有碳化物的，后来邦武立郎称之为 B$_3$ 型贝氏体。M-B$_L$ 岛，相信是由 B$_u$ 转变后留下的分散的奥氏体块转变而成的，由于它的碳浓度低些，达不到与铁素体平衡的要求，处于不稳定状态。当试样冷却通过下贝氏体和马氏体区域时有可能发生这种转变。

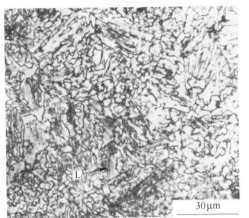 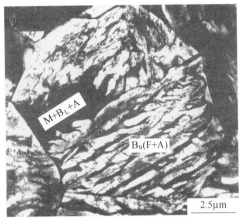

图 4-1　55SiMnMo 钢 900℃ 奥氏体化正火的显微组织

a—光学显微组织，示出了两类组织，一类是由铁素体和富碳奥氏体组成的无碳化物上贝氏体（B$_u$），另一类是由马氏体和有碳化物下贝氏体组成的块状组织（M-B$_L$-A），如箭头 L 所指，所占比例较少；

b—原先的一个奥氏体晶粒转变成的由铁素体和富碳奥氏体组成的无碳化物上贝氏体（B$_u$），还有少量块状复合结构（M+B$_L$+A）TEM 形貌，衍衬像；

c—原先的一个奥氏体晶粒转变成 B$_u$ 和较多的块状复合结构 L（M+B$_L$+A），TEM 衍衬像

由 X 射线衍射测得 B$_u$ 的奥氏体含碳量达 1.55% 左右，为钢的平均含碳量的 2.8 倍，表明这种贝氏体相变使原过冷奥氏体高度富碳。必须强调的是通过控制冷却速度，使 55SiMnMo 钢正火态金相组织的 B$_u$（或叫 B$_4$ 型上贝氏体）的体积分数可达到 98% 以上，M-B$_L$ 岛状组织的体积分数很少，如宏观硬度 HRC25~27 正火态的金相组织，其中的 M-B$_L$ 岛状组织可忽略不计。本研究采用样品的宏观硬度

HRC28~30，M-B_L 岛状组织约占 5%~10%，从图 4-1a 可见，岛状组织比较分散，尺寸较小，在很多情况下，岛状组织的转变发生在一个原过冷奥氏体晶粒内。

用 X 射线衍射测不出有碳化物，这是因为占 90%~95%（体积分数）的 B_u 型贝氏体是无碳化物的；而占 5%~10%（体积分数）的 M-B_L 块状组织中的 B_L 虽有 Fe_2C，但由于量少，所以也测不出来。电子衍射也证明 Bu（B_4）是无碳化物的，而 M-B_L 岛状组织中的 B_L 有碳化物（Fe_2C）。

上述无碳化物上贝氏体的生成，相信与 Si 对碳化物的抑制作用及连续冷却过程中，来不及向有碳化物贝氏体转变有关。这一结果与 Bhadeshia 和 Edmonds[14] 的观察结果一致，即令含 Si 钢经短时间等温处理之后也未发现有碳化物的贝氏体。

图 4-1b 显示出了一个原先的过冷奥氏体晶粒，转变成无碳化物上贝氏体（B_u）组织；图 4-1c 显示了另一个晶粒，转变成有碳化物的 M-B_L 块状组织，碳化物（Fe_2C）属于下贝氏体组成相之一，或叫下贝氏体碳化物，它与柯俊的下贝氏体形态一致，或者说符合邦武立郎的 B_3 型贝氏体形态，在本书的第 3 章有更多的讨论。

图 4-2 是 B_u 型无碳化物上贝氏的精细结构。

图 4-2a 所显示的是 B_u 型贝氏体的两个组成相条状相间的关系，关于奥氏体相的真实面目，在明场不易看清，图 4-2b 和 c 是另外一个样品明、暗场下形貌的对比，显然两者有些细节上的差异，暗场像反映了奥氏体的真实性。图 4-2a 和 b 所示的组织与一般含 Si 钢等温转变组织也有相似之处（参看文献 [14] 图 4-6）。图 4-2d 所显示的是：在 B_u 铁素体条片中有明显的两个特征，中脊线和亚单元结构。在不同的铁素体条片中都可看到中脊线，如箭头所指，由于 TEM 截面效应，只有那些以其宽面大致平行试样表面的贝氏体铁素体片才显示中脊线，中脊线的存在，可证明贝氏体在形核长大初期是按马氏体切变方式进行的。关于亚单元结构，在铁素体条片两边都能看到，图 4-2e 是将图 4-2d 长形方框及附近（包括中脊线）放到更高倍数。从图 4-2e 看到较清晰的亚单元结构形貌，如四个小箭头所指，中脊线也更清晰。亚单元结构在中脊线两边形核、长大，这样形成的亚单元结构，其大小尺寸虽不同，但都有相同的位向，表明这些贝氏体铁素体条片的亚单元结构在长大到一定尺寸后，在其生长的前沿会发生新亚单元结构的形核并长大，这与诱发形核一致[15,16]。亚单元结构之间被奥氏体分隔，如图 4-2a 上箭头所指弯曲的奥氏体条片，实际上是由若干个亚单元结构组成的"团块"分割。在较高放大倍率下观察这些贝氏体铁素体条片时，发现铁素体和奥氏体界面上存在许多台阶，如图 4-2e 所示，用贝氏体衍射作暗场观察发现，在台阶处的贝氏体铁素体某一个亚单元结构的位向，与"团块"中其他亚单元结构的位向相同。两个较大界面台阶之间台阶面（见图 4-2d）平行于其间较小的台阶面（见图 4-2e），此两大台阶之间的界面（即台阶面）偏离中脊线约 8°。这表明，由界面测定的惯习面与由中脊线测定的惯习面是不同的。

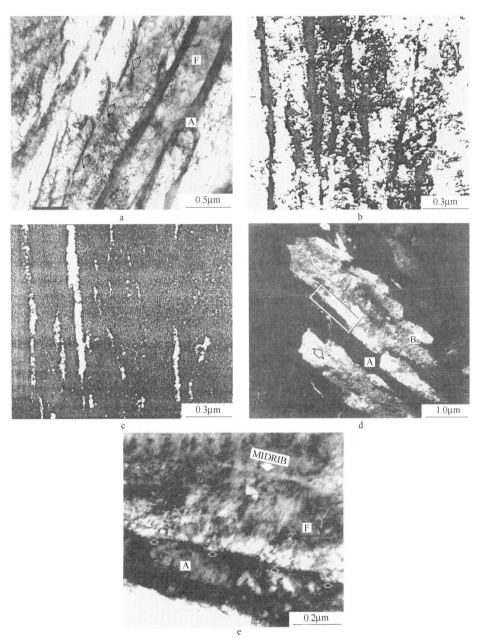

图 4-2　B_u（B_4）型无碳化物上贝氏体的精细结构（TEM 衍衬像）

a—在图 4-1b 所示的组织（B_u）的高倍，铁素体（浅衬度）和奥氏体（暗衬度）平行相间组成的组织，
统称叫 B_u 型无碳化物上贝氏体；b—与图 a 不同的试样，但组织相近；c—图 b 所示组织的暗场像，
亮衬度者是奥氏体；d—B_u 型上贝氏体的两条铁素体都有中脊线（箭头所指）和贝氏体铁素体
亚单元结构（如长形方框内所示）；e—图 d 长形方框放大，其中显示了四个台阶区域，
这些区域就是贝氏体铁素体生长亚单元结构的头部

图 4-3 是 M-B$_l$（实为 M-B$_l$-A）岛状团块组织的精细结构。

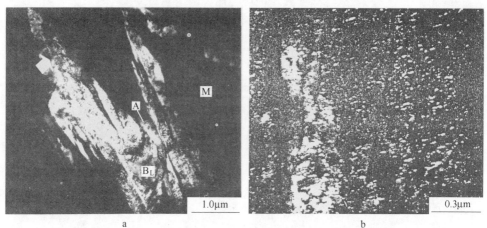

图 4-3　M-B$_L$-A 岛状团块组织的精细结构（TEM 衍衬像）

a—两条并排生长的下贝氏体铁素体条片（针），其中同样含有中脊线，暗衬度背景是马氏体；

b—在下贝氏体铁素体基体上 ε-碳化物（暗场像）

岛状团块组织是由下贝氏体、马氏体和少量奥氏体组成，下贝氏体是有碳化物的，在明场下不易观察到碳化物，图 4-3a 和 b 分别显示岛状团块组织和 B$_L$ 基体上的碳化物形貌。电子衍射分析证明碳化物都属 ε-碳化物（Fe$_2$C），有一定方向（呈一定角度）比较均匀地分布在铁素体基体上，符合下贝氏体 Fe$_2$C 分布特征。

在 M-B$_L$-A 岛中的下贝氏体铁素体同样具有明显的中脊线和亚单元现象，在亚单元之间，以及在贝氏体铁素体和马氏体之间都存在奥氏体，在明场下不易分辨奥氏体，在暗场下观察清晰。图 4-4 是马氏体发生的 {112} 孪晶，将在下面讨论。

下贝氏体的形态与 Spanos 等人[16]在 Fe-C-Mn 合金中观察到的相同，具有锯齿形的贝氏体铁素体-奥氏体界面位置的亚单元之间夹有残余奥氏体薄膜或者渗碳体。在本研究中，上、下贝氏体的一个主要区别是下贝氏体有碳化物，上贝氏体无碳化物，其次是下贝氏体仅存在于 M-B$_L$ 岛中。

4.3.2　贝氏体的晶体学位向关系

虽然在单一奥氏体晶粒中能生成若干个贝氏体变体，但是它们都与奥氏体基体保持如下的晶体学位向关系：

$$(111)_f \sim 0.5° \rightarrow (0\,1\,1)_b$$
$$[\bar{1}\,0\,1]_f \sim 2° \rightarrow [\bar{1}\,\bar{1}\,1]_b \qquad (4\text{-}1)$$
$$[1\,\bar{2}\,1]_f \sim 2° \rightarrow [2\,\bar{1}\,1]_b$$

此位向关系偏离精确的 K-S 关系约 2°，实际上很接近 G-T 关系（G-T 关系偏离精确 K-S 关系 2.6°）。图 4-4b 中的复合选区电子衍射花样证实了这一结论。该花样的晶带轴是 $(111)_f//(011)_b$，相当于图 4-5 中的极点 A。由该图直接测得密排晶向 $[\bar{1}01]_f$ 和 $[\bar{1}\bar{1}1]_b$ 之间的张开角约为 2°，而两相密排晶面 $(111)_f$ 和 $(011)_b$ 之间的偏离角也可由图 4-4c 的菊池中心（K）求得。图 4-4b 中的 $[111]_f$ 衍射花样是均匀照明的，而 $[011]_b$ 花样则偏离中心，形成一菊池中心 K，后者约处于 $(011)_b$ 衍射矢量的中点，偏离中心约 0.5°，因此可以判断 $[111]_f$ 晶带轴偏离 $[011]_b$ 晶带轴约 0.5°，即两密排晶面 $(111)_f$ 和 $(011)_b$ 之间张开约 0.5°。

图 4-4a 中标为 B_1 和 B_2 的两贝氏体板条铁素体同时与奥氏体保持式（4-1）的位向关系，同时，两者之间保持近似 $\{112\}_b$ 孪晶关系（图 4-4c）。图 4-4b 中密排晶向 $[\bar{1}01]_f$ 和 $[\bar{1}\bar{1}1]_b$ 之间的 2° 张开角还可以从图 4-3e 的 $[1\bar{2}1]_f$ $//[2\bar{1}1]_b$ 复合花样求得。图 4-4d 是从图 4-4a 摄取的，其中 $[1\bar{2}1]_f//[2\bar{1}1]_b$ 花样是不对称的，各偏向一边，形成菊池中心 F 和 B。由 F 和 B 测得它们之间的立体角约为 1.9°，表明晶带轴 $[1\bar{2}1]_f$ 与 $[2\bar{1}1]_b$ 之间张开 1.9°。这与前面根据图 4-4b 测得的 2° 非常接近。显然，图 4-4d 的晶带轴相当于图 4-5 投影图中的极点 C。在电镜中将试样绕 $[10\bar{1}]$ 顺时针倾转 29.5°，到达极点 B（图 4-5），这时得到另一复合花样 $[3\bar{2}3]_f/[10\bar{1}]_{b1}/[110]_{b2}$（图 4-4c）。该花样表明，上贝氏体铁素体 B_1 和 B_2 之间保持近 $\{112\}$ 孪晶关系。采用这种定向倾转方法不仅可以测定位向关系，还可以测定同一贝氏体铁素体片（B_1）的惯习面（参看 4.3.3 节）。

还发现，下贝氏体的铁素体也与奥氏体保持与上贝氏体相同的位向关系，并且从图 4-4a 的 M 区域马氏体中也获得了与图 4-4b 相似的复合花样，这些花样表明马氏体与奥氏体保持这样的位向关系：密排面张开约 0.5°，而密排晶向张开约 4°（参看表 4-1）。（1）M 是 $\{112\}$ 孪晶马氏体片条，B_1 和 B_2 分别是 2 个贝氏体铁素体变体，马氏体周围是残余奥氏体；（2）一个典型的 $[111]_f//[011]_b$ 选区电子衍射花样，由它可求解贝氏体铁素体和奥氏体的晶体学位向关系；（3）多相复合衍射花样 $[3\bar{2}3]_f/[10\bar{1}]_{b1}/[110]_{b2}$，摄自图 4-4a，其位向相当于图 4-5 中的极点 B；（4）一个典型的 $[1\bar{2}1]_f/[2\bar{1}1]_b$ 选区电子衍射花样，同样摄自图 4-4a，但位向相当于图 4-5 中的 C 点，该花样中的菊池中心 F、极点 B 表明两相中的密排晶向张开 1.9°，与图 4-4b 所示的 2° 很接近。

表 4-1　上贝氏体实测的和根据 PTMC 理论计算的晶体学特征

点阵不变切变系 系统	相当的角度	符号解释见参考资料	惯习面① 计算 P_C	惯习面① $\Delta(P_C,P_M)$	取向关系 计算值	取向关系 实测值	应变计算模型② 最大值	应变计算模型② 范围
$(1\bar{1}1)_f[\bar{1}01]_f \rightarrow$ $(101)_b[\bar{1}\bar{1}1]_b$; 0.2568,7.3°; $(112)_b[\bar{1}11]_b$ 0.4098,11.6°	0.2530 7.1°	A_a (H_1)	$\begin{pmatrix}0.339787\\0.808682\\0.480185\end{pmatrix}$	0.42°	$(111)_f \xrightarrow{0.40°} (011)_b$ $[\bar{1}01]_f \xrightarrow{1.19°} [\bar{1}11]_b$ $[1\bar{2}1]_f \xrightarrow{1.24°} [\bar{2}11]_b$	$(111)_f \xrightarrow{0.5°} (011)_b$ $[\bar{1}01]_f \xrightarrow{1.9°} [\bar{1}11]_b$ $[1\bar{2}1]_f \xrightarrow{1.9°} [\bar{2}11]_b$	0.2564	$\begin{pmatrix}0.044886\\0.153716\\-0.236184\end{pmatrix}$
		B_b (H_2)	$\begin{pmatrix}0.201157\\0.639369\\-0.742121\end{pmatrix}$	13.0°	$(1\bar{1}1)_f \xrightarrow{1.19°} (101)_b$ $[011]_f \xrightarrow{0.4°} [\bar{1}11]_b$ $[\bar{2}1\bar{1}]_f \xrightarrow{1.24°} [12\bar{1}]_b$	—		$\begin{pmatrix}0.090996\\0.210034\\0.170386\end{pmatrix}$
	0.8503 23.0°	B_d (H_3)	$\begin{pmatrix}0.435329\\-0.811741\\0.389314\end{pmatrix}$	3.66°	$(1\bar{1}1)_f \xrightarrow{0.39°} (101)_b$ $[\bar{1}01]_f \xrightarrow{0.39°} [\bar{1}11]_b$ $[1\bar{2}1]_f \xrightarrow{0.54°} [12\bar{1}]_b$	—	0.6342	$\begin{pmatrix}0.519902\\0.153006\\-0.329487\end{pmatrix}$
		B_a (H_4)	$\begin{pmatrix}-0.642187\\-0.469786\\0.605721\end{pmatrix}$	14.49°	$(111)_f \xrightarrow{3.34°} (011)_b$ $[1\bar{1}0]_f \xrightarrow{2.69°} [2\bar{1}1]_b$ $[11\bar{2}]_f \xrightarrow{4.23°} [11\bar{1}]_b$	—		$\begin{pmatrix}0.422247\\-0.452001\\0.140268\end{pmatrix}$
		$H_5$③	$\begin{pmatrix}0.184838\\0.782424\\0.594683\end{pmatrix}$		$(111)_f \xrightarrow{0.53°} (011)_b$ $[\bar{1}01]_f \xrightarrow{3.61°} [\bar{1}11]_b$ $[1\bar{2}1]_f \xrightarrow{3.62°} [\bar{2}11]_b$	$(111)_f \xrightarrow{0.5°} (011)_b$ $[\bar{1}01]_f \xrightarrow{4.0°} [\bar{1}11]_b$ $[1\bar{2}1]_f \xrightarrow{4.0°} [\bar{2}11]_b$	0.2258	$\begin{pmatrix}0.047252\\-0.160128\\0.152026\end{pmatrix}$

①实测惯习面。
②在本研究里应变模型没有测。
③简化为唯一的解 H_1。

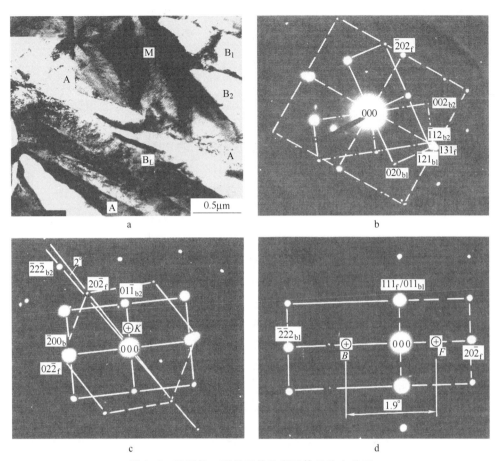

图4-4 马氏体、下贝氏体和奥氏体的位向关系

4.3.3 贝氏体铁素体的惯习面

Breedis 和 Wayman[11]，Patterson 和 Wayman[12]，以及 Hoekstra[7] 曾根据中脊线提供的脊线来确定马氏体和贝氏体铁素体的惯习面。本研究也采用这一方法来确定贝氏体铁素体的惯习面，其中认为中脊线就是中脊面与 TEM 薄膜试样表面的交线，因此"中脊面"就是惯习面。根据中脊线的晶体学特征，采用两种方法确定惯习面，即 Edge-on 法（立面法）和 Trace analysis 法（迹线分析法）。

4.3.3.1 Edge-on 法（立面法）

倾转试样时，中脊线（面）的投影宽度会连续地变化，当倾转到某一位向时，该宽度达到最小，即中脊面与入射电子束大致平行，达到了所谓"Edge-on"的位向（好像中脊面立起来一样，故译为"立面法"）。图4-6a 中的贝氏体铁素体片条是图4-4a 中标为 B_1 的片条，其中的中脊线（面）较宽；这时的位向相当于图4-5 中的极点 C。当从 C 点开始将 TEM 试样绕 $[1\,0\,\bar{1}]_f$ 顺时针倾

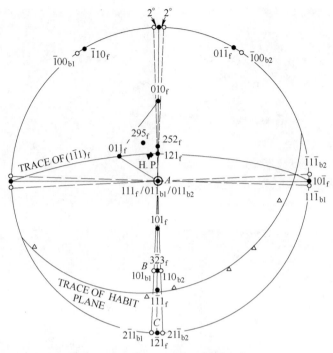

图 4-5　复合极射赤面投影图

（该图表示：（1）贝氏体铁素体和奥氏体之间以及 2 个贝氏体铁素体变体（B₁、B₂）之间实测
的位向关系，图中省去了两相密排晶面间约 0.5° 的张开角度；（2）实际的惯习面位置）

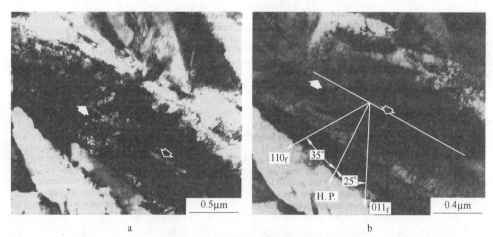

图 4-6　贝氏体铁素体变体形态

a—在最近 c 位向（图 4-5）观察时，贝氏体铁素体变体 B₁（图 4-4a）的形态，
其中的中脊线较宽（粗）；b—将试样倾转到 [1$\bar{1}$1]f 位置（图 4-5）后，该中脊线的"宽度"变得最小，
通过测量这时中脊线的垂线与相应某一 {110}f 矢量间的夹角可推导出惯习面（参看图 4-5）指数

转约 20°之后，到达极点 $(1\bar{1}1)_f$ 位置，这时中脊线（面）的投影宽度最小（图 4-6b)，即极点 $(1\bar{1}1)_f$ 是 Edge-on 位置，则可以按图 4-6b 所示的方法确定惯习面。显然，这样确定的惯习面必定是 $[1\bar{1}1]_f$ 晶带中的一个晶面，并且根据式 (4-1) 所规定的位向关系，此惯习面的指数应是 $(5\ 12\ 7)_f$。此惯习面偏离公共密排面 $(111)_f/(011)_b$ 约 20°（图 4-5)。虽然这种方法的精确度不很高，但是采用后面迹线分析法测得的惯习面与用 Edge-on 法测得的仅相差 1°，即这中脊线的垂线与最靠近的衍射矢量 $\{220\}_f$ 之间的夹角是 26°，而不是 Edge-on 法所要求的 25°。

4.3.3.2　迹线分析法

Sandvik[8] 采用迹线分析法测定了上贝氏体铁素体的惯习面。在这一方法中，先用迹线分析方法测定惯习面（或界面）与 TEM 试样交线（迹线）的真实（空间）方向指数，然后将这些方向指数移到极射赤面投影图中的一个大圆上。关于采用迹线分析方法测定诸如位错线等线状特征的真实（空间）方向的细节，可参考 Head 等人[17] 的相关介绍。在本研究中，总共测量了 6 条中脊线的空间方向，发现经过适当操作之后，都可以将这些方向指数转移到极射赤面投影图中的一个大圆上（图 4-5)，代表此大圆的极点就是所求的惯习面。这样确定的惯习面与由 Edge-on 方法测定的 $(5\ 12\ 7)_f$ 仅差 1.5°，说明由 Edge-on 法测得的 $(5\ 12\ 7)_f$ 惯习面是可信的。为便于比较，在图 4-5 中还标出了马氏体 2 个常见的惯习面 $(2\ 5\ 2)_f$ 和 $(2\ 9\ 5)_f$ 的位置。

4.3.4　无碳化物的上贝氏体的奥氏体-铁素体界面

由铁素体和富碳奥氏体相间组成的混合组织被称为无碳化物上贝氏体，铁素体和富碳奥氏体两个相之间是有界面的，即相界面。奥氏体-铁素体界面总是小平面化的（见图 4-3c，图 4-6b)。界面上生成高度不同的台阶，台阶之间的台阶面在常规 TEM 的分辨能力内是平面的。如前指出，台阶面与贝氏体铁素体板条内的中脊线是不平行的（见图 4-3c 和图 4-6b，两者摄于同一区域)。用 Edge-on 方法（见 4.3.4 节）测得的台阶面指数为 $(3\ 10\ 7)_f$，距 $(0\ 1\ 1)_f$ 8°，而距由中脊线确定的惯习面较远。

4.4　贝氏体相变的晶体学理论研究

在本节中，我们将检验经典马氏体晶体学表象理论（PTMC 理论）应用于解释本研究中上贝氏体相变晶体学特征时的适用程度。前人已进行过类似研究[4,6,7,9]，但是还没有哪一个研究能实现理论预测和实验研究的完全一致。本研究采用 W-L-R 马氏体晶体学表象理论[18,19]，并遵循 Wayman 在其专著[20] 中介绍的计算方法。计算中采用了点阵不变切变和 Bain 点阵变换这两个物理上合理的假设，并将惯习面和位向关系的计算结果与实验测量结果进行比较。

计算所需的基本输入数据是：

(1) 贝氏体的奥氏体（f) 和贝氏体铁素体（b) 的晶格常数。根据含碳量

（质量分数）0.55% 计算得 $a_f = 0.3580nm$，根据 X 射线衍射资料计算得 $a_b = 0.2866nm$。因此得到室温时的晶格常数比 $a_f/a_b = 1.249$。

（2）晶格变换的 Bain 对应性矩阵（参看图 4-7）。

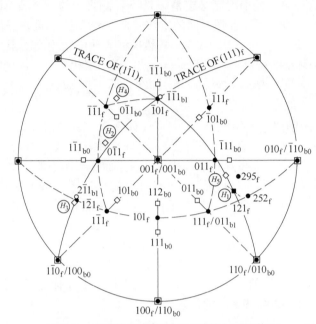

图 4-7　贝氏体铁素体惯习面计算与测量值差

（根据 $(1\bar{1}1)_f$ $[\bar{1}01]_f/(101)_b$ $[\bar{1}\bar{1}1]_b$ 点阵不变切变系求得 4 个解 $H_1 \sim H_4$，以及由 H_1 解
得到的位向关系。在 4 个解中，H_1 解与实测结果符合得最好。图中还示出了由孪晶切变系
$(101)_f$ $[\bar{1}01]$ $/(112)_b$ $[\bar{1}\,\bar{1}\,1]_b$ 给出的惯习面 H_3）

对晶向：

$$_bC_f = \begin{vmatrix} 1 & -1 & 0 \\ 1 & 1 & 0 \\ 0 & 0 & 1 \end{vmatrix} \qquad (4\text{-}2)$$

对晶面：

$$_bC_f = 1/2 \begin{vmatrix} 1 & -1 & 0 \\ 1 & 1 & 0 \\ 0 & 0 & 2 \end{vmatrix} \qquad (4\text{-}3)$$

（3）Bain 应变：

$$B = \begin{vmatrix} \eta_1 & 0 & 0 \\ 0 & \eta_1 & 0 \\ 0 & 0 & \eta_2 \end{vmatrix} \qquad (4\text{-}4)$$

式中，主应变 $\eta_1 = \sqrt{2}(a_b/a_f) = 1.132161$，$\eta_2 = a_b/a_f = 0.800559$。

（4）晶格不变切变系。由于立方晶系的对称性，晶格不变切变系的选择是多重的。但是，1）根据式（4-3）中规定的 Bain 对称性，2）根据式（4-2）所选的位向关系变体，以及 3）根据 Wechsler 等[19]阐述的关于解的一般性和简并性，可以选择一组唯一的解。据此，可以选择如下的晶格不变切变系：

FCC、BCC 点阵中：

1）$(1\bar{1}1)_f$ $[\bar{1}01]_f$/$(101)_b$ $[\bar{1}\,\bar{1}1]_b$，给出 4 个解；

2）$(1\bar{1}1)_f$ $[121]_f$/$(101)_b$ $[\bar{1}31]_b$，给出 4 个解；

3）$(1\bar{1}1)_f$ $[\bar{1}12]_f$/$(101)_b$ $[\bar{1}01]_b$，给出简并的 2 个解；

4）$(1\bar{1}1)_f$ $[110]_f$/$(101)_b$ $[010]_b$，给出简并的 2 个解；

5）$(101)_f$ $[\bar{1}01]_f$/$(112)_b$ $[\bar{1}\,\bar{1}1]_b$，给出简并的 1 个解。

切变系 1）~4）与 Wechsler 等[19]用来求解 {2 2 5} 马氏体时采用的切变系相同，而切变系 5）与文献［18］中用来求解孪晶马氏体时采用的切变系相同。

（5）实验结果与预测结果的比较。

根据马氏体晶体学表象理论可以计算出 4 个晶体学参数，即惯习面，位向关系（OR），点阵不变切变量和相变总应变的大小和方向❶。全部 5 个点阵不变切变系都计算过，结果连同相应的实验结果一起列在表 4-1 中。

因为不管是在上贝氏体还是下贝氏体中均未观察到孪晶，所以显然切变系 5）在本研究的贝氏体相变中不起作用。还发现，由切变系 1）~4）所计算得到的总共 12 个解中，只有 2 个由切变系 1）得到的解，即 A_a（H_1）和 A_b（H_3）与实验结果比较符合（表 4-1），其中 A_a（H_1）与实验结果吻合得最好，实测惯习面与计算的仅差 0.42°，而两相实测的密排晶面及密排晶向的张开角度分别与计算的相差 0.1°和 0.7°。但这时由台阶面测量的惯习面却与计算值相差 7.3°。由切变系 1）计算得到的 4 个解及相应的实验结果示于图 4-7，图中还示出了由切变系 5）计算得到的解 H_5。值得指出的是，计算的惯习面 H_1 和 H_3 同处在一个以公共极点 $\{111\}_f$ // $\{011\}_b$ 为其中一个顶点的（极图上的）单位三角形内（即靠近该公共极点），而 H_2 和 H_4 均不符合这种关系（参看表 4-1 和图 4-7）。因此很明显，切变系 $(1\bar{1}1)_f$ $[\bar{1}01]_f$/$(101)_b$ $[\bar{1}\,\bar{1}1]_b$ 就成了贝氏体相变中的点阵不变切变系。并且，鉴于解 A_b（H_3）涉及的切变量（0.85）比解 A_a（H_1）涉及的（0.25）大，所以后者是最可能的解。换言之，切变系 1）给出的 4 个解中，仅 1 个解，即 A_a（H_1）是可能的解。计算发现，惯习面 H_1 对晶格常数比 a_f/a_b 的变化并不敏感，当晶格常数比从 1.23 变到 1.27 时，H_1 仅在图 4-7 的虚线范围内变化。

虽然本研究测量 $M-B_L$（A）岛中孪晶马氏体的惯习面，但其实测的位向关系与由切变系 5）预测的非常吻合（见表 4-2）。

---

❶ 本研究未测量相变总应变量。

表 4-2　前人和本研究得到的贝氏体实测和计算的晶体学特征的汇总

序号	参考典型贝氏体	取向关系 计算值	取向关系 实测值	惯习面 计算值	惯习面 实测值	应变模型最大值 计算值	应变模型最大值 实测值
1	4,LB	$(111)_f \xrightarrow{0.75°} (011)_b$ $[\bar{1}01]_f \xrightarrow{2.9°} [\bar{1}\bar{1}1]_b$	$(111)_f \xrightarrow{0.5°} (011)_b$ $[\bar{1}01]_f \xrightarrow{4°} [\bar{1}11]_b$	$\left(\begin{smallmatrix}0.271106\\0.743558\\0.611247\end{smallmatrix}\right)\!\!\xrightarrow{1.8°}$	$\left(\begin{smallmatrix}2\\5\\4\end{smallmatrix}\right)$	0.2538	0.129
2	6,LB	$(111)_f \xrightarrow{0.53°} (011)_b$ $[\bar{1}01]_f \xrightarrow{1.68°} [\bar{1}\bar{1}1]_b$	没有测量	$\left(\begin{smallmatrix}0.331253\\0.780205\\0.530615\end{smallmatrix}\right)\!\!\xrightarrow{2.3°}$	$\left(\begin{smallmatrix}4\\9\\6\end{smallmatrix}\right)$	0.2851	没有测量
3	7,贝氏体	$(111)_f \xrightarrow{0.55°} (011)_b$ $[\bar{1}01]_f \xrightarrow{3.68°} [\bar{1}\bar{1}1]_b$ $[1\bar{2}1]_f \xrightarrow{3.68°} [2\bar{1}\bar{1}]_b$	在 K–S 关系 1°之间	$\left(\begin{smallmatrix}0.182535\\0.779512\\0.599201\end{smallmatrix}\right)\!\!\xrightarrow{14.8°}$	$\left(\begin{smallmatrix}5\\9\\6\end{smallmatrix}\right)$	0.2263	没有测量
4	8,UB	没有计算	$(111)_f /\!/ (011)_b$ $[\bar{1}01]_f \xrightarrow{4°±1°} [\bar{1}\bar{1}1]_b$	没有计算	$\left(\begin{smallmatrix}0.373\\0.663\\0.649\end{smallmatrix}\right)$	没有计算	0.22
5	9,LB	没有计算	N–W	$\left(\begin{smallmatrix}0.253929\\0.378587\\0.890051\end{smallmatrix}\right)\!\!\xrightarrow{8.3°}$	$\left(\begin{smallmatrix}0.113600\\0.366929\\0.923286\end{smallmatrix}\right)$	0.2231	没有测量
6	本研究,UB	$(111)_f \xrightarrow{0.4°} (011)_b$ $[\bar{1}01]_f \xrightarrow{1.19°} [\bar{1}\bar{1}1]_b$ $[1\bar{2}1]_f \xrightarrow{1.24°} [2\bar{1}\bar{1}]_b$	$(111)_f \xrightarrow{0.5°} (011)_b$ $[\bar{1}01]_f \xrightarrow{1.9°} [\bar{1}\bar{1}1]_b$ $[1\bar{2}1]_f \xrightarrow{1.9°} [2\bar{1}1]_b$	$\left(\begin{smallmatrix}0.339787\\0.808682\\0.480185\end{smallmatrix}\right)\!\!\xrightarrow{0.42°}$	$\left(\begin{smallmatrix}5\\12\\7\end{smallmatrix}\right)$	0.2854	没有测量

注:LB 代表下贝氏体(lower bainite);UB 代表上贝氏体(upper bainite)。

4.5 讨论

我们相信，本研究是第一次采用中脊线结合菊池电子衍射来测定贝氏体铁素体的惯习面。Hoeksrta[7]，Okamoto 和 Oka[21] 曾用中脊线方法测量过贝氏体的惯习面，并且 Okamoto 和 Oka[21] 等认为贝氏体中的中脊线是在 M_s 和 M_d 温度之间形成的等温马氏体，贝氏体相变在母相奥氏体中引起的应变导致这种等温马氏体的生成。Wayman[20] 则认为，马氏体片中的中脊线代表了相变最初阶段马氏体的（形核）形态，马氏体片随后以中脊线为中心，向中脊线（惯习面）的两侧长大（增厚），这一形核—长大机制与 Spanos 等[16] 提出的下贝氏体的边—边机制相似。在这一机制中，罗承萍认为贝氏体铁素体片中的"脊骨"代表了相变刚开始时的惯习面。但是，目前还不清楚马氏体和贝氏体中脊线的本质以及中脊线 TEM 衬度的来源。在本研究中发现，中脊线的衬度像是由局部应变引起的，因为中脊线的衬度对试样的微小的位向变化都很敏感。

很多前人的研究都认为，贝氏体是通过位移（切变）相变机制形成的，因为贝氏体的晶体学特征与由马氏体晶体学表象理论（PTMC）预测的基本一致[4,6,9]。表 4-2 将这些研究的结果与本研究的结果进行了比较。表 4-2 中所列 5 个前人的研究中，4 个用了 PTMC，并且都采用了单一的点阵不变切变系[4,6,7,9]。但 Sandvik[8] 声称，双重点阵不变切变可能也起作用，但是他没有进行相关的计算来支持他的这一观点。表 4-2 的数据表明，在所有 PTMC 理论计算结果中，本研究关于惯习面和位向关系的计算结果与实验数据符合得最好。表 4-1 中的 A_a (H_1) 解给出一个无理数的高指数惯习面，该惯习面偏离实测的惯习面仅 0.50°。如前述（图 4-7），该惯习面对晶格常数比 a_f/a_b 的变化并不敏感，位向关系也是无理数的，并且当晶格常数比 a_f/a_b 从 1.24 变到 1.27 时，两相密排晶面间的张开角度从 0.28° 变到 0.65°，而两相密排晶向间的张开角度从 0.76° 变到 2.13°。

Hoeksrta[7] 的研究结果表明，其实测的贝氏体晶体学特征与 PTMC 理论预测的并不一致。但是，有意思的是，如果用点阵不变切变系 $(11\bar{1})_f$ $[\bar{1}01]_f$ 代替 Hoeksrta 采用的 $(101)_f$ $[\bar{1}01]_f$ 切变系（表 4-1），并且当采用 $a_f/a_b = 1.25$ 时（Hoeksrta 给出的数值），实测的惯习面和位向关系与 PTMC 预测值就符合得较好。具体数值是，重新计算的位向关系是密排晶面张开 0.42°，密排晶向张开 1.23°，与实测值符合得较好。而计算的惯习面是（0.339148，0.806440，0.484390）$_f$，该计算惯习面与实测的平均惯习面（5 9 6）$_f$ 相差 5.6°。由于在贝氏体中未曾观察到孪晶的存在，所以用滑移切变系 $(11\bar{1})_f$ $[\bar{1}01]_f$ 代替 $(101)_f$ $[\bar{1}01]_f$ 孪晶切变系进行晶体学计算是有道理的。

虽然本研究进行的晶体学测量能部分满足 Aaronson 等人[2,3] 总结的 PTMC 的要求，但是这些测量和计算并不完全支持贝氏体相变是切变型相变的提法。特别是，我们还没有研究奥氏体/铁素体相界面上的位错结构。如 Aaronson 等[2,3]指出的，这种界面位错是揭示贝氏体相变机制的关键点。关于这种界面位错结构，Aaronson 等[2,3]进一步指出，不可动的界面位错只能支持扩散型相变，而可动位错才能支持切变型相变。但不妨从另外一个角度考虑这个问题：在晶体学上，这两种相变（即扩散型和切变型）可用不变线应变模型[13,22]联系起来。该模型最先是针对扩散型相变提出来的。C. P. Luo 和 G. C. Weatherly 早先共同指出[13]，由扩散型相变生成的板条状或针状析出相含有一条不变线，该不变线能够在 FCC/BCC 相变体系的扩散型和切变型相变之间提供一个良好的结构联系，最近，Aaronson 等[2,3]已报道如何将扩散型析出相变的台阶生长理论与 PTMC 联系起来。如果同一合金体系中的切变型（马氏体）和扩散型相变形成一条公共的不变线，并且该不变线被包含在生成相的惯习面中，则不管是（切变）马氏体还是（扩散）析出相，都将沿着该不变线生长（伸长）。

　　根据上述讨论，计算了该合金（晶格常数比 1.249）的由不变线控制的析出相变的晶体学特征。采用了与文献[13]相同的计算方法，只是这里寻找的是一条真正的、而不是近似的相变不变线。计算结果列在表 4-3 中。计算中，设第一刚体转动 R_1（关于刚体转动 R_1 和 R_2 的定义，请参照文献[13]）为 9.7356°，这样可实现 $(1\bar{1}1)_f // (101)_b$ 关系。在此基础上，使贝氏体铁素体继续绕 $[111]_f$ 旋转 $R_2 = 5.650$ 可生成一条真正的不变线，后者位于滑移面 $(1\bar{1}1)_f // (101)_b$ 内，并且偏离密排晶向 $[\bar{1}01]_f$ 5.7°。这样获得的不变线相当于晶格不变切变平面与 Bain 应变初始圆锥的交线，此方法已在 PTMC 原理中阐述过[19,20,22]。因此，该不变线应是不变线原理和 PTMC 理论共同的不变线。由此法中两个刚性旋转所确定的位向关系超过 N-W/K-S 范围 0.39°（= 5.65°-5.26°）（表 4-3）。惯习面由不变线与另一条不倾转晶向的叉乘所定义。此"不倾转晶向"是不变线应变矩阵 R_B 的一条特征矢量，其中 $R = R_2R_1$ 是相变的总刚性倾转量，而 B 是相变的 Bain 应变矩阵。由此确定的惯习面与由中脊线测定的惯习面相差 4.6°，而与有台阶面测定的相差 14.9°。这些计算结果表明，不管是由中脊线，还是由台阶面确定的惯习面，都与由不变线应变模型预测的相差较远。

　　值得指出的是，由不变线应变模型计算的位向关系靠近、但不等于由 PTMC 理论计算的 A_b（H_3）解（表 4-1 和表 4-3），而由不变线模型和 PTMC 两种理论计算的惯习面仅相差 2.1°，并且两者都位于由不变线所代表的晶带内（表 4-3）（注意 H_1 惯习面也位于该晶带内）。事实上，如果在原先 R_B 的基础上，绕不变线再施加一小的刚体旋转，那么所得到的位向关系就会等同于由 A_b（H_3）（见表 4-1）所代表的位向关系。在不变线模型和 PTMC 理论中，相变不变线和位向关

系仅由不变线应变 $\textbf{\textit{R}}_B$ 确定，而与 PTMC 理论中使用的晶格不变切变 P 无关。但是，由不变线应变模型确定的惯习面并不等同于 PTMC 理论中的不变平面（即惯习面），虽然它们都位于相同的晶带内。

表 4-3　根据不变应变模型计算的贝氏体的晶体学特征

不变线	位向关系	惯习面
$\begin{pmatrix} -0.744144 \\ -0.080968 \\ 0.663094 \end{pmatrix}$	$(111)_f /\!/ (101)_b$ $[101]_f \xrightarrow{0.39°} [111]_b$ $[121]_f \xrightarrow{0.39°} [121]_b$	$\begin{pmatrix} 0.453558 \\ -0.790001 \\ 0.412533 \end{pmatrix}$

4.6　结论

结论如下：

（1）55SiMnMo 钢空冷后生成由铁素体/富碳奥氏体相间组成的混合组织（B_4 型贝氏体）和 M-B_L-A 岛组成的团块组织，其中 M-B_L-A 岛又由片状（孪晶）马氏体、下贝氏体和少量残余奥氏体组成。由于 Si 对渗碳体析出的抑制作用以及快速冷却通过贝氏体相区，上贝氏体只是由铁素体和富碳奥氏体组成，不含碳化物；而下贝氏体是在更低温度形成，碳不能作长距离扩散而沉淀为 ε-碳化物（Fe_2C）。

（2）板条上贝氏体铁素体和针状下贝氏体铁素体均形成中脊线和亚单元，表明两种贝氏体通过铁素体亚单元诱发形核和碳扩散控制的机制长大。

（3）应用电子衍射加菊池衍射方法精确测定了贝氏体铁素体和贝氏体奥氏体间的位向关系，两相中的密排晶面和密排晶向分别张开 0.5° 和 1.9°，偏离 K-S 关系约 2°，但很接近 G-T 关系。

（4）根据贝氏体中的中脊线测得其惯习面为 $(5\ 12\ 7)_f$，该惯习面偏离两相中的近似密排平行晶面 $(111)_f /\!/ (011)_b$ 约 20°。

（5）当采用 $(1\overline{1}1)_f$ $[\overline{1}01]_f/(101)_b$ $[\overline{1}\,\overline{1}1]_b$ 作为 PTMC 中点阵不变切变系时，实测的位向关系和惯习面均与由 PTMC 理论预测的符合得很好，但与由不变线应变模型预测的符合得不好，因为此不变线模型本是用来预测扩散型析出相变的形态和晶体学的。

4.7　修改内容的说明

第 4 章是根据罗承萍作为第一作者的一篇文章修改而成的。修改的内容如下：罗承萍的原"文章"在摘要和前言里写到："A composite microstructure consisting of upper bainite Iaths and lower baini te plates, both carbide-free, plate (twinned) martensite, and carbon-enriched retained austenite, was produced by air-cooling a medium-carbon alloy steel (0.55pct C, 1.35pct Si, 0.78pct Mn, 0.45 pct Mo) from 900℃……" "……the steel was found to contain a complex microstructure of upper and lower bainite, martensite, and approximately 20 vol pct of retained austenite in the normalized condition. The upper bainite laths were always separated by thin films of retained austenite and showed clear evidence of a midrib……"

在摘要的开头就表述了 55SiMnMo 钢 900℃奥氏体化后，空冷正火的金相复合组织中，条状上贝氏体和条状下贝氏体都是无碳化物的；在前言中还表述了复合组织是由上贝氏体、下贝氏体、孪晶马氏体和约 20%残余奥氏体（在摘要里是富碳残余奥氏体）组成的……就上述两点讨论如下：

（1）条状下贝氏体无碳化物的问题。关于这点，在本书第一章讨论文献[14] 无碳化物准下贝氏体，已表述本书作者的观点，现针对 55SiMnMo 钢是否有"无碳化物下贝氏体"的问题再作讨论。该钢空冷正火组织中的下贝氏体，一般都是与马氏体组成块状复合结构，如图 3-12 所示。块状复合结构是过冷奥氏体在 C 曲线的下贝氏体和马氏体转变温度区完成的转变，转变温度在 300℃以下（见图 2-10e）。在上贝氏体转变温度区间，大部分过冷奥氏体已转变成 B_4 型无碳化物上贝氏体，只有少部分过冷奥氏体还会保留到更低温度，需要更大的驱动力才能使其转变。少部分过冷奥氏体要等到下贝氏体和马氏体转变温度区才发生转变的原因，在本书第 3 章关于块状复合结构成因中作过讨论。使问题简化，只考虑碳的影响，如果碳在过冷奥氏体的局部区域有偏聚，这个局部区域的过冷奥氏体稳定化增加，在上贝氏体转变温度区不转变；另外一个可能，在过冷奥氏体的局部区域，碳过于偏低，在上贝氏体转变温度区，来不及达到铁素体和富碳奥氏体两相建立介稳平衡所要求的碳浓度，也不转变而只能保留到下贝氏体和马氏体转变温度区去转变。

在下贝氏体转变区，温度已很低，碳原子扩散能力很小，当铁素体以切变领先形成时，排出的碳原子不能作长距离向周边的奥氏体扩散，只能以 Fe_2C 形式沉淀在铁素体基体上，形成下贝氏体形态，换句话说，下贝氏体是由铁素体和碳化物组成的，下贝氏体一定是有碳化物的。如果下贝氏体无碳化物，碳原子都固溶在 α-Fe 晶格里，就是马氏体。所以说，无碳化物的准下贝氏体或无碳化物的下贝氏体不可能存在。

（2）无碳化物上贝氏体形态的表述问题。关于 55SiMnMo 钢空冷正火生成的复合金相组织，若将无碳化物上贝氏体、无碳化物下贝氏体、孪晶马氏体、富碳残余奥氏体（20%体积）相提并论，尤其是将无碳化物上贝氏体和富碳奥氏体并列是不妥的。无碳化物的 B_4 型上贝氏体，由铁素体和富碳奥氏体两个相组成，富碳奥氏体相从属无碳化物上贝氏体。虽然铁素体以切变机制领先形成，但若没有周围奥氏体碳的富化（奥氏体接收铁素体排出的碳），铁素体不能长大，不能成为铁素体，可能是马氏体。总之，只有将铁素体和富碳奥氏体两个相捆绑在一起，统称为无碳化物上贝氏体，或叫 B_4 型贝氏体才是正确的，在此，单独的铁素体不能叫贝氏体。还有一点，夹在两条铁素体之间的富碳奥氏体，叫它"残余"富碳奥氏体也不妥。很多高合金钢淬火之后有残余奥氏体，这些奥氏体的成分与过冷奥氏体相同，所以称为残余奥氏体。而 55SiMnMo 钢正火态 B_4 型贝氏体，两条铁素体之间夹的奥氏体不是原过冷奥氏体的成分，碳高了几倍，是一种成分有变化的新奥氏体，叫它富碳奥氏体是恰当的，去掉"残余"两字为好。关于块状复合结构中的马氏体，罗承萍证明是孪晶马氏体，见图 4-14a，而在图 3-13d 说它是位错型马氏体，关于此问题还有待进一步研究，两种类型马氏体照片都保留在书中，供他人参考。

最后，还需要说明一点：刘正义及其合作者们早在 1981 年、1986 年分别在《金属学报》发表《55SiMnMo 钢上贝氏体形态》和《55SiMnMo 钢中以马氏体为主的块状复合结构》两篇文章，在文中已经肯定块状复合结构中的下贝氏体是有碳化物的，无碳化物上贝氏体是由铁素体和富碳奥氏体两相共同组成的问题。而 1992 年在以罗承萍为第一作者（刘正义是第三作者）的文章中改变了观点，问题确实经历了肯定—否定—再肯定的思维过程。最近几年，刘正义才强烈地意识到将铁素体说成是贝氏体，还与富碳奥氏体并列是不妥的。"并列"和不"不能并列"有本质差别。

参 考 文 献

[1] Bhadeshia H K D H, Christian J W. Metall. Trans. A, 1990, 21A：767~797.

[2] Aaronson H I, Reynolds W T, Shiflet Jr. G J, et al. Metall. Trans. A, 1990, 21A：1343~1380.

[3] Aaronson H I, Furuhara T, Rigsbee J M, et al. Metall. Trans. A, 1990, 21A：2369~2409.

[4] Srinivasan G R, Wayman C M. Acta Metall., 1968, 16：621~636.

[5] Bhadeshia H K D H, Edmonds D V. Acta Metall., 1980, 28：1265~1273.

[6] Ohomori Y. Trans. Iron Steel Inst. Jpn., 1971, 11：95~101.

[7] Hoeksrta S. Acta Metall., 1980, 26：507~517.

[8] Sandvik B P J. Metall. Trans. A, 1982, 13A：777~787.

[9] Servant C, Cizeron G. Acta Metall., 1989, 37：465~476.

[10] Luo C P, Liu Z Y. Prog. Mater. Sci., 1990, 4：200~204（in Chinese）.

[11] Breedis J F, Wayman C M. Trans. AIME, 1962, 224：1128~1133.

[12] Patterson R L, Wayman C M. Acta Metall., 1966, 14：347~369.

[13] Luo C P, Weatherly G C. Acta Metall., 1987, 35：1963~1972.

[14] Bhadeshia H K D H, Edmonds D V. Metall. Trans. A, 1979, 10A：895~907.

[15] Hehemann R F. Phase Transformations, ASM, Metals Park, OH, 1970：397.

[16] Spanos G, Fang H S, Aaronson H I. Metall. Trans. A, 1990, 21A：1381~1390.

[17] Head A K, Humble P, Clareborough L M, et al. Defects in crystalline solids. North-Holland, Amsterdam, 1973, 7.

[18] Wechsler M S, Liebermann D S, Read T A. Trans. AIME, 1953, 197: 1503~1515.

[19] Wechsler M S, Liebermann D S, Read T A. Trans. AIME, 1953, 218: 202~207.

[20] Wayman C M. Introduction to the crystallography of martensite transformations. Macmillan, New York, NY, 1964.

[21] Okamoto H, Oka M. Metall. Trans. A, 1986, 17A: 1113~1120.

[22] Dahmen U. Acta Metall. , 1982, 30: 63~73.

5 55SiMnMo 钢力学性能与钎杆失效分析

B22 六角形小钎杆的服役条件是因高频冲击受到拉-压循环应力作用，同时又因旋转受到弯曲和扭转循环应力作用，以及因排除岩石粉尘，输入 30MPa 压力水，受到矿水腐蚀和泥浆冲刷作用。因此，对相适应的力学性能要求比较苛刻。

由于两方面原因，在本章只讨论 55SiMnMo 钢正火（空气自然冷却）热处理状态下的力学性能。一方面，该钢制造的小钎杆是在正火热处理状态下使用的，正火态的力学性能代表了钢的使用价值，这就是该钢与其他中碳结构钢最大不同之处，很多中碳结构钢是在调质热处理状态下（回火索氏体）被使用，或在回火马氏体状态下被使用。另一方面，该钢只有在正火热处理时才能获得无碳化物 B_4 型贝氏体金相组织[1]。本质上，55SiMnMo 钢正火态的力学性能就是 B_4 型上贝氏体的力学性能，一些优异的力学性能指标都与 B_4 型贝氏体的组成相之一的富碳奥氏体有关。

5.1 力学性能与金相组织

5.1.1 力学性能指标（常规）

每一个标准牌号的钢，冶金厂都要提供屈服强度（σ_s）、抗拉强度（σ_b）、伸长率（δ）和断面收缩率（φ）及冲击韧性（a_k 值）等性能指标，以此来证明钢材质量水平。这些性能指标一般都是在钢材热轧后空冷（正火）状态下取样测试所得，常规力学性能指标就是指上述五项指标。

断裂韧性等指标，只有在少数特殊牌号的钢材才要求提供数据，而疲劳性能指标，钢厂更不会提供。

在工程上，结构用钢的常规力学性能十分重要，它是结构强度计算的主要根据，而 55SiMnMo 钢是一种矿山凿岩小钎杆专用钢，小钎杆是一种专用工具，而且服役时杆体只有一种热处理即空冷正火状态的金相组织，相对说，常规力学性能指标不是很重要，因此研究的人不多。抗疲劳的性能很重要，但研究的人也不多，原因可能是工作量大。55SiMnMo 钎钢的常规力学性能和断裂韧性指标，现能查到的有三组数据。

（1）1999 年，中国钢协钎钢钎具协会出版的《钎具用钢手册》[2]，将目前钎钢钎具行业常用钢的牌号、成分、工艺性能、力学性能指标和用途，作了全面的介绍。这本手册，自 1999 年以来，在钎钢钎具行业，相当于行业标准在使用。

在手册的第 1~2 页关于 55SiMnMo 钢的力学性能，抄录如表 5-1 所示，此表数据更早来自 1980 年出版的《钎钢》[3]一书第 47 页，见表 5-2，据查，该书的这些数据又来自 1967 年冶金部钎钢攻关队初期测出的这组力学性能数据[4]，到中国钢协钎钢钎具协会作为"行业标准"，并写进了《钎具用钢手册》，经历了 33 年的时间，在这期间，很少有其他人测量 55SiMnMo 钢正火态的常规力学性能（静强度）指标，表 5-1 和表 5-2，只是计量单位不同，因是老资料就没有改，照抄在此。这一组数据的主要问题没有给出限定条件如正火的空冷速度。同样，热轧状态的强度和韧性指标，也要有限定条件，即终轧后的空冷速度要有说明，否则无法比较。与碳钢相比，55SiMnMo 钢空冷正火后的强韧性指标，对冷却速度十分敏感。空冷速度不容易测定，但可测定硬度，将硬度作为限定条件，以便比较。根据多方面的研究，55SiMnMo 钢连续空冷条件下的硬度与金相组织、冷却速度都积累了定量的关系[5~7,27]，如表 5-3 所示。硬度与钢空冷正火的混合金相组织组成的比例密切相关。在图 3-12a、b 中看到，混合组织由 B_4 型上贝氏体和块状复合结构两部分组成，B_4 型上贝氏体的硬度只有 HRC24~25，而块状复合结构的硬度可达 HRC48~50，宏观硬度是两者综合的反映。钢在空冷正火后的宏观硬度与冷却速度有关，冷却速度决定块状复合结构的比例，决定宏观硬度。一般情况下，硬度与静强度（σ_b、σ_s）成正比，与韧塑性（δ、φ）成反比。硬度值测量简单，误差小，所以在比较静强度指标时，硬度值可作参考。

表 5-1　力学性能

	处理条件	σ_b/MPa	σ_s/MPa	δ/%	φ/%
室温拉伸性能	热轧	1235	634	17.5	20
	870℃、20min 正火	1039	522	17.5	50
	870℃油淬，450℃回火	1502	1450	14.0	34.5
室温冲击韧性和缺口敏感度	热处理制度	梅氏 a_k(J/cm^2)	夏氏 a_k(J/cm^2)	夏氏 a_k/梅氏 a_k	
	860℃退火，870℃正火	37	21	0.57	
断裂韧性/MPa·m$^{3/2}$	830℃、30min 正火 +200℃、2h 回火	46			

注：引自 1999 年版的《钎具用钢手册》第 1 页。

表 5-2　典型热处理条件下 ZK55SiMnMo 钢的力学性能

处理条件	抗拉强度 σ_b/kg·mm^{-2}	屈服强度 σ_s/kg·mm^{-2}	伸长率 δ/%	断面收缩率 φ/%
热轧	126	64.7	17.5	20.0
870℃、20min 正火	106	53.3	17.5	50.0
870℃淬油，450℃回火	154	148	14	34.5

续表 5-2

ZK55SiMnMo 钢冲击韧性的缺口敏感度

热处理规范	梅氏冲击值 $a_k/kg \cdot m \cdot cm^{-2}$	夏氏冲击值 $a_k/kg \cdot m \cdot cm^{-2}$	夏氏冲击值 $a_k/$ 梅氏冲击值 a_k
860℃退火 870℃正火	3.82	2.18	0.571

注：引自 1980 年版的《钎钢》第 47 页。1MPa＝9.8kgf/mm²。

表 5-3 冷却速度、块状复合结构、硬度关系

序号	空冷速度/℃·min⁻¹	块状复合结构/%	硬度 HRC
1	约 60	没有发现	24~25
2	约 90	约 10	29~30
3	约 120	约 30	37~39
4	约 150	约 50	43~45
5	约 170	约 85	48~50

（2）2009 年（与钎钢工作队工作相距 43 年）的《全国钎钢钎具会议论文集》里登载了肖上工的 55SiMnMo 测量数据[8]，见表 5-4。这组数据虽无正火的空冷速度，但有硬度数据。

表 5-4 2009 年测量常规力学性能

热处理 工艺	σ_b/MPa	σ_s/MPa	$\delta/\%$	$\varphi/\%$	$A_k/kgf^{①} \cdot m \cdot cm^{-2}$	硬度 HRC	断裂韧性 K_{IC} $/MN \cdot m^{-\frac{3}{2}}$
870℃、 30min 空冷	1059	530	14	13	3.7	35	64

注：引自 2009 年《全国钎钢钎具会议论文集》第 204 页，作者肖上工。
① 1kgf＝9.80665N，仍用了旧标准的计量单位。

（3）刘正义等曾测试过一些 55SiMnMo 钢在不同奥氏体化温度、不同冷却速度空冷（正火）状态下的常规力学性能，见表 5-5。这一组数据有限定条件如正火空冷速度和硬度。所谓的"空冷速度"是指：从 880℃奥氏体化温度空冷到约600℃（眼睛目视，凭感觉看不见颜色为止）所经历的时间而计算出来，与实际情况会有误差，从 880~600℃的冷却速度与 600℃以下的冷却速度是不同的，因此表 5-5 的冷却速度不准，只能作为参考。

表 5-5　主要的常规力学性能与冷却速度

奥氏体化温度 /℃	连续空冷速度 /℃·min^{-1}	硬度 HRC	强度/MPa		塑韧性/%	
			$\sigma_{0.2}$	σ_b	δ	φ
850	80~100	35.5	555	1146	11.7	12.7
880	50~70	30	634	947	16	18
	80~100	33	686	1028	13	14
	100~120	35	732	1121		
	>200	48	1358	1582	5	4
1100	80~120	31	548		30	28
1300	80~120	28				

　　如表 5-5 所示，数据因多方原因不齐全，从表可见，在 850℃、880℃ 两个温度奥氏体化后，空冷速度越大，硬度越高，强度越高，韧塑性越差。在表 5-5 中还列出了 850℃、1100℃、1300℃ 奥氏体化后以相同的空冷速度冷却，硬度随着奥氏体化温度增高而下降。过热所造成的晶粒粗大，会增加脆断倾向性，在第 3 章已讨论这种反常现象的原因；在以上空冷条件下，随着奥氏体化温度增加，由于奥氏体的稳定性增加，B_4 型贝氏体组成相之一的奥氏体体积分数增加，块状复合结构体积分数减少。表 5-4 和表 5-5 所列正火态常规力学性能数据虽有差异，但可比较，因都有硬度作参考，就静强度 σ_s、σ_b 而言，究竟哪组数据可靠性大的问题，还有待进一步的研究。而表 5-1 或表 5-2 不可比较，因表 5-1 没有说明空冷速度或硬度（限定条件）；表 5-4 虽无空冷速度，但有硬度数据，根据现有的研究（文章、报告和 55SiMnMo 钢连续冷却 C 曲线），只要知道硬度就可推知大致的空冷速度，因此，表 5-4 给出了硬度数据，也就可以说给出了正火的限定条件。

　　55SiMnMo 钢正火热处理时的空冷速度对力学性能的影响特别敏感，这个问题在三四十年前国家钎钢赶超队时期，有所研究，现在情况更清楚了，如表 5-5 所示，不同的空冷速度使硬度从 HRC30 变化到 HRC48，这是在一般中碳合金钢少见的现象，正火热处理的空冷速度常是变化而不确定的，而且变化范围很大，受环境和人为的影响，如不同场地，不同天气，或人为加强场地空气对流等，都会导致空气冷却速度变化，如北方冬夏两季气温变化幅度可达 50~70℃，气温越低，空冷速度越快。冷却速度影响强度和韧性，这是宏观的结果，本质的原因是冷却速度的变化引起金相组织的变化。正如在第 3 章中所讨论的，冷却速度大，金相组织中块状复合结构所占比例大，B_4 型贝氏体少，富碳奥氏体量减少。钎杆的强度高低取决于块状复合结构体积的多少，块状复合结构体积分数越大，强度越高，韧塑性越差。韧性取决于 B_4 型贝氏体组成相之一富碳奥氏体的比例，富碳奥氏体越多，韧性越好。

5.1.2 在连续空冷条件下的硬度与金相组织

55SiMnMo 钢奥氏体化后连续空冷硬度与金相组织参考图 5-1[5]。关于冷却速度对 55SiMnMo 钢金相组织和力学性能（硬度）的影响，大约在 1986 年，董鑫业、徐曙光、刘展各等人做了较详细的研究，研究结果在第四届钎钢技术经验交流会上发表[9]，他们定量研究了 55SiMnMo 钎钢轧后控制冷却速度工艺，硬度和冷却速度关系如图 5-2 所示，他们还研究了环境温度与冷却速度、硬度的关系，不同冷却方式的试样硬度值，如表 5-6 和表 5-7 所示。他们对相应的金相组织也做了研究，尽管对金相组织认识还不够清晰，但涉及本质问题。这一组数据没有静强度和韧塑性指标，只有硬度值。

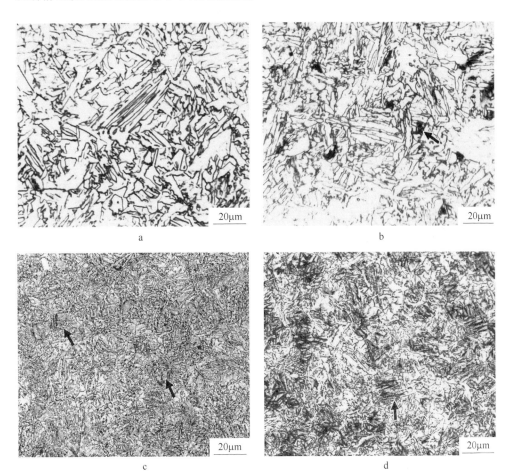

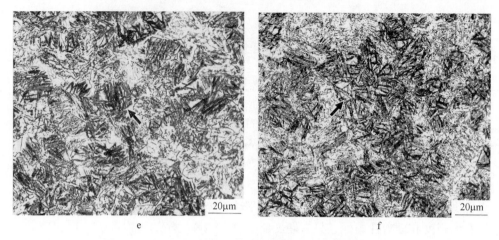

图 5-1　55SiMnMo 钢奥氏体化后连续空冷硬度与金相组织
（箭头指块状复合结构）

a—约 HRC25，100%B$_4$ 型贝氏体（块状复合结构不明显），4% Nital；

b—HRC28~29，B$_4$ 型贝氏体，3%~5%块状复合结构，4% Nital；

c—HRC30~31，B$_4$ 型贝氏体，5%~10%块状复合结构，4% Nital；

d—HRC33~34，B$_4$ 型贝氏体，10%~15%块状复合结构，4% Nital；

e—约 HRC38，B$_4$ 型贝氏体，20%~25%块状复合结构，4% Nital；

f—HRC45~47，B$_4$ 型贝氏体，60%~70%块状复合结构，4% Nital

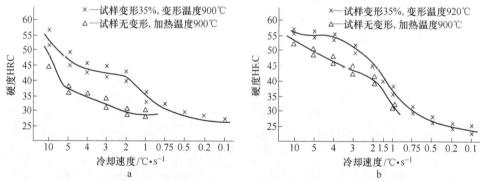

图 5-2　冷却速度对 55SiMnMo 钢力学性能的影响
a—试样上下面硬度-冷却速度；b—试样侧面硬度-冷却速度

表 5-6　环境温度与冷速、硬度的关系

环境温度/℃	冷却速度/℃·s^{-1}				硬度 HRC	
	900℃冷至 500℃		900℃冷至 200℃		空冷	风冷
	空冷	风冷	空冷	风冷		
30		3.2		1.4		29~32

续表 5-6

环境温度/℃	冷却速度/℃·s⁻¹				硬度 HRC	
	900℃冷至 500℃		900℃冷至 200℃		空冷	风冷
	空冷	风冷	空冷	风冷		
28	2.1	3.2	0.7	1.4	28~29	30~32
25	2.3	3.7	0.7	1.5	30~31	32~34
20	2.0	3.0	0.7	1.3	27~29	29~32
15	1.8	3.0	0.7	1.4	29	30~33
5	2.2	3.7	0.8	1.5	28~29	31.5~32.5

注：引自第四届钎钢技术经验交流会论文集，1986 年。

表 5-7 不同冷却方式的试样硬度值

试样号	控冷工艺	水淬后返温温度/℃	硬度 HRC	试样号	空冷工艺	水淬后返温温度/℃	硬度 HRC
1	空冷		27~29	10	水淬 4s 加风冷	520	39~44
2	空冷		27~30	11	水淬 4s 加风冷	510	40~44
3	风冷		31~33	13	水淬 4s 加风冷	560	35~37
4	风冷		31~32	19	水淬 4s 加风冷	500	40~43
5	水淬 1s 加空冷	740	28~30	7	水淬 5s 加风冷	500	40~43
6	水淬 3s 加空冷	670	31~34	8	水淬 5s 加风冷	500	41~45
12	水淬 3s 加风冷	590	35~36	15	雾冷到 400℃		43~45
9	水淬 4s 加空冷	510	39~42	16	雾冷到 400℃		44~46
14		530	40~42	17	雾冷到 500℃		33~34
20		510	39~42	18	雾冷到 500℃		32~33

注：引自第四届钎钢技术经验交流会论文集，1986 年。

　　综上所述，对 55SiMnMo 钢的力学性能（静强度），必须强调以下几点：

　　(1) 正火的空冷速度应有规定，只讲到 870℃奥氏体化 20min 正火，没有指出正火空冷的速度是一个欠缺。空冷速度的变化影响金相组织各组成相的体积分数，使强度和韧性的变化幅度大。但空冷速度不容易测定，简单的方法是测定硬度值，便于比较。

　　(2) 热轧和正火态相比，钎钢热轧后都是空冷，金相组织是正火态的。表 5-1 中所列热轧状态的屈服强度高 21%，拉断强度高 19%。断面收缩率小了许多，伸长率相同。可以肯定地说，热轧状态下的强度高是因为终轧后冷却速度大，块状复合结构体积分数高。热轧状态比正火状态的强度高，只有控轧才能达到。在一般情况下，终轧后都是堆放冷却（空冷），冷却速度较慢，其强度比较低，而钢厂制造的成品小钎杆正火热处理都是采用单件空冷，不是堆冷，换句话说，钎杆制造过程中正火热处理的空冷是在控制中的冷却，其强度要求是符合产品质量范围的。由上可见，在表 5-1 中所列，热轧比正火状态的强度高，而没有说明热轧和正火的冷却速度，因此是不能比较的。

再强调一次，由于冷却速度测量有一定难度，可根据正火之后的硬度来判断冷却速度（表 5-4），因为对硬度与金相组织关系研究得比较清楚，如 870 ~ 900℃奥氏体化后空冷（正火）的硬度和金相组织各组成相体积分数与正火冷却速度之间有定量关系。

（3）冲击样品，表 5-1 中的热处理条件是先退火再正火，退火是多余的，一般来说，中碳钢包括中碳合金钢，加热到 900℃再空冷（正火），可使组织成分均匀化，而退火的目的也是希望成分-组织均匀化；对其他钢而言，退火后再正火，其均匀化的程度可能会更佳，然而 55SiMnMo 钢的退火却不能获得均匀组织（见图 3-24），相对说正火组织比退火组织更均匀，热轧后控制冷却速度可获得比较均匀的组织，退火之后再来正火，反而使其冲击韧性值的不确定性因素增加了。

（4）870℃、20min 正火，正火的温度低了，采用 900℃正火比较合适。在表 5-1 中的冲击韧性值处理条件，采用先退火再正火的工艺，退火组织是不均匀的，随后的正火温度又低（870℃），不可能获得均匀的金相组织。

（5）断裂韧性测量的样品是经 830℃、30min 正火+200℃回火 2h 的处理工艺，问题是正火温度比（4）更低，不合适，而 200℃回火 2h，不一定好，值得讨论。表 5-1 中所列数据不能代表 55SiMnMo 钢正火态优异的断裂韧性。对正火之后再回火，对性能有正有负的影响，当硬度低如 HRC25 ~ 30 的样品 B_4 型贝氏体组织的组成相之一的富碳奥氏体，其体积分数因 200℃回火而减少了，增加了对裂纹的敏感性，有利于裂纹的扩展，影响断裂韧性。当正火之后硬度高些如 HRC30 ~ 38 的样品，块状复合结构的体积分数比较大些，200℃回火使块状复合结构的组成相之一的马氏体，从淬火状态转变为回火状态，有利于断裂韧性的提高，从上述分析可见，作者倾向的意见是：正火之后的 200℃回火有损断裂韧性。

（6）力学性能指标的表 5-1 和表 5-2 中缺少硬度值，相对来说，静拉伸强度和韧性指标对钎杆的评价不是很重要，而抗弯强度、疲劳、弹性和硬度等性能指标更重要，特别是硬度。由于科学研究和生产实践经验积累，硬度与正火的冷却速度，与金相组织（硬度与块状复合结构的体积分数）有定量关系，硬度检测方法简单。

《钎具用钢手册》很全面地介绍了 61 个钎钢，55SiMnMo 钎钢排在第一的位置，可见其重要性，主要是用它来制造小钎杆。至今，在国内市场上，制造小钎杆的场所还有点混乱，钎钢的来源、制钎工艺、钎杆质量不一。

正因为生产小钎杆的场所有些混乱，中国钢协钎钢钎具协会出版了《钎具用钢手册》，以此规范钎钢钎杆行业，保证对钎杆（特别是保证小钎杆）的质量起了促进作用。在《钎具用钢手册》中关于 55SiMnMo 钎钢的内容还有待进一步完善。在第 1 页关于 55SiMnMo 钢在正火状态和热轧空冷情况下的金相组织也有误解，"粒状或板条贝氏体为主和富碳的残留奥氏体组织"，将块状复合结构误认为是富碳的残留奥氏体，这是需要更正的。55SiMnMo 钢正火态的金相组织不是上贝氏体+残留奥氏体，而是 B_4 型上贝氏体+块状复合结构，富碳奥氏体是 B_4 型上贝氏体组织中的一个组成相，B_4 型上贝氏体（或叫板条贝氏体）是由铁素体+富碳奥氏体组成的。关于这点，已在第 1 章和第 3 章中论述过了。

5.2　55SiMnMo 钢小钎杆主要失效形式——疲劳

钎杆的失效与钎钢的力学性能有关，与钎杆的局部应力状态有关，失效是在力和腐蚀的复合作用下发生的一种行为。

5.2.1　小钎杆的服役条件

如前所述，55SiMnMo 钢小钎杆，它是在比较恶劣的环境下服役的一种工具，因此，在服役条件的一些行为会更加引起关注，而常规的力学性能显得不是很重要。

在服役条件下的行为比较复杂，但主要是循环力的作用，材料的常规力学性能（或叫静强度）都是在单向力作用下获得，容易测量，而材料的动力行为，即动强度的测量比较难，小钎杆的服役条件包括拉-压冲击循环应力作用，以及弯曲循环应力、扭转循环应力的作用，并且是多种循环应力的叠加，此外，还有矿水+泥沙腐蚀介质的冲刷—磨损—空蚀的作用。

因此，在实验室能测量到的一些力学性能指标，还不能与小钎杆的服役寿命建立定量的关系，只能用来定性地讨论和解释钎杆失效方面的一些问题。或者说，只能从金属学原理方面解释影响 55SiMnMo 钢小钎杆的服役寿命方面的一些现象。

5.2.2　小钎杆的失效[10~14]

小钎杆在服役过程中失效常见有三类。第一类失效，因偶然因素引起，如矿工们操作不慎，使钎杆折断，这和静强度（常规力学性能）有关；也有因岩石的裂缝使钎杆被卡住，钎杆既转动不了，也拔不出来，只好丢弃。这种失效，在采场也常见，在本书中不讨论。第二类属自然失效，在特定条件下，钎杆的寿命到了尽头。钎杆的寿命与钎杆质量（包括钎钢的质量、制钎引起的钎杆缺陷）、受力状态、环境等有关。这类失效主要是动载（循环应力）引起的疲劳，本书对 55SiMnMo 钢疲劳失效将作较多的讨论。第三类失效，因制钎工艺不良使钎杆质量低劣，如钎尾端"炸顶"或"堆顶"，这类失效将在第 6 章中讨论。下面重点讨论疲劳断裂。

5.2.2.1　小钎杆的疲劳失效

疲劳是小钎杆的主要失效形式，占小钎杆失效的 80%~90%。一般寿命超过 30~40m/根的小钎杆，其断裂失效都因疲劳所致。金属力学构件在运行（服役）中之所以发生疲劳，其原因归纳起来有三点：（1）所受的力是循环应力，即力的大小呈周期性变化；（2）循环应力超过疲劳极限值；（3）材质有缺陷。

在一般情况下，只要循环应力不超过疲劳极限，力学构件就认为不会发生疲劳，这个原则（理论）仅限于机件无缺陷条件才能成立。而事实上，机件存在很多缺陷，如材料缺陷、几何尺寸类缺陷等。缺陷往往是不可能避免的，特别是机件表面的缺陷。此外，材料的疲劳极限值是在循环应力恒定不变的条件下测定的，但机件在实际服役过程中，所受的循环应力也不是恒定的，常有超载的突变，突变应力会给机件造成损伤，以致过早产生疲劳源。综上所述，机件在服役中，尽管实际循环应力远低于材料的疲劳极限值，也会发生疲劳断裂。

5.2.2.2　疲劳失效的形式

按钎钢钎杆行业习惯的说法，小钎杆的疲劳分内疲劳和外疲劳，如图 5-3 所示。其定义，疲劳起源于小钎杆的外表面，疲劳裂纹向内孔方向扩展，称其为外疲劳；疲劳起源于小钎杆的内孔，疲劳裂纹向外表面方向扩展，称其为内疲劳。根据矿山现场统计，发生断裂的钎杆，内疲劳多过外疲劳，而外疲劳致钎杆失效，其凿岩寿命比发生内疲劳钎杆的凿岩寿命长。小钎杆疲劳失效是由两个疲劳源所致，如图 5-3b 所示，在左上角照片，两个内疲劳源导致钎杆内疲劳断裂，也见过两个外疲劳源导致钎杆疲劳断裂的，但在实践中，没有看见过既有外疲劳源又有内疲劳源导致钎杆疲劳断裂的现象。

大多数外疲劳起源于六角形棱边，如图 5-3a 箭头所指。主要原因是棱边强度低，钎钢在轧制过程中，棱边的几何形状有利于脱碳，热轧后的棱边全脱碳，100% 的铁素体，强度很低，很软，从热轧后的钎钢到制成钎杆，再装到凿岩机上服役，其过程曲折，反复搬运和碰撞，强度低的棱边最容易碰成伤痕。此外，也由于铁素体的强度低，钎杆在服役过程中受到泥浆的冲刷磨损，容易使钢中的夹杂物等体积缺陷暴露在表面成为疲劳源，此问题将在下面作进一步讨论。

内疲劳起源，矿山现场统计，很多内疲劳都发生在钎肩处，钎杆肩部又叫领盘，它的外形是模锻挤压（以下简称锻挤）成型的，在锻挤过程中，外表面受模具限制，其变形比较规矩，而内孔附近的变形呈自由状态。内外变形很不均匀。其结果是外表面形状尺寸规范，光洁度也比较好，但内孔容易出现尖角、折

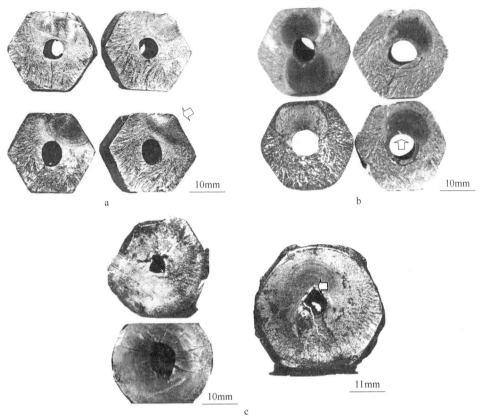

图 5-3　小钎杆疲劳失效的主要形式

a—外疲劳，疲劳起源于箭头所指示棱边；b—内疲劳，疲劳起源于箭头所指处；

c—内疲劳，疲劳起源于领盘（钎肩）处内孔尖角，箭头所指

叠（皱纹）。尖角引起应力集中，尖角也阻碍水流的畅通。因此在尖角处易形成疲劳源。

也有许多内疲劳不发生在钎肩而出现在杆体部位，这些杆体部位的几何尺寸、形状基本上是钎钢轧制原始状态，没有尖角和折叠；金相组织与轧制状态也相近，以衬管法为例，衬管是 40MnMoV 钢，在制钎（杆）工艺过程中，钎杆需要整体正火空冷，正火之后，衬管的硬度高于 55SiMnMo 钢的硬度，40MnMoV 钢的衬管金相组织以马氏体和下贝氏体为主，55SiMnMo 钢的金相组织是以 B_4 型上贝氏体为主。而且钎杆在服役时所受的弯曲循环应力是外表面大于衬管内表面。但疲劳却起源于强度高的受力小的内衬管，其原因研究得还不够深入，已有研究成果的主要观点认为空蚀[15]（气泡腐蚀）引起内疲劳。

关于领盘锻造—挤压质量为什么不佳的问题，将在钎杆制造一章讨论，在此不重复，而空蚀的问题将在本章探讨。

5.3　影响小钎杆疲劳失效的主要因素

5.3.1　夹杂物是外疲劳的主要因素

钢材的质量受很多因素的影响，但主要影响是夹杂物，对小钎杆外疲劳的影响特别明显。

疲劳断裂，首先要讨论的问题是受弯曲循环应力作用引起的疲劳，疲劳起源于何处，这与应力和材质状态有关，疲劳都起源于机件最大循环应力处，起源于表面或次表层材质缺陷处。

5.3.1.1　夹杂物引起疲劳裂纹

刘正义等曾对 55SiMnMo 钢小钎杆外疲劳失效作过分析，常见的外疲劳源是因夹杂物，特别是在六角形棱边位置的夹杂物易成为疲劳源，图 5-4 表明夹杂物特征。此问题，也可见冶金工业出版社 2000 年出版的《钎钢与钎具》一书第 104~107 页，该内容没有说明来自何方，实际上来自刘正义在 1980 年全国第一次失效学术会议论文《55SiMnMo 钢小钎杆断口初步分析》。因此，刘正义又在2009 年全国钎钢钎具会议上重新发表并修改为《55SiMnMo 钢小钎杆失效分析》。

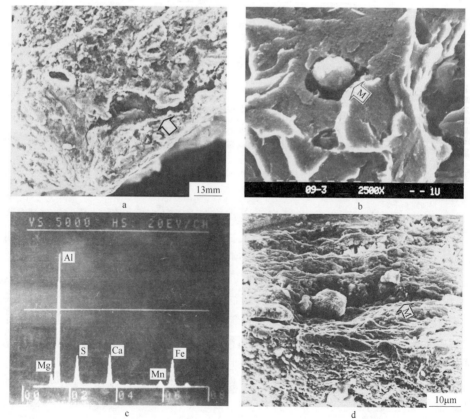

图 5-4　55SiMnMo 钢夹杂物特征

a—夹杂物引起空洞，箭头指疲劳裂纹起源；b—夹杂物如箭头 M 所指，周边是空洞；
c—图 b 夹杂物成分；d—夹杂物脆，碎成一堆大小不等的夹杂物，如箭头所指；
e—方形氮化物夹杂（萃取复型），尖角处都有裂纹，TEM

图 5-4a 是图 5-3a 中箭头所指外疲劳起源处，经扫描电镜将其局部放大的形貌。疲劳裂纹起源于空洞，空洞形如橄榄壳（椭球形），中间大两端小，裂纹起源于两端尖角。能够证明这种形态的空洞是夹杂物造成的，如图 5-4b 所示，它是氧化物夹杂。氧化物夹杂物的熔点比钢高，当钢液在凝固时，夹杂物仍呈液态，后凝固的夹杂物与先凝固的钢间形成间隙，这就是图 5-4a、b 所显示的夹杂物"躲藏"在空洞中的形貌，夹杂物与钢基体间没有联系。它的存在，降低了钢的强度和韧性。夹杂物虽呈较规整椭球形，并无边角，但钢基体的空洞有尖角，有尖角就有应力集中，应力集中会促进扩展性裂纹产生（疲劳源）。图 5-4c 显示夹杂物的成分，除主要成分 Al、Mg、Ca、Fe 外，还有 Mn、Si、S 等，属一种多元复合的铝镁尖晶石（MgO、Al_2O_3）类夹杂物[16]，这是在钢中常见的夹杂物。铝镁尖晶石夹杂物比较脆，在轧钢过程中碎化，大块变小块，成堆出现，如图 5-4d 箭头 M 所示。

形成铝镁尖晶石类夹杂物的原因：钢冶炼过程中的脱氧产物未被排除干净，还有被沸腾的钢液浸蚀-冲刷炉衬（耐火非金属无机材料）或浇铸系统的耐火材料，成块状（粒状）的被混入到钢液中，这些耐火材料或脱氧产物的熔点高，不易溶入钢液。若钢液温度偏高时，这些颗粒状高熔点非金属物会浮在钢液表面，大部分被除去；若钢液温度偏低时，则浮不上来，而保留在钢锭的内部，成为非金属夹杂物。在轧钢的过程中，随着钢锭变形直到六角钎钢的成型，非金属夹杂物因脆性大而破碎，变成多颗。夹杂物会降低钢的强度和韧性。

浇铸钢锭时，进入钢锭模的钢液温度越低则钢材中非金属夹杂物数量越多。

正如第 6 章中所讨论的原因，55SiMnMo 钎钢在浇铸钢锭时钢液的温度只能偏低不能偏高（要保护 40MnMoV 钢内衬管不被熔化），因此夹杂物较多成为不可避免。

如"铸管法"生产 55SiMnMo 钢锭所浇铸的钢锭尺寸小[3]（小钢锭，每根锭只有 200~300kg），小钢锭散热快（从液态到固态的时间短），混在钢液中的非金属耐火材料颗粒来不及上浮而残存在钢锭内部，这也是钎钢中夹杂物多的另一个原因。如用钻孔法生产 55SiMnMo 中空钢锭，从炼钢炉出来的钢液可浇铸成大钢锭，则钢锭的质量可显著提高。

综上所述，55SiMnMo 钢从冶炼到钢锭，本来有两次可以减少在钢材内部的夹杂物机会，第一次是在浇铸钢锭之前，若钢液温度偏高，夹杂物会上浮成钢渣，减少残存在钢液内部的夹杂物；第二次是钢液在钢锭膜内，若钢液温度偏高，夹杂物上浮至钢锭膜上部，轧钢成型之后切除头部。但正如上述原因，采用铸管法生产中空钢锭，浇铸前担心熔化内衬管，钢液温度偏低，浇铸后，小钢锭散热快，也不利于夹杂物上浮。因此，钢材内部难以避免过多的夹杂物，或者说 55SiMnMo 的质量先天性不足。

夹杂物成为疲劳源，这是事实，但不是所有夹杂物都会成为疲劳源，当小钎杆受弯曲循环应力作用时，只有表面或次表面的夹杂物才有可能成为疲劳源，地处内部的夹杂物不会成为疲劳源。如果钎杆在服役前，夹杂物已处在表面，则服役时此类夹杂物很快成为疲劳源；若位处次表层的夹杂物，在服役的过程中，由于泥浆的冲刷，钎杆表面被磨损，经一定时间后会变为表面夹杂物，成为疲劳起源点，这种情况，相对来说，钎杆凿岩寿命会长点。

在 55SiMnMo 钎钢内部除了铝镁尖晶石夹杂物外，还观察到了氮化物类夹杂，如图 5-4e 所示，这是在另一支钎杆断口表面用塑料膜一次复型萃取下来的夹杂物，再经碳二次复型，用透射电子显微镜拍摄下来的照片，没有对这种多边形夹杂物进行能谱分析，从形貌（方形）可断定它属氮化物类夹杂物。值得关注的是，方形夹杂物多个尖角处引起钎杆基体裂纹，有些裂纹已经在扩展，如箭头 B 所指，有些裂纹正在萌生，如箭头 C 所指。B、C 箭头都是指二次裂纹，断口的主裂纹应该是如图 5-4a 箭头所指，因表面夹杂物引起。在材料内部（不是表面）的夹杂物虽不是引起疲劳的主要原因，但它会加速疲劳过程，因夹杂物破坏了材料的一致性和致密度。当然，从理论上分析，夹杂物也有可能阻止疲劳裂纹的扩展，而延缓疲劳过程，如当扩展裂纹尖端遇到夹杂物时，会使裂纹尖端的应力集中迅速降低。

5.3.1.2　夹杂物的止裂作用

梁思祖、梁耀能、刘正义（1982 年）曾在 S-550 型扫描电镜中，用拉伸附件（拉力 10kg）对正火空冷态 55SiMnMo 钢薄片（40mm×3mm×0.1mm）进行拉伸[17]，直到样品被拉断，对全过程进行观察和拍照。图 5-5 所显示的是拉伸裂纹 S，在扩展过程中遇到夹杂物 M，相当奔驰的汽车遇到障碍物，只能绕道行驶或者停止在障碍物边，从图 5-5 看，扩展性裂纹沿夹杂物的边界绕道而行，对降低裂纹扩展速率是有利的。从上可见，夹杂物对钢的性能有正和负两方面影响，这与它的尺寸大小、所处位置、受力状态等诸因素有关。

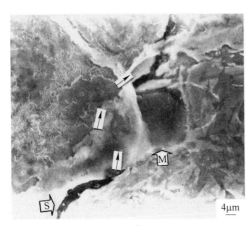 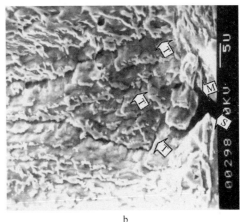

图 5-5　夹杂物阻止裂纹扩展，在 SEM 中拉伸动态观察

a—夹杂物改变裂纹扩展方向，箭头：S 指裂纹源，M 指夹杂物，黑色细箭头指裂纹扩展途径；

b—夹杂物使裂纹分叉，箭头：S 指裂纹源，M 指夹杂物，T 指裂纹分枝叉

5.3.2　空蚀是内疲劳的主要因素[15]

"内疲劳"起源于内孔表面或亚表面，它是常见的疲劳失效形式之一，内孔表面相对于外表面，所受的循环应力很小，另外，铸管法生产的六角中空钢，其内孔的表面是 40MnMoV 钢的内衬管，内衬管壁厚 0.5～1mm，被 55SiMnMo 钢母体包围，在内孔表面，如钎杆正火空冷速度在 90～110℃/min 时，母体硬度 HRC33～35，而内衬管则可达 HRC40～43，因 40MnMoV 钢的含 Mn 量达 1.80%，比 55SiMnMo 钢高，淬透性好。内衬管通常的金相组织 50%～60%马氏体+下贝氏体+B_4 型上贝氏体，它的强度高于 55SiMnMo 钢正火空冷组织，而且钎杆服役发生弯曲疲劳时，内衬管表面所受弯曲应力远比外表面小，为什么在内孔表面还容易产生疲劳源？黎炳雄曾作过较详细的研究，他认为"空蚀"是小钎杆产生内疲劳的主要原因。将服役达 268m 仍未断裂失效的钎杆剖开酸洗，内孔表面低倍状况如图 5-6 所示，该图所显示的只是一小段钎杆内孔表面在服役时所形成的状态。小钎杆的实际长短、外形及各部分名称见图 5-6 所示，内孔的标准尺寸 ϕ6mm。

图 5-6a 代表了领盘前、后内孔状况，在领盘前 100～200mm 区域气蚀引起的腐蚀坑很密集，如箭头所指，坑的深度在 0.14～0.22mm，如图 5-6b 中箭头所指。在领盘后腐蚀坑很少，钎梢内孔也是气蚀坑密集。

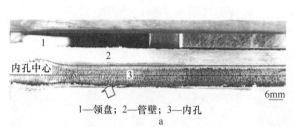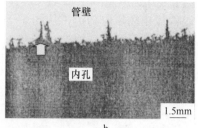

1—领盘；2—管壁；3—内孔
a

b

图 5-6　空蚀造成小钎杆内孔表面细小腐蚀坑和裂纹

a—内孔纵向表面，腐蚀坑呈横向排列，密集分布在领盘（钎肩）前一段区域里，如箭头所指；
b—横截面金相磨面，从内孔表面腐蚀坑底部起源的多条裂纹，向外表面方向的管壁中扩展，如箭头所指

　　气蚀过程有三个阶段：气泡吸附在钎杆内孔表面，气泡聚集长大，气泡破裂（产生巨大冲击波[15,18]），对内孔壁局部施加正向力和切向力。发生气蚀的必备条件：第一，流动的液体中含有气体（主要是空气）；第二，钎杆内孔壁吸附气泡。以上两个必备条件易达到，因一般矿山用水都是就地取材并循环使用，水中含有大量空气，在一定条件下容易形成气泡，小钎杆的内孔长约 2m，在多个局部区域的形状和尺寸都有变化，不规则的内孔致使流动的矿水压力和流速起伏，有压力和流速的起伏就有气泡产生。此外，钎杆内孔表面有缺陷如夹杂物；锻挤领盘和钎梢时因内外变形不均匀，造成内孔不规则和尖角；内孔表面有损伤（抽芯划伤内孔表面）等处，都是气泡容易吸附、聚集、长大的地方。

　　特别是锻挤的领盘内孔，形状不规整，直径变小且有折叠尖角，当 30MPa 压力的矿水流经领盘时，流速变快，喷向领盘前内孔，因此在领盘前气泡形成速度和聚集程度都比较大。同样道理，在钎梢后面有一段内孔也是气泡易形成和聚集长大之处，造成该区域气蚀坑也比较集中。

　　总之，在管壁发生气泡腐蚀（或叫空蚀），都是因管内流体压力有变化，在压力突变的地方会出现一些气泡，气泡被吸附在管壁粗糙的地方，在一定的条件下，这些气泡会从小长大（小气泡聚集）。气泡所受的力是不均匀的，与管壁接触部分受力小，与流动液体接触部分受的力大。当气泡长大到一定程度时，在不平衡力的作用下，气泡会破裂，破裂具有"爆炸威力"，爆炸所产生的冲击波与内孔壁接触时，分解成两个力，正向力和切向力。切向应力致金属表面微区塑性变形，正向应力致塑性变形区产生裂纹趋势。有塑性变形就有形变硬化，当形变硬化达到极限时，产生裂纹并扩展，裂纹的扩展方向与切应力方向一致，导致微区内的薄层脱离基体，表面局部微区被剥掉一层。以上过程不断重复，导致腐蚀坑的形成。气泡腐蚀（空蚀）形成的腐蚀坑，在外形上有其特征[19]：在内孔表面，气泡腐蚀的形状类似"马蹄"形，深度方向呈漏斗形。因此，小钎杆内孔表面的腐蚀坑是气泡腐蚀的结果，此说法是有根据的。

但是，从宏观断口痕迹看，小钎杆的最终失效大多数都是内疲劳导致的断裂，这是循环应力作用的结果而不是气泡腐蚀导致最终失效。在工程上，管壁零件完全因气泡腐蚀失效是常有的，其失效特征，除内孔表面的腐蚀坑呈马蹄形，管壁上从内表面到外表面呈漏斗形外，第三个特征就是在外表面有穿透性针孔。如果小钎杆失效完全是气泡腐蚀的结果，应该在中空钎杆的外表面有穿透性的小针孔，事实上，从未见过这种现象。气泡的腐蚀属磨损范畴，相对来说，纯粹的气泡腐蚀导致管壁件穿孔失效的速度很慢。

疲劳断裂的过程，首先是疲劳裂纹的起源，然后是裂纹的扩展，直到断裂。疲劳裂纹起源的快慢受三个因素的影响：局部区域应力集中、循环应力大小、气泡腐蚀，最主要的因素是气泡的腐蚀。疲劳裂纹扩展速率的大小主要是循环应力大小所决定。扩展性裂纹尖端由于循环应力作用，常处于张开—闭合循环状态，不利于气泡的聚集，换句话说，裂纹扩展阶段没有气泡腐蚀问题。相反，由于介质的电化学腐蚀，在裂纹尖端易生成氧化物，抑制裂纹的扩展，使裂纹扩展速率 da/dN 减慢（这是下面将要讨论的内容）。

气泡腐蚀与内孔表面缺陷有关，在钎钢和钎杆的制造过程中，由于多方面原因会损伤内孔表面，如擦伤，几何形状和尺寸的变化，形变不均匀性造成皱折等局部缺陷，引起局部区域应力集中，同时也利于气泡的产生和聚集，成为疲劳裂纹发源地，缩短了疲劳裂纹孕育期。关于定量分析或讨论气泡腐蚀，比较难以实现，一般都只作定性的分析；而疲劳裂纹扩展过程可做定量分析，在一般实验室都可测量疲劳裂纹扩展速率（da/dN），而且还可计算疲劳寿命。

正因为空蚀成为钎杆内疲劳失效的原因之一，钎杆研究工作者们曾提出防止空蚀、减少空蚀的一些措施都收到好的效果。黎炳雄等早在1980年撰文论述强化内孔壁提高钎杆寿命的措施[15]，如40MnMoV钢内衬管，可获得马氏体和下贝氏体为主的金相组织，提高内衬管的强度，可抵抗气泡破裂时冲击波的破坏作用。国外王牌钎杆的"SR"处理工艺、中国的磷化挂蜡处理工艺[14]使内孔表面生成一层光滑蜡质材料膜，将内孔表面一些几何体积缺陷填充并盖住，不利于气泡的吸附和聚集。

5.4 疲劳裂纹扩展速率 da/dN

前面强调不同热处理引起金相组织形态变化，不同组织形态会导致其力学性能（行为）的变化。下面讨论55SiMnMo钢抗疲劳性能的表征 da/dN。

一般是用疲劳极限（σ_{-1}）来表征金属材料的疲劳特性，但由于对测试 σ_{-1} 的试样技术条件要求高，也比较费时间。刘正义曾在1978年采用断裂力学方面常用的一种方法，疲劳裂纹扩展速率 da/dN 对55SiMnMo钎钢的疲劳特性进行表征，da/dN 的测量在科学研究方面比较重视，在工程方面较少应用，在此就一些基础的内容做点介绍。

5.4.1 da/dN 符号的物理意义

在循环应力呈周期性变化时，循环应力变化 dN 次，则裂纹扩展距离增量是 da，N 表示循环应力变化次数，a 表示裂纹扩展距离。

疲劳断裂的过程，一般分四个阶段，疲劳裂纹的孕育期、慢速扩展期、快速扩展期和瞬断期。金属材料的疲劳断裂过程主要取决于裂纹的孕育期和慢速扩展期，在不同扩展期，da/dN 是不断地在变化的。

5.4.2 da/dN 的测定[20]

疲劳裂纹扩展速率 da/dN 的测定，用三点弯曲和紧凑拉伸方法，测定 55SiMnMo 钢不同组织状态的 da/dN，以及不同介质对 da/dN 的影响。

5.4.2.1 紧凑拉伸试样

试样的热处理：（1）900℃ 奥氏体化 30min，以 90~100℃/min 冷却速度空冷（正火），获得的硬度 HRC30~32，金相组织 70%~80%B_4 型无碳化物上贝氏体（富碳奥氏体 25%~30%+70%~75% 铁素体）和 15%~20% 块状复合结构。（2）空冷正火后的试样，用不同温度回火。试样尺寸如图 5-7 所示，在宽 3mm、长 25mm 槽的顶端，用直径 0.2mm 钼丝，在线切割机床上加工长 0.5~1mm 狭缝，如图上的符号 OT 所示。期望疲劳裂纹起于 O 点，保证裂纹的扩展方向平行试样的边线，便于不同试样结果的比较。

5.4.2.2 疲劳试验机

国产 ET-111-2 型机，最大正载荷是 2t，最小载荷是 0，不能实现负载荷。施加于试样的载荷是靠电磁振荡来实现的，电磁振荡频率为 0~10000 次/min，可调控。ET-111-2 型机易实现不对称循环的载荷模式，如图 5-8 所示。

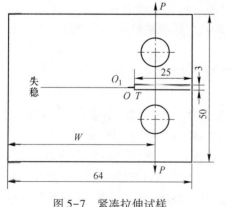

图 5-7　紧凑拉伸试样

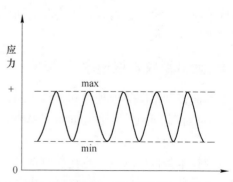

图 5-8　测定 da/dN 用循环应力模式

5.4.2.3 测量疲劳裂纹长度变化的两种方法

A 光学测量

简单方法如人工目视+低倍（3~5 倍）放大镜直读。此种方法虽较原始，精度差些，但由于简便可靠，较普遍使用。

B 电测量

裂纹增长使试样有效截面积减小，引起电阻增大，用电桥测定试样两端的电势变化，得知电阻值，推知截面积变化，查出裂纹长度的增加值。电测量方法也是建立在光学测量方法基础上的。第一个试样，采用人工目视和电测同时进行，建立第一条裂纹长度 a 与电势 v 变化的 a-v 关系标准曲线，然后利用这条曲线检测其他试样，放弃光学目测，完全靠电测，用测量的电势，在标准 a-v 曲线上找裂纹长度 a。电测很重要，特别是在研究试样浸泡矿水介质中的疲劳裂纹扩展时，电测量尤显其优点。电测的缺点是：导线（用热电偶丝）与样品间接点不容易焊牢，因样品尺寸大温度低，焊料的温度虽高，但热容量有限，焊接不好，在高频振动下，导线经常掉落。

5.4.2.4 测试参数选定

A 预制裂纹

经疲劳裂纹孕育期后（一般在 20~30min 内），产生一条人眼（目视）可见的扩展性裂纹，长度也是 0.5~1mm，起源在图 5-7 的 "O" 点，终止在 O_1 点，因循环载荷产生的 O-O_1 微小一段的疲劳裂纹，人为称它为 "预制裂纹"，产生预制裂纹的加载条件：$R = \dfrac{P_{min}}{P_{max}} = \dfrac{1.3(kN)}{13(kN)} = 0.1$，电磁振荡频率 $s = 5200r/min$。R 为满载系数；P_{min} 为最小循环载荷；P_{max} 为最大循环载荷。

为了对不同试样所测得数据有比较性，所有试样都应采用 $R = 0.1$ 载荷条件。如果做不到，也要做到接近 $R = 0.1$。

B 疲劳裂纹扩展期（包括慢速、快速扩展期，直到试样失稳为止）

裂纹扩展期 da/dN 测定条件如下：$R = \dfrac{0.75(kN)}{7.5(kN)} = 0.1$，$f = 4800r/min$。在预制裂纹阶段，采用的载荷、频率都比较大（高），目的想减少裂纹孕育期，缩短每个样品的试验时间；在裂纹扩展期，不希望裂纹扩展太快，以便提高测量裂纹增量的精度，因此将载荷降低，频率也降低。

5.4.2.5 疲劳裂纹扩展速率（da/dN）与 ΔK 的关系

A 绘制 a-N 曲线

根据测量记录[21]，将每组每个样品的裂纹长度（a）和相应的载荷循环次数（N）的关系绘制出来，进行比较。先测量 55SiMnMo 钢正火态 a-N 曲线，再测量回火态（正火后再分别 200℃、300℃、500℃ 回火）的 a-N 曲线。

正火、正火+200℃、正火+300℃回火后样品的硬度都相同，说明 55SiMnMo 钢正火后，在 300℃以下回火，金相组织变化不大（硬度相同）；400℃回火的样品比正火态的硬度高 3~4 度，500℃回火的样品比正火态样品的硬度低 2 度，因金相组织有根本性的变化。不同热处理工艺处理试样的 $a\text{-}N$ 曲线如图 5-9 所示。

图 5-9a 所显示的三个试样称第一组试样，都是正火态金相组织的 $a\text{-}N$ 曲线，因试验机限制，所选负载 $P_{max} = 10.0\text{kN}$、$P_{min} = 0.8\text{kN}$，$R = 0.08$（<0.1 但接近 0.1），三条曲线都比较靠近，曲线的斜率也接近，裂纹的扩展比较平缓，表明所选载荷大小较合适。

图 5-9b 所显示的三个试样称第二组试样，都是正火+200℃回火态金相组织的 $a\text{-}N$ 曲线。1 号试样所用的载荷相同于第一组试样的载荷 $P_{max} = 10.8\text{kN}$、$P_{min} = 0.80\text{kN}$，$R = 0.074$（<0.08 但接近 0.08）。按理硬度相同的样品 $a\text{-}N$ 曲线应相近，事实上差别大，比较图 5-9b 的 1 号曲线与图 5-9a 的三条曲线，很不相同，第二组试样的 1 号，裂纹扩展速率太快，表明施加于样品的载荷太大。因此 2 号、3 号试样的载荷改为 $P_{max} = 8.8\text{kN}$、$P_{min} = 0.66\text{kN}$，$R = 0.075$（接近 0.08）。

图 5-9c 所显示的三个试样称第三组试样，都是正火+300℃回火态金相组织的 $a\text{-}N$ 曲线，1 号试样所用的载荷模式相同于第二组试样的 $P_{max} = 8.8\text{kN}$、$P_{min} = 0.66\text{kN}$，$R = 0.075$ 的载荷，从 $a\text{-}N$ 曲线看，载荷选择也不合适，裂纹扩展速度太快，所以 2 号、3 号试样不得不改载荷为 $P_{max} = 7.84\text{kN}$、$P_{min} = 0.58\text{kN}$，$R = 0.074$。

图 5-9d 所显示的三个试样称第四组试样，1 号、2 号试样 $a\text{-}N$ 曲线是用第三组试样的 2 号、3 号试样的载荷做出的 $a\text{-}N$ 曲线，也显示裂纹扩展速度太快，再改用 $P_{max} = 6.5\text{kN}$、$P_{min} = 0.48\text{kN}$，$R = 0.0738 \sim 0.074$，做出比较合理的第三条 $a\text{-}N$ 曲线。

以上四组 12 个试样的 $a\text{-}N$ 曲线都是在 $R = \dfrac{P_{min}}{P_{max}} = 0.074 \sim 0.075$，$R$ 接近 0.1，更靠近第一组试样 $R = 0.08$ 载荷模式下测得的，都可相互比较，裂纹扩展速度太快，影响测量精度，用人工目视或电测都跟不上，也就是说裂纹扩展速度与测量很难同步，在第二、三、四组试样，先测量第一个（1 号）试样之后，根据实际情况可改变载荷再测量 2 号、3 号试样。

图 5-9a ~ c 所用试样硬度都相同，为什么 $a\text{-}N$ 曲线有差异？这就是 55SiMnMo 钢的金相组织影响，正反映了前面第 3 章所讨论的问题，200℃和 300℃回火使正火后的金相组织 B_4 型上贝氏体组成相的体积分数有变化，随着回火温度的增加富碳奥氏体的体积分数减少，碳的浓度（富碳的程度）在增加，韧性在减小，对裂纹的敏感度在增加，在相同的强度因子下裂纹的扩展速率在增大。

B　da/d$N\text{-}\Delta K$ 曲线

裂纹扩展速率与应力强度因子幅值（ΔK）的关系曲线用 Paris 公式表示，更

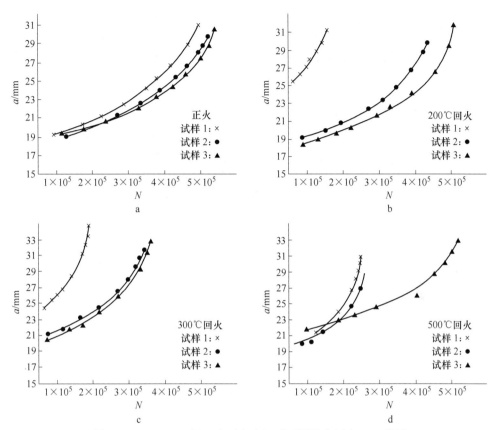

图 5-9 55SiMnMo 钢正火（空冷）后不同温度回火 a-N 曲线

a—正火态；b—正火+200℃回火 30min；c—正火+300℃回火 30min；d—正火+500℃回火 30min

能表征疲劳特性。

$$da/dN = A(\Delta K)^n$$

$$\Delta K = \frac{\Delta P}{B\sqrt{W}}F\left(\frac{a}{W}\right)$$

式中，da/dN 是裂纹的扩展速率；ΔK 是应力强度因子幅值，它是控制裂纹扩展速率的参数；A 和 n 是物理常数，它们的物理意义比较复杂，一般与材料（包括不同组织状态）、环境、频率、温度、应力比等有关的参数，可通过作图法求出 A 和 n；ΔP 为对试样施加的最大循环载荷和最小循环载荷之差（$P_{max}-P_{min}$）；B 是试样的厚度；W 是试样宽度标称尺寸（见图 5-7）；$F\left(\frac{a}{W}\right)$ 为修正系数，它是 $\frac{a}{W}$ 的函数，可从一些参考资料文献上查到 $F\left(\frac{a}{W}\right)$ 值；a 是扩展裂纹长度。

将 a-N 曲线与 Pairs 公式进行计算的数据绘制在图 5-10，从图可进行比较，

55SiMnMo 钢 900℃奥氏体化后空冷正火，并分别 200℃、300℃、400℃、500℃回火后试样的 da/dN，当 ΔK 在一定范围内，正火状态试样的 da/dN 最小，400℃回火试样的 da/dN 最大，其次是 500℃回火的试样，总之 da/dN 有随着回火温度的增加而增加的趋势。表 5-8 所列数据是在 $\Delta K = 60\text{kg/mm}^{3/2}$ 条件下获得，比如 400℃回火试样的 da/dN 比正火态的快 2 倍多。

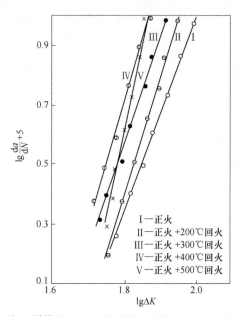

图 5-10 55SiMnMo 钢在不同热处理后的裂纹扩展速率 da/dN 与应力强度因子 ΔK 的关系

表 5-8 55SiMnMo 钢正火后不同温度回火的裂纹扩展速率

热 处 理		硬度 HRC	$\bar{n}$	$\bar{A}$	$\dfrac{da}{dN}/\text{mm·周}^{-1}$ ($\Delta K = 60\text{kg/mm}^{3/2}$)
正火（不回火）		34	3.20	4.05×10^{-11}	2.33×10^{-5}
回火 30min	200℃	34	3.90	2.40×10^{-12}	2.51×10^{-5}
	300℃	33.5	3.65	9.35×10^{-12}	3.47×10^{-5}
	400℃	36.7	4.30	9.12×10^{-13}	5.01×10^{-5}
	500℃	32.5	5.00	4.90×10^{-14}	4.90×10^{-5}

5.4.3 对 da/dN-ΔK 曲线的影响因素

5.4.3.1 金相组织的影响

不同热处理工艺所获得的金相组织不同，主要是 B_4 型无碳化物上贝氏体组成相之一的富碳奥氏体的体积分数不同。正如在第 3 章所讨论过的问题。

正火态试样的金相组织（约 HRC32），B_4 型贝氏体占 75%~80%（体积），块状复合结构占 20%~25%，在 B_4 型无碳化物上贝氏体中的富碳奥氏体约占 25%~30%；随着回火温度的增加，B_4 型无碳化物上贝氏体中的富碳奥氏体在减少，疲劳裂纹扩展速率逐渐增大；当回火温度达 400℃ 左右时，富碳奥氏体的体积分数只剩下 3%~5% 并出现碳化物，由于碳化物较弥散，因此硬度有所提高，但 da/dN 进一步增大；500℃ 回火的试样，没有富碳奥氏体了，弥散的碳化物聚集成大颗粒碳化物，硬度下降。da/dN 与 400℃ 回火试样的相近。

5.4.3.2 环境因素的影响

环境因素影响 da/dN-ΔK 的曲线，作者和陈汉存曾比较了自来水、矿水介质对 55SiMnMo 钢 da/dN 的影响，此问题在后面作讨论。

5.5 疲劳裂纹扩展途径

下面讨论的问题是金相显微组织对裂纹扩展的影响，实际上是金相组织对 da/dN 的影响，55SiMnMo 钢正火态的金相组织是多相复合组成的，由于各个单相的强度和韧度不同，对裂纹扩展的阻力也就不同。作者曾观察到 B_4 型无碳化物上贝氏体中的富碳奥氏体由于韧度大，抑制疲劳裂纹扩展，对裂纹扩展有阻力，裂纹尖端易在韧度和强度都比较差的铁素体中扩展，除了富碳奥氏体对裂纹扩展有阻力外，块状复合结构对裂纹扩展也是有阻力的，因为块状复合结构的强度高而韧性也比较好。

5.5.1 对裂纹扩展途径的试验（观察）方法

在测量紧凑拉伸试样的 da/dN 时，注意试样在疲劳失稳阶段的表现（目视紧盯），当裂纹的扩展速度很快，甚至观察到载荷突然下降时（但试样并没有断裂），立即停机并卸载，从疲劳机上取下试样，将有裂口但还没有断裂试样表面制成金相磨面，并经 4% 硝酸酒精侵蚀，使金相组织被显露，在金相显微镜下观察裂纹尖端。大面积金相磨面，需要精心抛光和 4% 硝酸酒精浸蚀，便于在显微镜下清晰观察。图 5-11 是裂纹扩展模型（示意）图，裂纹呈跳跃式向前扩展，裂纹尖端优先在铁素体相中通过。

5.5.2 金相磨面显示裂纹扩展途径[13]

如图 5-12a~e 所示，以上 5 张照片分别从不同试样所拍摄，这些照片的差别，反映 B_4 型无碳化物上贝氏体的形态有差异。最经典的照片如图 5-12c 所示，从裂纹扩展途径证明 B_4 型无碳化物上贝氏体呈板条状或粒状，富碳奥氏体和铁素体有规律平行相间组成，裂纹尖端也呈有规律的跳跃式扩展，凡是看到裂纹的地方都是铁素体相，奥氏体相没有裂纹通过（实际裂纹尖端绕过或跳过了奥氏体相）。

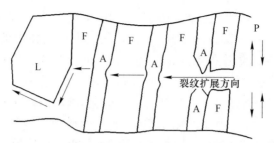

图 5-11　试样疲劳裂纹尖端扩展途径模型示意图

F—铁素体相；A—奥氏体相；L—块状复合结构

（比较：铁素体 F 韧性差，断裂面齐平；奥氏体 A 韧性好，断裂面缩颈）

B_4 型无碳化物上贝氏体形态呈板条形或颗粒形的原因，已在前面第 3 章中讨论过。无论是板条或颗粒形状，裂纹尖端都是呈跳跃式扩展，阻止裂纹尖端扩展的是富碳奥氏体相，富碳奥氏体的形变硬化能力强，它比铁素体相的强度高，韧性好，因此能有效阻止裂纹尖端扩展。

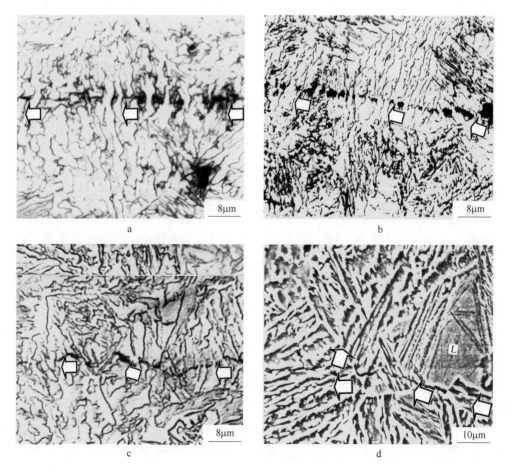

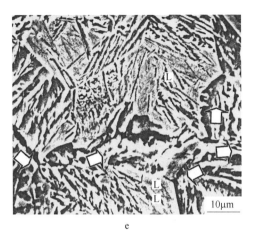
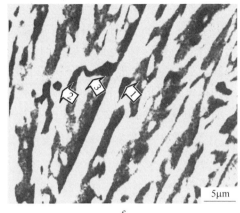

图 5-12 疲劳裂纹在 55SiMnMo 钢正火态 B₄ 型无碳化物上贝氏体中扩展途径

a—条状 B₄ 型贝氏体, 疲劳裂纹呈跳跃式沿箭头方向扩展, 有裂纹的相是铁素体, 无裂纹者是奥氏体相;
b—在 B₄ 型贝氏体中, 疲劳裂纹沿箭头方向呈跳跃式扩展; c—条状和粒状 (混合) B₄ 型贝氏体,
疲劳裂纹跳跃式沿箭头方向扩展; d—疲劳裂纹沿箭头方向扩展, 当裂纹尖端遇到块状复合结构时
改变扩展方向, 沿块状复合结构边缘走; e—同图 d 的情况类似; f—裂纹易通过铁素体, 在经
奥氏体时, 可见变形、缩颈、断裂过程, 箭头: 1 指单边缩颈; 2 指孔洞; 3 指双边缩颈后断裂

除了富碳奥氏体相能阻止裂纹向前扩展外, 还有块状复合结构, 它是马氏体为主, 加下贝氏体。下贝氏体的韧性也好, 强度也高, 马氏体是位错型低碳马氏体 (块状里的碳主要集中到下贝氏体中去了), 其强度高, 韧性也好, 因此, 当疲劳裂纹尖端遇到既硬又韧的块状复合结构时会改变扩展方向, 沿着块状复合结构与 B₄ 型贝氏体的界面扩展, 如图 5-12d、e 所示。

5.6 裂纹的起源

在讨论夹杂物正影响 (见图 5-5) 时, 介绍了用 S-550 扫描电镜的拉伸附件, 对 55SiMnMo 钢正火态薄片 (40mm×10mm×0.1mm) 进行静拉伸 (慢速拉伸), 观察其缺口处异常变化。在此简要补充样品的制备方法[17]。薄片样品的制备, 先用线切割机加工成如图 5-13 所示形状的样品, 厚度为 0.2mm, 改用砂纸进行局部均匀减薄至 0.1mm 厚度, 用 502 胶沾附在有一定厚度的金相样品上, 再经金相抛光, 并经 4% 硝酸酒精浸蚀, 在普通金相显微镜下看清金相组织。

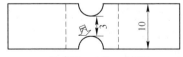

尺寸 40mm×3mm×0.2mm

图 5-13 在扫描电镜中拉伸薄片试样示意图

(箭头 K 指刀刻缺口; 虚线区域减薄到 0.1mm, 制成金相抛光面, 4% Nital)

　　将制好的如图 5-13 所示金相样品（也是拉伸样品）用刀片在边缘刻一道痕（深约 $10 \sim 20 \mu m$ 缺口，目的在于造成应力集中区，保证拉伸时裂纹从缺口开始），然后放入扫描电镜微型拉伸试验台上，缓慢（人工加载）进行拉伸，直到在缺口处有裂纹出现，如图 5-14a、b 所示。图 5-14a 不是在扫描电镜上所拍摄，因扫描电镜照相装置有故障，只能从 SEM 上取出（保持张紧状态）样品，放到普通金相显微镜下观察和拍摄。图 5-14b 是图 5-14a 和图 5-12f 局部示意图。

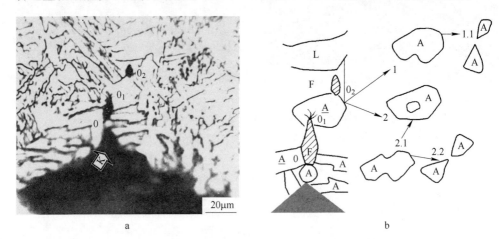

图 5-14　疲劳裂纹起源点，金相照片及示意图

a—裂纹起源铁素体相 0 点并扩展，裂纹尖端在奥氏体相 0_1 点分叉不前进，在另一铁素体相 0_2 点
新起裂纹源，箭头 K 指刀刻缺口，4%Nital，在 SEM 中拉伸，在金相显微镜下拍照；b—裂纹尖端
通过奥氏体时的行为示意图，符号：A 为奥氏体，F 为铁素体，L 为块状复合结构；1 为单边缩颈，
1.1 为拉断（单边缩颈），2 为先形成空洞，2.1 为双边缩颈，2.2 为拉断（双边缩颈）

　　从图 5-14b 看，开始，在人工刀刻缺口的前端，必有应力集中，应力集中的分布如图 5-15 所示。当扫描电镜拉伸附件所施加拉应力不断加大时，试样所受的平均应力和缺口处的应力集中也随之增大，因此一定会出现新裂纹。在一般情况下，新裂纹与刀刻缺口前端应该相连接，或者说新裂纹应起源于刀刻缺口的前端，但从图 5-14a 上看，事实上刀刻缺口的前端没有新裂纹。新裂纹却起源于 0 点，与刀刻缺口有一个距离，这个距离就是一圆形的奥氏体相；因为巧合，刀刻缺口的前端正好终止在"圆形"奥氏体相的边缘。应力虽然在增加，但没有达到奥氏体相的破断强度使其起裂，而达到了铁素体相的破断强度，使相邻的铁素体相在 0 点起裂，新裂纹在 0 点起源后并穿过铁素体相，到达相邻的另一块奥氏体相的 0_1 点，裂纹的前端围绕 0_1 在奥氏体的局部区域重复经历着一个相同的过程，应力加大—奥氏体变形—形变硬化—应力集中，当奥氏体耗尽塑性变形能力时，新裂纹产生。直至围绕 0_1 点出现多条裂纹（分枝叉），裂纹在 0_1 点仍未达到向前扩展的条件，但在另一块铁素体相的 0_2 点产生新裂纹。

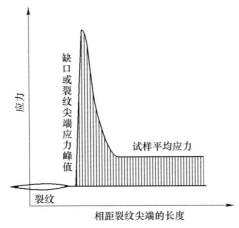

图 5-15 在试样裂纹尖端应力集中示意图

在 O_1 点的一束微裂纹要直接通过奥氏体相不容易,阻力大;但可能有两种表现:(1)使奥氏体相单边产生缩颈,不均匀被拉长,直到在缩颈地方断裂;(2)使奥氏体在 O_1 点产生空洞,两边产生缩颈,不均匀被拉长,直到在缩颈地方断裂。这两种可能的表现,在图 5-11,图 5-12(实物照片)都可找到其特征。

总之,体心立方铁素体和面心立方奥氏体,其变形、形变硬化能力不相同,强度、塑性和韧度等都有差别,从金属学原理角度说,两者的滑移系相等都是12 个,但面心立方的滑移方向比体心立方多,滑移方向对塑性及塑性变形强化的能力起决定性作用。由于奥氏体的塑性变形能力强,能有效地降低裂纹尖端的应力集中,但随着外力不断加大,新的应力集中也更大,周围的铁素体相都已断裂,最终奥氏体相也发生断裂,相对铁素体的断裂是滞后了,延缓了试样的疲劳裂纹扩展速度,这也是正火态的 55SiMnMo 钎杆寿命高的证据和解释。

5.7 断口金相

利用光学显微镜(体视显微镜)或电子显微镜来观察、分析断裂面的特征,简称断口金相,尤其是利用扫描电子显微镜研究断裂面特征(花样)很普遍,可通过断口金相研究裂纹的起源、裂纹扩展过程,区分疲劳断裂(看疲劳辉纹)与一次性断裂、脆性断裂、韧性断裂,以及研究材质状况(包括成分偏析、夹杂物分布等),还有应力状态对断裂的影响等。总之,断口金相涉及的面比较广,成为金属学的一个专门分支和先进技术[12]。

由于疲劳损伤的两个断面,在裂纹扩展过程中,相互反复摩擦,使断裂面上的许多(断裂过程、材料质量)信息被磨掉,只有少部分信息被保留,如疲劳辉纹、断裂源、二次裂纹等;其他如材料质量对断裂过程的影响等信息就要从静拉伸断口面上获取。当疲劳裂纹进入快速扩展期后，试样很快达到失稳状态，此时卸去循环动载荷，改用单向静拉伸（加载速度很小），将试样拉断成两块。整个试样的断口面由两部分组成，一次性拉伸或叫静断断口面（单向拉断的那部分）和疲劳断口面，下面不讨论疲劳断口面，只讨论静断断口面。如图 5-16 所示，断口的宏观特征见图 a，微观的电子形貌特征见图 b~g。

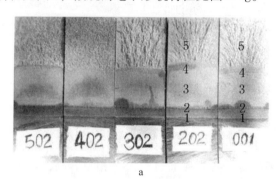

a

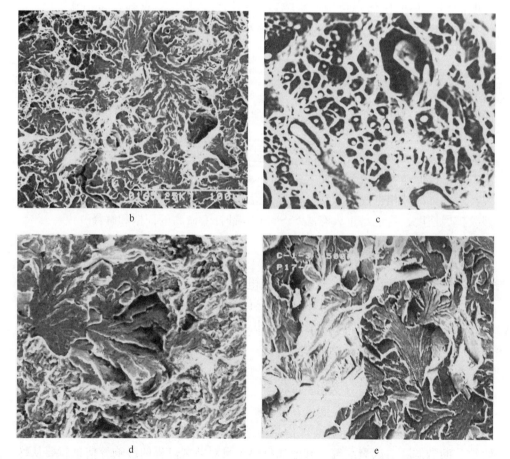

b　　　　　　　　　　　　　c

d　　　　　　　　　　　　　e

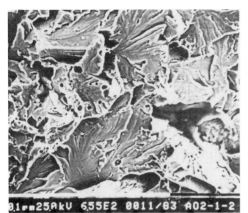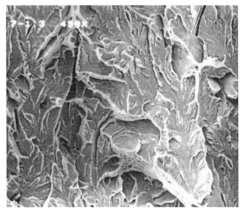

f   g

图 5-16　热处理工艺变化对断裂花样的影响

a—测 da/dN 断裂面宏观形貌：1 为线切割区，2 为预制裂纹区，3 为疲劳裂纹慢速扩展区，
4 为疲劳裂纹快速扩展区，5 为静断区（单向拉断）；编号分别是：001 为正火（HRC30~32），
202 为正火+200℃回火，302 为正火+300℃回火，402 为正火+400℃回火，
502 为正火+500℃回火；b—正火态静断区断面微观形貌，以韧窝和韧带为主，
其次是准解理；c—图 b 的韧窝区，局部放大；d—正火+300℃回火，静断区断裂特征，
解理+准解理；e—图 d 局部放大；f—正火+400℃回火，静断区断裂特征，
以解理断裂为主；g—正火+500℃回火，静断区断裂特征，解理断裂

　　从图 5-16 可见，不同热处理的试样，静断区的断裂花样是有变化的，它反
映了 55SiMnMo 钢经不同热处理的（正火+回火）后材质的韧性断裂或脆断倾向
性。静断区的宏观断口如图 5-16 所示，正火态的断口呈纤维状，正火后 200℃、
300℃回火的断口呈干纤维状，400℃和 500℃回火的断口呈结晶状（在灯光照射
下，可见许多闪点），宏观断口在 SEM 下观察其特征，显示在图 5-16b~g。电子
断口花样，如解理断裂，表现材质脆断倾向性大；韧窝（韧带）断裂显示材质
的脆断倾向性小，准解理断裂显示材质脆断倾向性处于解理和韧窝断裂之间。不
同热处理工艺试样的静断区，有明显的差异，如正火态是以韧性（韧窝和韧带）
断裂为主，其次是准解理；准解理反映了铁素体和块状复合结构的断裂特征，铁
素体容易沿（110）面解理；韧窝反映了富碳奥氏体的断裂特征。

　　正火后再加回火，有损 B_4 型贝氏体良好的力学性能，原因在第 3 章中有讨
论，B_4 型无碳化物上贝氏体中的富碳奥氏体相体积分数随着回火温度增加而减
少，400℃以下回火，B_4 型贝氏体仍保持富碳奥氏体与铁素体相间组成，无碳
化，但奥氏体量减少了，脆断倾向性也随着奥氏体量减少而增大；到 400℃温度
回火，金相组织的变化很大，B_4 型贝氏体基本特征消失了，主要是铁素体相和
碳化物相，B_4 转变成 B_2 型贝氏体特征，只是在很少区域，还能看到富碳奥氏体
相呈一些小孤岛，所占体积分数很小，正因为 400℃以上回火，富碳奥氏体相基

本消失，所以脆性显著增大。从上述断口面分析也可知，B_4 型贝氏体不能回火，以保证其优良的力学性能。

55SiMnMo 钢经不同的热处理，从金相组织形态的变化，影响到疲劳裂纹扩展速率和裂纹扩展途径的变化，再到静拉断区断裂花样的变化，有其一致性的规律。

5.8　水介质对 da/dN 的影响

小钎杆都是在水介质中服役的。一般矿山采场都在地下几十米至几百米深处，凿岩用水主要是靠地下水源，地下水的成分比较复杂，pH 值一般都在 5~6，酸性比较强，也有些矿水 pH 值达 6.6。矿水对钎杆的表面（包括内表面）的均匀腐蚀很明显，放在坑道里不防腐处理的钎杆易生锈。

曾有人[22,23]作过研究，某些材料在腐蚀环境中疲劳，会因裂纹尖端有腐蚀产物诱发裂纹闭合，而降低 da/dN，提高了疲劳寿命。而另一方面，对钎杆而言，国内外的小钎杆都要防腐处理，认为矿水的腐蚀作用会降低钎杆的寿命[4]。国外王牌钎如瑞典的奥特拉斯公司采用了 RS 的防腐处理，中国则用磷化挂蜡（类似 RS）法。防腐处理的作用，可肯定两点，第一点，减少或防止内孔气泡腐蚀，延滞疲劳裂纹源的萌生，提高钎杆寿命有显著的影响；第二点，外表面光亮，达到商品美观效果，新钎杆即使放在井下长时间都不生锈。钎杆经防腐处理显著的增加了成本，制钎周期延长。一旦疲劳裂纹萌生之后，钎杆的防腐层就失去了作用。矿水对疲劳裂纹的扩展有什么影响？值得探讨。

钎杆在服役过程中，矿水对疲劳裂纹扩展有无影响的问题，在此将是重点讨论的内容。刘正义与陈汉存等人曾在 1980 年对矿水影响 55SiMnMo 钢疲劳特性作过一些研究[24,25]，现归纳如下。

5.8.1　试样的热处理

考察（研究）水介质对 55SiMnMo 钢疲劳特性的影响，试样的热处理工艺及强度如表 5-5 所示，经 860℃、1100℃ 和 1300℃ 奥氏体化后，正火空冷速度都是 80~100℃/min。本来正常奥氏体化温度是 830~880℃，为什么有两组超温奥氏体化的试样？超温奥氏体化的试样是为了研究其他问题而做的。在此，顺便用来比较试样不同奥氏体量在水介质中的表现。在第 3 章中已讨论过了。奥氏体化温度越高，在随后的正火空冷过程中，过冷奥氏体越稳定，使 B_4 型贝氏体中奥氏体的体积分数增多。

经热处理后的毛坯材料制作成三点弯曲试样，规格尺寸为 15mm×30mm×120mm。

5.8.2 测试装置

在 ET-112-2 疲劳试验机工作台上加装一个自制玻璃容器，内装水介质，如图 5-17 所示。裂纹扩展长度测量，同时使用目视+放大镜和电测两种方法，将两种方法所测得数据平均，在水介质中测量试样的裂纹扩展长度，用电测方法比较好，减少人为的误差，但担心"导线"焊接点易失效，所以同时采用两种测量方法。

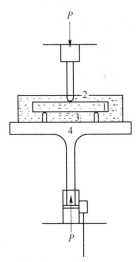

图 5-17　水介质试验装置示意图

1—试样；2—玻璃容器；3—水介质；4—疲劳试验机工作平台

5.8.3 测试条件

预制裂纹，$R = \dfrac{P_{\min}}{P_{\max}} = \dfrac{1.3\ (\text{kN})}{13\ (\text{kN})} = 0.1$，$s = 5100 \text{r/min}$。预制裂纹长度为 1.5mm；正式测量疲劳裂纹扩展的负荷和频率改为 $R = \dfrac{0.75\ (\text{kN})}{7.5\ (\text{kN})} = 0.1$，$s = 4800 \text{r/min}$。介质分别是：空气（55%湿度）、蒸馏水+氧（过饱和 O_2）、矿水，介质循环流动，pH 值如表 5-9 所示。

表 5-9　介质酸碱度

介　质	蒸馏水	矿水	矿水+氧	蒸馏水+氧	自来水+3.6%NaCl
容器内 pH 值	6.0~6.5	6.5~7.0	7.0~7.5	6.0~6.5	没有测到
裂纹尖端 pH 值	6.5~7.0	7.0~7.5	约 8.5	没有测到	5.5~6.5

　　表 5-9 不仅列出了容器里介质的平均 pH 值，而且还测出了裂纹尖端局部区域的 pH 值，也就是疲劳裂纹在扩展过程中，某个瞬间裂纹尖端所浸入的水介质 pH 值，裂纹尖端介质的碱性度高于容器中水介质平均碱性度。严格地说，当 pH 值是 7 时仍偏酸性，高于 7 时偏碱性。矿水偏酸性，矿水+氧偏碱性，裂纹尖端的介质偏碱性。

　　试样装在一个透明的玻璃容器内，再倒入介质进行三点弯曲疲劳试验。

　　用两台 30 倍读数显微镜从试样两侧面透过玻璃直读疲劳裂纹的变化，并记录试样背面应变。同时用电阻法测量裂纹的长度，由于导线与试样的焊点在高频振动下常脱落造成麻烦，因此以光学显微镜直读测量法为主。各组试样的（da/dN-ΔK）曲线均用微机按最小二乘法拟合。

5.8.4　疲劳裂纹扩展的 da/dN-ΔK 曲线

　　环境、频率和奥氏体化温度对 da/dN 的影响如图 5-18 所示。

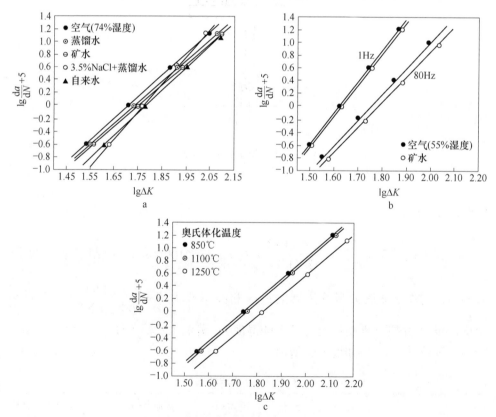

图 5-18　环境、频率和奥氏体化温度对 da/dN 的影响

a—不同介质对疲劳裂纹扩展影响；b—频率对疲劳裂纹扩展影响；

c—富碳奥氏体量对疲劳裂纹扩展的影响

图 5-18 是不同成分的介质，应力循环频率和正火热处理的奥氏体化温度对 $(da/dN-\Delta K)$ 曲线的影响，在疲劳裂纹扩展第二阶段，根据实验数据，再用 Paris 公式，$da/dN=A(\Delta K)^n$ 进行计算，A、n 为常数，用微机线性回归求出。

从图 5-18a 可见，在空气介质中的 da/dN 最大，在蒸馏水+O_2 介质中的 da/dN 最小。在不同成分水介质中的 da/dN 都比在空气中的小，表明水介质延缓疲劳裂纹扩展，延缓的程度与水介质的成分有关，在矿水中 da/dN 较蒸馏水的小，与矿水相比，蒸馏水溶氧少，氧是延缓疲劳裂纹扩展的主要因素，为了证明氧的作用，向蒸馏水中加氧，使氧量达到饱和程度，在相同条件下测 da/dN 结果表明，在氧过饱和蒸馏水中 da/dN 是最小的，可见氧对 da/dN 的影响，腐蚀性越强的介质对 da/dN 减慢作用越显著。从图 5-18b 可见，循环应力变化的频率对 da/dN 的影响也是显著的。无论是低频（1Hz）或中频（80Hz），在矿水中的 da/dN 都比在空气中的小（减慢），但高频比低频下的减慢作用明显些。图 5-18c 表明在矿水中 da/dN 随正火奥氏体化温度升高而降低，这与 55SiMnMo 钢的组织状态有关，因奥氏体化温度越高，过冷奥氏体越稳定，在同等的冷却条件下，B_4 型贝氏体中富碳奥氏体相的量越多，阻止裂纹扩展的作用越强。

水介质减慢 da/dN 的现象是事实，对这一现象有多种解释，有一种理论：在疲劳裂纹扩展过程中，裂纹内有氧化物生成，氧化物诱发裂纹尖端闭合，此即"裂纹闭合理论"。如果裂纹尖端闭合，则裂纹尖端的应力状态会发生变化，延缓裂纹扩展。但裂纹尖端应力状态不容易测到，于是转而想到，裂纹尖端应力状态与试样背面应变（BFS）有关联，换句话说：由于裂纹内氧化物诱发裂纹闭合，背面应变必然会发生变化，背面应变是可测量的。

5.8.5 试样的背面应变（BFS）曲线

背面应变的测量方法：先用静态电阻应变仪记录其原始数据，再用两台 $x-y$ 函数记录仪同时记录背面应变-时间、载荷-时间和背面应变-载荷曲线，并接入一差分运算放大器，以循环载荷为参考信号相减，使拐点明显，便于分析。拐点所对应的载荷就是裂纹闭合的载荷。测量背面应变，可用 1mm×1mm 的箔式电阻应变片，用 502 胶水（适合空气介质）或环氧树脂（适合水介质）将应变片牢固粘贴在试样表面所规定的位置（如裂纹扩展方向中心或试样背面底部中心线上），测量结果如图 5-19 所示。

裂纹面上氧化物厚度与裂纹尖端张开位移相当时，即可诱发裂纹闭合，氧化物所诱发的裂纹闭合是在降载过程中（循环载荷从大到小过程中）起作用的，因此，当氧化物厚度大于最小循环载荷下裂纹尖端附近区两裂纹面的张开位移时，氧化物诱发裂纹闭合起有效作用。氧化物诱发裂纹闭合的效应与氧化物厚度有关，而氧化物厚度与介质中含氧量有关，含氧量越高，氧化物的厚度越厚，裂

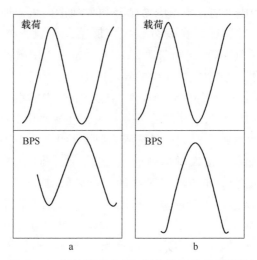

图 5-19　测量背面应变与裂纹张开载荷示意图

a—裂纹张开载荷；b—背面应变

纹闭合效应越明显。

　　氧化物诱发裂纹闭合，降低 da/dN，表现在相应的背面应变曲线上出现扁平峰，以及背面应变幅值减少，裂纹闭合力增加，图 5-20 显示空气和矿水介质中背面应变、裂纹长度、裂纹张开位移等参数变化规律。

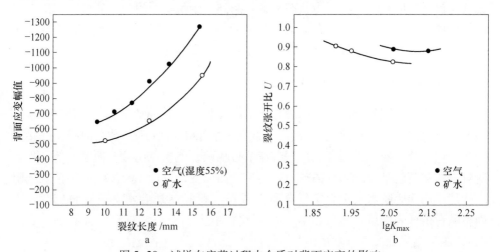

图 5-20　试样在疲劳过程中介质对背面应变的影响

a—背面应变幅值与裂纹长度的关系；b—裂纹张开比 U 与 K_{max} 的关系

　　在一次循环过程中，氧化物诱发裂纹闭合与 BFS 变化关系，在循环应力作用下，试样背面（三点弯曲）始终受到压应力（R>0 条件），产生的应变为负值，循环载荷越大，BFS 的负值也越大，因此，根据 BFS 曲线，可分辨裂纹尖端瞬时力的变化。由于腐蚀产物（氧化物），在循环应力从大→小→大的过程中，试样背面受压，变化不大，背面应变趋于恒定，曲线上对应于最小载荷扁平峰比空气中扁平峰显著，比在空气中的峰值尖锐一些。

图 5-20a 是通过静态电阻应变仪记录下来的 BFS 幅值（即最大载荷与最小载荷对应的 BFS 值之差）与裂纹长度的关系曲线，表明对应于相同裂纹长度，矿水介质中 BFS 幅值比空气的小。

图 5-20b 表明在相同条件下，在矿水中裂纹张开比 U，比空气中的小，也即裂纹闭合度在矿水中较大，说明在矿水中，裂纹内的氧化物对诱发裂纹闭合起了作用，关于 U，据氧化物诱发裂纹闭合模型，两裂纹面在卸载过程中提早接触，将增加裂纹的闭合力，例如当循环载荷降至 P_{op}（$\geq P_{min}$）时，裂纹开始闭合，根据公式：

$$U = \frac{P_{max} - P_{op}}{P_{max} - P_{min}}$$

式中　　　U——裂纹张开载荷幅值之比；

P_{max}，P_{min}——循环载荷（最大、最小）；

P_{op}——裂纹张开载荷。

从公式看，U 随 P_{op} 的增加而减少，在实验中，先测定不同裂纹长度在矿水中和空气中的闭合载荷，再用该公式计算，其结果显示在图 5-21b 中。

图 5-21 所显示的规律，能说明的问题是：试样的疲劳裂纹在扩展中，与空气相比，水介质降低 da/dN，解释这一现象的"氧化物诱发裂纹闭合"的模型可以成立。

5.8.6 裂纹内腐蚀产物（氧化物）形成过程

5.8.6.1 腐蚀产物是氧化物

用 X 射线衍射分析证明裂纹内的腐蚀产物是 Fe_2O_3，据谱线计算晶体点阵常数 $a_{平均} = 0.8399nm$，查到的 Fe_2O_3 标准数值 $a_{标} = 0.8350nm$，由此可确定氧化物的结构。并用电子显微镜分析，观察到氧化物在裂纹尖端区分布状况，如图5-21所示。

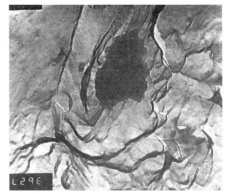

a　　　　　　　　　　　　　　　　b

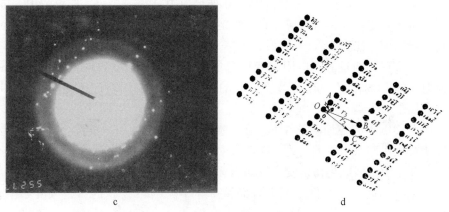

c　　　　　　　　　　　　　　　　d

图 5-21　在疲劳裂纹尖端区腐蚀产物

a—在裂纹尖端区的腐蚀状况，箭头指腐蚀产物（有沿晶分布趋势），SEM；

b—在裂纹尖端区的断口捽取复型，黑色颗粒是腐蚀产物，TEM；

c—图 b 腐蚀产物电子衍射花样；d—电子衍射花样经标定，腐蚀产物是 Fe_2O_3

5.8.6.2　用 X 射线波谱仪定性探测

在裂纹尖端区域氧的分布与富集，如图 5-22 所示。

用俄歇能谱测定氧化物的厚度，在裂纹尖端区域（范围），Fe_2O_3 的厚度可测定，并用公式[26]：

$$CTOD = 0.49(K_{min}^2 / E\sigma_s)$$

$$COD = \frac{4(1-r^2)}{E}\left[\left(a+\frac{R}{2}\right)^2 - x^2\right]^{\frac{1}{2}} f\left(\frac{a}{W}\right)\frac{3P_{min}S}{2bW^2}$$

式中，$x=a-y$，y 是计算点与在裂纹尖端的距离，取 $y=0.1mm$；R 为塑性区尺寸；P_{min} 为最小循环负荷；其他符号的物理意义在参考文献 [26] 均有解释。

上述俄歇测定的氧化物厚度和计算出的 COD 列在表 5-10 中，用的是 55SiMnMo 钢 860℃ 正火态试样。

表 5-10　860℃正火态在蒸馏水中裂纹尖端区域氧化物厚度和 COD

裂纹尖端区腐蚀产物厚度		不同 K_{min} 的 COD		
介质	氧化物厚/μm	K_{min}/kgf[①] · $mm^{-3/2}$	不同 K_{min} 的 CTOD/μm	不同 K_{min} 的 COD/μm
蒸馏水 （疲劳 30min）	0.19	5.1	0.009	0.036
蒸馏水+氧 （疲劳 30min）	1.15	8.8	0.026	0.081
静放蒸馏水中 30min （不加循环载荷）	0.03	13.8	0.065	0.144

①1kgf = 9.80665N。

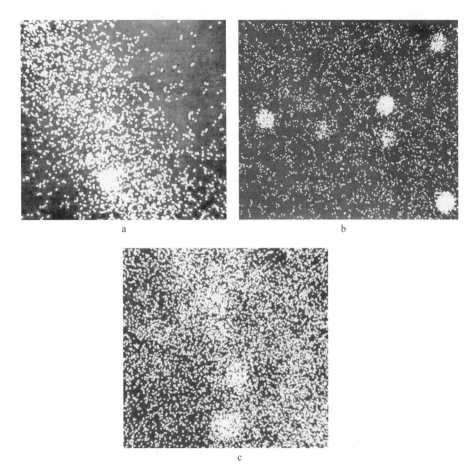

图 5-22　富集的氧沿材料晶界通道进入裂纹尖端区并向内部扩散

a—裂纹尖端处（区域）氧被吸附（富集），介质是蒸馏水+氧；

b—在裂纹尖端区域，氧沿晶界富集，介质是蒸馏水+氧；

c—吸附在裂纹尖端区域的氧向裂纹尖端方向扩散，介质是蒸馏水+氧

5.8.6.3　裂纹内的氧化物形成机理

根据断裂力学理论，受外力作用的裂纹，其前沿存在应力场，应力场内应力分布与微观结构有关，由于晶界上原子排列不规则、不致密（空洞或杂质原子的偏聚），在拉应力作用下，缺陷处产生的高拉应力为原子扩散提供驱动力。介质中氧受到前沿拉应力的引诱，吸附在尖端区域，形成高氧浓度区。因裂纹尖端与前沿区存在氧的浓度梯度，氧将沿晶界向晶内扩散（原子沿晶界扩散激活能只有晶内扩散激活能的 1/4），因此，氧提前进入钢内部，晶界成为氧原子扩散通道，或者说氧优先沿晶界扩散，偏聚于拉应力区。由于氧原子半径比较大，而循环载荷频率又比较高，因此，氧原子扩散的距离短，从而使大部分氧富集在裂纹尖端

前沿微小区域。当氧富集达到一定浓度时，便形成氧化物。

氧沿晶界进入钢中，促使氧提前进入钢中的途径叫输送氧的通道，氧进入钢内部的速度，或叫氧的浓度，一方面取决于晶界通道，另一方面取决于控制供氧的速度（介质含氧量）。

腐蚀疲劳过程中，不断裸露的新鲜金属表面各相电极电位不同而构成微电池，在腐蚀介质作用下不断形成腐蚀产物。由电极反应形成氧化膜覆盖在新鲜金属表面，但在疲劳过程中，氧化膜受摩擦而遭破坏，暴露新鲜表面又重复上述过程，即所谓"摩擦氧化"，使氧化膜增厚，介质中的氧含量也影响氧化膜的厚度。

在矿水介质中，也存在使氧化膜变薄的因素，如 OH^-，如矿水中有较浓的钙和镁的粒子，其电极电位较低，易失去电子，有利于 OH^- 生成，使 pH 值增加，影响氧化膜的稳定性。在中性或碱性溶液中，生成 OH^- 的过程是氧的去极化过程，所以在水介质中形成 Fe_2O_3 的全部电化学过程都是电极反应过程，此过程，在矿山采矿现场是控制不了的。在此讨论它的目的，只想了解矿水为什么会降低 da/dN。

5.8.7　矿水介质对小钎杆疲劳寿命影响的结论

钎杆的寿命主要由两部分组成，或者说疲劳过程由两个阶段所控制，即疲劳裂纹的孕育期和疲劳裂纹慢速扩展期，在试验机上测 da/dN 时，先制造"预制裂纹"的过程就是"裂纹孕育期"，"孕育期"的时间越长，疲劳裂纹慢速扩展速度越慢。矿水介质对疲劳寿命有正、负两方面的影响。

正影响：一旦疲劳裂纹形成之后，矿水介质促进裂纹内氧化物形成，由于氧化物诱发裂纹闭合，延缓裂纹扩展速率，称之为正影响。

负影响：流动的矿水介质容易产生气泡，并聚集在小钎杆中心孔壁凹坑处，引起气泡腐蚀，气泡腐蚀和循环应力联合作用下，经一段时间之后，产生疲劳裂纹，因此称之为负影响。本来，中心孔内表面比外表面受循环应力小，不易产生疲劳裂纹，事实上，内孔容易产生疲劳裂纹，主要就是矿水引起的气泡腐蚀，气泡腐蚀加速了内疲劳孕育期，小钎杆的磷化挂蜡或 RS 防腐处理，可减少气泡聚集，增加疲劳裂纹孕育期时间。

参 考 文 献

[1] 刘正义，黄振宗，林鼎文 . 55SiMnMo 钢上贝氏体形态 [J] . 金属学报，1981，17，2：148.

[2] 黎炳雄，赵长有，肖上工，等 . 钎具用钢手册 [M] . 贵阳钎钢研究所情报室，2000.

[3] 钎钢编写组 . 钎钢 [M] . 北京：冶金工业出版社，1980.

［4］ 冶金部钻杆超国际水平突击队. 钻具试验总结（内部资料）. 1969，10：79.

［5］ 刘正义，林鼎文. 55SiMnMo 钢正火态的硬度与金相组织 ［C］. 2010 年全国钎钢钎具年会论文集，2010. 10（乐清）：85.

［6］ 肖上工. 55SiMnMo 钢小钎杆硬度与寿命关系的优化试验 ［C］. 第十五届全国钎钢钎具年会论文集，2010. 10：150.

［7］ 吴少斌，王筑生，刘厚权. 55SiMnMo 钢组织与硬度关系的研究 ［C］. 第十四届全国钎钢钎具年会论文集，2008. 10：170.

［8］ 肖上工. 回火温度对 55SiMnMo 钢金相组织和性能的影响 ［J］. 2009 年全国钎钢钎具会议论文集，2009. 11（武昌）：204.

［9］ 刘展各，等. 55SiMnMo 六角中空钢轧后控制冷却设施及工艺试验 ［C］. 第四届钎钢技术经验交流会论文集，1986：107.

［10］ 钎钢协作组（新抚钢厂、贵阳钢厂、华南工学院、钢铁研究院）. 中空钢生产的五种冶轧工艺对比试验总结（内部资料）. 1975.

［11］ 刘正义，李伯林，袁叔贵. 55SiMnMo 钢小钎杆断口初步分析（会议宣读论文）. 全国第一次失效学术会议，1980. 10（北京）.

［12］ 刘正义，吴连生，许麟康，等. 机械装备失效分析图谱 ［M］. 广州：广东科技出版社，1990.

［13］ 刘正义，林鼎文. 55SiMnMo 钢小钎杆失效分析 ［C］. 2009 年全国钎钢钎具会议论文集，2009. 11（武昌）：55.

［14］ 洪达灵，顾太和，徐曙光，等. 钎钢与钎具 ［M］. 北京：冶金工业出版社，2000.

［15］ 黎炳雄. H22、H25 钎杆内疲劳断裂与内孔强化新解析 ［J］. 2011 年全国钎钢钎具年会论文集，2011. 11：80.

［16］ ［瑞］凯斯林 R. 钢中非金属夹杂物 ［M］. 鞍钢钢铁研究所，中国科学院金属研究所，译. 鞍钢科技情报所，1980：94.

［17］ Liang Sizu，Liang Yaoneng，Liu Zhengyi. Dimple formation on fracture surface of steel 55SiMnMo ［J］. Acta Metallurgical Sinica（English Edition），1993，A，6，2：140~143.

［18］ 吴民达. 机械工程材料测试手册，腐蚀与摩擦学卷 ［M］. 沈阳：辽宁科学技术出版社，2002.

［19］ 刘正义，魏兴创，陈灵，等. 石油管材气泡腐蚀失效特征研究 ［J］. 2007 年全国失效学术会议论文集，2007. 11：5.

［20］ 崔振源. 断裂韧性测试原理和方法 ［M］. 上海：上海科技出版社，1981.

［21］ 刘正义，林鼎文，黄振宗. 55SiMnMo 钢上贝氏体形态及其机械性能（特邀报告）. 广东省机械工程学会热处理年会，1979. 1.

［22］ Endo K，et al. Corro. Fatigue ［J］. ASTM Stp801，1984：81.

［23］ Walker N，Beervers C J. Fatigue Eng. ［J］. Mater. Struct.，1985，1：135~148.

［24］ 陈汉存，刘正义，庄育智. 水介质对 55SiMnMo 钢疲劳裂纹扩展速率 da/dN 的影响

[J] . 中国腐蚀与防护学报，1989，9（2）：79.

[25] 陈汉存 . 介质和频率对 55SiMnMo 钢疲劳裂纹扩展速率影响机理的研究［D］. 广州：华
南理工大学，1987.

[26] Pratap C R，Pandey P K. Eng. Fract. Mech. ［J］. Mater. Struct. ，1984，19（6）：1139.

[27] 新抚钢厂，广东工学院（文革中华南工学院改名），冶金部钢铁研究院钎钢协作组 .
55SiMnMo 钢制 22 毫米六角小钎杆生产工艺探讨［J］. 新金属材料，1976，2：24.

6 55SiMnMo 钢小钎杆制造、质量和应用

6.1 小钎杆的应用

6.1.1 开山凿洞的工具

钎杆是一种工具,广泛用于采矿和交通行业开山凿洞工程,有大钎杆和小钎杆之分。大钎杆用于凿深孔、大孔,大爆破,比较适用于露天作业;小钎杆用于凿 2.5m 以下的浅孔,多数用于隧道作业。在工程上,小钎杆的应用比例大,因多数矿藏在深山或数百米深的地下层,而采矿都是侦寻矿脉带向前掘进,交通如山区的高速公路和高铁一般都是穿山向前延伸,小钎杆作业机动灵活。开凿横截面 3~5m 见方的隧道,每天掘进 1~3m,一般分两班作业:第一班凿炮眼,在前进的正面岩石壁上,凿出 50~80 个孔。即使高硬度的花岗岩石,每个深约 1.8m、孔径约 40mm 的孔(炮眼)只需几分钟即可完成,全部炮眼凿成后,装填炸药,同时点火一声炮响;第二班,清理碎石,第二个作业班要将几百吨碎石运走。再进行下一轮的凿炮眼……轮班循环作业。爆破的碎石大部分是废石,送到选矿场处理或弃之野外,很多有色金属矿石中含量很低,如 1t 黄金(稀有金属)矿石能获取 5g 的黄金,就是奇迹般的富矿,一般 1t 岩石含有 0.9g 金就具有开采价值。黑色金属如铁矿石,含量很高,富铁矿可达 50%,多数都是露天开采。小钎杆,一般都是由钎头和杆体两部分组装而成,在钎头前端镶焊有 WC 硬质合金刀片(大钎杆的钎头采用人造金刚石较多),后端是圆锥孔,和杆体梢尖紧密配合,在本书中凡是谈到"小钎杆",都是指杆体,不涉及钎头。

小钎杆的工作原理:液压或风动的冲击式凿岩机,其活塞作往复式运动,往复频率很高,可达 2000~3000 次/min,活塞撞击小钎杆尾柄端面,将冲击能通过杆体传递到钎头硬质合金刀片,破碎岩石,硬质合金刀片尺寸约 40mm,几乎是 22mm 六角小钎杆横截面的两倍,在服役时,钎杆与凿岩孔间无接触,但被 WC 刀片破碎的岩石粉(或泥浆)对杆体有冲刷磨损,杆体内孔受矿水气泡腐蚀。冲击能量以应力波形式经杆体传到钎头,因此杆体受到循环拉—压应力作用;此外,杆体还以 200r/min 速度旋转,杆体本身是细长杆件,避免不了弯曲力循环作用,因此,杆体在服役时受的力是拉—压、弯曲循环应力复合作用,导致杆体疲劳失效。

小钎杆凿岩寿命短,在 40 年前成为采矿业和国防工程建设的瓶颈,当时中

国自产小钎杆材料用碳 8 钢，一般凿岩寿命只有 10～30m/根，从瑞典、日本进口的 95CrMo 钢小钎杆寿命可达 150m/根以上。有时也进口一些 95CrMo 六角中空钎钢，在国内制造小钎杆，由于制钎工艺方面的问题，质量达不到进口成品钎的水平。从 1966 年起中国人开始研究国产的新钎钢、新钎杆。到 1980 年，中国的 55SiMnMo 钢小钎杆质量已达到甚至超过了国外的 95CrMo 钢的小钎杆。

6.1.2　钎钢和钎杆的区别

小钎杆制造过程分为两个部分。

（1）六角中空钎钢的生产很重要，钎钢的外形呈六角形，两平行边宽 22mm（或 25mm 两种规格），中间是空心的，中心孔直径 6mm，六角形中空钢专门用来生产小钎杆。在民间，常常把钎钢与钎杆混为一谈。图 6-1a 是钎钢的几何形状；图 6-1b 是小钎杆的几何形状。钎钢与钎杆是不同的两个概念，但又不可分，钎钢是钎杆的半成品，经再加工才能成为钎杆，钎杆是指可使用的工具。钎钢是一种比较复杂的型钢，对它的质量要求比较高，但是，有了高质量的钎钢，不一定能制造出高质量的钎杆；而同一种成分的钎钢，不同工艺制造的小钎杆，其使用寿命可能相差很远。在冶金工业生产中，生产六角中空的型钢有一定的技术难度，难度在长：细=（150～200）：1，不仅细长而且要求高质量中空的形成。关于六角形中空钎钢的生产有专著论述，在本书里只作简要介绍。

（2）细长的小钎杆制造也是有难度的，工艺及过程也有专著，在本章主要是围绕着在制钎过程中，引起金相组织变化有关的一些问题，作简要介绍与讨论。

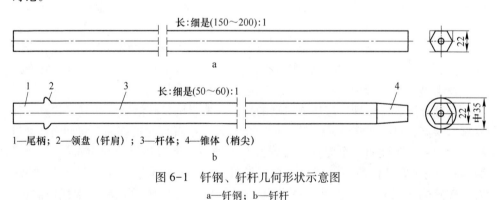

1—尾柄；2—领盘（钎肩）；3—杆体；4—锥体（梢尖）

图 6-1　钎钢、钎杆几何形状示意图

a—钎钢；b—钎杆

6.2　六角中空钢的制造

六角中空钢的规格，目前常用有 $B=22mm$、$B=25mm$ 两种，中心孔径 6mm。小钎杆的外形呈六角形的原因：第一点，与圆形相比，六角形的细长杆件刚性好，不易弯曲，小钎杆在服役时是悬臂梁受力状态，具有好的刚性非常重要。第二点，六角形与圆形相比，钎杆与岩石孔之间隙大，便于凿岩过程中随时排出岩石粉。排除岩石粉办法是中心孔通水，使岩石粉变成泥浆流走，减少工作场地粉层，维护矿工们身体健康，提高凿岩效率。

六角中空型钢的制造工艺比较复杂，条件要求很严，不是一般冶金厂都能生产的，只有钎钢专业厂生产的产品才能达到要求。半个世纪以来，围绕中空内孔成型方法，创造了多种生产工艺。经生产实践，普遍认为质量比较好，成本较合适的生产工艺，主要是两种[1~3]。图 6-2 所示的六角中空钢的横截面，a、b 两截面的差异就在于内孔，分别用铸管法和钻孔法工艺所生产。下面分别作简要介绍。

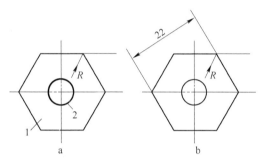

图 6-2　六角中空钢内孔材质差异
a—铸管法；b—钻孔法
1—55SiMnMo 钢基体；2—40MnMoV 钢内衬管

6.2.1　铸管法[4,5]

从图 6-2a 截面图可以看到，中心圆孔直径 6mm，其内表面有一层均匀、厚约 1mm、强度高的 40MnMoV 钢管，它是镶嵌在 55SiMnMo 钢母体里的薄壁管，俗称内衬管。由此可见，中空六角钎钢实为复合双层空心管，40MnMoV 钢内衬管是在浇铸钢锭前放进钢锭模中心并固定，然后再往钢锭模中注入钢液。

六角中空钢的内衬管外表面与母体黏结牢靠，因为 40MnMoV 钢的熔点比 55SiMnMo 钢稍高，当 55SiMnMo 钢液流进钢锭模时，40MnMoV 钢管外表面薄层处于熔融状态，两者相互粘连。但内衬管的内孔表面不能有丝毫的被熔化，否则这根钢锭就报废，因此浇注钢锭时要严格控制 55SiMnMo 钢液在入钢锭模时的温度，还要采取冷却内衬管的其他措施。在保证钢液足够流动性的前提下尽量低，但其结果是牺牲了钢材的质量，因钢液温度低，夹杂物不能上浮而冷冻在钢锭中。具有 40MnMoV 钢内衬管，55SiMnMo 钢的六角中空钎钢制造过程如下。

6.2.1.1　中空钢锭

首先要求炼钢炉出来的 55SiMnMo 钢液成分合格、清洁干净，然后成功浇铸成中空钢锭。"铸管法"就是指：将 40MnMoV 钢管与 55SiMnMo 钢液浇铸成一体，获得空心的钢锭。过去生产钎钢的工厂都是自己炼钢→中空钢锭→轧制→制钎杆一条龙的生产模式。目前也有一些冶金厂只生产中空钢锭，卖给具有轧钢能力的钎钢厂。从成本—利润的角度来说，制造成品钎的利润高，其次是轧制六角中空型钢，中空钢锭的成本高利润低，因此只生产中空钢锭的冶炼厂，其生产条件较差，对 55SiMnMo 钢成分、钢的纯净度都难以保证，特别是元素 Mo，因价贵，一般冶炼厂都将 Mo 降至偏低的程度，这对成品钎杆空冷正火热处理时贝氏体转变有明显的影响。因此，成品钎制造厂，对外购的六角中空型钢，首先要弄清中空钢锭是从哪里来的，加强钢的成分、纯净度等理化检验十分重要。

中空钢锭如图 6-3 所示，由 1 和 2 两部分组成，重约 130kg，在冶金工业生产中，这是一种很小的钢锭，不但生产效率低，而且钢锭的质量差（夹杂物多）。钢锭尺寸不能大的主要原因就是保证内衬管管壁不被"烧穿"，内表面不能有丝毫的熔化，大钢锭不易散热，内衬管易被烧穿，不能获得合格中空钢锭。即使小钢锭也还不能完全保证内衬管不被烧穿，因此还要有其他措施，如在钢液注入钢锭模之前，在钢锭模固定好 40MnMoV 内衬管后，再在内衬管的内孔放一根直径略小的普通碳钢棒，如图 6-3 中的符号 3，它可以帮助内衬管散热，等钢锭冷却脱模时抽掉钢棒 3。

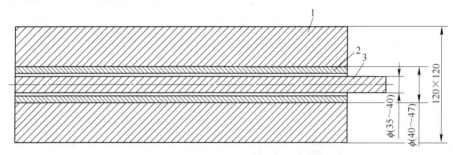

图 6-3　55SiMnMo 钢中空钢锭成形示意图

1—55SiMnMo 钢；2—40MnMoV 钢管；3—碳钢棒或高锰钢芯棒

（中空钢锭（1+2）约 130kg）

6.2.1.2　"实心"六角形型钢轧制

在轧钢加热之前，当抽掉散热普通碳钢棒 3 之后，随即另外放入一根相近但小于内孔尺寸的高锰钢（成分：0.70%~1.00%C+10%~13%Mn+0.31%~0.60%Si，简称 13Mn 钢）棒于钢锭中心，此时，图 6-3 示意图[5,6]的符号 3 就不是前面所说的帮助内衬管散热的普通碳钢棒，而是高锰钢棒，按图 6-3 示意组装好后，送入轧钢生产线。轧钢流程如图 6-4 所示[6,14]，钢锭经连续式加热炉，加热到 1150℃开始初轧，并先后[4]经菱形—扁平—椭圆—扁六角—正六角等不同孔型的轧辊多道次轧制，终轧温度约 900℃，最后达到外形正六角尺寸的要求，然后经辊道送上冷床，控制冷却速度。

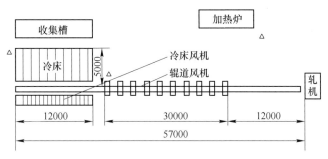

图 6-4 六角形型钢轧制流程示意图

（长度单位：mm；△：测温点）

轧钢时，要求 13%Mn 钢棒、40MnMoV 内衬管和 55SiMnMo 母体钢三部分的变形相互协调。并经冶金工程师的计算和实践，在终轧后，高锰钢芯全长 5~10m 的直径准确为 6mm，均匀的和母体（六角形）钢同等的长度。六角中空钢内衬管的外表与母体黏结必须牢靠，因此要求 40MnMoV 钢管的外表面与母体之间有薄薄一层互熔，一般是不会分离的，如果个别有分离，只能报废。

高 Mn 钢芯棒的熔点比 40MnMoV 熔点高，而且比 40MnMoV 钢内衬管直径小，在轧钢前当钢锭被加热到最高 1150℃时，高 Mn 钢和 40MnMoV 钢接触面积小，不会有明显粘连现象，局部接触区域原子间相互扩散层是有的。但终轧之后，两者相互间原子扩散层就不是局部区域，而是两表面有大面积相互扩散层。终轧（温度 900℃）成型之后，经冷床降温空冷至室温，于是获得外形六角实心长 5~10m 的复合体型材，如图 6-5a 和 b 所示。终轧后其金相组织是以 B_4 型贝氏体为主+部分块状复合结构，硬度在 HRC28~38。硬度受环境温度的影响，如在同一台冷床上空冷，夏天的硬度偏低，冬天的硬度偏高；当环境温度相同，冷床长者，六角实心复合体的硬度高，反之硬度低。经冷床最后到达堆冷（200~300℃），历时 3~4min[6]。型材在冷床上移动被冷却的过程，与前面所说的 55SiMnMo 钢的正火空冷过程相似。改变冷床的移动速度、冷床的温度和周围环境，可以控制实心的六角形钎钢正火冷却速度，使过冷奥氏体向合理的室温金相组织转变，并获得相应的硬度。

如严格控制冷床及相关参数，可将实心钎钢硬度控制在很狭的范围，这就是控制轧制，简称"控轧"，其成本比较高，也无必要（因为制钎过程中会破坏终轧经冷床后的金相组织状态，下面会讨论这个问题）。一般控制"实心"钎钢的硬度 HRC28~38，控制的硬度范围比较宽，但可达到工业标准。

经冷床后硬度在 HRC28~38 范围的金相组织：B_4 型无碳化物上贝氏体+块状复合结构。正如前面所讨论，HRC28（低硬度）所对应的金相组织[7,8,10]，B_4 型贝氏体体积分数达 90% 以上，块状复合结构体积分数只有 5%~10%；HRC38（高硬度）所对应的金相组织，B_4 型贝氏体体积分数只有 65%~70%；而块状复合结构达 30%~35%。终轧后经冷床（正火）的金相组织（和硬度）正是高寿命小钎杆所要求的。

经轧制后的六角型钢从截面看是"实心"的，如图 6-5 所示中心 3 是高锰钢芯，2 是 40MnMoV 内衬管，1 是 55SiMnMo 钢母体。

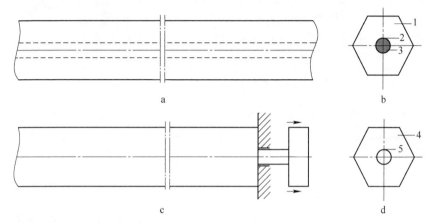

图 6-5　六角中空钢轧制—抽芯示意图

a—热轧后实心六角钢，长 5~10m；b—横截面；c—正在抽高锰钢芯；d—抽芯之后中空六角型钢
1，4—55SiMnMo 钢母体；2，5—40MnMoV 内衬管；3—13%Mn 钢芯

6.2.1.3　抽芯

将图 6-5b 所示的 13%Mn 钢芯 3 抽出来，俗称"抽芯"[4,5]。"抽芯"是利用高锰钢在常温下奥氏体金相组织，塑性好易变形、形变硬化率高的特点，从芯材头部开始局部变形（伸长、直径变细、不缩颈、强度增加），与 40MnMoV 钢内衬管内壁分离。抽芯一般以 4~5m/min 的速度，逐渐传递至尾部，最后将长 5~10m 的高锰芯材全部抽出来。抽出来的芯材直径小于 6mm，可用作建筑高强度水泥制品不锈钢筋。芯材被抽出之后的型材，就是所需的合格六角形中空钢，如图 6-5d 所示。芯材与内衬管内表面是经 1150℃高温轧合在一起的，两者之间有原子相互扩散层，将 5~10m、直径 6mm 芯材完好抽出来，又不要损伤 40MnMoV 衬管的内表面，这不是轻而易举的事，在钎钢专业生产厂才具有抽芯能力的装备。

在抽芯过程中，芯材突然断裂时有发生，但可重新抽；刮伤衬管内表面也是难免的，不过不易检查中空钢内表面的伤痕，只有当服役的钎杆失效之后，在失效分析时才发现有些钎杆过早断裂的起源是内表面伤痕。从矿山现场统计，钎杆内疲劳失效多于外疲劳，抽芯损伤了钎钢内表面也是重要原因之一。抽芯的成功率达 80%，就属于不错的了。如果一条长 5~10m 钎钢在抽芯时，发生多次芯材断裂，只能报废。抽芯失败的主要原因：钢锭的加热温度过高，或者在炉内高温区停留的时间过长，致使高锰芯棒与 40MnMoV 内衬管内表面（局部接触）原子相互扩散层厚度增大，发生深度的粘连。

6.2.2 钻孔法[4,5]

6.2.1 节所讲的"铸管法"，简单地说就是将一条内衬（钢）管浇铸在钢锭中心，使其成为一根中空钢锭；"钻孔法"，简而言之就是将钢水（液）浇铸成一个实心的钢锭，再用机械钻削方法将实心钢锭钻一个中心孔，而成为中空钢锭。

6.2.2.1 将实心钢锭变成中空圆坯

通常从炼钢炉出来的钢水（液）浇铸成实心的钢锭，重约 260kg 或更重的大钢锭（铸管法的中空钢锭只有 130kg），经锻造打成直径约 120mm、长约 1m 的实心圆坯（棒材），终锻温度约为 900℃，随即进入保温炉进行退火处理。再用深孔钻床将圆坯钻出中心孔（通孔），孔径约 34mm（相当于铸管法钢锭的中空直径）；如果实心钢锭超过 260kg，则可用开坯轧机轧成直径 120mm、长约 1m 的圆坯料数条。轧机开坯比锻打的直径和表面更规整，钻孔两端的同心度偏差更小。通常锻打的圆坯，在钻孔前还要将表面车削一层（扒皮）。

6.2.2.2 实心六角型钢轧制

同"铸管法"一样，钻孔之后放入高锰芯棒，送入与"铸管法"同一条轧钢生产线。

6.2.2.3 抽芯

抽芯也同于"铸管法"。

钻孔法和铸管法比较：钻孔法的最大优点是实心的大钢锭，钢水的温度高、冷却慢，有利于夹杂物上浮，净化钢的质量。实心的钢锭开坯后用机械钻孔获得中空钢坯，将钢锭心部难免的疏松、缩孔、气泡和夹杂物等缺陷除去，进一步提高了钢材质量。钻孔法的缺点：生产周期较长，另有 10% 的钢从钢锭心部被钻成废屑，或钢坯表面扒皮成废屑；还有在轧钢前的加热过程中内孔表面脱碳，钻孔法比铸管法严重，因 55SiMnMo 钢容易脱碳，而 40MnMoV 钢不易脱碳。图 6-6 是钻孔法内孔表面脱碳状况。铸管法的优点："内壁强化"，由于衬管是 40MnMoV 钢，淬透性好，在空冷正火条件下，硬度可达 HRC40~45，内孔强度高，有利于抗气泡腐蚀，减少内疲劳断裂，提高了小钎杆寿命。

目前，中国六角中空钎钢生产工艺，大多数都采用钻孔法和铸管法，且钻孔法的比例大于铸管法。

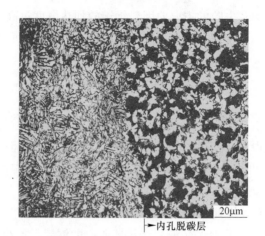

→内孔脱碳层

图 6-6　钻孔法内孔表面脱碳状况

6.3　六角中空小钎杆制造工艺路线的发展[15~17]

6.3.1　高质量的小钎杆制造难点

钎钢的外形是一条六角形尺寸均匀的中空型钢，没有工具服役的功能，不是工具，还要再制造才能成为钎杆。制造高质量的钎杆，首先要有好的钎钢，但有硬度和金相组织均一的高质量钎钢（特别是经控轧后高质量的钎钢），不一定能制造出高质量的钎杆。在制钎（热锻—挤成型）过程中，钎钢要经多处、多次局部加热，在加热区与不加热区有一过渡热影响区，其金相组织发生新的变化，在局部锻造变形区，内孔几何尺寸变化不规整，影响钎杆力学性能的均一性，降低钎杆服役寿命。

图 6-1b 所示是小钎杆的外形[3]，看似很简单，其实很难成型。如将钎尾柄部锻挤后小钎杆外形见图 6-7，从图来看，内孔形状和尺寸的变化，在热锻挤的过程中不容易达到规整的程度，因空心管在模锻过程中，内外变形不均匀，外表有模具的限制，内孔则是自由变形，因此钎肩 L_2 处内孔皱折问题突出。另一个问题是，局部锻挤需要局部加热，加热与不加热两部分过渡区的金相组织（B_4 型贝氏体回火）变化，问题难以避免，冶金缺口肯定存在；如果 L_2 处内孔 D_3 再出现皱折，成为冶金缺口和机械缺口重叠，那就会对钎杆服役寿命有严重的影响。

半个世纪以来，在国家有关部门支持下，大力推动产学研协同创新，各个钎杆专业制造厂不断努力实践，同时，钎钢钎具行业协会经常举行学术交流，现在小钎杆制造厂所生产的小钎杆，其钎尾质量达到很高水平。例如图 6-8 所示，照片显示钎尾内孔的几何形状和尺寸都很规整，尤其是钎肩处内孔 D_3，达到国家

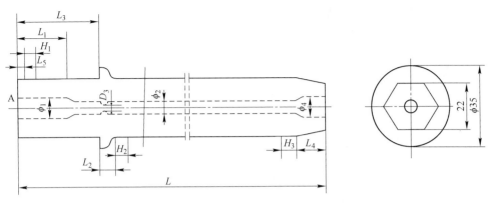

图 6-7　锻挤后小钎杆形状示意图

L—钎杆有效长度；L_1—水针孔深度；L_2—钎肩宽度（$\phi35mm$）；L_3—尾柄长度（108）；

L_4—锥体长度；L_5—钎尾淬硬长度；ϕ_1—水针孔直径；ϕ_2—杆体内孔直径；D_3—钎肩内孔（3mm）

国家标准表示 ϕD_3；ϕ_4—锥体内孔直径；H_1，H_2，H_3—局部加热过渡区；A—尾柄端面

标准[3]要求 $D_3=3mm$，变化的尺寸平滑过渡，无皱折，对提高凿岩服役寿命起了很大作用。

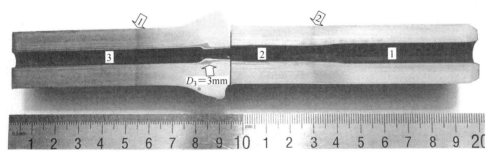

图 6-8　热锻后钎尾实物剖面（3%Nital 浸蚀）

1—尾柄；2—钎肩；3—杆体；箭头指加热过渡区

6.3.2　小钎杆制造工艺要点

　　高质量小钎杆制造工艺技术，有一个历史发展过程，其中有三个典型的工艺路线值得介绍和讨论。虽然有的工艺早已被淘汰，但仍被写进了本章，原因有二：一方面为了更好地认识、讨论 B_4 型贝氏体及回火特征和它对钎杆服役寿命的影响；另一方面，在钎钢钎杆行业仍有片面追求低成本，又缺少知识和技术，因陋就简采用老工艺老装备从事钎杆制造，如还有人收集已失效小钎杆，企图"修复"再用，但效果甚微，为此应该说明被淘汰的老工艺和装备为什么不能再用。

6.3.2.1　工艺路线 1[9]

先裁料，将 5~10m 长的六角中空型钢切成 1.8~2.2m 长条→局部加热一端，长度 140~150mm，温度 1120~1140℃→在模具里面锻挤钎肩（L_2），并将尾柄部的水针孔（L_1）从 φ6mm 扩大到 8mm→终锻温度 900~920℃，在空气中自然冷却到室温→掉头局部加热到 1120~1140℃，模锻钎梢（锥体 L_4），空气自然冷却到空温；钎梢也有不用热锻挤而用切削冷加工→再一次局部加热尾柄端部（L_5）长约 30mm，温度 870℃淬油→将淬油的一端局部回火，温度 250℃，硬度控制在 HRC50~55→表面喷丸→防腐处理（磷化挂蜡）。曾按此工艺路线制造的小钎杆，服役寿命可达 100m 以上，但很不稳定[9~11]。

6.3.2.2　工艺路线 2[4]

先裁料，将六角中空型钢切成 1.8~2.2m 长度→整条加热到 900℃→在冷床上空冷正火，加热方法如图 6-9 所示，夹住两端通低电压大电流交流电，除夹持两端，全长通过内阻加热，在冷床上空冷→局部加热一端，长度 140~150mm……相同于工艺路线 1。此工艺路线的特点是将钎钢先正火再制钎杆，其出发点，考虑不同批次的钎钢可能在不同季节生产，硬度和金相组织都有差异，影响钎杆服役寿命的稳定性。在制钎前，先进行一次均匀化的正火，保证每条钎杆在制钎以前金相组织的一致性。事实上，这个想法与实践，达不到预想的目的。它和"控轧"一样，能获得均匀一致金相组织和性能的半成品，但在随后的局部加热锻挤时，破坏了先正火均匀化的金相组织，换句话说，制钎前的正火和控轧是徒劳无益的。

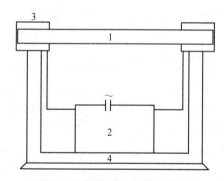

图 6-9　钎钢通电加热示意图
1—钎钢；2—低压大电流电源；3—夹具；4—支架

6.3.2.3　工艺路线 3[4,16]

用工艺路线 1 进行钎尾和钎梢（锥）的锻挤→在尾柄端部局部淬火之前，用加热炉将钎杆整体加热到 870℃，空冷正火→局部加热尾柄端部，长约 30mm，870℃淬油→局部 250℃回火，控制硬度 HRC50~55。这是目前小钎杆制造专业厂普遍采用的工艺路线，值得注意的是为降低成本，取消了喷丸和防腐工序，小钎杆的服役寿命仍达到200m/根以上，质量十分稳定，其原因有两个：钎尾的锻造技术提高了，内孔规则，如图6-8中D_3所示消除了机械缺口（如图6-11a中喇叭口被消除）；钎尾和钎梢（锥）锻挤完后，增加了整体正火热处理，消除了危害最大的H_1和H_2冶金缺口。

六角中空钎钢的生产十分复杂，技术含量很高，只有很专业的冶金厂才能做到，这种专业厂在我国为数不多，如贵阳、新抚、涟源等钢厂，他们所生产的六角中空钢和钎杆已积累了半个多世纪的技术和经验。

但是六角形小钎杆制造单位很多，这些单位可分为两类。一类是专业生产钎钢并制造小钎杆的冶金厂，从六角中空钎钢到小钎杆制造，一条龙生产出来的小钎杆简称成品钎。这些专业厂的成品钎制造工艺严格，使用的设备比较先进，有比较多并具丰富实践经验的工程技术人员在把关，所以成品钎的质量有保证。一条龙制造的成品钎价格比较高，1t成品钎杆的价钱是1t钎钢的2倍或更高，利润空间大。第二类是矿山或施工工地（如隧道工程工地）自行制造小钎杆，他们买回钎钢，在距坑口很近的地方加工制造，简称"坑口加工点"。很多"坑口加工点"主要凭经验，设备比较简陋，所制造的小钎杆质量无法保证。不久前"坑口加工点"的数量很多，矿山的规模不论大小，几乎都有"坑口加工点"，他们除了制造新钎杆外，还有一项任务就是"修复"已断裂失效的钎杆，目的是想废物利用，节约成本。但不管是制造的新钎杆还是"修复"的钎杆，其寿命都很低，在凿岩机上频繁换钎杆，影响凿岩效率，实际上得不偿失。在20世纪80年代以前，专业厂家一条龙制造的55SiMnMo钢成品钎质量也不高，使用寿命也不长，因此"坑口加工点"制造的小钎杆还能占有一席之地。随着钎尾锻造技术进步和对55SiMnMo钢空冷正火态的金相组织B_4型上贝氏体及其回火转变研究越来越深入，并有相应工艺的改进，如锻钎之后再来一次整体正火，小钎杆的凿岩寿命大幅度提高，坑口加工点没有必要再维持下去。各矿山都应买成品钎，当成品钎失效之后也不要修复，"修复"也是徒劳的，定期收集失效的废旧钎杆，送到冶金厂回炉。下面所讨论的问题将会涉及（解释）坑口加工点制造的55SiMnMo钢小钎杆质量水平低下的原因。

6.4　影响钎杆质量的几个关键问题[10~12,17]

6.4.1　缺口和缺口效应

金属构件（包括工具）常有两种缺口，第一种是"机械缺口"，由于机械构件几何形状或尺寸突然变化，或切削加工留下的毛刺、裂纹等缺陷，都属"机械缺口"。缺口效应，凡是受力的构件，在缺口局部区域的应力状态会发生变化，产生应力集中，导致构件早期失效。特别是受循环应力作用的构件，对机械缺口十分敏感。第二种是"冶金缺口"，在金属构件的局部区域有化学成分、金相组织的突然变化，导致力学性能的降低，这个变化了的局部区域叫冶金缺口。若构件受外力作用时，"缺口"区域与其他区域的变形就会不协同，影响应力状态的改变和应力集中，而成为断裂源。冶金缺口的产生与构件及材料的制造如冶炼、焊接、锻造、热处理等不良工艺有关。在小钎杆的钎尾、钎梢（锥体）制造过程中容易产生上述两种缺口，对小钎杆的质量有严重影响。

6.4.2　锻挤所产生的冶金缺口

6.4.2.1　锻挤钎尾时冶金缺口的成因

钎杆的钎尾和钎梢锻挤加工、尾柄端部淬火（+回火）都只能用局部加热，而局部加热难免不产生冶金缺口。局部加热区温度达 1120~1140℃，不加热区温度是室温，两者之间有过渡区，或叫热影响区，就是冶金缺口。如图 6-8 所示，钎尾柄部前后明显分为 1、2、3 段，第 3 段是六角型钢热轧空冷的原始状态；第 2、3 两段是为了锻挤钎肩，用感应快速局部加热（1120~1140℃），终锻温度约 920℃，空冷至室温的状态。箭头 1 和 2 指局部加热与不加热的过渡区，箭头 1 所指过渡区是为了锻挤钎肩局部加热所致，箭头 2 指的过渡区是为了扩大水针孔再一次局部加热所致。过渡区是总称，其温度从高变到低，其金相组织和力学性能也随温度而变化。过渡区值得讨论的温度范围是（1120~1140℃）~200℃，在这个范围可以观察到其金相组织和力学性能有明显变化；而在 200℃至室温范围，其金相组织变化不明显，不予讨论。只讨论金相组织随着温度变化的部分，可分以下几段：（1120~1140℃）~ A_{c_3}（785℃）段，其金相组织仍是 B_4 型贝氏体和块状复合结构的混合组织，与加热区的金相组织相近，但晶粒度粗大，B_4 型贝氏体组成相奥氏体的比例大；A_{c_3}~A_{c_1}（760℃）段，处于两相区，已奥氏体化的，在随后空冷中转变成 B_4 型贝氏体+块状复合结构，没有奥氏体化的区域，以铁素体为主；在 400~450℃段，主要是铁素体+碳化物，还会有很少量富碳奥氏体小岛；在 400~200℃段，其金相组织仍保留 B_4 型贝氏体和块状复合结构的形态，在 B_4 型贝氏体区无碳化物，在原来块状复合结构区碳化物有聚集长大。在图 6-8 上箭头所指黑暗区，实际上是 A_{c_1}~400℃温度范围转变的金相组织，因为有碳化物，并且在 500~700℃间碳化物有聚集长大，在 3%Nital 浸蚀下，显得特别暗，该处也是力学性能特别恶化的区域，力学性能变得不良是因为没有 B_4 型贝氏体组成相之一的富碳奥氏体，对机械缺口（裂纹）敏感度增加，脆断倾向性增加。热影响区（冶金缺口）金相组织的变化如图 6-10 所示。

6.4.2.2　锻挤钎梢时的冶金缺口

锻挤钎梢（钎梢也叫钎锥体或钎尖），钎梢是与 WC 硬质合金钎头连接的部分，与钎头的内锥孔相配合使用。

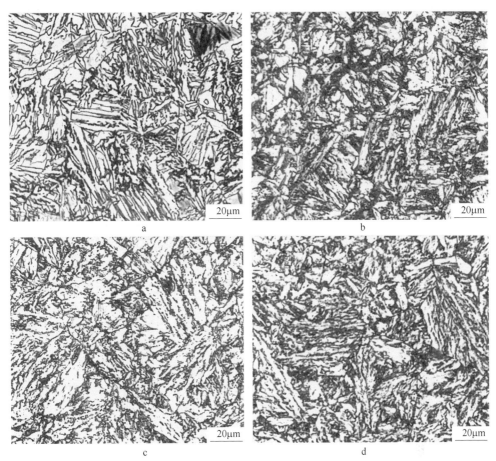

图 6-10　热影响区（冶金缺口）金相组织的变化（3％Nital 浸蚀）

a—在 A_{c_3}～1120℃ 区间 B_4 型贝氏体；b—在 A_{c_1}～A_{c_3} 两相区间 F+B_4；

c—在 500℃～A_{c_1} 以下区间粒状组织；d—400～500℃ 区间类似 B_2 型贝氏体

钎梢采用模锻，局部加热，成品钎厂用中频感应加热，坑口加工点都是用焦炭或煤块炉。锻钎梢和锻挤领盘之后一样，留下冶金缺口（如图 6-7 的 H_3 所示），成为钎杆强度和韧性降低的薄弱之处。

小钎杆在井下服役时，经常更换硬质合金钎头，钎头与钎梢是锥形紧密配合，在拆卸已失效的钎头时，矿工们为了省事，有合适的工具也不用，都是采用锤击，使劲敲打钎头，震松钎杆锥体与钎头锥孔之间的紧密连接，取下旧钎头换上新钎头。由于冶金缺口脆性大，所以敲断钎梢的例子常有发生。

有些成品钎制造厂改进工艺，将钎梢的模锻改为切削加工，避免冶金缺口，收到很好的效果。

局部加热虽避免不了冶金缺口，但其宽狭范围是可以控制的，力求控制在最狭的范围，最有效的办法采用快速加热。上述钎尾锻造的三种工艺路线，使用过两种加热方式，其效果不同。

（1）中频感应快速加热。现在钎杆专业生产厂都采用中频感应加热锻挤钎尾，将热影响区控制在很狭的范围，如图 6-8 所示的钎尾解剖面，热影响区（冶金缺口）很狭，效果很好。中频感应加热的优点：加热速度快，在几秒钟内就可达到锻挤的温度，快速加热还可减少表面脱碳-氧化；加热长度可精确控制，温度准确，重复性好。感应加热六角形截面，也有温度不均匀的问题，如棱角离感应圈近，比平行边的温度高，但问题不大，因棱角在轧钢过程中全脱碳，100% 的铁素体，对温度（过热）不敏感。

（2）焦炭炉（或油炉）加热。加热速度比较慢，冶金缺口比较宽，不容易控制温度，加热长度不一，重复性不好……钎杆专业厂早已淘汰这种加热方式。但相当长时间，甚至前不久，在"坑口加工点"还有人仍在使用。

6.4.2.3　冶金缺口的消除方法

采用工艺路线 3，在锻挤钎尾和钎梢（锥体）之后，将整条钎杆同时加热到 870℃，出炉空冷正火，此工艺路线很好地消除了锻挤的局部加热引起的冶金缺口。但最后还要进行尾柄端部局部加热，淬火和回火，又产生一个新的冶金缺口，无法消除，但危害不大，对钎杆质量不会造成严重影响。因为尾柄端部淬火，采用更快速的高频加热，温度也比较低，热影响区（冶金缺口）范围更狭小；更重要的是：钎尾柄部的服役条件没有那么苛刻，它只是在凿岩机的活塞套筒内做往复运动，端面主要受撞击力作用，不容易造成损伤。

6.4.3　小钎杆的机械缺口

6.4.3.1　机械缺口的普遍性

小钎杆的机械缺口比较多，因为它只是一条经热轧热锻粗加工而成的细长杆件，在六角型钢的轧制过程中就留下先天性的缺陷。如外表不均匀的氧化皮，抽芯时内孔表面有擦伤；锻造模具不均匀磨损和擦伤造成钎肩表面尺寸、形状不规整；在搬运过程中碰撞的刻痕……这些缺陷都具有机械缺口的特征。对外表面的一些缺陷，可通过喷丸（喷砂）得到改善。主要的问题是，内孔的机械缺口不容易检查发现，如轧钢成型之后抽高锰芯，拉伤内孔表面，既不容易检查，又不容易消除。又如锻挤钎尾过程中，钎肩的里外变形不均匀，造成内孔皱折、折叠，如图 6-7、图 6-8 所示的 D_3 内孔形状不规则，严重者如图 6-11a、b 所示的状况。早期的锻钎技术水平低，致使钎杆 D_3 内孔普遍存在机械缺口，在钎钢钎具行业叫它"喇叭口"，图 6-11a 是示意图，图 6-11b 是实物剖面图。"喇叭口"给钎杆带来致命的损伤。正如在图 5-3 所看到的，多数小钎杆内疲劳源自于钎肩 D_3 内孔的尖角，现在，各钎杆专业厂提高了锻钎技术，不产生"喇叭口"，正如

图6-8所示具有代表性钎杆的钎肩实物照片，内孔 D_3 很规则。也如前面所说，还不是所有小钎杆制造者们都弄清楚了先进的工艺和工艺装备（锻钎模具）原理和重要性。前几年，还有人在收集早期被淘汰锻造钎肩的模具，试图再用。

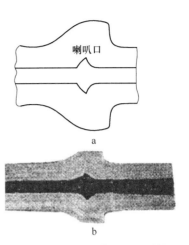

图6-11　钎肩内孔典型的机械缺口
a—示意图；b—实物图

6.4.3.2　锻挤时产生喇叭口及消除

关于内孔喇叭口（折叠）的起因和消除办法[13]，早在1976年，林法禹等人就有过深入的研究，他们的研究指出，中空六角钢就是一条厚壁管，在普通锻挤管材时，为保证内孔不出现皱折，必须是 $l/t<3$，l 为参加变形的长度，t 为管壁厚度；如果 $l/t=3$ 时，有两种可能：（1）当夹紧条件不良、管料端面不平、孔形不正，或冲头形状不合理时，在金属不均匀变形条件下，管料一定会发生弯曲，内孔避免不了有皱折；（2）当然也可能不出现皱折，或皱折不严重；为保证 $l/t>3$，要有新工艺、新装备，改进模具设计，否则就不会获得一条钎肩内孔合格的钎杆。

小钎杆钎肩的锻挤，根据钎肩尺寸要求，$l=40\text{mm}$，$t=8.25\text{mm}$，按当时普遍使用的工艺和模具，内孔避免不了皱折。皱折的形成过程如图6-12所示。

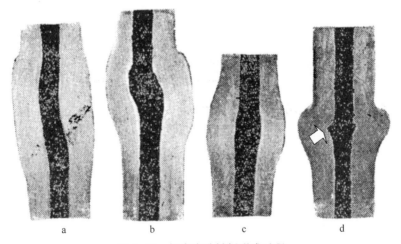

图6-12　钎肩内孔皱折形成过程
a—l 从40mm到34mm；b—l 从40mm到28mm；c—l 从40mm到12mm；d—l 从40mm到9mm

根据计算，将平行边22mm六角形截面的中空（内孔6mm）钢，锻挤成如图6-1所示的钎肩形状和尺寸。参加变形金属的长度 $l=40\text{mm}$。当从40mm长度锻挤到约 34mm 时，停机取出工件，解剖后截面形状如图 6-12a 所示，可看到内孔变大和弯曲现象；另一根钎钢，从 40mm 长度锻挤到 25~28mm 时，停机取出工件并解剖，其截面形状如图 6-12b 所示，钎肩处内孔增大到约 10mm，弯曲更明显，纵向的金属流线也明显弯曲。将第三根钎钢，从 40mm 长度锻挤到约 12mm 时，停机取出工件并解剖，其截面形状如图 6-12c 所示，内孔在弯曲地方有变直变小的趋势。内孔壁厚明显增加。将第四根钎钢，从 40mm 长度锻挤至约 9mm（这是成品钎所要求的尺寸）时，停机（自动停机，因已达到最终尺寸）解剖，其截面形状如图 6-12d 所示，内孔局部突然变小，而金属流线弯曲更加明显，从金属回流现象可见，最后可看到内孔尖角（皱折）特明显如箭头所指。

　　为了从根本上消除领盘内孔皱折（尖角），林法禹等指出：管状钢材在局部锻挤（镦粗）时，被锻挤粗部分的长度与壁厚之比大于 3 时，则必须在模具的型腔内集聚，以免纵向弯曲而产生皱折，一直集聚到 l/t 小于 3，才能最后成型，将原来只用一道工序变为两道工序，第一道工序是集聚，第二道工序则是成型。

　　当进行集聚时，加厚的管壁厚度不能超过 1.3~1.5 倍原来的管壁厚度，其关系式可表示为 $t_1 = (1.3~1.5)t$，$t_2 = (1.3~1.5)t_1$，式中，t 为原材料的管壁厚度；t_1 为第一道工序集聚后的管壁厚度；t_2 为第二道工序集聚后的管壁厚度。

　　通过对模具的设计改进，使工件在第一道工序集聚完成之后，长度控制在 $l_1 = 26.55$mm，$t_1 = 10.725$mm，$l_1/t = 2.5 < 3$；第一道工序后换模具，完成第二道工序使其成型。对改进工艺后制成的钎肩解剖，截面如图 6-13 所示，D_4 内孔的形状和尺寸都符合要求，金属流线比较规则无回流现象。

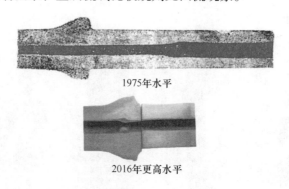

1975年水平

2016年更高水平

图 6-13　两道工序镦挤钎肩内孔形状规整

6.4.4　钎杆的热处理[15,16]

6.4.4.1　杆体正火

将钢制品加热到 A_{c_3} 温度以上，保温一定时间后，在空气中连续冷却，直到室温。在小钎杆制造过程中，有多次的正火热处理，如轧钢后整体空冷正火、锻造钎尾和钎梢（锥体）之后的局部空冷正火，工艺路线2和工艺路线3的整体空冷正火。最重要的是工艺路线3所说的正火热处理，只有这一道空冷正火工序才能消除锻钎时所留下的主要冶金缺口，保证了整条钎杆金相组织硬度的均一性，达到钎杆质量要求。

正火热处理需要控制空冷速度，以便达到所需要的硬度和金相组织。根据生产实践，大家公认为高寿命的小钎杆，其杆体（包括钎肩和钎梢）的硬度是HRC33~35；金相组织为70%~80%B_4型贝氏体+30%~20%块状复合结构。也有人认为合理的硬度是HRC35~38，块状复合结构的比例更多些。硬度低（B_4型贝氏体的比例更多些），钎杆容易弯曲；硬度高了，钎杆容易折断。硬度是由块状复合结构的比例所决定，比例越高，硬度越硬。值得注意的是B_4型贝氏体中富碳奥氏体的比例，受钢的成分、冷却速度和奥氏体化温度诸多因素的影响，在20%~35%范围变化，波动性比较大。空冷时，在贝氏体转变区，为了保证获得70%~80%B_4型贝氏体，冷却速度不能太快，当贝氏体转变完成之后，冷却速度不能太慢，避免B_4型贝氏体的自回火即两相的界面向奥氏体移动，使奥氏体的比例减少，工艺路线3整体正火热处理的加热炉，一般采用连续式作业隧道炉，钎杆横排，在冷床上空冷。

6.4.4.2 钎尾端部淬火+回火

淬火+回火热处理：如图6-7所示的（尾柄端部L_5）要淬硬，淬火长度约为30mm，回火后的硬度控制在HRC50~55。钎尾端部的作用是直接承受凿岩机活塞的高频打击，通过钎尾将高频（1800~2300次/min）冲击能传递给钎头（硬质合金），破碎岩石。要求钎尾既硬又有好的韧性，如果硬度太低，端面会发生塑性变形如卷边（批锋），俗称堆顶，妨碍钎尾在活塞套内自由往复运动；如果硬度太高，会发生钎尾端面A破裂（俗称炸顶）。图6-14是常见的堆顶和炸顶实物照片[12]。淬不硬的原因：淬火冷却速度不够，没有完全淬成马氏体；加热温度或保温时间不够，没有完全奥氏体化；回火温度太高。关于炸顶的原因，硬度过高，主要是回火不够（回火温度低或回火时间不够），此外，还有其他原因，如图6-14b所示，晶粒粗大，加热温度太高（过热或过烧）。

尾柄端部的堆顶或炸顶失效，都会影响凿岩效率，尤其是堆顶失效，钎杆尾部卡在凿岩机活塞套筒内，不容易取出，常常是将钎杆和活塞套筒一起取出来，更换新活塞套筒，需要花费很长时间。

淬火加热方法：一般采用高频快速局部加热。正如前面所说，局部加热也给钎杆留下一个冶金缺口（热影响区），因快速加热，热影响区范围很狭，而所处位置又是靠近尾柄端部。因此对钎杆的质量影响不大。

6.4.4.3 早期的钎尾端部淬火加热方法[9]

早期的淬火加热方法采用盐溶炉，本来早已被淘汰，在此还要讲它的原因：

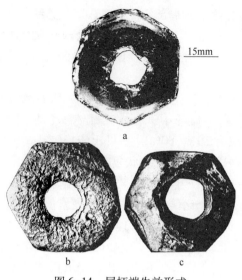

15mm

图 6-14　尾柄端失效形式

a—堆顶；b，c—炸顶

因 30 年前发现 B_4 型贝氏体在这种加热方式下有回火转变，"回火转变"这一现象具有很重要意义，值得再讲一下。空冷正火所获得无碳化物的 B_4 型贝氏体，当重新加热到 400℃ 左右时，转变为有碳化物的 B_2 型贝氏体。这一发现就是在尾柄端部约 30mm 淬火前的局部加热，用了盐液炉，造成钎肩或其前后都发生了 B_4 型贝氏体的回火转变，严重地影响了钎杆服役寿命。下面简要介绍盐液炉局部加热淬尾柄端为什么使钎肩处 B_4 型贝氏体金相组织发生回火转变。

　　早期小钎杆材料是碳 8 钢，杆体组织状态是片状珠光体，用盐液炉局部加热尾柄端部的方法如图 6-15 所示，在炉子上面放一块有多孔的钢板，钎尾尾柄穿过

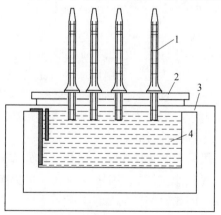

图 6-15　盐液炉局部加热钎尾示意图

1—小钎杆；2—多孔钢板；3—加热炉；4—盐液

钢板的孔，将要求淬火的端部浸入盐液中，钎肩尺寸大过钢板的孔，钎肩是支撑面。盐浴的辐射热使钢板的温度很高（400℃以上），热传递给钎肩对片状珠光体是可行的，不会有影响。当处理 55SiMnMo 钢小钎杆时，用了同一种方法就不可行。结果钎杆平均寿命很短，都是在钎肩处失效。经研究，证实是钎肩处发生了 B_4 型贝氏体转变为 B_2 型贝氏体，由于组成 B_4 型贝氏体的奥氏体相消失了，材料对缺口敏感，脆断倾向性增加。当时由于锻钎技术原因，钎肩内孔机械缺口问题也十分严重，机械缺口和冶金缺口重叠在一处而致命。

在完成钎尾端淬火+回火后，钎杆的制造过程就算完成了，成品钎专业制造厂的钎杆可作为商品走向市场。从目前的情况来看凿岩寿命一般都可达 150～200m/根，或更高水平，国际王牌瑞典的钎杆水平也不过如此。而"坑口加工点"制造的小钎杆，都是自制自用的，对质量控制就不那么严格了。

为了使小钎杆质量进一步提高，成品钎专业制造厂曾有过锦上添花的工艺措施，增加表面喷丸和防腐处理，有显著的成效。但是 55SiMnMo 钢小钎杆产能严重过剩，市场竞争激烈，降低成本成为各厂家不得不考虑的问题；另外，使用钎杆的单位，由于钎杆便宜，即使多消耗几条钎杆（寿命短一点）对其效益的影响也不重要。在市场上，谁的便宜就买谁的，便宜者就占有市场的现象相当普遍。基于上述原因，现在各厂家都取消了表面强化喷丸和防腐处理工艺。本书作者认为，对高质量小钎杆的要求，不能不强调喷丸和防腐处理。

6.5 小钎杆的表面喷丸强化[4,5]

喷丸是指将细小的钢球以一定的速度抛向金属机件，在机件表面被撞击出很多小凹坑，用这种方法提高金属机件表面强度是一种古老的技术，不同的金属材料，喷丸效果不一样，例如奥氏体钢或经热处理后残余奥氏体比较多的金属机件，喷丸处理后可大幅度提高表面强度，显著地改变表面应力状态和表面质量。

6.5.1 喷丸改变表面应力状态

细长的小钎杆在服役时避免不了弯曲，在弯曲最大区域，表面处于拉应力状态（如图 6-16a 所示），当表面有缺陷（如夹杂物或微小的机械缺口），或拉应力反复循环作用时，就会产生疲劳裂纹源。大多数钎杆都因弯曲循环应力作用导致疲劳断裂，裂纹源及其扩展取决于表面局部拉应力状态，拉应力状态越硬、越大，产生疲劳源概率越高，疲劳裂纹扩展速率越快。喷丸后，使小钎杆表面产生压应力，以平衡或部分抵消因弯曲产生的拉应力作用，延迟疲劳裂纹的形成。从钎杆表面向心部方向，因喷丸所形成的应力状态，如图 6-16b[5] 所示，表面的压应力最大，往心部方向，压应力逐渐减小，距表面 0.2mm，压应力消失，恢复到拉压力状态。

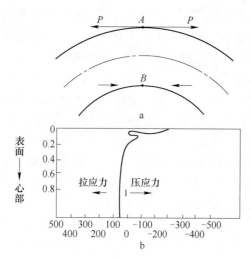

图 6-16　喷丸改变表面应力状态
a—杆件受弯表面 A 点受拉应力作用；b—喷丸使表面受压应力作用

6.5.2　喷丸消除或减少钎杆表面缺陷

　　六角形的小钎杆，经热轧和热锻（挤）后，其表面很粗糙，大量的氧化皮、皱折、凹坑（碰伤所致）普遍存在，还有脱碳层（六个棱边全脱碳）。这些缺陷对钎杆抗疲劳性能有影响。通过喷丸将氧化皮和皱折全部除去干净，尤其使脱碳层得到强化。全脱碳层的金相组织是全铁素体，部分脱碳层虽有部分珠光体，还有少量 B_4 型贝氏体，其强度都很低，经喷丸之后，表面硬度可增加 HRC3~5 个单位。再次强调，喷丸对提高 55SiMnMo 钢表面强度十分重要，效果显著，因含 Si 量高的钢，在热加工时脱碳严重，只有通过表面强化手段才能改善强度。关于喷丸工艺技术，有很多专著，在此只作了简要介绍和讨论。

6.6　防腐处理（磷化—挂蜡）[4,5]

　　在小钎杆表面（包括外表面和内孔表面）加一层涂层，增加抗腐蚀能力，简称防腐处理。在工业生产中，防腐蚀涂层工艺比较多，除磷化—挂蜡外，还有高压静电喷涂处理、自泳漆处理、发蓝（或发黑）处理等。在此，只简要介绍一下磷化—挂蜡，类似瑞典小钎杆的"SR"防腐涂层[5]。

　　钢制零件表面磷化涂层也是很古老的一种技术，在金属热处理行业属化学热处理的一种工艺。一般用于钢制零件表面防锈和减磨。磷化涂层的厚度一般为 $20~30\mu m$，它的相结构比较复杂，它是由 Fe、Mn 的磷酸氢盐和正磷酸盐组成，有三个特性：高硬度（但也脆）、多孔蜂窝状结构、与基体的结合力很强。高硬度有利于内孔抗气泡腐蚀；多孔蜂窝状有利于储存润滑油，对于相互接触并运动的机件有利于减磨。只有磷化层不利于抗气泡腐蚀，因内孔中有矿水在高速流动，所产生的气泡容易在蜂窝状的孔（或叫粗糙的表面）聚集，因此，在钎杆内孔只有磷化层不行，还要封堵孔洞，减少气泡的藏身之处，办法是磷化层必须挂蜡。

将熔融的蜡充填到磷化层孔洞中，简称"挂蜡"，根据生产实践，蜡的最佳配比：70%地蜡+26%松香+4%蒙旦蜡，加热到90～120℃，将已磷化并清洗干净的小钎杆浸入蜡槽约20min。为了使挂蜡均匀，从蜡槽中出来之后的钎杆，还要经烘烤。经磷化挂蜡的钎杆表面美观，但其工艺过程所花费的时间比较长，是制钎工艺中比较复杂的一道工序，显著增加成本。磷化—挂蜡涂层对钎杆外表面，只是增加美观性，对提高钎杆寿命的贡献不大，因硬脆涂层不能受弯曲力作用，外表面弯曲力最大，但对内孔很重要，抗气泡腐蚀，延迟疲劳裂纹的产生。对内孔来说，一旦疲劳裂纹形成之后，也就失去了作用。

参 考 文 献

[1] 黎炳雄. 我国中空钢及钎钢生产的发展过程中大事记 [C]. 第十八届全国钎钢钎具年会论文集，2016.11（株洲）：22.

[2] 黎炳雄，赵长有，肖上工，等. 钎具用钢手册 [M]. 贵阳钎钢研究所情报室，2000.

[3] 中华人民共和国国家质量监督检验检疫总局，中国国家标准化管理委员会. GB/T 6481—2002 凿岩用锥体连接中空六角形钎杆 [S]. 2015 年修订稿.

[4] 钎钢编写组. 钎钢 [M]. 北京：冶金工业出版社，1980.

[5] 洪达灵，顾太和，徐曙光，等. 钎钢与钎具 [M]. 北京：冶金工业出版社，2000.

[6] 刘展各，等. 55SiMnMo 六角中空钢轧后控制冷却设施及工艺试验 [C]. 第四届钎钢技术经验交流会论文集，1986：107.

[7] 刘正义，黄振宗，林鼎文. 55SiMnMo 钢的上贝氏体形态 [J]. 金属学报，1981，17（2）：148.

[8] 刘正义，林鼎文. 55SiMnMo 钢正火态的硬度与金相组织 [C]. 2010 年全国钎钢钎具年会论文集，2010.10（乐清）：85.

[9] 冶金部钻杆超国际水平突击队. 钻具试验总结（内部资料），1969，10：79.

[10] 钎钢协作组（刘正义、林鼎文主笔）. 金相组织对钎杆使用寿命的影响 [J]. 新钢技术情报，1975，1：1.

[11] 钎钢协作组（刘正义、林鼎文主笔）. 影响 55SiMnMo 钢小钎杆使用寿命的几个因素 [J]. 广东工学院学报（在"文革"中原华南工学院改名），1977，5（1）：1.

[12] 钎钢协作组（新抚钢厂、贵阳钢厂、华南工学院、钢铁研究院）. 中空钢生产的五种冶轧工艺对比试验总结（内部资料），1975.

[13] 北京钢铁学院，新抚钢厂钎钢车间，贵阳钢铁厂，广东工学院（在"文革"中原华南工学院改名）锻压教研组（林法禹主笔）. 22 毫米六角钎杆领盘锻造工艺试验小结 [J]. 新钢技术情报，1977，1：12.

[14] 董鑫业，徐曙光. 钎钢轧后控冷工艺的研究 [C]. 第四届钎钢技术经验交流会论文集，

1986：5.

［15］钎钢协作组（新抚钢厂，华南工学院，冶金部钢铁研究院）. 55SiMnMo 钢制 22 毫米六角小钎杆生产工艺探讨［J］. 新金属材料，1976，2：24.

［16］黎炳雄. 钎杆热处理工艺的选择［C］. 第十四届全国钎钢钎具年会论文集，2008. 10：135.

［17］张国桦，刘荣湘，陈泓. 凿岩钎具的设计、制造和选用［M］. 长沙：湖南科学技术出版社，1988.

7 超硬摩擦马氏体（55SiMnMo 钢摩擦磨损行为）

7.1 引言

在运转中的机械零件，只要有摩擦就有磨损。小钎杆在服役过程中有严重的磨损，如凿岩寿命超 100m 的六角形小钎杆，被磨损成圆形，如图 7-1 所示。比较长寿命的小钎杆，经 2~3h 服役凿岩就会发生疲劳断裂，而外形也被磨损成图 7-1b 的形状[2]，从时间上来说，磨损速度还是比较快的。小钎杆被磨损的形式，外表面属磨料磨损，泥浆冲刷为主，内孔以气泡腐蚀磨损为主。凿岩服役的钎杆由钎头和杆体两部分组成，钎头比钎杆杆体尺寸大，因此凿成的岩石孔比钎杆杆体尺寸大，钎杆与岩石孔并没有接触，但杆体仍被严重磨损，其原因：硬质合金钎头将岩石凿成细粉，而岩粉排出岩石孔外的办法是用约 30MPa 压力的水灌进去，细粉变成泥浆快速冲出孔外，于是 55SiMnMo 钢钎杆杆体受到泥浆冲刷磨损，使小钎杆外形尺寸变小，但金相组织无变化。

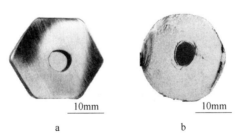

图 7-1 小钎杆磨损对比

a—凿岩前钎杆横截面形状；b—凿岩寿命 200m 以上钎杆截面形状变圆

在工程上，很多金属零件相互之间是在干或边界条件下发生的摩擦，使金属零件不仅仅是尺寸变小，而且表面的金相组织也发生变化如产生白层。产生白层的例子比较多见[1,3,4]，例如铁路的导轨表面、矿山大型铲车的铲斗表面……又如最近贵阳特钢公司唐文龙等[5]，观察到 23CrNi3Mo 钢渗碳连接钎杆失效后，在螺纹处表面有特厚的白层，如图 7-2 所示。

7.1.1 白层的特征[1,3,6~9]

在垂直摩擦面的横截面磨制金相样品，用普通金相组织浸蚀液，如 3%~4%

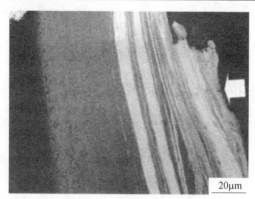

图 7-2　失效连接钎杆螺纹处摩擦白亮层
（如箭头所指，厚 600μm，HV710.5）

Nital（低浓度硝酸酒精混合液），浸蚀 3~5s，在普通金相显微镜下，可清楚地显示基体的金相组织特征，而表层抗浸蚀能力很强，金相组织没有被浸蚀出来，并具有很强的反光能力，反映在黑白金相照片上，可见白亮层，简称白层，或叫"摩擦白层"。

　　除了因摩擦产生白层外，还有其他原因也会在金属表面产生白层，如电火花加工（线切割）、激光表面热处理等。钢铁材料热处理，一般是淬火马氏体的硬度最高（HV600~700），所有白层都具有高硬度特征，并高于淬火马氏体的硬度（白层的硬度在 HV700~900）。例如唐文龙等所说的连接钎杆螺纹表面的白层硬度达 HV710.5；线切割 Cr12MoV 模具钢表面白层的硬度是 HV800~900；又如在本章书将要讨论的 55SiMnMo 钢与 45 号碳钢相互摩擦后，45 号碳钢表面的白层硬度是 HV880 等。但有摩擦白层是超硬的，如 55SiMnMo 钢与 45 号钢碳钢相互摩擦，在相同摩擦条件下，45 号碳钢的白层硬度是 HV880，而 55SiMnMo 钢的白层达到或超过 HV1500。本章所讨论的问题，就是关于超硬白层的特征及相关内容。

7.1.2　白层的本质

　　关于摩擦白层的产生过程和本质问题，在学术界曾有过较详细的研究和讨论，主要论点[3]：（1）摩擦白层是因摩擦热和相变热，在特殊冷却条件下，使金属表面发生了两次相变而成的；（2）白层是金属与介质、润滑剂反应的产物，产物的本质是什么，没有明确的结论；（3）白层是以马氏体或以马氏体为主的组织；（4）白层是马氏体-奥氏体（弹性共格存在）的两相组织；（5）白层是转移层，非晶态组织。

　　较详细的研究，有前苏联的科学家们进行过，他们是第 3 种观点的代表者，认为"白层"的组织结构是细小的，以致在光学显微镜下不能分辨，在透射电镜下看到位错密度很高、亚结构的边界排列很整齐的一种结构，是马氏体-奥氏体弹性共格存在的两相组织。

刘正义和符坚在 20 世纪 80 年代,对 55SiMnMo 钢的摩擦白层进行研究[4,9],在前人工作的基础上证明"白层"的本质,约 94% 是纳米级超细晶马氏体[1,6~8],约 6% 是纳米级超细晶奥氏体,和苏联学者们观点一致,因它是在特殊摩擦条件情况下形成的,故称它"摩擦马氏体"。下面介绍和讨论摩擦马氏体的获得及其本质。在本章许多地方,一讲白层就说它是摩擦马氏体,不说它还有少量奥氏体,这是将问题简化而说的。

由小钎杆服役条件所决定,其表面不会产生白层,实践中,不管那个牌号钢材制成的小钎杆,从未发现有白层的问题。连接钎杆与小钎杆服役条件相似,但贵阳特钢公司的唐文龙等看到 23CrNi3Mo 钢渗碳连接钎杆服役失效后,螺纹表面有特厚的白层[5],这与钎杆的结构有关,小钎杆是单支钎使用,凿比较浅的孔(约 1.5m 深);连接钎杆是组合结构,由多支两端带螺纹的钎杆用连接套连成整体而使用,凿比较深的孔,在连接套内螺纹与钎杆两端外螺纹之间摩擦容易产生白层。不管哪一种钎杆,想模拟服役条件检测其摩擦磨损行为,都难以实现。只能根据实验室现有设备条件测试 55SiMnMo 钢摩擦磨损特性,意外地获得 55SiMnMo 钢摩擦表面独特的白层,它具有三大特征:硬度极高,耐腐蚀性特强,抗回火性(高温加热软化的程度)超好[8,9]。

7.2 摩擦磨损试验

7.2.1 试验机及其装置[1,9]

MM-1000 型平面滑动摩擦试验机如图 7-3 所示,试验机采用无级调速度、高压氮气加载(钢瓶装高压氮气,通过压力表指示加载大小)。对磨件不转动,只是试样旋转。为冷却试样,在试样下方置一油槽,同时在试样上松套一金属或非金属链条,当试样旋转时,链条将冷却剂带到试样上来。在没有开机之前,试样的外圆与冷却剂接触,当开机之后,由于试样高速旋转,冷却剂与试样的接触

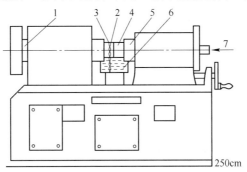

图 7-3 试验装置示意图

1—主轴;2—链条;3—试样;4—对磨件;5—夹具;6—冷却剂;7—氮气进口

减少，主要是靠金属链条将少量冷却剂带到试样上。

7.2.2　试样

材料用 55SiMnMo 钢正火态金相组织，它是 B_4 型无碳化物上贝氏体（铁素体+25%～30%富碳奥氏体）+10%～15%的块状复合结构，硬度 HRC30～31。

摩擦副（对磨件）材料是 45 号碳钢，用高频感应加热端面淬火+200℃回火处理，金相组织是回火马氏体，HRC57～58。

试样尺寸：外径 28mm，内径 20mm，厚度 16mm 圆环形样品，对磨件的几何尺寸与试样相同。端面经磨床，达到表面粗糙度 $R_a3.2\mu m$（光洁度▽6）。

7.2.3　摩擦试验参数

先使试样与对磨件接触，施加 98×10^4Pa 的力，转速为 1000～1100r/min，对磨 24min，使 80%摩擦面磨合，再加力达 147×10^4Pa，转速增到 2000～2100r/min，20min 后急停机。

关于冷却条件，没有开机（试样不转动）前，试样和对磨件轻接触时，试样和对磨件的外圆与油槽中变压器油接触，油面略高于试样外圆最低点，当样品与对磨件高速旋转时，冷却油或水与试样接触少，对试样的冷却效果很有限，一旦停机，由于惯性，试样继续转动，但速度从高降低，冷却效果急剧增加，但冷却液不能直接进入摩擦面，摩擦面的冷却是靠试样自身的热传导。金属自身是连续介质，传热速度快，因此表面淬硬效果大不一样。一般钢铁材料热处理淬硬时，因液体（油、水）淬火介质都有蒸气影响冷却速度，淬硬效果有限，前面提到的激光表面加热、矿山机械铲斗表面摩擦发热、接杆钎螺纹表面摩擦发热等，使表面产生白层，都是因金属基体吸热，自身传导而高速淬火所致。激光加热或摩擦表面温度虽高但厚度薄，热容量很小，容易被常温的基体快速吸收而淬火，这是所有白层产生的共同条件之一。

7.3　摩擦白层的特性

7.3.1　宏观（目视）特征[1,9]

试样的摩擦表面很光亮（强烈的反光），如图 7-4a 所示，摩擦表面硬度极高，用 48g（0.47N）的力测试显微硬度≥1500HV。而对磨件 45 号钢的摩擦表面稍暗（也有白层），但硬度比较低，只有 HV880。

将经过摩擦的试样，垂直摩擦面切开，切口的"白层"因"崩裂"成尖角，带有尖角的白层可刻画玻璃，在玻璃上的刻痕深度可达 0.1mm，一般反复刻画两次后的"白层"尖角钝化，不能再刻画玻璃了。

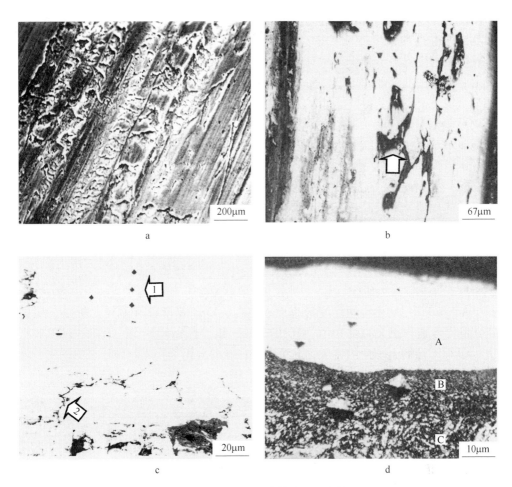

图 7-4   55SiMnMo 钢摩擦白层形貌特征

a—摩擦表面，已磨合面（80% 以上）光亮，未磨合面（20%）深暗，SEM；

b—光亮的摩擦面，局部区域白层已脱落，如箭头所指，SEM；

c—光亮的摩擦表面硬度极高，HM≥1500HV，0.47N 压力显微硬度压痕如箭头 1 所指，

箭头 2 指白层表面裂纹；d—垂直图 a 摩擦面剖开的截面，金相组织特征，4%Nital

7.3.2   金相组织特征

将切开的面磨制成金相样品，白层厚度方向的金相组织明显分为四层，如图 7-4d 所示[1,9]，这是 55SiMnMo 典型摩擦白层金相组织形貌，第一层（A）是摩擦白层，硬度高于 HV1500；第二层（B）是形变马氏体的回火组织，硬度约为 HV935；第三层（C）是过渡层，硬度约为 HV438；第四层（D）是基体（B_4 型贝氏体 + 10% ~ 15% 块状复合结构）。A 层的厚度不均匀（月牙形），最厚达

55μm，最薄处只有 15μm。从摩擦层表面到试样心部的硬度变化如图 7-5 所示，硬度的变化与金相组织相对应。用普通金相浸蚀剂（4%Nital），在普通金相显微镜下，不能获得白层（A 层）组织的更多信息，但 B 层和相邻的 C 层都能显示其金相组织细节，如图 7-6 所示。B 层是塑性流变很强的回火马氏体，比一般无形变的淬火（后回火）马氏体的硬度高；C 层是 B_4 型贝氏体在高温下的回火组织（铁素体+碳化

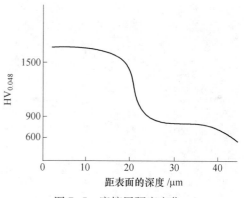

图 7-5　摩擦层硬度变化

物）和部分马氏体，相对 A、B 两层，在摩擦过程中，温度比较低，处于三相状态（铁素体+碳化物+奥氏体），在冷却过程中，奥氏体转变成马氏体，因此 C 层的硬度比摩擦前原始组织（B_4 型贝氏体+块状复合结构）的硬度（HRC30~31）高。A、B、C 三层由于塑性变形程度、温度、冷却速度各有差异，所以三层的组织和硬度差异很大。对 B、C 两层的金相组织已经很清楚了，不需作过多的研究，但对 A 层的金相组织特征，需用一些特殊的分析方法才能揭开它的秘密，才能探求它的本质。

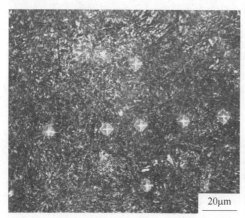

a

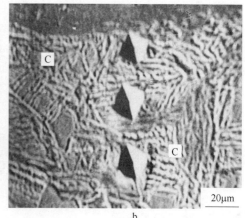

b

图 7-6　B、C 层金相组织变化

a—B 层金相组织，回火马氏体，4%Nital；b—C 层金相组织，B_4 型贝氏体的回火组织+马氏体，4%Nital

7.3.3　摩擦白层（纳米级超细晶马氏体）性能上的三大特点[1,8,9]

7.3.3.1　硬度极高

表面硬度大于 HV1500，在本文后面将要证实这么高的硬度是因为纳米级的

晶粒，晶界强化和马氏体晶格歪扭强化叠加的结果，硬度值超出了硬度计金刚石四棱锥压头允许的测量范围。严格地说，这样高的硬度容易损坏金刚石压头，不宜频繁使用显微硬度计测量"超硬摩擦白层"的硬度。

7.3.3.2　抗腐蚀性特强

钢铁材料只要是单相的组织，都有一定的抗腐蚀性，如奥氏体、铁素体、淬火马氏体等，这些单相的金相组织用低浓度 3%～4%Nital 浸蚀都不能显示真面目，要用特殊的浸蚀剂如混合酸（王水）浸蚀奥氏体才有效，由多相组成的金相组织如回火马氏体（铁素体+细小碳化物）容易被 3%～4%Nital 浸蚀。因金相组织的两个组成相分别代表正、负极组成的电池，浸蚀剂相当于导线将两极连接成回路，电池效应使金相组织被显露，而单相组织形成不了电池效应，表现出抗腐蚀性强。

钢铁材料的淬火马氏体抗腐蚀性比较强，微晶材料的抗腐蚀性远超过淬火马氏体，而纳米级超细晶摩擦马氏体的抗腐蚀性又超过微晶材料。将 55SiMnMo 钢摩擦表面已产生的约 30μm 厚度的白层，用线割成 0.2mm 厚的薄片（包括约 30μm 白层+170μm 基体），放入王水或氢氟酸+双氧水中浸泡 25min，基体全被溶解，剩约 30μm 厚的白层，依然光亮，如图 7-7 所示[8]。从照片看白层碎裂，原因可能是在摩擦过程中白层还没有剥落之前已有裂纹，如图 7-4c 箭头 2 所指，另一方面也可能因内应力突然被释放所致。

400μm

图 7-7　从基体上分离下来的摩擦白层

白层特强的抗腐蚀性与能量的关系：由于晶粒非常细小，晶粒内部和晶界结构趋向一致，两者间的自由能也趋于零，电极电位趋于零，所以表现出特强的抗腐蚀性能。

7.3.3.3　抗回火性超好

钢铁材料淬火，可从金相组织和硬度变化两方面来表征淬火马氏体的抗回火性，同样也可用这两方面来表征摩擦白层的抗回火性。经分析，可断定"摩擦白层"是超细马氏体，马氏体是碳在 α–Fe 中的过饱和固溶体，回火时一定有新相析出。碳钢淬火马氏体在 100~200℃回火，立即发生回火转变，从过饱和的 α–Fe 固溶体中析出碳化物，由于析出弥散的 Fe_2C 或 Fe_3C，回火初期的硬度略有增加，回火温度进一步增加，硬度会显著地降低，如图 7-8a 所示；硬度变化的规律反映了金相组织的变化。

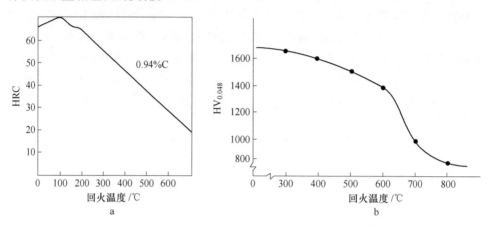

图 7-8 55SiMnMo 钢摩擦白层与碳钢淬火马氏体抗火性比较

a—碳钢淬火马氏体回火温度-硬度变化；b—55SiMnMo 钢摩擦超细晶马氏体回火温度-硬度变化

55SiMnMo 钢摩擦马氏体也有回火转变，但有其独特之处，抗回火性超好，回火温度、硬度的关系如图 7-8b 所示[1,9]。摩擦白层的回火，在 300~800℃范围内回火，从 300℃开始，每升高 100℃，相应的硬度分别是 HV1680、HV1600、HV1500、HV1400、HV1000、HV800，硬度随回火温度的升高而下降，在 500℃以下，下降幅度比较小；在 650~700℃范围回火，下降趋势明显，出现突变点，但硬度仍然很高（HV800），相当高碳钢淬火马氏体的硬度，高碳钢淬火马氏体在这个温度回火的硬度只有约 HV200 了。所以说 55SiMnMo 摩擦白层抗回火性超好。经 300~500℃回火后试样的摩擦面仍然明亮不改色。金相组织的变化：在 700℃以下回火，只是硬度有所下降，但光学显微镜下的金相组织看不出变化，直到 700℃回火后，有弥散的小黑点（析出物）；在 800℃回火后，弥散的黑点增多且聚集长大，"白层"消失而变为"黑层"，过渡层和基体是另一种变化，又都转变为淬火马氏体+少量下贝氏体，如图 7-9 所示。这是由回火温度超过 55SiMnMo 钢 A_{c_3}（785℃）点，重新奥氏体化，在随后的冷却中淬火所致。经 800℃回火后，"白层"的硬度低于淬火马氏体，"黑层"可能是完全回火的组织，在 800℃回火时，B 和 C 层都转变成淬火组织，而 A 层（白层）为什么不转变成淬火组织？因为摩擦白层强烈塑性变形，使 A_{c_1} 和 A_{c_3} 点都提高了，A_{c_3} 点超过 800℃，所以 800℃回火温度还不能使白层重新奥氏体化，也就淬不上火，只是处于完全回火状态（黑层）。

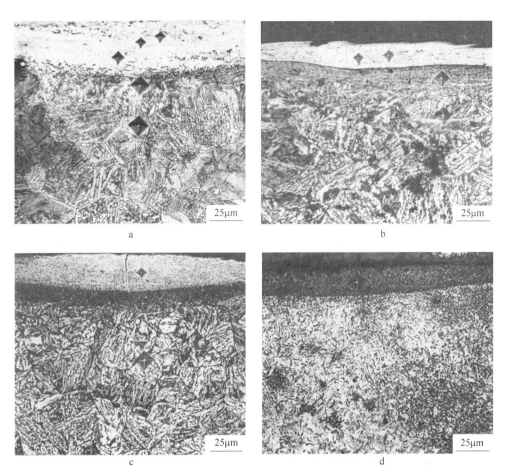

图 7-9　55SiMnMo 钢摩擦白层组织回火转变

a—300℃回火，A、B、C 三层的金相组织与回火前相比都无明显的变化，4%Nital；

b—500℃回火，A 层有少量黑点出现，B 层显示回火索氏体特征，4%Nital；

c—700℃回火，A、B、C 三层都是回火状态组织，4%Nital，400×；

d—800℃回火，A 层属完全回火状态组织，B、C 层属淬火状态组织，4%Nital

　　以上所显示的 55SiMnMo 钢摩擦白层特征，只是一些表面现象，以下将讨论其本质上的特征，研究其晶体结构和相组成。

7.4　摩擦白层的相结构分析[2,10,11]

7.4.1　X 射线分析

　　X 射线衍射分析白层的相结构组成，使用 Fe 靶（$\lambda = 0.1936\text{nm}$）进行 X 射线衍射结果如图 7-10 所示。图 7-10a 是 55SiMnMo 钢试样在摩擦前的金相组织衍射的结果，根据衍射峰值计算，金相组织由 $\alpha + \gamma$ 两个相组成，γ 相占 28%，α

相占 72%（包括 B_4 型贝氏体中组成相之一的铁素体、块状复合结构中马氏体相），硬度约 HV400）。图 7-10b 是经摩擦后的白层 X 射线衍射峰值，计算结果表明，金相组织也是由 α+γ 两相组成，但 γ 相只占 6%，是摩擦前 γ 相的 $\frac{1}{4}$~$\frac{1}{5}$。94% 是 α 相，根据高硬度超过 HV1500 判断，α 相不可能是铁素体，只能是马氏体。由此（X 射线衍射）判定白层是马氏体+少量奥氏体。

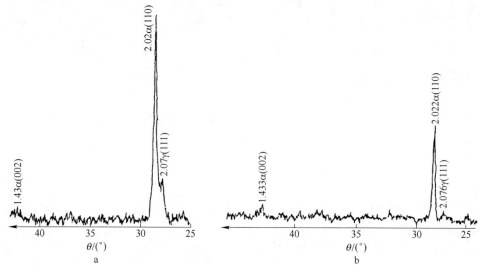

图 7-10　55SiMnMo 钢摩擦前后 X 射线衍射比较

a—原始组织（B_4 型贝氏体+块状复合结构）衍射峰；b—摩擦白层衍射峰

经计算（100），55SiMnMo 钢马氏体在 28.2° 和 28.6° 处应该分别产生 {011} 和 {110} 两个衍射峰[1,10]，但是，即使对白层进行慢扫描也不出现具有马氏体特征的分裂峰如图 7-11a 所示，这可能与钢的总含碳量有关[2]，只有当钢的含碳量达到 0.6% 时，马氏体相才会出现两个分裂峰，而试验钢只含 0.55%C，且 α 相（马氏体）只有 94%（体积分数），可计算 α 相的含碳量在 0.45%~0.5% 之间，实际上还要低于这个数，因 6% 奥氏体的碳浓度比较高还没有考虑进去，因此不出现分裂峰是可能的。为证明这一观点，将 55SiMnMo 钢经 1000℃ 奥氏体化 30min 淬水，硬度 HRC61 的试样，进行 X 射线衍射，也不出现分裂峰，如图 7-11b 所示，以此证明文献所说的，只有大于 0.6% 碳钢的淬火马氏体，才出现 X 射线衍射分裂峰。

关于白层中 α 相含碳量的计算方法：假定 γ 相的含碳量是 2%（奥氏体的极限溶碳量）、α 相的含碳量是 X%，已知钢的平均含碳量是 0.55%，于是可列式：2%×6%+X%（1-6%）= 0.55%，X% = 0.46%（<0.6%，所以说它不出现分裂峰是可能的）。

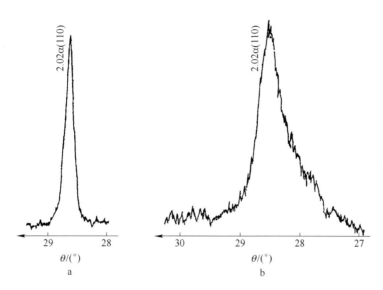

图 7-11　X 射线衍射马氏体慢扫描也不出现分裂峰

a—55SiMnMo 钢摩擦白层 X 射线慢扫描衍射（扫描速度 0.25°/min）；
b—55SiMnMo 钢水淬马氏体 X 射线慢扫描衍射（扫描速度 0.25°/min）

7.4.2　透射电镜（TEM）分析摩擦白层的晶体结构

7.4.2.1　样品的制备[2]

对已产生"白层"的试样，进行单向机械减薄。先用线切割，平行磨面切取 0.2mm 薄板，从基底一侧磨金相砂纸，减薄至 0.07mm（70μm），用穿孔机制成直径 3mm、厚 70μm 薄片，在白层的一侧（表面）涂上油漆，以防电化抛光减薄时损伤白层，用 5% 高氯酸酒精液从样品的基底一侧，进行单喷电解减薄，直至样品穿小孔为止，将样品用酒精洗净即可放入 TEM 样品台。

7.4.2.2　白层衍衬像及相结构

为了对比：

（1）先看 55SiMnMo 钢摩擦磨损前原始组织（B_4 型贝氏体＋块状复合结构）的衍衬像及相结构，如图 7-12 所示。

上述电子衍射斑点计算标定步骤如下[1]：

1）对图 7-12c 衍射斑点进行标定。选取中心斑点（图 7-12c）O 附近，且不在一直线上的四个斑点 A、B、C、D，分别测量它们距 O 点的 R 值，并计算 R^2 的比值递增规律，确定点阵类型及斑点的晶面族指数 $\{hkl\}$，见表 7-1。

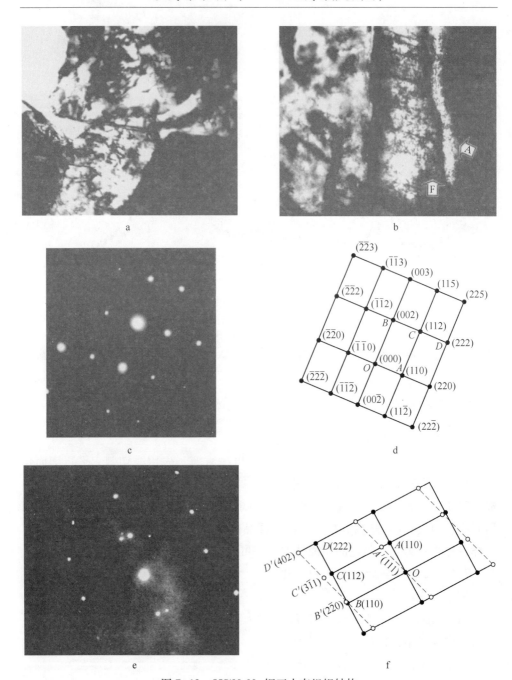

图 7-12　55SiMnMo 钢正火态组织结构

a—粒状的 B_4 型贝氏体形貌，72000×；b—暗场 A 示 γ 相，F 示 α 相，48000×；c—图 a 的电子衍射斑点；

d—图 c 斑点标定结果 b.c.c 结构，$\boldsymbol{b} = [\bar{1}10]$；e—图 b 的电子衍射斑点；

f—图 e 斑点标定结果，○为 f.c.c 结构，$\boldsymbol{b} = [\bar{1}2\bar{1}]$，●为 b.c.c 结构，$\boldsymbol{b} = [1\bar{1}0]$

表7-1 晶面指数计算

斑点	A	B	C	D
R/mm	11	16	19	27
$\dfrac{R_i^2}{R_1^2}\times2$	2	4	6	12
$\{hkl\}$	110	200	211	222

表中 A、B、C、D 四点的 $\dfrac{R_i^2}{R_1^2}\times2$ 数值表明为 b.c.c 结构。

任定 A 为（110），C 为（200），实测 $(\boldsymbol{R}_A\boldsymbol{R}_B)=90°$，$(\boldsymbol{R}_A\boldsymbol{R}_C)=55°$

因为

$$\cos\phi=\frac{h_Ah_B+k_Ak_B+l_Al_B}{\sqrt{h_A^2+k_A^2+l_A^2}\sqrt{h_B^2+k_B^2+l_B^2}}$$

$$=\frac{2+0+0}{\sqrt{1^2+1^2+0}\sqrt{2^2+0+0}}=\frac{1}{\sqrt{2}}$$

所以，$\phi=45°$，与实测不符，舍去不要。

根据晶体学知识[14]（Metals&Mater.，1972（10）：435）查表选定 $\boldsymbol{B}$ 为 （002），则夹角与实测相符。

按负量运算求得 $\boldsymbol{C}$ 为（112），$\boldsymbol{D}$ 为（222）

选取 $\boldsymbol{g}_1=\boldsymbol{g}_B=[002]$，$\boldsymbol{g}_2=\boldsymbol{g}_A=[110]$

晶带轴 $[UVW]=\boldsymbol{g}_1\times\boldsymbol{g}_2$

所以，晶带轴 $[UVW]=[\bar{1}10]$

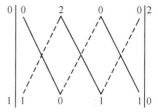

2）对图7-12e的两套衍射斑点进行标定。标定 方法与前面相同。实心点为一套衍射斑点，晶面指数见表7-2。

表7-2 实心点指数计算

斑点	A	B	C	D
R_i/mm	10.5	16	17	26
$\dfrac{R_i^2}{R_1^2}\times2$	2	4	6	12
$\{hkl\}$	110	200	211	222
(hkl)	110	002	112	222

注：A、B、C、D 四点的 $\dfrac{R_i^2}{R_1^2}\times2$ 数值表明为 b.c.c 结构，晶带轴 $[\bar{1}10]$。

空心点为另一套衍射斑点，晶面指数见表7-3。

表 7-3 空心点指数计算

斑点	A'	B'	C'	D'
R_i/mm	11.5	18.5	22.5	26
$\dfrac{R_i^2}{R_1^2}\times 2$	3	8	11	12
$\{hkl\}$	111	220	311	222
(hkl)	111	$2\bar{2}0$	$3\bar{1}1$	222

注：A'、B'、C'、D' 四点的 $\dfrac{R_i^2}{R_1^2}\times 2$ 数值表明为 f.c.c 结构，晶轴 $[\bar{1}2\bar{1}]$。

计算标定：图 7-12e 是 b.c.c 和 f.c.c 两套斑点衍射的结果，在图 7-12b 衍衬像中，宽条状相是 α 相，宽约 0.4μm；狭条状相是 γ 相，图 7-12e 的两套电子衍射斑点与之相对应。

（2）再看 55SiMnMo 钢摩擦后，其白层的 TEM 分析如图 7-13 所示。

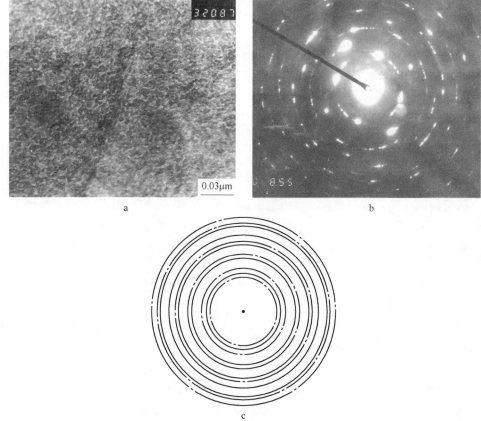

a

b

c

图 7-13 白层组织结构 TEM 分析

a—白层衍衬像，晶粒细小，平均尺寸约为 30nm；b—白层电子衍射花样，两套斑点；c—图 b 衍射斑点示意图白层的电子衍射花样是断断续续的圆环，有两套斑点，是两种多晶体（两个相）衍射的结果，为了说明方便，用示意图表示在图 7-13c 中。对电子衍射斑点的标定参考图 7-12 的标定方法和步骤。标定结果见表 7-4～表 7-6。两套斑点分别是 b.c.c 和 f.c.c 晶体结构，说明摩擦表面在复杂的塑性变形和热的作用下，形成了复杂的白层特殊组织结构，即纳米级的马氏体，1981 年刘正义等叫它摩擦马氏体，还有少量超细纳米级的奥氏体[1,6,8]。

表 7-4 图 7-13b 实线衍射花样标定

环	1	2	3	4	5	6	7	8	9	10	11
R_i/mm	9	10	11	14.5	15	18	18.5	20.5	23	23.5	25

表 7-5 图 7-13c 点划线环花样标定

环	1	3	5	7	10
R_i/mm	9	11	15	18.5	23.5
$\dfrac{R_i^2}{R_1^2} \times 2$	3	4	8	12	20
$\{hkl\}$	110	200	222	222	420

注：对点划线衍射环进行标定为 f.c.c 结构。

表 7-6 图 7-13c 实线环花样标定

环	2	4	6	8	9	10
R_i/mm	10	14.5	18	20.5	23	25
$\dfrac{R_i^2}{R_1^2} \times 2$	2	4	6	8	10	12
$\{hkl\}$	110	200	211	220	310	222

注：对实线衍射环进行标定为 b.c.c 结构。

7.4.2.3 白层回火后的衍衬像和相结构

在前面，从普通金相组织和硬度方面，讨论了白层抗回火性超好的特性，以下用透射电镜来观察回火的金相组织，更微观的特征，这是本质问题。

如白层经 300℃、500℃回火后的薄晶体衍衬像见图 7-14，当在 300℃回火后与回火前的金相组织比较，可与图 7-13a 所示组织（主要是晶粒尺寸）相比，变化不大，晶粒尺寸平均仍在 30nm 左右。在 500℃回火，晶粒尺寸增大到约 900nm，在 32 万倍下观察仍看不清亚结构，电子衍射花样为断续的圆环，属多晶衍射花样，标定结果是 b.c.c 结构，仍属超细晶马氏体（为主）。

如白层经 700℃回火后，情况不同了，如图 7-15 所示，晶粒尺寸急骤长大，达到 2.5μm（25000Å），比回火前增加两个数量级。从薄晶体衍衬像和电子衍射

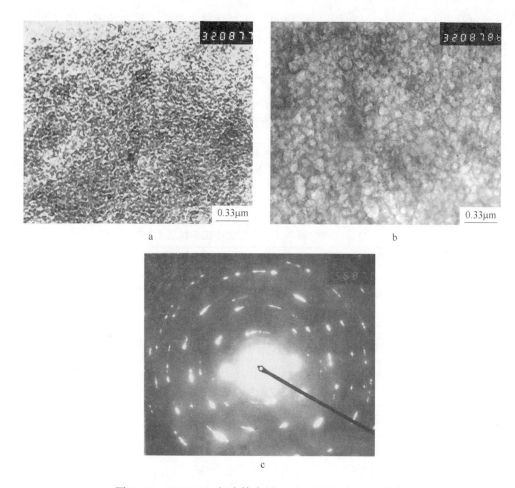

图 7-14　55SiMnMo 钢摩擦白层 500℃以下回火 TEM 分析
a—300℃回火衍衬像，晶粒尺寸平均 30nm；b—500℃回火衍衬像，
晶粒尺寸平均 90nm；c—白层 500℃回火后电子衍射花样，标定是 bcc 结构

花样看出，比之 500℃、600℃回火有两点变化，晶粒长大，有碳化物析出。

　　超硬摩擦白层回火后更微观的金相组织变化特征，与图 7-8b 回火温度-硬度变化曲线相吻合，在 600~700℃回火，硬度值有个急剧降低的突变点，而金相组织，主要是晶粒尺寸从纳米级突然增加到微米级，并出现碳化物。晶界的强化效果基本消失，亚结构如位错的缠结和形变孪晶等及其相互作用，都减弱或消失。但是，在 800℃回火后，硬度仍比较高，相当于 55SiMnMo 钢热处理淬火马氏体的水平，难以解释，不过非超硬白层的试样，加热到 800℃已超过钢的 A_{c_3} 点，金相组织已处于奥氏体状态，如急冷会转变成淬火马氏体，而超硬白层的 A_{c_3} 点可能超过 800℃，金相组织有什么变化的问题缺少进一步做工作。

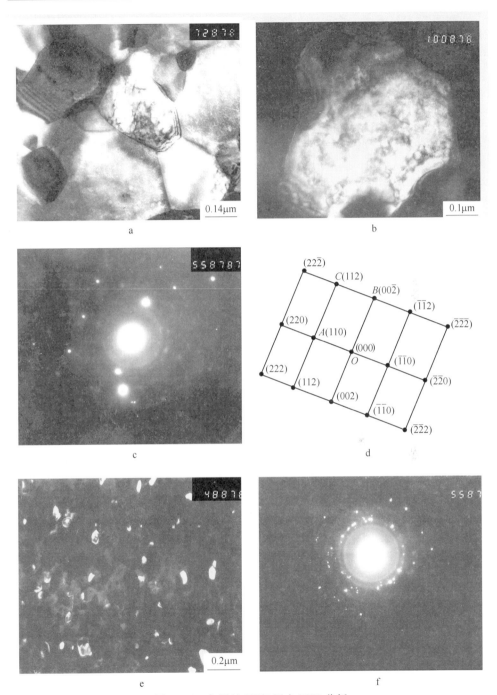

图 7-15　白层经 700℃回火 TEM 分析

a—薄晶体衍衬像，晶粒尺寸骤增平均 2.5μm；b—图 a 暗场像，亚结构是高密度的位错，所以硬度很高；

c—图 a 所示组织选区电子衍射花样，属单晶衍射；d—图 c 电子衍射花样标定是 b. c. c 结构，$b = [\bar{1}10]$；

e—第二相析出，尺寸约 400nm 暗场像；f—第二相粒子衍射花样，标定结果是 Fe_3C

如图 7-15b 所示，白层为什么在 700℃ 回火后，硬度仍高达 HV1000，因变形抗力（或叫流变应力）τ 与位错密度 ρ 关系：$\tau = \tau_0 + KGb\rho^{\frac{1}{2}}$ 表示，位错密度越高，强度越高（硬度越高）。由于白层在形成过程中发生激烈塑性变形而产生高密度的位错，高密度位错本身是硬度高的第一原因，第二个原因是，高密度的位错为碳化物的析出提供了大量的有利空间，因此析出的碳化物具有很高的弥散度，弥散硬化效果显著。在 700℃ 回火后，可看到第二相析出（在普通金相显微镜上也看到有黑点），第二相（Fe_3C）尺寸虽已达 0.4μm，但仍属细粒子呈弥散分布，因此使电子衍射花样呈断续多晶衍射环，如图 7-15f 所示。700℃ 回火后，虽然硬度仍保持很高，但比起 600℃ 回火，硬度值降幅较大（降 200 个单位），这是由于晶粒显著长大，还析出碳化物，因此使 α 相碳的过饱和度降低，因此硬度急骤下降。

由上所述，白层回火过程有两个阶段，第一阶段是在 600℃ 以下回火，其组织的晶粒细小，虽然随着回火温度的升高，晶粒长大，但尺寸范围仍在回火前的数量级。所以硬度是随着回火温度升高而平缓下降的。第二阶段，700℃ 以上回火，晶粒急骤长大并析出弥散的碳化物，此时白层的相组成是 α+γ+Fe_3C，白层已发生回火分解。白层在 600~700℃ 回火时发生分解，除了上述 TEM 分析工作外，还可用 X 射线衍射加以证实，如图 7-16 所示，图 7-16a 是 300℃ 回火样品的 X 射线衍射结果，图 7-16b 是 400℃ 回火样品的 X 射线衍射结果，图 7-16c 是 600℃ 回火样品的 X 射线衍射结果，在 600℃ 以下回火大都和回火前的相组成一样，没有碳化物；700℃ 回火后不同了，有碳化物析出，这和普通淬火马氏体的回火规律不同，也不同于 B_4 型贝氏体的回火转变，前者，一般在 180℃ 就发生回火转变，有碳化物析出，后者，在约 400℃ 时才有碳化物析出。

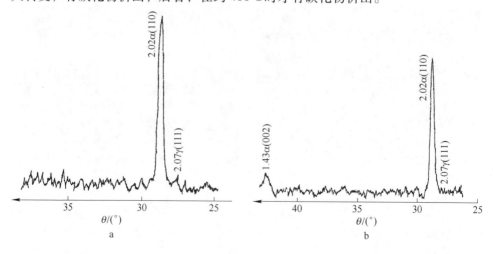

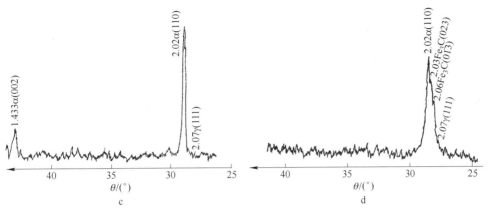

图 7-16 X 射线分析白层回火时组织组成相的变化

a—300℃回火，α+γ 两个相；b—400℃回火，α+γ 两个相；

c—600℃回火，α+γ 两个相；d—700℃回火，α+γ+Fe₃C 三个相

7.4.3 白层断口形貌特征（用扫描电镜研究白层）

白层断口的边缘很锋利，可刻画玻璃，刻痕达 0.1mm 深，表现了白层十分坚硬，在人们的印象中，坚硬的材料一定很脆。事实并非如此，对断口进行扫描电镜分析，如图 7-17 所示[1,11]，从断裂花样看，韧性断裂和脆性断裂特征各占一定比例，韧性断裂的特征呈韧窝型和韧带花样，脆性断裂的特征呈准解理、解理或沿晶断裂。

白层断口形貌由其组织特征所决定，由于白层组织晶粒尺寸是纳米级的，在一定的应变量下，应变能分散在各晶粒内部，其应变是均匀的，各晶粒承受的应变量较小，破断的倾向性也较小[1]。因此，晶粒细小的组织可以受较大的总应变量而不破断，表现为韧性好。同时，因为晶界是断裂裂纹生长与扩展的障碍，晶粒越细裂纹越难扩展，宏观上表现为断面收缩率越大。因此，即使白层硬度很高，由于其晶粒细小，所以表现为有较好的塑性和韧性。

白层回火后的断口形貌：在 700℃ 以下回火，断口形貌都相似于图 7-17 所示，当回火温度升到 700℃、800℃时，断口形貌完全变成韧性特征。

7.4.4 影响白层的主要因素[7,12]

7.4.4.1 不同金属材料对"白层"的影响

在同等的摩擦条件下，有的产生白层，有的不产生白层，或产生的白层不明显，不典型。例如周晓霞曾对比研究 55SiMnMo 钢、CuZnAl 记忆合金和 1Cr18Ni9Ti 不锈钢[12]，只有 55SiMnMo 钢产生的摩擦白层，其他两种材料不产生摩擦白层，只是摩擦面的硬度有所提高（形变硬化）。即使与 55SiMnMo 钢对磨

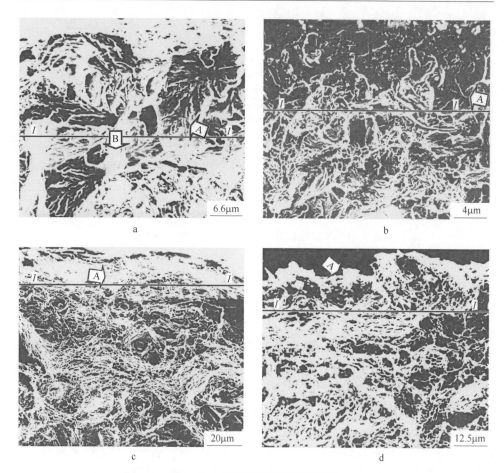

图 7-17　白层断口形貌特征 SEM

a—回火前白层断口，以 I—I 线为界，箭头 A 指白层断口花样，脆断为主，韧断其次；
箭头 B 指过渡层断口，脆断花样为主；b—图 a 韧断区，以 I—I 线为界，箭头 A 指白层；
c—700℃回火，以 I—I 线为界，箭头 A 指白层断裂花样，韧窝型断裂；d—800℃回火，
以 I—I 线为界，箭头 A 指白层回火后断裂花样，韧窝型断裂

的 45 号碳钢，虽有白层，但硬度只有 HM880，只是 55SiMnMo 钢白层硬度的一半。一般来说，因摩擦热使其奥氏体化，再因冷却而转变马氏体的钢铁材料，都会产生摩擦白层。但是，为什么 55SiMnMo 钢的摩擦白层是纳米晶的马氏体，45 号碳钢"白层"又不是纳米晶的马氏体？即使下面还有几点关于影响因素的讨论，也还不能回答这个问题，需要再做研究探讨。

7.4.4.2　原始金相组织（热处理工艺不同）对"白层"的影响

摩擦前试样的金相组织不同，如表 7-7 中 1 号、8 号、9 号、10 号试样相比，材质都是 55SiMnMo 钢，摩擦条件相同（油冷却，压力为 1.47MPa），不同热处理工艺，其摩擦前原始的金相组织不同，摩擦白层的厚度有明显的差异，如图 7-18 所示。

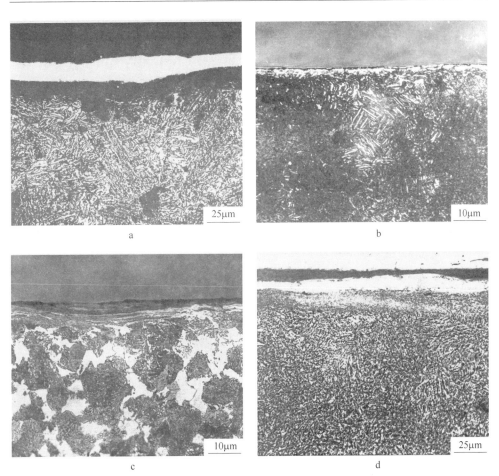

图 7-18 不同热处理工艺（金相组织不同）对摩擦白层的影响

a—1 号试样（正火态），白层厚 20μm，过渡层和基体分明，4%Nital；b—8 号试样（淬火态），
白层厚 2μm，4%Nital；c—9 号试样（退火态），白层不明显，4%Nital；
d—10 号试样（调质态），白层厚 15μm，4%Nital

表 7-7 金相组织（不同热处理工艺）对白层形成的影响

摩擦白层的表面（0.47N）显微硬度（HM$^{0.47N}$）、厚度 μm

试样号	钢号	摩擦前		摩擦条件		摩擦白层	
		热处理工艺	显微硬度 HM	冷却方式	压力/MPa	厚度/μm	显微硬度 HM
1 号	55 SiMnMo	正火	580	油冷	1.47	20.0	>1500
2 号		正火	580	水冷	1.47	38	>1500
3 号		正火	580	无冷却	1.47	0（黑层）	800
4 号		正火	580	油冷	1.17	10	>1500
5 号		正火	580	油冷	1.47	20	>1500

续表 7-7

试样号	钢号	摩擦白层的表面（0.47N）显微硬度（HM$^{0.47N}$）、厚度 μm					
		摩擦前		摩擦条件		摩擦白层	
		热处理工艺	显微硬度 HM	冷却方式	压力/MPa	厚度/μm	显微硬度 HM
6 号	55SiMnMo	正火	580	油冷	1.68	20	>1500
7 号		正火	580	油冷	1.86	黑层	800
8 号		淬油	930	油冷	1.47	2	900
9 号		退火	300	油冷	1.47	白层不明显	900
10 号		调质	600	油冷	1.47	15	1400
11 号	45 号钢（对磨件）	高频淬火	900	油冷	1.47	10	880
12 号		马福炉加热淬火	900	水冷	1.47	10	880

　　1 号试样的原始金相组织是以 B_4 型贝氏体为主加块状复合结构；10 号试样的原始金相组织是回火索氏体，两者的摩擦白层厚度相近，表面硬度也相近；8 号试样的原始组织是淬火马氏体，摩擦白层的厚度很小，表面硬度也明显地低，硬度低的原因可能是厚度很薄，硬度测试误差大，也可能是白层晶体结构有差异，有待进一步研究；9 号试样的原始组织是以珠光体为主再加（B_2+B_4 混合型）贝氏体，不产生白层，表面硬度也比较低。以上四组试样比较起来，以 B_4 型贝氏体为主的 1 号试样所产生的白层最为典型（厚度最厚、硬度最高、抗蚀性最强）。由此可见，不是任意两种金属或任意一种金相组织，在一起摩擦就会产生典型的白层。

　　原始金相组织对白层的形成有显著影响，如 55SiMnMo 钢正火态，在摩擦磨损的试验时，用油冷（或水冷）试样所获得的白层是最典型的，以 1 号、2 号试样为例，金相组织是 B_4 型贝氏体为主（另加块状复合结构），其组成相的铁素体和富碳奥氏体相的变形能力都是很强的。由于强烈的塑性变形，表面摩擦系数增加，因此形变热和摩擦热都比较大，再加上强烈塑性变形使晶粒碎化，以致形成典型的白亮层。

　　淬火和退火的金相组织都不易获得白层，或白层很薄，因为这些组织（原始组织）的变形能力小，晶粒细化不够，变形热和摩擦热少，因此温度上升到奥氏体化温度速度不够快。

　　调质状态的组织，虽然原始硬度比退火态的高，但由于碳化物细小，基体是铁素体，变形能力还是比较大，因而获得比较厚的白层，但它与正火态的白层有差别。正火态试样的白层致密，反光能力强；调质态试样的白层不够致密，在白层的金相组织中有很多"小黑点"，"小黑点"可能是孔洞或裂纹，这可能是在白层形成之前已产生（与原始组织的变形能力有关）。

7.4.4.3 冷却条件不同对"白层"的影响

摩擦前试样的金相组织相同，施加的负载相同，改变冷却介质（水、油、空气）如表7-7中的1号、2号、3号试样相比，摩擦后的表面如图7-19所示，1号试样的摩擦状况见图7-18a。

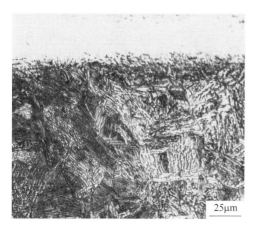 

a b

图 7-19 相同原始组织不同冷却条件白层特征
a—2号试样，水冷介质，白层厚 38μm，过渡层不分明，4%Nital；
b—3号试样，空冷（无冷却介质），不产生白层，4%Nital

如前所述，白层是快速冷却（淬火）的产物，用水或油对摩擦试样外圆和背面（相对摩擦面的背面）进行冷却，都有利于白层的形成，而且冷却速度越大，白层厚度越厚。由此可见，冷却剂起决定性作用，在冷却速度小的条件下（如空冷），试样的平均温度较高，温度梯度小，摩擦表层不易获得足够大的冷却速度，故不易形成典型的白层，即使能形成也会立即发生完全回火（摩擦产生高温）。水介质的冷却能力强，白层的厚度最厚。

7.4.4.4 负载大小对"白层"的影响

表7-7中的4号、5号、6号、7号试样相比，原始金相组织相同，都是 B_4 型贝氏体为主加块状复合结构，当负载从 1.17MPa 增大到 1.68MPa 时，如图7-20所示，白层的厚度随负载增加而加厚，过渡层也随负载加大而明显；当负载增加到 1.86MPa 时，无白层只有黑层，硬度也反常了，黑层表面硬度只有 HM800，过渡层 HM890，靠近基体 HM960，从黑层的痕迹分析，7号试样的黑层是由白层转变过来的，换言之，在摩擦过程中先产生白层，再转变成黑层，这是因为高温（超过 800℃）使白层回火。由于负载大，摩擦力大，产生的热量大（多）而来不及消散而聚集在表层，使前面产生的白层温度超过 800℃而充分回火，析出大量的碳化物；而内层的硬度反而高，因在停机时内层的温度仍在 A_{c_3} 以

上，停机时试样获得比较好的冷却使内层淬火，继而又获得低温回火，还来不及软化，所以硬度保持在 HM960 水平。在停机时，表面产生的白层温度也应该是在 A_{c_3} 以上，为什么不重新淬火成马氏体？这是因表层原是白层，白层的 A_{c_3} 点被提高了，没有重新奥氏体化，因此淬不上火，只是保持白层完全回火状态的组织。

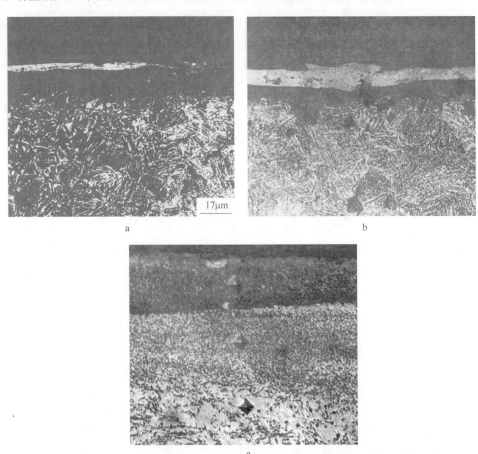

图 7-20　在相同原始组织和冷却条件下，负载对白层的影响
a—4 号试样，$P=1.17\mathrm{MPa}$，白层厚 5μm，过渡层和基体分明，4%Nital；
b—6 号试样，$P=1.68\mathrm{MPa}$，白层厚 25μm，过渡层不明显，4%Nital；
c—7 号试样，$P=1.86\mathrm{MPa}$，无白层，4%Nital

　　白层是一种特殊的超细晶摩擦马氏体，它的形成必然遵守相变热力学条件，如图 7-21 所示。只有新相（白层）和旧相（原始组织）之间具备一定的相变驱动力——自由能差（ΔG）白层才能产生，ΔG 来自摩擦时的外加负荷和速度，速度增加，负荷也加大，则塑性变形严重，摩擦热快速增大，ΔG 增大，白层也增厚，而当速度较低和负荷较小时，由于 ΔG 小，难以获得明显的白层。

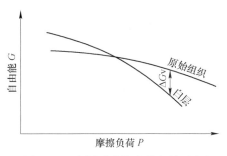

图 7-21 白层形成热力学条件示意

7.4.4.5 白层的成分变化

符坚曾对白层的氮和碳作了较多的分析研究[1]，可以肯定白层中不含氮，否定"白层是高氮化合物"的说法[3]，而碳和硅比基体高，刘正义认为：试样摩擦面在摩擦过程中会增碳和硅，碳和硅来自冷却油。在摩擦过程中两摩擦面紧密接触，从宏观上看，油只能冷却外圆，这确是"边界"摩擦，但由于摩擦面不平（开始磨合面积也仅 80%，在摩擦过程中，摩擦面又有局部磨损），不可避免会有油被吸进摩擦面间，引起摩擦表层碳和硅的增加，为证明这一观点，采用水冷试样如表 7-7 中的 2 号试样，经分析白层不增碳和硅。关于摩擦表面增硅和碳的研究，文献［12］也做过比较详细的报道，其结论也是认为冷却油渗入摩擦表面所致。

7.5 白层的磨损

摩擦磨损试验的样品，用 55SiMnMo 钢与 45 号碳钢配对摩擦，在 55SiMnMo 钢表面产生的白层硬度很高，在摩擦副（45 号钢）表面虽也是白层，但它是细晶马氏体，其硬度只有 HV880，远比 55SiMnMo 钢白层的低，但硬度高的白层仍被磨损，磨损的形式呈片状脱落，其过程如图 7-22 所示[8,13]。

图 7-22a 显示，白层厚约 12μm，如箭头 1 所指，在白层与母材交界处形成一排小圆形孔洞，如箭头 2 所指，圆孔平均尺寸小于 0.5μm，小圆孔之间距近似等距离；也有个别孔洞不是圆形，呈扁长形，如箭头 3 所指，这可能原先是两相邻圆形孔洞，后来被压扁而连接起来；箭头 4 所指是已经形成扩展性裂纹，这种类型的裂纹都是因圆形孔洞压扁相互连接而形成的。

图 7-22b 显示圆形孔洞的尺寸扩大，并有相互连接的趋势。图 7-22c 显示裂纹经扩展，使一片白层将要脱离母体而成为磨屑。磨屑会进入冷却油沉淀在容器的底部。图 7-22d 显示白层已脱离母体，将进入油槽。

经一定时间后，将容器里面的冷却油过滤，收集到一些磨屑如图 7-23 所示，这些磨屑的尺寸厚的达 10~20μm，薄的只有 0.01μm，大多数的形状呈楔形（一

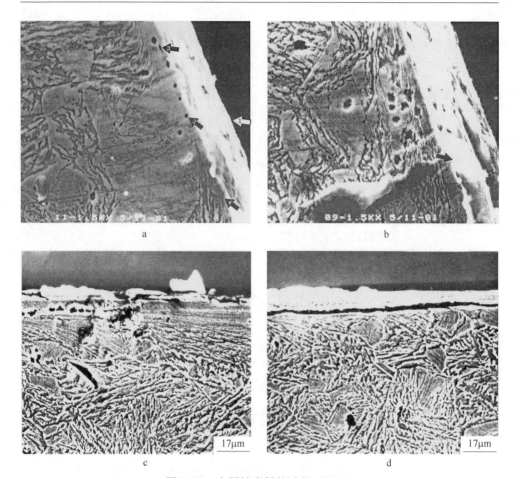

图 7-22　白层被磨损的过程（SEM）

a—孔洞形成，比较圆滑的孔洞成排如箭头所指，4%Nital；b—孔洞扩大并相互连接，
厚的白层由多个薄层叠合成，4%Nital；c—多个白层薄片（呈楔形）即将脱离母材成磨屑，
4%Nital；d—白层已脱离母材，4%Nital

端厚，一端薄，从厚到薄比较平缓过渡）。经能谱分析，在磨屑中有 45 号钢和 55SiMnMo 钢成分，从颜色（用普通放大镜目视）上可区分两种成分的磨屑，反光强的是 55SiMnMo 钢白层磨屑，无反光（黑灰暗色）的则是 45 号钢。在数量上，反光强的磨屑多于 45 号钢。高硬度的白层为什么会被磨损的问题，需进一步探讨。

　　关于解释金属机件为什么会磨损的理论和模型有多种，其中 P. Suh 提出的剥层理论模型比较符合白层的磨损过程，剥层理论模型如图 7-24 所示[13]。

　　P. Suh 开始就假设由于位错在次表面堆积，引起次表层的裂纹和空穴形成，继之由于表面剪切变形导致平行表面裂纹（和空穴）的相互连接并扩展，所形成的磨屑是薄片形状。

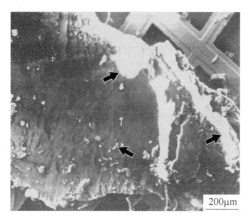

图 7-23　过滤冷却油，收集到的磨屑

（亮者（箭头指）是 55SiMnMo 钢白层，灰黑者（大块）是 45 号钢"白层"）

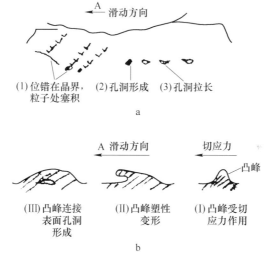

图 7-24　摩擦过程中片状磨屑形成模型

a—圆孔洞形成的位错解释；b—表面凸峰塑性变形形成孔洞

　　如图 7-24a 所示，对磨件（滑块）以箭头 A 方向滑过去，表面产生塑性变形，因对磨件表面不平度有凸点如图 7-24b 所示，这些凸点向试样摩擦面施加脉冲式正向力和切向力，引起间隙塑性变形。虽然表面塑性变形最严重，最有利于孔洞（穴）的形成，但是表面微体积接触处承受的是三向压应力，有利于阻止孔洞在表面形成。此外，当微凸体滑过时，由于表面氧化物的去除，表面位错在映像力（image forces）作用下也消失在表面，因此表面能承受较大塑性变形而不破断。在次表层，位错密度高，也容易被阻塞堆积并引起应力集中，使空穴（孔洞）或裂纹成核、合并成裂纹。

由孔洞（空穴）相连形成的裂纹平行于摩擦方向和摩擦面，因为对磨件的凸点滑过试样时，循环地改变应力状态，只有拉应力作用才使裂纹扩展一个短距离。由于拉伸区域裂纹长度又是有限的，裂纹尖端的应力集中又大，故裂纹向平行表面及摩擦方向扩展，在交变循环应力作用下，将使裂纹穿透表面，形成磨屑而脱离母体。正因为裂纹沿平行摩擦方向和表面扩展，所以磨屑呈扁平片状。往往厚的磨屑是由多层薄片叠加组成的，这点在图 7-22 也能看得出来，可能是裂纹在不同深度形核—扩展所致。在油槽中过滤收集到的磨屑，在数量上，高硬度的白层磨屑多过 45 号钢的，换句话说，白层更容易被磨损，这与微塑性变形和位错堆积过程特点有关。平均接触应力虽小于白层的屈服应力，但在接触凸点的应力可能高到微区域足够产生微变形，引起高密度位错，并堆积在白层内部某些位置，如白层与母体的界面处，促使白层内部或与母体的界面上产生裂纹并扩展成磨屑。

7.6　关于本章的内容总结

经过以上实验、分析和讨论，可得到如下结论：

（1）55SiMnMo 钢摩擦白层金相组织的组成相，以摩擦马氏体为主（α 相占 94%），其次是少量摩擦奥氏体（γ 相占 6%）。

（2）摩擦马氏体是一种超细晶马氏体，晶粒尺寸平均只有十几纳米，它的形成是由于摩擦热和塑性变形热之和导致表面一定深度区域转变为超细晶奥氏体，试样自身导热和介质冷却，使超细晶奥氏体淬火转变成马氏体，这是一种特殊形变—热处理过程。根据马氏体形核理论，因强烈形变致超细奥氏体中大量密集的位错，提高了马氏体形核率，促使马氏体核坯长大，从而促进马氏体转变；由于过冷度大，碳来不及扩散而固溶在 α-Fe 中（马氏体），而马氏体周围的奥氏体含碳量是钢的平均含碳量，因此处于不稳定状态，有利于马氏体形成，所以白层中马氏体占到 94%。但过冷奥氏体中总会有局部区域是富碳的奥氏体。处于十分稳定的状态，所以白层中仍有少量的 γ 相。

（3）摩擦马氏体细小的晶粒及高密度的位错导致其极高的硬度，虽然摩擦马氏体硬度高，但韧性比较好。

（4）各种因素影响摩擦马氏体的形成，最主要的是温度、形变程度和冷却速度。只有同时满足 1）激烈的塑性变形，2）表面温度超过临界点，3）急冷至 M_s 点以下等三个条件，摩擦马氏体才能形成，促进这三个条件的因素都会增加摩擦马氏体的生成倾向。55SiMnMo 钢的 B_4 型贝氏体，在摩擦过程中，使表层塑性变形充分，温度易超临界点，所以在表层生成的摩擦马氏体比较典型。

（5）摩擦马氏体具有超高的回火稳定性，只有回火温度达 700℃时，才能看到回火现象的发生：晶粒突然长大，并析出碳化物，硬度明显降低。

（6）不同条件所产生的白层，其本质应该是相同的，都是淬火马氏体，但性能有很大的差别，根本的原因是晶粒尺寸不同，本章 55SiMnMo 钢在摩擦试验机上所获得的白层，晶粒尺寸是纳米级的超细晶马氏体，硬度极高（HV≥1500），700℃回火，其晶粒尺寸长大到微米级，硬度下降到 HV800。由此可推断，硬度在 HV700～900 的其他原因所产生的白层，如唐文龙等的连接钎杆（23CrNi3Mo 渗碳）螺纹连接处的白层、线切割表面白层、激光加热表面白层等都是微米级细晶马氏体，其硬度、抗腐蚀和抗回火性都不如超细晶摩擦马氏体。

参 考 文 献

[1] 符坚. 55SiMnMo 钢摩擦过程——白层组织的研究 [D]. 广州：华南理工大学，1988.

[2] 钎钢协作组（新抚钢厂、贵阳钢厂、华南工学院、钢铁研究院）. 中空钢生产的五种冶轧工艺对比试验总结（内部资料），1975.

[3] ［苏］柳巴尔斯基 N M. 摩擦的物理 [M]. 高彩桥，译. 北京：机械工业出版社，1984.

[4] 铁道部科学研究院金属和化学研究所金属室. 激光热处理 [M]. 北京：国防工业出版社，1978.

[5] 唐文龙，陈经纬，李建林. 液压露天凿岩钻车用 MF 钎杆的失效分析 [C]. 2015 年全国钎钢钎具年会论文集，2015.10：72.

[6] 刘正义，符坚，庄育智. 摩擦马氏体及其回火转变特征 [J]. 金属学报，1989（4）：A270.

[7] 符坚，刘正义，许麟康，等. 摩擦白层及其影响因素 [J]. 机械工程学报. 1990（6）：35.

[8] 刘正义，林鼎文. 摩擦马氏体（55SiMnMo 钢摩擦磨损行为）——探讨摩擦白层是什么 [C]. 第十八届全国钎钢钎具年会论文集，2016.11（株洲）：97.

[9] 黄颖楷. 55SiMnMo 钢在滑动摩擦中的磨损行为和组织变化 [D]. 北京：华南工学院，1981.

[10] 范雄. X 射线金属学 [M]. 北京：机械工业出版社，1981.

[11] 刘正义，吴连生，许麟康，等，机械装备失效分析图谱 [M]. 广州：广东科技出版社，1990.

[12] 周晓霞，刘正义. Cu-Zn-Al 合金摩擦过程中的扩散与相变 [J]. 中国有色金属学报，1999（S1）：283.

[13] 蔡泽高，等. 金属的磨损与断裂 [M]. 上海：上海交通大学出版社，1985.

[14] Eyre T S. Metals & Mater [M]. 1972（10）：435.

名 词 术 语

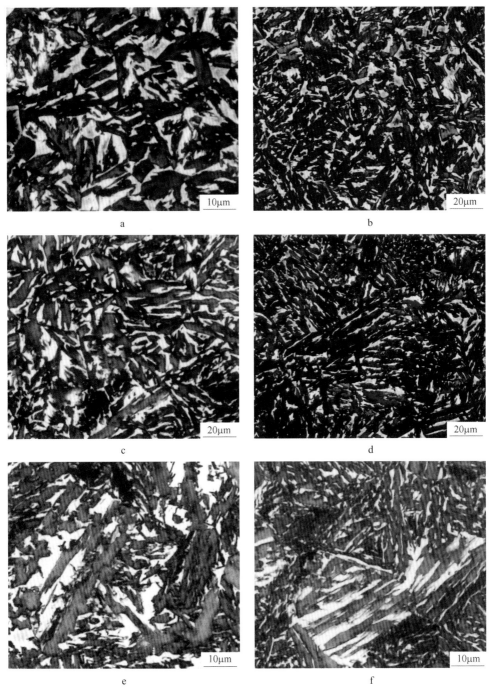

图 3-5　B_4 型贝氏体染色后彩色照相

a—空冷正火试样，经铁素体染色剂处理 2min，亮衬度者是富碳奥氏体，棕褐色者是铁素体；b—空冷
正火试样，经铁素体染色剂处理 2min，亮衬度者是富碳奥氏体，棕褐色者是铁素体，B_4 型贝氏体
趋于颗粒状；c—空冷正火试样，经铁素体染色剂处理 2min，亮衬度者是富碳奥氏体，棕褐色者是
铁素体，蓝色者是块状复合结构；d—空冷正火试样，经铁素体染色剂处理 2min，亮衬度者是
富碳奥氏体（细条状者多，颗粒状者少），棕褐色是铁素体；e—空冷正火试样，经铁素体染色剂
处理 2min，亮衬度者是富碳奥氏体，棕褐色者是铁素体；f—空冷正火试样，经铁素体染色剂
处理 2min，亮衬度者是富碳奥氏体，棕褐色者是铁素体，两相近似平行相间的关系明显

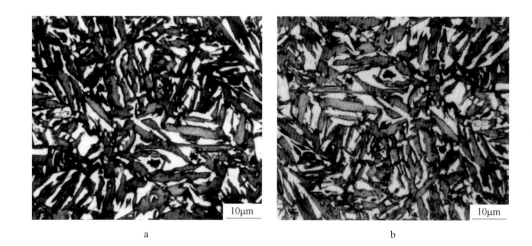

a   b

图 3-6　彩色与黑白照相比较

a—试样经铁素体染色剂处理后，黑白照相，褐黑色和灰色均为铁素体，白色为富碳奥氏体。黑白分明，效果好；
b—图 a 所示经铁素体染色剂处理后，彩色照相，棕褐色是铁素体，白色是富碳奥氏体，效果稍差

a   b

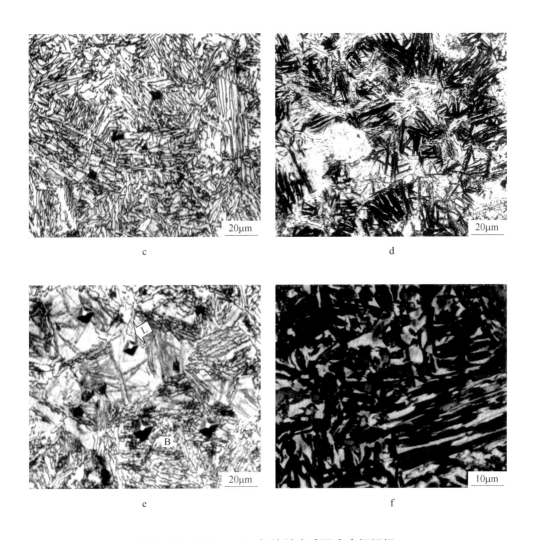

图 3-12 55SiMnMo 钢连续空冷混合金相组织

a—连续空冷, HRC35~36, 箭头 L 指块状复合结构（呈带状分布, 其中下贝氏体是有碳化物的）组织, 其他如圆圈内属 B_4 型贝氏体, 4%Nital; b—连续空冷, HRC32~34, 箭头 L 指块状复合结构, 圆圈内属无碳化物 B_4 型贝氏体（类似图 a）, 3%Nital; c—类似图 a 圆圈内 B_4 型贝氏体, 块状复合结构很少量（试样 200℃回火, 回火马氏体易显示）, 4%Nital; d—连续空冷, 冷却速度大于 140℃/min, HRC47~48 金相组织, 块状复合结构与 B_4 型贝氏体的体积分数约为 9:1, 以块状复合结构为主, 少量 B_4, 4%Nital; e—试样的宏观硬度 HRC36~37, 块状复合结构如 L 箭头所指（硬度 HV530）; B_4 型贝氏体如 B 所指（硬度 HV265）, 两者的硬度压痕大小如图示, 3%Nital; f—连续空冷, HRC30~31, 经铁素体染色剂处理, 块状复合结构呈蓝色, 铁素体呈棕色, 奥氏体呈亮色（不染色）

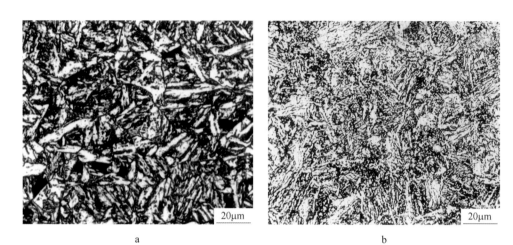

a

b

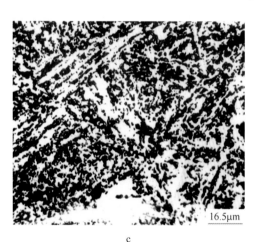

c

图 3-15　B₄ 型贝氏体在 400℃以上回火组织形貌的变化

a—连续空冷到室温的 B₄ 型贝氏体，重新加热到 400℃回火 30min，与图 3-14 a、c、d 相比，金相组织有显著变化，4%Nital；b—连续空冷到室温的 B₄ 型贝氏体，重新加热到约 450℃回火 30min，与图 3-14 相比，金相组织有显著变化，4%Nital；c—连续空冷到室温（正火）的 B₄ 型贝氏体，重新加热到约 500℃回火 30min，与图 a、b 相比，有更显著的变化，4%Nital

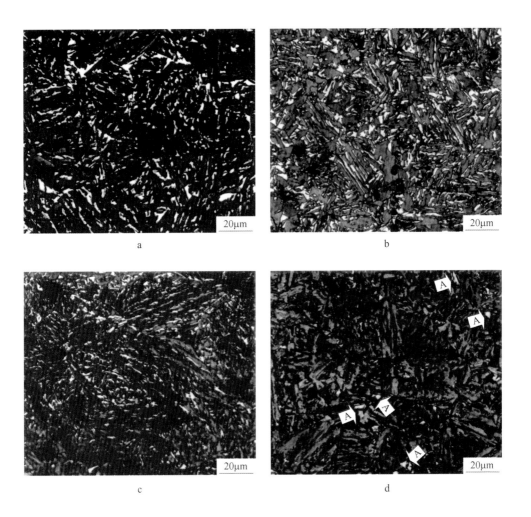

图 3-16　B₄ 型贝氏体回火组织染色后形貌（黑白照相）

a—B₄ 型贝氏体 300℃回火 30min 后，经铁素体染色剂处理 2min，亮衬度者是富碳奥氏体（约占 20% 体积
百分数）与图 3-14d 是同一个试样，视场不同；b—B₄ 型贝氏体 375℃回火 30min 后，经铁素体染色剂
处理 2min，亮衬度者是富碳奥氏体（体积分数约占 20%），与图 3-14e 所示金相组织虽不是同一个
试样，但奥氏体的比例、特征清晰；c—B₄ 型贝氏体 400℃回火 30min，经铁素体染色剂处理 2min，
亮衬度者是富碳奥氏体（所占体积仍有 5%~8%）；d—B₄ 型贝氏体 500℃回火 30min，经铁素体
染色剂处理 2min，箭头 A 指富碳奥氏体（数量很少），与图 3-15c 所示金相组织是同一个试样

20μm

a

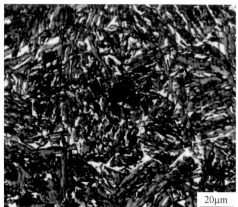
20μm

b

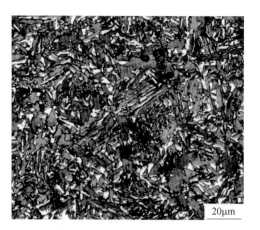
20μm

c

图 3-17　B₄ 型贝氏体回火组织染色后形貌（彩色照相）

a—B₄ 型贝氏体 200℃回火后，经铁素体染色剂处理 2min，亮衬度者是富碳奥氏体，棕褐色是铁素体；
b—B₄ 型贝氏体 300℃回火后，经铁素体染色剂处理 2min，亮衬度者是奥氏体，棕褐色是铁素体；
c—B₄ 型贝氏体 375℃回火后，经铁素体染色剂处理 2min，亮衬度者是富碳奥氏体
（明显狭小），棕褐色者是铁素体，500×

React+Redux
前端开发实战

徐顺发◎编著

U0310216

React

机械工业出版社
China Machine Press

图书在版编目（CIP）数据

React+Redux前端开发实战/徐顺发编著. —北京：机械工业出版社，2019.7

ISBN 978-7-111-63145-3

Ⅰ. R… Ⅱ. 徐… Ⅲ. JAVA语言－程序设计 Ⅳ. TP312.8

中国版本图书馆CIP数据核字（2019）第133016号

React+Redux 前端开发实战

出版发行：机械工业出版社（北京市西城区百万庄大街 22 号 邮政编码：100037）

责任编辑：欧振旭 李华君　　　　　　　　　责任校对：姚志娟

印　　刷：中国电影出版社印刷厂　　　　　　版　　次：2019 年 7 月第 1 版第 1 次印刷

开　　本：186mm×240mm　1/16　　　　　　印　　张：15.5

书　　号：ISBN 978-7-111-63145-3　　　　　定　　价：69.00 元

随着智能手机和移动互联网的普及，前端技术栈从 jQuery 到 Backbone 和 Knockout，再到 Angular、React 和 Vue，各大框架此起彼伏。如今，前端开发越来越庞大的应用规模和越来越复杂的交互效果远不是早期前端开发者们所能想象的。基于原生 JavaScript 来构建这些应用显得异常复杂且难以维护。但拥有创造力的开发者们并没有停下脚步，而是不断地寻求新的解决方案。其中，React 逐渐成为各种方案中最耀眼的一门技术，它是众多开发者的智慧结晶。

React 诞生于 Facebook，开源之后立即在前端领域掀起了一股巨浪，得到了众多开发者的青睐。随后，React 社区也是蓬勃发展，出现了大量优秀的前端开发工具，为开发者提供了一种不一样的开发体验，也为大家指明了一条充满想象的道路。

《海贼王》中罗杰说，每个人都有自己出场的机会！未来，也许 React 会在前端的历史浪潮中被人们遗忘，但如今 React 的设计思想却影响了无数的开发者，当下正是属于它的时代。

本书编写目的

首先，要明确一点，本书的内容是作者的个人见解，而非官方的枯燥文档。本书是作者从事前端开发以来对 React 进行研究和思考后的产物，有些内容是经过作者个人的认知和情感润饰而来，不一定具有权威性，但希望能通过本书带领读者进入 React 的世界。如若本书能让读者对前端开发有所启迪和思考，那么笔者的写作目的也就达到了。

其次，也希望读者认识到，React 的设计思想给前端开发带来了非常积极的作用和很大的影响。因此，希望读者能通过阅读本书辩证地看待和思考各类前端组件与框架工具，并提升自己的认知，开阔自己的眼界，这是写作本书的另一个目的。

本书有何特色

1. 提供翔实的代码及解读

为了便于读者理解本书内容，提高学习效率，书中的所有实例和项目案例都提供了翔实的源代码，并对源代码做了详细的解读。读者可以通过本书提供的下载地址获取。

2．不仅仅是React.js

本书虽然定位为 React 的入门与实践读物，但是其内容远远不只是 React.js，书中还介绍了当前前端开发所使用的一整套主流技术栈，如 ES 6、Webpack、单元测试和 Node.js 等。

3．有广度，也有深度

从前端到服务器端，从各类知识点的通俗讲解到相关知识点的深入解读，本书不仅有广度，而且还有深度，能够让读者彻底了解 React+Redux 知识点的前世今生。

本书内容概要

第 1 章从学习 React 需要准备的知识和基本概念开始入手，依次介绍了 Node.js、NPM、Webpack、ES 6 语法、React 核心特性和 JSX 语法等内容。

第 2 章介绍了 React 组件的相关知识，不仅可以让读者理解组件化开发的概念，还能动手实践各种 React 中的组件，并掌握组件之间的通信。

第 3 章介绍了 React 的事件、表单和样式等相关知识点，让读者了解如何通过 React 创建丰富的用户体验。

第 4 章介绍了 React+Redux 的数据流管理。虽然本章的主题是介绍 React 生态中的数据管理工具 Redux，但为了让读者了解 React+Redux 的项目原理，还剖析了目前比较常用的 MVC 和 MVVM 等开发模式的架构思想和设计模式理念。

第 5 章介绍了 React 的路由功能，帮助读者了解客户端路由的原理，进而使用 React 中的路由工具 react-router 实现前端路由。

第 6 章介绍了 React 性能及性能优化的相关知识。首先分析了神秘的 diff 算法，然后介绍了组件渲染和数据结构的底层技术，最后带领读者学习如何开发高性能的 React 应用。

第 7 章主要介绍了 React 服务端渲染（SSR）的相关技术。首先介绍了服务端渲染和客户端渲染的区别，然后介绍了 React 中服务端渲染的方法，最后通过实例演示了服务端渲染的流程。

第 8 章介绍了单元测试及单元测试对前端的重要性，并结合 React 实战项目案例，让读者了解如何使用各种工具实现自动化测试。

第 9 章通过一个移动端社区项目案例，对 React、Redux、react-router 和 Webpack 等内容进行总结，并带领读者动手开发实践。

本书配套源代码获取方式

本书所有实战项目案例的源代码文件都存放在 GitHub 上，其他可运行的小案例源代码文件都存放在 JSFiddle 上（有搭建好的环境），读者可以自行下载。

另外，读者还可以在华章公司的网站（www.hzbook.com）上搜索到本书，然后通过页面上的"配书资源"下载链接获取源代码文件。

源代码可能会和本书内容有所出入，因为作者会根据技术变化对代码进行小幅改动，读者可以结合相关章节查看。

本书为谁而写

如果您熟悉 JavaScript，打算开发跨平台应用程序，且想选择 React 技术栈，那么本书就是为您而准备的。本书读者对象如下：

- 学习大前端开发的入门与提高人员；
- React 开发程序员；
- 跨平台开发前端人员；
- React 全栈开发人员；
- 相关院校的学生；
- 培训机构的学员。

致谢

本书的编写耗费了作者周末和晚上的大量时间。感谢家人李胜男的陪伴和谅解！也感谢在写作本书的过程中给予笔者宝贵建议的同事艾渤添！最后由衷地感谢出版社的编辑人员，是他们认真负责的工作态度，以及给予笔者的耐心指导，才让本书内容更加精彩！

读者在阅读本书的过程中若有问题，可以发送电子邮件到 hzbook2017@163.com 以获取帮助。

作者

|目录|

第 1 章　React 入门

React 开源于 2013 年 5 月，一发布就引起了开发者广泛的关注和认可。截至笔者写作本章内容，React 在 GitHub 上面的 star 数量已经达到 129680。这是一个非常庞大的 star 数量，在主流 JavaScript（简称 JS）库中排名第二。其后来衍生的 React Native 在开源的第一天在 GitHub 上面的 Start 数量就达到了 5000 个，由此可见其受欢迎的程度非同凡响。本章将带领读者正式踏入 React 的世界。通过本章，读者将学会如何在现代前端工程项目中使用 React 开发简单的组件，同时也会了解 React 的基本设计思想。

假如读者之前接触过 jQuery 之类直接操作 DOM（Document Object Model，文档对象模型）的 JS 写法或其他 JS 库，现在起，请跳出以往的思维，拥抱 React 的理念和思想。

1.1　开始学习 React 之前

工欲善其事，必先利其器。现在，开发生态系统需要读者基于 Node.js、Webpack、ES 6、ES 7 等进行开发，其中，Node.js 是前端工程化的重要支柱。所以在学习 React 之前，读者需要对 Node.js、NPM 以及 ES 6（ECMAScript 6.0）有一定的认识。本节将带领读者熟悉这些基本概念，如果读者对本节内容已有一定了解，可以直接跳过。

1.1.1　下载与使用 Node.js 和 NPM

Node.js 是一个基于 Chrome V8 引擎的 JavaScript 运行环境，它使 JavaScript 能够脱离浏览器直接运行。通过 Node.js 的开源命令行工具，可以让 JavaScript 在本地运行。

Node.js 通过官网 https://nodejs.org/en/下载。下载后可以直接安装，这里安装过程不再详述，相信读者已经有安装软件的经验。

安装后在终端输入命令：

```
node -v
```

可以验证 Node.js 在本地是否安装成功。如果输入后显示一个类似于 v8.9.3 的版本号，就说明安装成功。

NPM（Node Package Manager）是 Node.js 的包管理工具（我们常说的 Node 包），是全球最大的开源库生态系统。它允许开发人员使用创建的 JavaScript 脚本运行本地项目（比如开启一个本地服务器）、下载应用程序所依赖的 JavaScript 包等。这些在本书后面的前端项目搭建或引用第三方插件时都会用到，用法如下：

```
npm install <package_name>
```

🔔 提示：使用 NPM 安装的大部分软件或包，都可以使用"包名称 –v"这样的命令来验证是否安装成功。

由于网络环境问题，有的 Node 包会出现无法下载或下载速度很慢的情况，此时可以使用淘宝 NPM 镜像来代替 NPM，安装方式如下：

```
npm install -g cnpm --registry=https://registry.npm.taobao.org
```

淘宝 NPM 镜像其实是一个对 NPM 的复制，用法与 NPM 一样，命令如下：

```
cnpm install <package_name>
```

1.1.2　模块打包工具之 Browserify

使用 React 进行开发，势必会包含对各种语法的解析。这需要将所有模块打包成一个或多个文件，以方便在浏览器中执行使用。拥有一个好的代码构建工具，无疑能提升开发者的开发效率。

由于近几年前端开发对于模块化思想的追崇，出现了如 Require.js 和 sea.js 等优秀的模块化开发工具。模块化实现了项目的高内聚低耦合，降低了模块与模块之间的依赖关系。特别是对于大型复杂的单页应用来说，模块化更能提升应用的性能。

此外，还有一些浏览器不支持的功能（如 ES 6 中提出的 export 和 import），需要借助一些工具实现。

基于以上种种原因，就引出了接下来要介绍的两款较为流行的模块打包工具 Browserify 和 Webpack。本节先介绍 Browserify。

Browserify 是一个浏览器端代码模块化的 JavaScript 打包工具，其图标如图 1.1 所示。可以使用类似于 Node 的 require()方法加载 NPM 模块，在 HTML 文件中使用 script 标签引用 Browserify 编译后的代码。

使用 NPM 全局安装 Browserify：

```
npm install -g browserify
```

命令行参数及说明如下：

- –outfile，-o：将 Browserify 日志打印到文件；
- –require，-r：绑定模块名或文件，用逗号分隔；
- –entry，-e：应用程序的入口；

- –ignore，-i：省略输出；
- –external，-x：从其他绑定引入文件；
- –transform，-t：对上层文件进行转换；
- –command，-c：对上层文件使用转换命令；
- –standalone -s：生成一个 UMD（Universal Module Definition）类型的接口，提供给其他模块使用；

图 1.1　Browserify

- –debug -d：激活 source maps 调试文件；
- –help，-h：显示帮助信息；
- –insert-globals，–ig，–fast：跳过检查，定义全局变量；
- –detect-globals，–dg：检查全局变量是否存在；
- –ignore-missing，–im：忽略 require()方法；
- –noparse=FILE：不解析文件，直接 build；
- –deps：打印完整输出日志；
- –list：打印每个文件的依赖关系；
- –extension=EXTENSION：指定扩展名的文件作为模块加载，允许多次设置。

使用 Browserify 时必须在终端，例如：

```
borwserify index.js > bundle.js
```

上述代码将 index.js 编译为 bundle.js，生成的文件在浏览器端能直接运行。

总结一下使用 Browserify 的步骤：写 Node 程序或代码模块→用 Browserify 预编译成 bundle.js→在 HTML 中引用 bundle.js。

1.1.3　模块打包工具之 Webpack

本节重点介绍 Webpack，这是本书案例代码最常用的打包工具。当然市面上类似的打包工具还有 Rollup、Parceljs 等，感兴趣的读者可自行研究。

Webpack 是一个"模块打包器"，如图 1.2 所示。它能根据模块的依赖关系递归地构建一个依赖关系图（Dependency Graph），当中包含了应用程序需要的所有模块，最后打包成一个或多个 bundle。

说明：bundle 一般用来形容模块打包后生成的文件，通常我们会将文件命名为 bundle.js。

Webpack 的全局安装命令如下：

```
npm install -g webpack webpack-cli
```

注意：不同于 Webpack 3.x ，webapck-cli 在 Webpack 4 中被分离了，所以需要同时安装两个库。

同 Browserify 一样，Webpack 最后打包输出的静态资源在 HTML 中被引用。但 Webpack 相比 Browserify 又多了更多的特色，Webpack 能将 CSS 和图片等打包到同一个包；打包前还能对文件进行预编译（比如 Less、TypeScript 和 JSX 等）；还能配置多入口，将包拆分；还能进行"热"替换等。

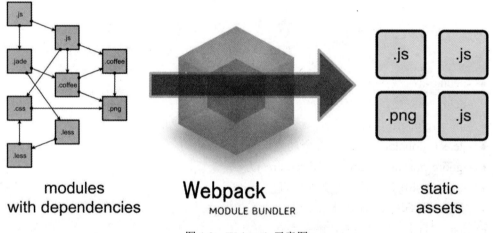

图 1.2　Webpack 示意图

在 Webpack 中有 4 个核心概念：

- entry（入口）；
- output（输出）；
- loader（转换器）；
- plugins（插件）。

1. entry（入口）

entry（入口）用于指引 Webpack 应该从哪个模块开始，它是构建的入口。之后 Webpack 会自动找出应用内其他相互依赖的内容进行打包。通过在 Webpack 配置文件中配置 entry

属性来指定入口。虽然一般项目中只指定一个入口，但实际上是可以指定多个入口的。

entry 配置示例：

```
module.exports = {
  entry: './src/file.js'
}
```

🔔提示：这些配置都在 webpack.config.js 文件中，但在 Webpack 4 以上的版本中，该文件不是必要文件。

2．output（出口）

output（出口）告诉 Webpack 所构建的 bundles 在哪里输出，默认输出路径是./dist。

output 配置示例：

```
const path = require('path');
module.exports = {
  entry: './src/file.js',
  output: {
    path: path.resolve(__dirname, 'dist'),
    filename: 'bundle.js'
  }
};
```

上面的配置通过 output.path 和 output.filename 属性来自定义 Webpack 打包后 bundle 的路径和名称。

3．loader（转换器）

loader 用于配置 Webpack 处理一些非 JS 文件，因为 Webpack 本身只能理解 JavaScript。通过 loader 可以实现 import 导入的任何类型模块（如.jsx，.css，.less 等）。

loader 配置示例：

```
const path = require('path');
module.exports ={
  entry: './src/file.js',                    // 打包入口
  output: {
    path: path.resolve(__dirname, 'dist'),
    filename: 'bundle.js'
  },
  module: {
    rules: [
      { test: /\.less$/, use: 'less-loader' }
    ]
  }
};
```

上面的配置中，loader 的 test 属性告诉 Webpack 需要处理的"对象"；use 属性告诉 Webpack 用什么去处理。当 Webpack 打包的时候会识别所有后缀为.less 的文件，并用 less-loader 去转换。

4．plugins（插件）

plugins（插件）的作用主要是打包优化、压缩等，它的功能同 loader 一样极其强大，使用任何插件时只需要 require()进来即可。

plugins 配置示例：

```
const HtmlWebpackPlugin = require('html-webpack-plugin');  // 通过 NPM 安装
const webpack = require('webpack');                        // 用于访问内置插件
module.exports = {
  module: {
    rules: [
      { test: /\.less$/, use: 'less-loader' }
    ]
  },
  plugins: [
    new webpack.optimize.UglifyJsPlugin(),
    new HtmlWebpackPlugin({template: './src/index.html'})
  ]
};
```

在真实项目中会区分开发环境（production）和生产环境（development），两种环境可以通过 mode 参数来配置，如下：

```
module.exports = {
  mode: 'production'
};
```

接下来通过新建一个项目来深入了解 Webpack 的使用。

1.1.4　第一个 Webpack 构建实战

本节将构建一个很简单的项目，重点是让读者先了解 Webpack。新建项目 app（一个空目录），并以此为根目录。

使用 Webpack 构建项目示例：

（1）在根目录下新建文件 index.html，内容如下：

```
<!DOCTYPE html>
<html lang="en">
<head>
    <meta charset="UTF-8">
    <meta name="viewport" content="width=device-width, initial-scale=1.0">
    <meta http-equiv="X-UA-Compatible" content="ie=edge">
    <title>document</title>
</head>
<body>
    <script type="text/javascript" src="bundle.js" charset="utf-8"></script>
</body>
</html>
```

（2）新建文件 a.js，内容如下：

```
document.write("It works from a.js");
```

此时目录结构为：

```
.
├── a.js
└── index.html
```

（3）在根目录下执行如下命令（Webpack 4 以上版本）：

```
webpack a.js -o bundle.js
```

🔔提示：如果是 Webpack 4 以下版本，则不需要-o 参数，但需要 webpack.config.js 配置文件。

Webpack 会根据模块的依赖关系进行静态分析，模块 a.js 被打包为 bundle.js。终端效果如图 1.3 所示，同时根目录下会生成一个新的文件./bundle.js。

```
D:\app>webpack a.js -o bundle.js
Hash: 1cadea1514268ff32839
Version: webpack 4.29.6
Time: 615ms
Built at: 2019-03-12 15:47:56
    Asset      Size  Chunks             Chunk Names
bundle.js  966 bytes       0  [emitted]  main
Entrypoint main = bundle.js
[0] ./a.js 38 bytes {} [built]
```

图 1.3　Webpack 编译文件

🔔提示：如果 Webpack 构建不成功，第一，查看源码中是否有特殊字符；第二，查看 Webpack
　　　　版本号。Webpack4 版本开始的构建命令略有不同。

1.1.5　Webpack loader 实战

使用 Webpack loader 构建项目示例：
在前面示例基础上对文本样式进行修改，在根目录下安装 loader，命令如下：

```
npm install css-loader style-loader -D
```

（1）新建文件./webpack.config.js，代码如下，其中的 rules 用来配置 loader。

```
module.exports = {
    entry: "./a.js",
    output: {
        path: __dirname,
        filename: "bundle.js"
    },
    mode: "production",
    module: {
        rules: [
            { test: /\.css$/, loader: "style-loader!css-loader" }
```

```
        ]
    }
};
```

（2）新建./style.css 样式文件，代码如下：

```
body {
  color: red;
}
```

（3）在 a.js 中引入样式文件：

```
import "./style.css";
```

此时项目结构如下：

```
.
├── a.js
├── index.html
├── package.json
├── style.css
└── webpack.config.js
```

（4）在终端执行 Webpack 命令：

```
webpack
```

Webpack 会默认找到 webpack.config.js 配置文件，直接执行里面的命令，显示结果如图 1.4 所示。

```
[AllandeMacBook-Pro:app alan$ webpack
 Hash: ad1b2b580ca4e44fc133
 Version: webpack 3.12.0
 Time: 322ms
     Asset      Size  Chunks            Chunk Names
 bundle.js  19.7 kB       0  [emitted]  main
    [0] ./a.js 54 bytes {0} [built]
    [1] ./style.css 1.14 kB {0} [built]
    [2] ./node_modules/_css-loader@1.0.0@css-loader!./style.css 202 bytes {0} [bu
ilt]
      + 3 hidden modules
```

图 1.4　Webpack 编译之 loader

（5）根目录下会再次生成 bundle.js 文件。打开浏览器后，黑色英文 Hello World！的颜色将变为红色。

实际项目中，一般不会直接执行 Webpack 命令，而是在 package.json 中的 scripts 内配置：

```
"scripts": {
    "a" :"webpack --config ./webpack.config.js"
  },
```

其中，参数--config 用于指定读取哪个配置文件。如果没有指定--config，Webpack 会默认读取 webpack.config.js 或 webpackfile.js 文件。项目中通常会配置两三个 Webpack 配置文件，命名时一般会带上环境，如 webpack.config.base.js，webpack.config.dev.js 和 webpack.config.prod.js。

然后在终端执行：

```
npm run a
```

🔔提示：如果默认安装的 package.json 文件名为 package-lock.json，别忘记修改过来。

1.1.6　Webpack 配置详解

前面已经使用过 webpack.config.js 中的一些配置，本节将详细介绍 Webpack 的主要配置项。

（1）模式 mode：

```
mode: "production",                          // 生产模式
mode: "development",                         // 开发模式
```

（2）入口 entry：

```
entry: "./app/entry",                        // 入口可以是字符串、对象或数组
entry: ["./app/entry1", "./app/entry2"],
entry: {
    a: "./app/entry-a",
    b: ["./app/entry-b1", "./app/entry-b2"]
},
```

（3）出口 output：

```
output: {                                    // Webpack 如何输出结果的相关选项
    path: path.resolve(__dirname, "dist"),   // 字符串
    // 所有输出文件的目标路径
    // 必须是绝对路径（使用 Node.js 的 path 模块）
    filename: "bundle.js",                    // 字符串
    filename: "[name].js",                    // 用于多个入口点（entry point）
    filename: "[chunkhash].js",              // 用于长效缓存
    // 「入口分块(entry chunk)」的文件名模板
    publicPath: "/assets/",                   // 字符串
    publicPath: "",
    publicPath: "https://cdn.example.com/",
    // 输出解析文件的目录，URL 相当于 HTML 页面
    library: "MyLibrary", // string,
    // 导出库(exported library)的名称
    libraryTarget: "umd",                     // 通用模块定义
    libraryTarget: "commonjs2",               // 作为 exports 的属性导出
    libraryTarget: "commonjs",                // 作为 exports 的属性导出
    libraryTarget: "amd",                     // 使用 amd 定义方法来定义
    libraryTarget: "this",                    // 在 this 上设置属性
    libraryTarget: "var",                     // 变量定义于根作用域下
    libraryTarget: "assign",                  // 盲分配（blind assignment）
    libraryTarget: "window",                  // 在 window 对象上设置属性
    libraryTarget: "global",                  // 设置 global 对象
```

```
    libraryTarget: "jsonp",                          // jsonp wrapper
    // 导出库(exported library)的类型
    /* 高级输出配置（点击显示） */   pathinfo: true,   // boolean
    // 以文件形式异步加载模块配置项
    chunkFilename: "[id].js",
    chunkFilename: "[chunkhash].js",                  // 长效缓存 (/guides/caching)
    // 「附加分块(additional chunk)」的文件名模板
    jsonpFunction: "myWebpackJsonp",                  // string
    // 用于加载分块的 JSONP 函数名
    sourceMapFilename: "[file].map",                  // string
    sourceMapFilename: "sourcemaps/[file].map",       // string
    // 「source map 位置」的文件名模板
    devtoolModuleFilenameTemplate: "webpack:///[resource-path]", // string
    // 「devtool 中模块」的文件名模板
    devtoolFallbackModuleFilenameTemplate: "webpack:///[resource-path]?
    [hash]", // string
    // 「devtool 中模块」的文件名模板（用于冲突）
    umdNamedDefine: true, // boolean
    // 在 UMD 库中使用命名的 AMD 模块
    crossOriginLoading: "use-credentials",            // 枚举
    crossOriginLoading: "anonymous",
    crossOriginLoading: false,
    // 指定运行时如何发出跨域请求问题
    /* 专家级输出配置（自行承担风险） */
}
```

（4）module 模块处理：

```
module: {
    // 关于模块配置
    rules: [
      // 模块规则（配置 loader、解析器等选项）
      {
        test: /\.jsx?$/,
        include: [
          path.resolve(__dirname, "app")
        ],
        exclude: [
          path.resolve(__dirname, "app/demo-files")
        ],
        // 这里是匹配条件，每个选项都接收一个正则表达式或字符串
        // test 和 include 具有相同的作用，都是必须匹配选项
        // exclude 是必不匹配选项（优先于 test 和 include）
        // 最佳实践：
        // - 只在 test 和文件名匹配 中使用正则表达式
        // - 在 include 和 exclude 中使用绝对路径数组
        // - 尽量避免使用 exclude，更倾向于使用 include
        issuer: { test, include, exclude },
        // issuer 条件（导入源）
        enforce: "pre",
        enforce: "post",
        // 标识应用这些规则，即使规则覆盖（高级选项）
```

```
      loader: "babel-loader",
      // 应该应用的 loader，它相对上下文解析
      // 为了更清晰，-loader 后缀在 Webpack 2 中不再是可选的
      options: {
        presets: ["es2015"]
      },
      // loader 的可选项
    },
    {
      test: /\.html$/,
      use: [
        // 应用多个 loader 和选项
        "htmllint-loader",
        {
          loader: "html-loader",
          options: {
            /* ... */
          }
        }
      ]
    },
    { oneOf: [ /* rules */ ] },
    // 只使用这些嵌套规则之一
    { rules: [ /* rules */ ] },
    // 使用所有嵌套规则（合并可用条件）
    { resource: { and: [ /* 条件 */ ] } },
    // 仅当所有条件都匹配时才匹配
    { resource: { or: [ /* 条件 */ ] } },
    { resource: [ /* 条件 */ ] },
    // 任意条件匹配时匹配（默认为数组）
    { resource: { not: /* 条件 */ } }
    // 条件不匹配时匹配
  ],
/* 高级模块配置（点击展示） */
noParse: [
    /special-library\.js$/
  ],
  // 不解析这里的模块
  unknownContextRequest: ".",
  unknownContextRecursive: true,
  unknownContextRegExp: /^\.\/.*$/,
  unknownContextCritical: true,
  exprContextRequest: ".",
  exprContextRegExp: /^\.\/.*$/,
  exprContextRecursive: true,
  exprContextCritical: true,
  wrappedContextRegExp: /.*/,
  wrappedContextRecursive: true,
  wrappedContextCritical: false,
  // specifies default behavior for dynamic requests
},
```

（5）resolve 解析：

```
resolve: {
  // 解析模块请求的选项（不适用于对 loader 解析）
  modules: [
    "node_modules",
    path.resolve(__dirname, "app")
  ],
  // 用于查找模块的目录
  extensions: [".js", ".json", ".jsx", ".css"],
  // 使用的扩展名
  alias: {
    // 模块别名列表
    "module": "new-module",
    // 起别名："module" -> "new-module" 和 "module/path/file" -> "new-
    module/path/file"
    "only-module$": "new-module"
    // 起别名 "only-module" -> "new-module"，但不匹配 "only-module/path/
    file" -> "new-module/path/file"
    "module": path.resolve(__dirname, "app/third/module.js"),
    // 起别名 "module" -> "./app/third/module.js" 和 "module/file" 会导致错误
    // 模块别名相对于当前上下文导入
  },
  /* 可供选择的别名语法（点击展示） */
alias: [
    {
      name: "module",
      // 旧的请求
      alias: "new-module",
      // 新的请求
      onlyModule: true
      // 如果为 true，那么只有 module 是别名
      // 如果为 false，则"module/inner/path" 也是别名
    }
  ],
  /* 高级解析选项（点击展示） */   symlinks: true,
  // 遵循符号链接（symlinks）到新位置
  descriptionFiles: ["package.json"],
  // 从 package 描述中读取的文件
  mainFields: ["main"],
  // 从描述文件中读取的属性
  // 当请求文件夹时
  aliasFields: ["browser"],
  // 从描述文件中读取的属性
  // 以对此 package 的请求起别名
  enforceExtension: false,
  // 如果为 true，请求必不包括扩展名
  // 如果为 false，请求可以包括扩展名
  moduleExtensions: ["-module"],
  enforceModuleExtension: false,
  // 类似 extensions/enforceExtension，但是用模块名替换文件
  unsafeCache: true,
```

```
    unsafeCache: {},
    // 为解析的请求启用缓存
    // 这是不安全的，因为文件夹结构可能会改动
    // 但是性能改善是很大的
    cachePredicate: (path, request) => true,
    // predicate function which selects requests for caching
    plugins: [
      ...
    ]
    // 应用于解析的附加插件
  },
```

（6）performance 打包后命令行如何展示性能提示，如果超过某个大小时是警告还是报错：

```
performance: {
  hints: "warning",          // 枚举 hints: "error", // 性能提示中抛出错误
  hints: false,              // 关闭性能提示
  maxAssetSize: 200000,      // 整数类型（以字节为单位）
  maxEntrypointSize: 400000, // 整数类型（以字节为单位）
  assetFilter: function(assetFilename) {
    // 提供资源文件名的断言函数
    return assetFilename.endsWith('.css') || assetFilename.endsWith('.js');
  }
},
```

（7）devtool 用于配置调试代码的方式，打包后的代码和原始代码存在较大的差异，此选项控制是否生成，以及如何生成 sourcemap：

```
devtool: "source-map",          // enum  devtool: "inline-source-map",
                                // 嵌入到源文件中
devtool: "eval-source-map",     // 将 sourcemap 嵌入到每个模块中
devtool: "hidden-source-map",   // sourcemap 不在源文件中引用
devtool: "cheap-source-map",    // 没有模块映射（module mappings）的
                                // sourcemap 低级变体（cheap-variant）
devtool: "cheap-module-source-map",   // 有模块映射（module mappings）的
                                // sourcemap 低级变体
devtool: "eval",                // 没有模块映射，而是命名模块。以牺牲细节达到最快
// 通过在浏览器调试工具（browser devtools）中添加元信息（meta info）增强调试
// 牺牲了构建速度的 sourcemap 是最详细的
```

（8）context 基础目录，绝对路径，用于从配置中解析入口起点（entry point）和 loader：

```
context: __dirname, // string（绝对路径！）
```

（9）target 构建目标：

```
target: "web",              // 枚举  target: "webworker", // WebWorker
target: "webworker"         //webworker
target: "node",             // Node.js 通过 require 加载模块
target: "async-node",       // Node.js 通过 fs 和 vm 加载分块
target: "node-webkit",      // 编译为 webkit 可用，并且用 jsonp 去加载分块
target: "electron-main",    // electron，主进程（main process）
```

```
target: "electron-renderer",          // electron，渲染进程（renderer process）
target: (compiler) => { /* ... */ },   // 自定义
```

（10）externals 外部拓展：

```
externals: ["react", /^@angular\//], externals: "react",   // string（精
                                                                确匹配）
externals: /^[a-z\-]+($|\/)/,                            // 正则
externals: {                                            // 对象
  angular: "this angular", // this["angular"]
  react: {                                              // 使用 UMD 规范
    commonjs: "react",
    commonjs2: "react",
    amd: "react",
    root: "React"
  }
},
externals: (request) => { /* ... */ return "commonjs " + request }
```

（11）stats 统计信息：

```
stats: "errors-only",
stats: { //object
  assets: true,
  colors: true,
  errors: true,
  errorDetails: true,
  hash: true,
  ...
},
```

（12）devServer 配置本地运行环境：

```
devServer: {
  proxy: {                      // 服务器代理
    '/api': 'http://localhost:3000'
  },
  contentBase: path.join(__dirname, 'public'), // boolean、string 或 array,
服务器资源根目录
  compress: true,              // 启用 gzip 压缩
  historyApiFallback: true,    // 返回 404 页面时定向到特定页面
  ...
},
```

（13）plugins 插件：

```
plugins: [
  ...
],
```

（14）其他插件：

```
// 附加插件列表
/* 高级配置（点击展示） */
resolveLoader: { /* 等同于 resolve */ }
// 独立解析选项的 loader
```

```
    parallelism: 1,                        // number
    // 限制并行处理模块的数量
    profile: true,                         // boolean 数据类型
    // 捕获时机信息
    bail: true, //boolean
    // 在第一个错误出错时抛出，而不是无视错误
    cache: false, // boolean
    // 禁用/启用缓存
    watch: true, // boolean
    // 启用观察
    watchOptions: {
      aggregateTimeout: 1000,              // in ms 毫秒单位
      // 将多个更改聚合到单个重构建（rebuild）
      poll: true,
      poll: 500,                           // 间隔单位 ms
      // 启用轮询观察模式
      // 必须用在不通知更改的文件系统中
      // 即 nfs shares（Network FileSystem）
    },
    node: {
      // Polyfills 和 mocks 可以在非 Node 环境中运行 Node.js 环境代码
      // environment code in non-Node environments.
      console: false,            // boolean | "mock"布尔值或"mock"
      global: true,              // boolean | "mock"布尔值或"mock"
      process: true,             // boolean 布尔值
      __filename: "mock",        // boolean | "mock"布尔值或"mock"
      __dirname: "mock",         // boolean | "mock"布尔值或"mock"
      Buffer: true,              // boolean | "mock"布尔值或"mock"
      setImmediate: true   // boolean | "mock" | "empty"布尔值或"mock"或"empty"
    },
    recordsPath: path.resolve(__dirname, "build/records.json"),
    recordsInputPath: path.resolve(__dirname, "build/records.json"),
    recordsOutputPath: path.resolve(__dirname, "build/records.json"),
    // TODO
  }
```

　　更多详情可请访问 Webpack 官方网站 https://webpack.js.org/。当然读者也可以直接使用 Facebook 官方提供的 create-react-app 进行搭建（https://github.com/facebook/create-react-app）。后面章节会继续介绍 Webpack 真实项目的搭建与实践开发。

1.1.7　ES 6 语法

　　ES 6（ECMAScript 6.0）是一个历史名词，也是一个泛指，指代 ECMAScript 5.1 版本之后 JavaScript 的下一代标准。其中包含 ES 2015、ES 2016 和 ES 2017 等，而这些年份表示在当年发布的正式版本的语言标准。

　　最早的 ECMAScript 1.0 于 1997 年发布，ECMAScript 2.0 于 1998 年发布，ECMAScript 3.0 于 1999 年发布。有意思的是，2000 年 ECMAScript 4.0 的草案由于太过于激进没有被

发布。到了 2007 年，ECMAScript 4.0 草案发布。当时以 Microsoft 和 Google 为首的互联网"巨头"反对 ES 的大幅升级，希望能小幅改动；而 Brendan Eich（JavaScript 创造者）为首的 Mozilla 公司坚持当时的草案。由于分歧太大，2018 年而中止了对 ECMAScript 4.0 的开发，将其中激进的部分放到以后的版本，将其中改动小的部分发布为 ECMAScript 3.1，之后又将其改名为 ECMAScript 5，并于 2009 年 12 月发布。在 2015 年 6 月，ECMAScript 6 正式通过。但很多人不知道，时至今日，JavaScript 初学者学习的其实就是 ES 3.0 版本。目前为止，各大浏览器厂商对 ES 6 语法特性的支持已经超过 90%。

以上是对 ECMAScript 语言规范的简单历史介绍。

由于本书使用的示例代码会涉及 ES 6 相关语法，因此下面对项目中经常使用到的几点特性进行简单介绍。

1．变量声明let和const

ES 6 之前，通常用 var 关键字来声明变量。无论在何处声明，都会被视为在所在函数作用域最顶部（变量提升）。那么为什么需要用 let 和 const 关键词来创建变量或常量呢？理由是：

- 可以解决 ES 5 使用 var 初始化变量时会出现的变量提升问题；
- 可以解决使用闭包时出错的问题；
- ES 5 只有全局作用域和函数作用域，却没有块级作用域；
- 可以解决使用计数的 for 循环变量时会导致泄露为全局变量的问题。

let 命令表示被声明的变量值在作用域内生效。比如：

```
{
 let a = 1;
 var b = 2;
}
a    // 报错 ReferenceError
b    // 2
```

💬提示：以上代码可以在浏览器开发工具的 Console 模式中调试。

从上述代码可以看出，let 声明的代码只能在其所在的代码块内有效，出了代码块，就会出错。

另外，对于 let 来说，不存在变量提升。在一般代码逻辑中，变量应该是定义后才可以使用，但 var 的变量提升却可以先使用再定义，多少有些"奇怪"，而 let 就更改了这种语法行为。要使用一个变量必须先声明，不然就报错，显然这样更合理。

var 和 let 的对比示例：

```
Console.log(a);      // undefined
var a = 1;
Console.log(a)       // 报错 ReferenceError
let a = 1;
```

此外，let 不允许重复声明，比如：

```
// 报错
function func(){
 let a = 1;
 var a = 2;
}
// 报错
function func(){
 let a = 1;
 let a = 2;
}
```

在代码块内，使用 let 声明变量之前，该变量都是不可用的（不可访问、不可赋值等）。在语法上，这被称为"暂时性死区"（Temporal Dead Zone，TDZ）。

💭注意：暂时性死区就是只要一进入当前作用域，所要使用的变量就已经存在了，但是不可获取。只有等到声明变量的那一行代码出现，才可以获取和使用该变量。例如：

```
if (true) {
// TDZ 开始，不可访问，不可赋值
temp = "hello";          // ReferenceError
console.log(temp);       // ReferenceError
let temp;                // TDZ 结束
console.log(temp);       // 输出 undefined，可访问

temp = 1;                // 可赋值
console.log(temp);       // 输出 1，访问
}
```

在 ES 5 中，变量提升可能还会导致内层变量覆盖外层变量，比如：

```
var i = 1;
function func() {
    console.log(i);
    if (true) {
        var i = 1;
    }
}
func();              // undefined
```

let 还引入了块级作用域的概念，传统 ES 5 中不存在块级作用域。假如没有块级作用域，可能会碰到这种问题：

```
var arr = [1, 2, 3, 4]
for (var i = 0; i < arr.length; i++){
 console.log(i);
}
console.log(i);      // 4
```

上述代码希望达到的结果是，在 for 循环之后变量 i 被垃圾回收机制回收。但用来计数的循环变量在循环结束后并没有被回收，内存泄露为了全局变量。这种场景非常适合使用块级作用域 let：

```
var arr = [1, 2, 3, 4]
for (let i = 0; i < arr.length; i++){
 console.log(i);
}
console.log(i); // Uncaught ReferenceError: i is not defined
```

从上面的示例代码可以看出，当循环结束后，就可以将不需要的用于计数的变量回收，让它消失。虽然一个简单的变量泄漏并不会造成很大危害，但这种写法是错误的。

块级作用域的出现无疑带来了很多好处，它允许作用域的任意嵌套，例如：

```
{{{{
    {let i = 1;}
    console.log(i);       // 报错
}}}}
```

内层作用域可以使用跟外层同名的变量名，比如：

```
{{{{
 let i =1;
 console.log(i);          // 1
 {
  let i = 2;
  console.log(i);    // 2
 }
}}}}
```

块级作用域还使立即执行函数表达式（IIFE）不再成为必要项，比如：

```
// 立即执行函数
(function () {
 var a = ...;
  ...
}());
// 块级作用域写法
{
  let a = ...;
  ...
}
```

再来看看 const。const 用于声明只读的常量，一旦声明就不能改变。和 let 一样，const 只在块级作用域内有效，不存在变量提升，存在暂时性死区和不可重复声明。

2．解构赋值

按照一定模式从数组或对象中提取值，对变量进行赋值，叫做解构赋值（Destructuring）。

🔔注意：解构赋值的对象是数组或对象，作用是赋值。

用于对象的解构赋值示例：

```
const cat = {
 name: 'Tom',
 sex: 'male',
 age: 3
```

```
};
let { name, sex, age } = cat;
console.log(name, sex, age);    // Tom male 3
```

上述代码将 cat 中的属性解构出来并赋值给 name、sex 和 age。同样的示例，传统写法如下：

```
const cat = {
 name: 'Tom',
 sex: 'male',
 age: 3
};
let name = cat.name;
let sex = cat.sex;
let age = cat.age;
```

对象解构也可以指定默认值：

```
var {a =1} = {};
a    // 1
var {a, b = 2} = {a: 1}
a    // 1
b    // 2
```

当解构不成功时，变量的值为 undefined：

```
let {a} = {b: 1};
a    // undefined
```

ES 6 的解构赋值给开发者带来了很大的便捷，这就是解构赋值的魅力。同样，解构赋值也能在数组中使用。

数组的解构赋值示例：

```
let [a, b , c] = [1, 2, 3];
a    // 1
b    // 2
c    // 3
let [x,  , y] = [1, 2, 3];
x    // 1
y    // 3
let [e, f, …g] = ["hello"];
e    // "hello"
f    // undefined
g    // [ ]
```

以上代码表明可以从数组中提取值，按照对应位置赋值给对应变量。如果解构失败就会赋值为 undfined 。如果等号右边是不可遍历的结构，也会报错。

```
// 报错
let [a] = 1;
let [a] = false;
let [a] = {};
let [a] = NaN;
let [a] = undefined;
```

以上都会报错。

在解构赋值中也允许有默认值，例如：

```
let {a = [1, 2, 3]} = { };
a    // [1, 2, 3]
let [x, y = 'hi'] = ["a"];
x    // x='a', y='b'
```

3．拓展运算符（spread）…

拓展运算符（spread）是 3 个点（…）。可以将它比作 rest 参数的逆运算，将一个数组转为用逗号分隔的参数序列。下面来看看它有哪些作用。

（1）合并数组。

在 ES 5 中要合并两个数组，写法是这样的：

```
var a = [1, 2];
var b = [3, 4];
a.concat(b);      // [1, 2, 3, 4]
```

但在 ES 6 中拓展运算符提供了合并数组的新写法：

```
let a = [1, 2];
let b = [3, 4];
[...a, …b];        // [1, 2, 3, 4]
```

如果想让一个数组添加到另一个数组后面，在 ES 5 中是这样写的：

```
var x = ["a", "b"];
var y = ["c", "d"];
Array.prototype.push.apply(arr1, arr2);
arr1          // ["a", "b", "c", "d"]
```

上述代码中由于 push()方法不能为数组，所以通过 apply()方法变相使用。但现在有了 ES 6 的拓展运算符后就可以直接使用 push()方法了：

```
let x = ["a", "b"];
let y = ["c", "d"];
x.push(…y); // ["a", "b", "c", "d"]
```

（2）数组复制。

拓展运算符还可以用于数组复制，但要注意的是，复制的是指向底层数据结构的指针，并非复制一个全新的数组。

数组复制示例：

```
const x = ['a', 'b'];
const x1 = x;
x1[0];   // 'a'
x1[0] = 'c';
x         // ['c', 'b']
```

（3）与解构赋值结合。

拓展运算符可以和解构赋值相结合用于生成新数组：

```
const [arr1, …arr2] = [1, 2, 3, 4];
arr1          // 1
arr2          // [2, 3, 4]
```

注意，使用拓展运算符给数组赋值时，必须放在参数最后的位置，不然会报错。例如：

```
const [...arr1, arr2] = [1, 2, 3, 4];          // 报错
const [1, ...arr1, arr2] = [1, 2, 3, 4];       // 报错
```

（4）函数调用（替代 apply() 方法）。

在 ES 5 中要合并两个数组，写法是这样的：

```
function add(a, b) {
 return a + b;
}
const num = [1, 10];
add.apply(null, num);    // 11
```

在 ES 6 中可以这样写：

```
function add(a, b) {
 return a + b;
}
const num = [1, 10];
add(...num);             // 11
```

上述代码使用拓展运算符将一个数组变为参数序列。当然，拓展运算符也可以和普通函数参数相结合使用，非常灵活。比如：

```
function add(a, b, c, d) {
 return a + b + c + d;
}
const num = [1, 10];
add(2, ...num, -2);         // 11
```

拓展运算符中的表达式如下：

```
[...(true ? [1, 2] : [3]), 'a'];         // [1, 2, 'a']
```

4. 箭头函数

ES 6 对于函数的拓展中增加了箭头函数 =>，用于对函数的定义。

箭头函数语法很简单，先定义自变量，然后是箭头和函数主体。箭头函数相当于匿名函数并简化了函数定义。

不引入参数的箭头函数示例：

```
var sum = () => 1+2;              // 圆括号代表参数部分
// 等同于
var sum = function() {
 return 1 + 2;
}
```

引入参数的箭头函数示例：

```
// 单个参数
var sum = value => value;        // 可以不给参数 value 加小括号
// 等同于
var sum = function(value) {
 return value;
};
// 多个参数
var sum = (a, b) => a + b;
```

```
// 等同于
var sum = function(a, b) {
 return a + b;
};
```

花括号{}内的函数主体部分写法基本等同于传统函数写法。

🔍注意：如果箭头函数内要返回自定义对象，需要用小括号把对象括起来。例如：

```
var getInfo = id =>({
 id: id,
 title: 'Awesome React'
});
// 等同于
var getInfo = function(id) {
 return {
  id: id,
  title: 'Awesome React'
 }
}
```

箭头函数与传统的 JavaScript 函数主要区别如下：

● 箭头函数内置 this 不可改变；

● 箭头函数不能使用 new 关键字来实例化对象；

● 箭头函数没有 arguments 对象，无法通过 arguments 对象访问传入的参数。

这些差异的存在是有理可循的。首先，对 this 的绑定是 JavaScript 错误的常见来源之一，容易丢失函数内置数值，或得出意外结果；其次，将箭头函数限制为使用固定 this 引用，有利于 JavaScript 引擎优化处理。

箭头函数看似匿名函数的简写，但与匿名函数有明显区别，箭头函数内部的 this 是词法作用域，由上下文确定。如果使用了箭头函数，就不能对 this 进行修改，所以用 call() 或 apply()调用箭头函数时都无法对 this 进行绑定，传入的第 1 个参数会被忽略。

更多详情，可参考阮一峰的《ECMAScript 6 入门》一书。

🔍注意：词法作用域是定义在词法阶段的作用域，它在代码书写的时候就已经确定。

1.2   React 简介

A JavaScript library for building user interfaces，这是 React 官网给 React 的一句话概括。

简单来说，React 就是一个使用 JavaScript 构建可组合的用户界面引擎，主要作用在于构建 UI。虽然有人说 React 属于 MVC 的 V（视图）层，但在 React 官方博客中阐明 React 不是一个 MVC 框架，而是一个用于构建组件化 UI 的库，是一个前端界面开发工具，他们并不认可 MVC 这种设计模式。

React 源于 Facebook 内部 PHP 框架 XHP 的一个分支，在每次有请求进入时会渲染整个页面。而 React 的出现就是为了把这种重新渲染整个页面的 PHP 式工作流，带入客户端应用，在使用 React 构建用户界面时，只需定义一次，就能将其复用在其他多个地方。当状态改变时，无须做出任何操作，它会自动、高效地更新界面。从此开发人员只需要关心维护应用内的状态，而不需要再关注 DOM 节点。这样开发人员就能从复杂的 DOM 操作中解脱出来，让工作重心回归状态本身。

由于 React 是一个专注于 UI 组件的类库，简单的理念和少量的 API 能和其他各种技术相融合，加之是由互联网"巨头"Facebook 维护，使 React 的生态圈在全球社区得以不断地良性发展。同时，基于 React 还诞生了 React Native，这无疑给当今移动互联网的蓬勃发展投下了的一枚重型"炸弹"。

得益于虚拟 DOM 的实现，React 可以实现跨平台开发：

- Web 应用；
- 原生 iOS 和 Android 应用；
- Canvas 应用和原生桌面应用；
- TV 应用。

可以说是"Learn once，Write Anywhere"。

1.3　React 的特征

本节将介绍有关 React 的三大突出特点：组件化、虚拟 DOM 和单向数据流，这有助于读者更好地认识和理解 React 的设计思想。

1.3.1　组件化

React 书写的一切用户界面都是基于组件的。这么做的好处是什么呢？

最显而易见的就是组件具备良好的封装性，可以重复使用。想象一下，在一个应用中，假如每个页面顶部都有一个类似功能的搜索框，需要写多次重复的代码，如果把它单独抽象封装成一个单独的组件，在每个使用到的地方去引用，这样可以减少大量重复、多余的代码，并且方便迭代维护。

在 React 中，对于组件的理解可以比喻成古代的"封邦建国"。天子把自己直接管辖（父组件）以外的土地分封给诸侯，让他们各自管辖属于自己的领地（子组件）。只要天子（父组件）有什么需要，就吩咐（调用）诸侯（子组件）去做就行了。有什么旨意，就派信使传达（props 属性，2.12 节将详细讲解）。这样一来，天子一个人要管辖这么多的领土也不会觉得累了，同时又让自己的国家繁荣富强，实现自治，但又不脱离自己的掌控。

简单的组件示例：

```
import React, { Component } from 'react';
import { render } from 'react-dom';
export default Class MyComponent extends React.Component {
  render() {
    return (
    <div>
      Hello, I am {this.props.name}.
    </div>
    )
  }
}
```

自定义组件后，在其他需要使用这个组件的地方就可以像使用 HTML 标签一样去引用了，例如：

```
import React, { Component } from 'react';
import { render } from 'react-dom';
import MyComponent from './myComponent'
export default class extends React.Component {
  render() {
    return (
<MyComponent name="Jack" />                // name 是自定义组件的属性
    )
  }
}
```

运行程序，输出结果如图 1.5 所示。

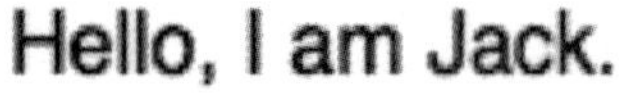

1.3.2　虚拟 DOM

Hello, I am Jack.

先来了解一下什么是 DOM，什么又是虚拟 DOM。

图 1.5　自定义组件

Document Object Model（DOM，文档对象模型）
是 W3C（World Wide Web Consortium，万维网联盟）的标准，定义了访问 HTML 和 XML 文档的标准方法：W3C 文档对象模型（DOM）是中立于平台和语言的接口，它允许程序和脚本动态地访问和更新文档的内容、结构和样式。简单来说，就是用于连接 document 和 JavaScript 的桥梁。

每个页面都有一个 DOM 树，用于对页面的表达。真实场景中用户的很多操作会导致浏览器的重排（引起 DOM 树重新计算的行为）。一般的写法都是手动操作 DOM，获取页面真实的 DOM 节点，然后修改数据。在复杂场景或需要频繁操作 DOM 的应用中，这样的写法非常消耗性能。当然也有许多方式可以避免页面重排，比如把某部分节点 position 设置为 absolute/fixed 定位，让其脱离文档流；或者在内存中处理 DOM 节点，完成之后推进文档等。这些方法维护成本昂贵，代码难以维护。

React 为了摆脱操作真实 DOM 的噩梦，开创性地把 DOM 树转换为 JavaScript 对象树，这就是虚拟 DOM（Virtual DOM）。

简单理解，虚拟 DOM 就是利用 JS 去构建真实 DOM 树，用于在浏览器中展示。每当有数据更新时，将重新计算整个虚拟 DOM 树，并和旧 DOM 树进行一次对比。对发生变化的部分进行最小程度的更新，从而避免了大范围的页面重排导致的性能问题。虚拟 DOM 树是内存中的数据，所以本身操作性能高很多。

可以说，React 赢就赢在了利用虚拟 DOM 超高性能地渲染页面，另辟蹊径地处理了这个对于开发者来说真实存在的痛点。除此之外，由于操作的对象是虚拟 DOM，与真实浏览器无关，与是否是浏览器环境都没有关系。只需要存在能将虚拟 DOM 转换为真实 DOM 的转换器，就能将其转为真实 DOM 在界面中展现，从而就达到了利用 React 实现跨平台的目的，比如 React Native 的实现。

1.3.3　单向数据流

在 React 中，数据流是单向的。

数据的流向是从父组件流向子组件，至上而下，如图 1.6 所示。这样能让组件之间的关系变得简单且可预测。

props 和 state 是 React 组件中两个非常重要的概念。props 是外来的数据，state 是组件内部的数据。一个组件内，可以接受父组件传递给它的数据，如果 props 改变了，React 会递归地向下遍历整棵组件树，在使用到这个属性的组件中重新渲染；同时组件本身还有属于自己的内部数据，只能在组件内部修改。可以将其与面向对象编程进行类比：this.props 就是传递给构造函数的参数，this.state 就是私有属性。

图 1.6　单向数据流

单向数据流的好处就是，所有状态变化都是可以被记录和跟踪的，源头容易追溯，没有"暗箱操作"，只有唯一入口和出口，使程序更直观易理解，利于维护。

1.4　JSX 语法

前面一起了解了 React 的 3 个主要特征。本节将带领读者来学习 React 书写的"最佳姿势"——JSX 语法。它是由 React 官方推出的一种基于 JavaScript 的拓展语法。虽然不是使用 React 编写代码的必要条件，不过相信当读者了解到 JSX 的好处之后，便不会使用原生 JavaScript 开发 React 了。

1.4.1　JSX 简介

JSX（JavaScript XML），是 JavaScript 的一种拓展语法。可以在 JavaScript 代码中编写更像 XML 写法的代码。React 官方推荐使用 JSX 替代常规 JavaScript 写法，从而让代码更直观，达到更高的可读性。但需要注意的一点是，它不能直接在浏览器中执行，需要经过转换器将 JSX 语法转为 JS 之后才可以。从本质上来讲，JSX 也只是 React.createElement（component, props, ...children）函数的语法糖，所以在 JSX 当中，依旧可以正常使用 JavaScript 表达式。

当然，使用 JSX 并不是 React 开发应用的必要条件，JSX 是独立于 React 的，也可以不使用。

下面通过两个示例来对比一下使用原生 JS 和使用 JSX 的区别，它们都是用来在页面中展示一个 HelloReact 的文案。

Before：使用原生 JS 实现 Hello React。

```
class HelloMessage extends React.Component {
  render() {
    return React.createElement(
      "div",
      null,
      "Hello React"
    );
  }
}
ReactDOM.render(React.createElement(HelloMessage, null), mountNode);
```

After：使用 JSX 实现 HelloReact。

```
class HelloMessage extends React.Component {
  render() {
    return (
      <div>Hello React</div>
    );
  }
}
ReactDOM.render(
  <HelloMessage />,
  mountNode
);
```

再来看一个略微"复杂"的示例，三层 div 嵌套，还是输出 HelloReact。

Before：使用原生 JSX 实现。

```
class HelloMessage extends React.Component {
  render() {
    return React.createElement(
      "div",
      null,
      React.createElement(
        "div",
        null,
        React.createElement(
          "div",
          null,
          "Hello React"
        )
      )
```

```
    );
  }
}
ReactDOM.render(React.createElement(HelloMessage, null), mountNode);
```

After：使用 JSX 实现。

```
class HelloMessage extends React.Component {
  render() {
    return (
      <div>
        <div>
          <div>Hello React</div>
        </div>
      </div>
    );
  }
}
ReactDOM.render(
  <HelloMessage />,
  mountNode
);
```

从上面两个案例的对比中可以明显看出，JSX 语法更接近开发者平时的书写方式。

1.4.2　JSX 的转译

JSX 代码是不能被浏览器直接运行的，需要将其转译为 JavaScript 之后才能运行。转译之后的代码功能相同。由于前端发展速度较快，在很多老项目中依旧可以见到这类写法。这也是本节对 JSX 编译工具发展作一个简单介绍的初衷，初次学习 React 的读者暂时可以当成小故事去阅读。下面来看一看对 JSX 转译的一段小"历史"。

早期 Facebook 提供了一个简单的工具 JSXTransformer，这是一个浏览器端具有转译功能的脚本，将这个 JSXTransformer.js 文件直接引入 HTML 文档就能使用。例如：

```
<script src="./jsxtransformer.js"></script>
// type 为 text/jsx
<script type="text/jsx">
 // JSX 代码
</script>
```

这样写就需要在浏览器端进行转译工作，所以对性能有损耗，影响效率。当然 Facebook 也考虑到了这点，于是对应的也就有了服务端去渲染的工具，那就是 react-tools。这里暂不介绍，读者先大致了解下即可。

随后在 React v 0.14 之后官方发布：

Deprecation of react-tools

The react-tools package and JSXTransformer.js browser file have been deprecated. You can continue using version 0.13.3 of both, but we no longer support them and recommend migrating to Babel, which has built-in support for React and JSX.

也就是说，在 React v0.14 版本后将 JSXTransformer.js 弃用了。接下去可以使用 Babel，如图 1.7 所示，这也是当下主流使用的转译工具。

图 1.7　Babel 界面

Babel 原名是 6to5，是一个开源的转译工具。它的作用就是把当前项目中使用的 ES 6、ES 7 和 JSX 等语法，转译为当下可以执行的 JavaScript 版本，让浏览器能够识别。简单来说，它是一个转码工具集，包含各种各样的插件。

在 Babel 6.0 版本以前，使用了 browser.js，也就是最早替代 JSXTransform.js 的转化器脚本。在 HTML 中引用如下：

```
<script src="./babel-core/browser.js"></script>
// type 为 text/babel
<script type="text/babel">
 // JSX 代码
</script>
```

注意：在 Babel 6.0 之后就不再提供 browser.js 了，当然老项目中依旧可以这样使用。不过这种写法在大型项目中通常不会使用，毕竟在浏览器中隔了一道转译层。如果只是想做一个本地的小 demo，还是可以直接引用在浏览器端做转译的。

Babel 还提供了在线编译的功能（http://babeljs.io/repl/），如图 1.8 所示，可以在上面进行测试或学习。

图 1.8　Babel 在线编译界面

以上就是 JSX 转译的大致历程。

本书之后的项目，将使用 Webpack 等构建工具配置 Babel，以实现对 JSX 语法的支持。

1.4.3　JSX 的用法

在 React 中，可以使用花括号{}把 JavaScript 表达式放入其中运行，放入{}中的代码会被当作 JavaScript 代码进行处理。

1．JSX嵌套

定义标签时，最外层只允许有一个标签，例如：

```
const MessageList = () =>(
 <div>
   <div>Hello React!</div>
    <ul>
     <li>List1</li>
         <li>List2</li>
         <li>List2</li>
     </ul>
 </div>
 )
```

假如写成以下这样：

```
const MessageList = () =>(
 <div>
    <div>Hello React!</div>
      <ul>
       <li>List1</li>
            <li>List2</li>
            <li>List2</li>
      </ul>
     </div>
   <div>
     ...
   </div>
 )
```

进行程序后会报错，无法通过编译，控制台报错如图1.9所示。

```
repl: Adjacent JSX elements must be wrapped in an enclosing tag (10:
3)
   8 |            </ul>
   9 |        </div>
> 10 |          <div>
     |            ^
  11 |            ...
  12 |        </div>
  13 | )
```

图 1.9　Babel 报错

注意：由于 JSX 的特性接近 JavaScript 而非 HTML，所以 ReactDOM 使用小驼峰命名（camelVase）来定义属性名。例如，class 应该写为 className。

2. 属性表达式

在传统写法中，属性这样写：

```
<div id="test-id" class="test-class">…</div>
```

JSX 中也实现了同样的写法，比如：

```
const element = <div id="test-id" className="test-class"></div>
                                        // 注意 class 写为 className
```

同时还支持 JavaScript 动态设置属性值，比如：

```
// 注意 class 写为 className
const element = <div id={this.state.testId} className={this.state.testClass}>
</div>;
const element = <img src={user.avatarUrl}></img>;
```

对于复杂情景，还可以直接在属性内运行一个 JavaScript 函数，把函数返回值赋值给属性，比如：

```
const element = <img src={this.getImgUrl()}></img>;
```

这样，每当状态改变时，返回值会被渲染到真实元素的属性中。

3．注释

JSX 语法中的注释沿用 JavaScript 的注释方法，唯一需要注意的是，在一个组件的子元素位置使用注释需要用{}括起来。例如：

```
class App extends React.Component {
  render() {
    return (
    <div>
      {/* 注释内容 */}
      <p>Hi, man</p>
    </div>
    )
  }
}
```

4．Boolean属性

Boolean 的属性值，JSX 语法中默认为 true。要识别为 false 就需要使用{}，这类标签常出现在表单元素中，如 disable、checked 和 readOnly 等。例如：

等价于<checkbox checked={true} />，但要让 checked 为 false，必须这么写：<checkbox checked={false} />。

5．条件判断

在 JavaScript 中可以使用判断条件的真假来判断对 DOM 节点进行动态显示或选择性显示。通常，在 HTML 中处理这样的问题比较麻烦，但对于 JavaScript 而言则轻而易举，这给开发者带来了极大的方便。本书主要介绍 3 种条件判断，分别是三目运算符、逻辑与（&&）运算符和函数表达式。

三目运算符示例：

```
class App extends React.Component {
  constructor(){
    super();
    this.state={
      visible: false
    }
  }
  render() {
    return (
    <div>
      {
        this.state.visible ? <span>visible为真</span> : <span>visible 为真</span>
      }
    </div>
    )
  }
}
ReactDOM.render(<App />, document.querySelector("#app"))
```

代码运行结果如图 1.10 所示。

逻辑与（&&）运算符示例：

```
class App extends React.Component {
  constructor(){
    super();
    this.state={
      visible: false
    }
  }
  render() {
    return (
    <div>
      {
      !this.state.visible && <span>visible 为真</span>
      }
    </div>
    )
  }
}
ReactDOM.render(<App />, document.querySelector("#app"))
```

代码运行结果，如图 1.11 所示。

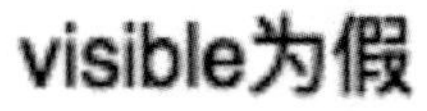

visible为假　　　　　　　　**visible为真**

图 1.10　三目运算符示例显示文本 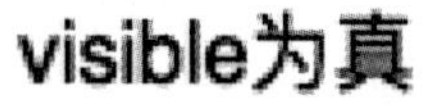　　　图 1.11　逻辑与(&&)运算符示例显示文本

函数表达式示例：

style 样式：

```
.red{
  color: red;
}
.blue{
  color: blue;
}
```

JSX：用 JSX 语法定义一个名为 App 的组件，用于在页面中渲染一个 div 节点。

```
class App extends React.Component {
  constructor(){
    super();
    this.state={
      isRed: true
    }
  }

  getClassName(){
  return this.state.isRed?"red":"blue"
```

```
  }
  render() {
    return (
    <div className={this.getClassName()}>
      Hello React!
    </div>
    )
  }
}
ReactDOM.render(<App />, document.querySelector("#app"))
```

运行代码，显示效果如图 1.12 所示。

6. 非DOM属性

在 React 中还有几个特殊的属性是 HTML 所没有的：

- key（键）；
- refs（引用）；
- dangerouslySetInnerHTML。

下面简单介绍它们的作用。

Hello React!

图 1.12　函数表达式示例显示文本

（1）key（键）：是一个可选的唯一标识符。比如有一组列表，当对它们进行增加或删除操作时，会导致列表重新渲染。当这组列表属性中拥有一个独一无二的 key 属性值之后就可以高性能地渲染页面。后面 6.1 节的 diff 算法中会详细分析该属性。示例用法如下：

```
const todoItems = todos.map((todo) =>
  <li key={todo.id}>
    {todo.text}
  </li>
);
```

（2）refs（引用 ref）：任何组件都可以附加这个属性，该属性可以是字符串或回调函数。当 refs 是一个回调函数时，函数接收底层 DOM 元素或实例作为参数。这样就可以直接访问这个 DOM 或组件的节点了。但此时获取到的不是真实的 DOM，而是 React 用来创建真实 DOM 的描述对象。写法如下：

```
<input ref="myInput" />
```

然后就可以通过 this.refs.myInput 去访问 DOM 或组件的节点了。

refs 适用的场景有处理焦点、文本选择、媒体控制、触发强制动画和集成第三方 DOM 库等。需要注意的是，官方并不推荐使用这个属性，除非"迫不得已"。

注意：无状态组件不支持 ref。在 React 调用无状态组件之前没有实例化的过程，因此就没有所谓的 ref。

（3）dangerouslySetInnerHTML：这算是 React 中的一个冷知识，它接收一个对象，可以通过字符串形式的 HTML 来正常显示。

```
<div dangerouslySetInnerHTML={{__html: '<span>First &middot; Second
</span>'}} />
```

上面这段代码将在页面中显示 First · Second。

通过这种方式还可以避免 cross-site scripting（XSS）攻击。这里不展开对 XSS 的介绍，读者可根据兴趣自行了解。

7．样式属性

样式（style）属性接收一个 JavaScript 对象，用于改变 DOM 的样式。

JSX 中的样式示例：

```
let styles = {
 fontSize: "14px",
 color: "#red"
}
function AppComponent() {
 return <div style={styles}>Hello World!</div>
}
```

1.5　Hello World 实战训练

遵循传统，在学习 React 前先带领读者构建一个基于 Webpack 的 Hello World 应用。

1.5.1　不涉及项目构建的 Hello World

本节实现一个不涉及项目构建的 Hello World。

React 的第一个 Hello World 网页示例（源码地址是 https://jsfiddle.net/allan91/2h1sf0ky/8/）：

```
<!DOCTYPE html>
<html lang="en">
<head>
    <meta charset="UTF-8">
    <meta name="viewport" content="width=device-width, initial-scale=1.0">
    <meta http-equiv="X-UA-Compatible" content="ie=edge">
    <title>Hello World</title>
    <script src="https://cdn.bootcss.com/react/15.4.2/react.min.js"></script>
    <script src="https://cdn.bootcss.com/react/15.4.2/react-dom.min.js"></script>
    <script src="https://cdn.bootcss.com/babel-standalone/6.22.1/babel.
    min.js"></script>
</head>
<body>
    <div id="root"></div>
    <script type="text/babel">
      ReactDOM.render(
        <h1>Hello World</h1>,                    //JSX 格式
        document.getElementById("root")
```

```
    );
    </script>
</body>
</html>
```

上面的代码很简单，直接引用 CDN（Content-Delivery-Network）上的 react.min.js、react-dom.min.js 和 babel.min.js 这 3 个脚本即可直接使用。唯一需要注意的是，script 的 type 属性需要写为 text/babel。在浏览器中打开这个 HTML 文件即可展示 Hello World 文案。

🔔说明：CDN（Content Delivery Network）是构建在网络之上的内容分发网络，依靠部署在各地的边缘服务器，通过中心平台的负载均衡、内容分发、调度等功能模块，使用户就近获取所需内容，降低网络拥塞，提高用户访问响应速度和命中率。react.main.js 是 React 的核心代码包；react-dom.min.js 是与 DOM 相关的包，主要用于把虚拟 DOM 渲染的文档变为真实 DOM，当然还有其他一些方法；babel.min.js 是用来编译还不被浏览器支持的代码的编译工具，其中 min 表示这是被压缩过的 JS 库。

也可以将 JavaScript 代码写在外面，比如在根目录下新建 main.js：

```
ReactDOM.render(
    <h1>Hello World</h1>,                          //JSX 格式
    document.getElementById("root")
);
```

然后在 HTML 文件内引入：

```
<script type="text/babel" src="./main.js"></script>
```

1.5.2 基于 Webpack 的 Hello World

真实项目中一般不会像 1.5.1 节介绍的这样来搭建项目，有了前面小节中的基础知识，接下来开始动手搭建一个基于 Webpack 的 Hello World 应用。这次搭建分为两部分：一部分是前期必要配置，另一部分是开发 React 代码。

基于 Webpack 的 React Hello World 项目示例：

1. 前期必要配置

（1）首先要确保读者的开发设备上已经安装过 Node.js，新建一个项目：

```
mkdir react-hello-world
cd react-hello-world
npm init -y
```

（2）项目中使用的是 Webpack 4.x，在项目根目录下执行如下命令：

```
npm i webpack webpack-cli -D
```

🔔注意：上面命令代码中 npm install module_name -D 即 npm intsll module_name

—save-dev。表示写入 package.json 的 devDependencies。devDependencies 里面的
插件用于开发环境，不用于生产环境。npm install module_name —S 即 npm intsll
module_name —save。dependencies 是需要发布到生产环境的。

（3）安装完 Webpack，需要有一个配置文件让 Webpack 知道要做什么事，这个文件
取名为 webpack.config.js。

```
touch webpack.config.js
```

然后配置内容如下：

```
var webpack = require('webpack');
var path = require('path');
var APP_DIR = path.resolve(__dirname, 'src');
var BUILD_DIR = path.resolve(__dirname, 'build');
var config = {
  entry: APP_DIR + '/index.jsx',              // 入口
  output: {
    path: BUILD_DIR,                          // 出口路径
    filename: 'bundle.js'                     // 出口文件名
  }
};
module.exports = config;
```

这是 Webpack 使用中最简单的配置，只包含了打包的入口和出口。APP_DIR 表示当
前项目的入口路径，BUILD_DIR 表示当前项目打包后的输出路径。

（4）上面配置的入口需要新建一个应用的入口文件./src/index.jsx，我们让其打印 Hello
World：

```
console.log('Hello World');
```

（5）用终端在根目录下执行：

```
./node_modules/.bin/webpack -d
```

上面的命令在开发环境运行之后，会在根目录下生成一个新的 build 文件夹，里面包
含了 Webpack 打包的 bundle.js 文件。

（6）接下来创建 index.html，用于在浏览器中执行 bundle.js：

```
<!DOCTYPE html>
<html lang="en">
<head>
    <meta charset="UTF-8">
    <meta name="viewport" content="width=device-width, initial-scale=1.0">
    <meta http-equiv="X-UA-Compatible" content="ie=edge">
    <title>Hello World</title>
</head>
<body>
    <div id="app"></div>
    <!--bundle.js 是 Webpack 打包后生成的文件-->
    <script src="build/bundle.js" type="text/javascript"></script>
</body>
</html>
```

在浏览器中打开 index.html 文件，在控制台就能看到./src/index.jsx 打印的内容：Hello World 。

（7）为了提高效率和使用最新的 ES 语法，通常使用 JSX 和 ES 6 进行开发。但 JSX 和 ES 6 语法在浏览器中还没有被完全支持，所以需要在 Webpack 中配置相应的 loader 模块来编译它们。只有这样，打包出来的 bundle.js 文件才能被浏览器识别和运行。

接下来安装 Babel：

```
npm i -D babel-core babel-loader@7 babel-preset-env babel-preset-react
```

注意：babel-core 是调用 Babel 的 API 进行转码的包；babel-loader 是执行转义的核心包；babel-preset-env 是一个新的 preset，可以根据配置的目标运行环境自动启用需要的 Babel 插件；babel-preset-react 用于转译 React 的 JSX 语法。

（8）在 webpack.config.js 中配置 loader：

```
var webpack = require("webpack");
var path = require("path");
var BUILD_DIR = path.resolve(__dirname, "build");    // 构建路径
var APP_DIR = path.resolve(__dirname, "src");         // 项目路径
var config = {
  entry: APP_DIR + "/index.jsx",                      // 项目入口
  output: {
    path: BUILD_DIR,                                  // 输出路由
    filename: "bundle.js"                             // 输出文件命名
  },
  module: {
    rules: [
      {
        test: /\.(js|jsx)$/,                          // 编译后缀为 js 和 jsx 格式文件
        exclude: /node_modules/,
        use: {
          loader: "babel-loader"                      // 使用 babel-loader 这个 loader 库
        }
      }
    ]
  }
};
module.exports = config;
```

（9）创建.babelrc 文件：

```
touch .babelrc
```

配置相应内容来告诉 babel-loader 使用 ES 6 和 JSX 插件：

```
{
  "presets" : ["env", "react"]
}
```

至此为止，已经完成开发该项目的基础配置工作。

2. 使用React编码

下面正式开始使用 React 来编写前端代码。

（1）用 NPM 命令安装 react 和 react-dom：

```
npm install react react-dom -S
```

（2）用下面代码替换./src/index.jsx 中的 console：

```
import React from 'react';
import { render } from 'react-dom';
class App extends React.Component {
  render () {
    return <p> Hello React</p>;
  }
}
render(<App/>, document.getElementById('app'));
```

（3）在根目录下执行：

```
./node_modules/.bin/webpack -d
```

在浏览器中打开 index.html，将会在页面展示 Hello World。当然真实开发中不能每一次修改前端代码就执行一次 Webpack 编译打包，可以执行如下命令来监听文件变化：

```
./node_modules/.bin/webpack -d --watch
```

终端将会显示：

```
myfirstapp Jack$ ./node_modules/.bin/webpack -d --watch
webpack is watching the files…
Hash: 6dbf97954b511aa86515
Version: webpack 4.22.0
Time: 839ms
Built at: 2018-10-23 19:05:01
    Asset      Size Chunks              Chunk Names
bundle.js 1.87 MiB    main [emitted]  main
Entrypoint main = bundle.js
[./src/index.jsx] 2.22 KiB {main} [built]
    + 11 hidden modules
```

这就是 Webpack 的监听模式，一旦项目中的文件有改动，就会自动执行 Webpack 编译命令。不过浏览器上展示的 HTML 文件不会主动刷新，需要手动刷新浏览器。如果想实现浏览器自动刷新，可以使用 react-hot-loader（源码地址 https://github.com/gaearon/react-hot-loader）。

（4）在真实的项目开发中，一般使用 NPM 执行./node_modules/.bin/webpack -d --watch 命令来开发。这需要在 package.json 中进行如下配置：

```
{
  ...
  "scripts": {
    "dev": "webpack -d --watch",
    "build": "webpack -p",
    "test": "echo \"Error: no test specified\" && exit 1"
```

```
    },
    ...
}
```

（5）现在只需要在根目录下执行如下命令就能开发与构建：

```
npm run dev
npm run build
```

以上为真实项目中一个较为完整的项目结构，读者可以在此基础上根据项目需要自行拓展其他功能。本例源码地址为 https://github.com/khno/react-hello-world，分支为 master。项目完整的结构如下：

```
.
├── build
│   └── bundle.js
├── index.html
├── package-lock.json
├── package.json
├── src
│   └── index.jsx
├── .gitignore
├── .babelrc
└── webpack.config.js
```

1.5.3　Hello World 进阶

前面使用 Webpack 实现了最简单的项目构建，每次写完代码都需要手动刷新浏览器来查看实时效果。接下来继续完善上面的构建项目，实现如下功能：

- 项目启动，开启 HTTP 服务，自动打开浏览器；
- 实时监听代码变化，浏览器实时更新；
- 生产环境代码构建。

模块热替换（Hot Module Replacement，HMR）是 Webpack 中最令人兴奋的特性之一。当项目中的代码有修改并保存后，Webpack 能实时将代码重新打包，并将新的包同步到浏览器，让浏览器立即自动刷新。

在开始配置前，读者可以先思考一个问题，如何实现浏览器实时更新呢？也许会想到让浏览器每隔一段时间向本地服务器发送请求，采用轮询（Polling）方式来实现；或者让服务器端来通知客户端，服务器端接收到客户端有资源需要更新，就主动通知客户端；或者直接使用 WebSocket？

说明：WebSocket 是一种在单个 TCP 连接上进行全双工通信的协议。WebSocket 通信协议于 2011 年被 IETF 定为标准 RFC6455，并由 RFC7936 补充规范。WebSocket API 也被 W3C 定为标准。WebSocket 使客户端和服务器端之间的数据交换变得更加简单，允许服务器端主动向客户端推送数据。以上信息参考来源于维基百科。

其实 HMR 原理就是上面说的那样，早期 HMR 的原理是借助于 EventSource，后来使用了 WebSocket。可以在本地开发环境开启一个服务，将其作为本地项目的服务端，然后与本地浏览器之间进行通信即可。欲了解详情，请读者自行学习。

🔊注意：WebSocket 是基于 TCP 的全双工通信协议。

大致了解了 HMR 的原理之后，开始动手实践吧。

实时更新的 Hello World 示例：

（1）首先，采用 webpack-dev-server 作为 HMR 的工具。在之前的项目基础上安装：

```
npm install webpack-dev-server -D
```

（2）修改 webpack.config.js 文件：

```
+ devServer: {
+    port: 3000,
+    contentBase: "./dist"
+ },
```

devServer.port 是服务启动后的端口号，devServer.contentBase 是配置当前服务读取文件的目录。启动后可以通过 localhost:3000 端口访问当前项目。

（3）修改 package.json 文件：

```
  "scripts": {
+    "start": "webpack-dev-server --open --mode development",
     "test": "echo \"Error: no test specified\" && exit 1"
  },
```

按照上面配置 start 命令后，执行 npm start 会直接找到 webpack.config.js 来启动项目。

（4）最后安装 html-webpack-plugin 和 clean-webpack-plugin。

```
npm install html-webpack-plugin clean-webpack-plugin -D
```

html-webpack-plugin 插件用于简化创建 HTML 文件，它会在 body 中用 script 标签来包含我们生成的所有 bundles 文件。配置如下：

```
  plugins: [
    new HtmlWebpackPlugin({
      template: "index.html",
      // favicon: 'favicon.ico',
      inject: true,
      sourceMap: true,
      chunksSortMode: "dependency"
  })
  ]
```

clean-webpack-plugin 插件在生产环境中编译文件时，会先删除 build 或 dist 目录文件，然后生成新的文件。

（5）随着文件的增、删，打包的 dist 文件内可能会产生一些不再需要的静态资源，我们并不希望将这些静态资源部署到服务器上占用空间，所以最好在每次打包前清理 dist 目录。在 Webpack 中配置如下：

```
  plugins: [
    new CleanWebpackPlugin(["dist"])
  ]
```

此时，Webpack 代码清单如下：

```
var webpack = require("webpack");
var path = require("path");
const CleanWebpackPlugin = require("clean-webpack-plugin");
var BUILD_DIR = path.resolve(__dirname, "dist");      // 输出路径
var APP_DIR = path.resolve(__dirname, "src");         // 项目路径
const HtmlWebpackPlugin = require("html-webpack-plugin");
var config = {
  entry: APP_DIR + "/index.jsx",                       // 项目入口
  output: {
    path: BUILD_DIR,                                    // 输出路由
    filename: "bundle.js"                               // 输出文件命名
  },
  module: {
    rules: [
      {
        test: /\.(js|jsx)$/,        // 编译后缀为 js 和 jsx 的格式文件
        exclude: /node_modules/,
        use: {
          loader: "babel-loader"
        }
      }
    ]
  },
  devServer: {                      // 在开发模式下，提供虚拟服务器用于项目开发和调试
    port: 3000,                                         // 端口号
    contentBase: "./dist"
  },
  plugins: [                                            // 拓展 Webpack 功能
    new HtmlWebpackPlugin({                             // 生成 HTML 文件
      template: "index.html",
      // favicon: 'theme/img/favicon.ico',
      inject: true,
      sourceMap: true,                                  // 是否生成 sourceMap
      chunksSortMode: "dependency"
    }),
    new CleanWebpackPlugin(["dist"])                    // 清除文件
  ]
};
module.exports = config;
```

（6）在根目录终端执行 npm run start：

```
AllandeMacBook-Pro:react-hello-world jack$ npm start
> myfirstapp@1.0.0 start /Users/allan/react-hello-world
> webpack-dev-server --open --mode development
// 删除 dis 文件
clean-webpack-plugin: /Users/alan/react-hello-world/dist has been removed.
  「wds」: Project is running at http://localhost:3000/
  「wds」: webpack output is served from /
```

```
「wds」: Content not from webpack is served from ./dist
「wdm」: wait until bundle finished: /
「wdm」: Hash: 4bfc0734100357258e1f
Version: webpack 4.23.1
Time: 1358ms
Built at: 2018-11-06 20:11:12
     Asset       Size  Chunks              Chunk Names
 bundle.js   1.12 MiB    main  [emitted]   main
index.html  342 bytes          [emitted]
Entrypoint main = bundle.js
[0] multi ./node_modules/_webpack-dev-server@3.1.10@webpack-dev-server/
client?http://localhost:3000 ./src/index.jsx 40 bytes {main} [built]
  [./node_modules/_ansi-html@0.0.7@ansi-html/index.js] 4.16 KiB {main} [built]
  [./node_modules/_ansi-regex@2.1.1@ansi-regex/index.js] 135 bytes {main} [built]
  [./node_modules/_events@1.1.1@events/events.js] 8.13 KiB {main} [built]
  [./node_modules/_loglevel@1.6.1@loglevel/lib/loglevel.js] 7.68 KiB {main} [built]
  [./node_modules/_react-dom@16.6.0@react-dom/index.js] 1.33 KiB {main} [built]
  [./node_modules/_react@16.6.0@react/index.js] 190 bytes {main} [built]
  [./node_modules/_strip-ansi@3.0.1@strip-ansi/index.js] 161 bytes {main} [built]
  [./node_modules/_url@0.11.0@url/url.js] 22.8 KiB {main} [built]
  [./node_modules/_webpack-dev-server@3.1.10@webpack-dev-server/client/in
dex.js?http://localhost:3000] ./node_modules/_webpack-dev-server@3.1.10@web
pack-dev-server/client?http://localhost:3000 7.78 KiB {main} [built]
  [./node_modules/_webpack-dev-server@3.1.10@webpack-dev-server/client/ov
erlay.js] 3.58 KiB {main} [built]
  [./node_modules/_webpack-dev-server@3.1.10@webpack-dev-server/client/so
cket.js] 1.05 KiB {main} [built]
  [./node_modules/_webpack@4.23.1@webpack/hot/emitter.js] (webpack)/hot/emitter.js
75 bytes {main} [built]
  [./node_modules/webpack/hot sync ^\.\/log$] ./node_modules/webpack/hot
sync nonrecursive ^\.\/log$ 170 bytes {main} [built]
  [./src/index.jsx] 2.22 KiB {main} [built]
    + 22 hidden modules
 Child html-webpack-plugin for "index.html":
     1 asset
    Entrypoint undefined = index.html
    [./node_modules/_html-webpack-plugin@3.2.0@html-webpack-plugin/lib/l
oader.js!./index.html] 506 bytes {0} [built]
    [./node_modules/_lodash@4.17.11@lodash/lodash.js] 527 KiB {0} [built]
    [./node_modules/_webpack@4.23.1@webpack/buildin/global.js] (webpack)/
buildin/global.js 489 bytes {0} [built]
    [./node_modules/_webpack@4.23.1@webpack/buildin/module.js] (webpack)/
buildin/module.js 497 bytes {0} [built]
「wdm」: Compiled successfully.
```

此时，一旦项目内的文件有改动，就会自动执行编译，并通知浏览器自动刷新。

（7）至此开发配置已经完成，接下来配置生产命令，只需执行 webpack-p 即可。webpack
-p 表示压缩打包代码。在 package.json 内配置：

```
  "scripts": {
    "start": "webpack-dev-server --open --mode development",
+   "build": "webpack -p",
    "test": "echo \"Error: no test specified\" && exit 1"
  },
```

（8）打包的时候只需执行 npm run build 即可，打包成功会出现：

```
AllandeMacBook-Pro:react-hello-world allan$ npm run build
> myfirstapp@1.0.0 build /Users/allan/react-hello-world
> webpack -p
clean-webpack-plugin: /Users/allan/react-hello-world/dist has been removed.
Hash: 97bb34a13d3fc8cbfccc
Version: webpack 4.23.1
Time: 2647ms
Built at: 2018-11-06 20:22:45
      Asset        Size  Chunks                 Chunk Names
 bundle.js     110 KiB       0  [emitted]  main
index.html    342 bytes          [emitted]
Entrypoint main = bundle.js
[2] ./src/index.jsx 2.22 KiB {0} [built]
    + 7 hidden modules
Child html-webpack-plugin for "index.html":
    1 asset
    Entrypoint undefined = index.html
    [0] ./node_modules/_html-webpack-plugin@3.2.0@html-webpack-plugin/li
b/loader.js!./index.html 506 bytes {0} [built]
    [2] (webpack)/buildin/global.js 489 bytes {0} [built]
    [3] (webpack)/buildin/module.js 497 bytes {0} [built]
        + 1 hidden module
```

上面的打包结果展示了此次打包的哈希值、耗时，以及打包后每个包的大小等信息。此时项目的结构为：

```
.
├── README.md
├── dist
│   ├── bundle.js
│   └── index.html
├── index.html
├── package-lock.json
├── package.json
├── src
│   └── index.jsx
└── webpack.config.js
```

以上项目的完整代码可以在 https://github.com/khno/react-hello-world 中下载，分支为 dev。本书中后面章节的代码案例默认将以此为基础运行，读者可以自行下载。

第 2 章　React 的组件

在 React 中，组件是应用程序的基石，页面中所有的界面和功能都是由组件堆积而成的。在前端组件化开发之前，一个页面可能会有成百上千行代码逻辑写在一个.js 文件中，这种代码可读性很差，如果增加功能，很容易出现一些意想不到的问题。合理的组件设计有利于降低系统各个功能的耦合性，并提高功能内部的聚合性。这对于前端工程化及降低代码维护成本来说，是非常必要的。

本章主要介绍 React 中组件的创建、成员、通信和生命周期，最后会通过一个实战案例——TodoList 演示组件的使用。

2.1　组件的声明方式

简单来说，在 React 中创建组件的方式有 3 种。
- ES 5 写法：React.createClass()（老版本用法，不建议使用）；
- ES 6 写法：React.Component；
- 无状态的函数式写法，又称为纯组件 SFC。

2.1.1　ES 5 写法：React.createClass()

React.createClass()是React刚出现时官方推荐的创建组件方式，它使用ES 5原生的JavaScript来实现 React 组件。React.createClass()这个方法构建一个组件"类"，它接受一个对象为参数，对象中必须声明一个 render()方法，render()方法将返回一个组件实例。

使用 React.createClass()创建组件示例：

```
var Input = React.createClass({
  // 定义传入 props 中的各种属性类型
  propTypes: {
    initialValue: React.PropTypes.string
  },
  //组件默认的 props 对象
  defaultProps: {
    initialValue: ''
```

```
    },
    // 设置 initial state
    getInitialState: function() {
        return {
            text: this.props.initialValue || 'placeholder'
        };
    },
    handleChange: function(event) {
        this.setState({
            text: event.target.value
        });
    },
    render: function() {
        return (
            <div>
                Type something:
                <input onChange={this.handleChange} value={this.state.text} />
            </div>
        );
    }
});
```

createClass()本质上是一个工厂函数。createClass()声明的组件方法的定义使用半角逗号隔开，因为 createClass()本质上是一个函数，传递给它的是一个 Object。通过 propTypes 对象和 getDefaultProps()方法来设置 props 类型和获取 props。createClass()内的方法会正确绑定 this 到 React 类的实例上，这也会导致一定的性能开销。React 早期版本使用该方法，而在新版本中该方法被废弃，因此不建议读者使用。

2.1.2　ES 6 写法：React.Component

React.Component 是以 ES 6 的形式来创建组件的，这是 React 目前极为推荐的创建有状态组件的方式。相对于 React.createClass()，此种方式可以更好地实现代码复用。本节将 2.1.1 节介绍的 React.createClass()形式改为 React.Component 形式。

使用 React.Component 创建组件示例：

```
class Input extends React.Component {
    constructor(props) {
        super(props);
        // 设置 initial state
        this.state = {
            text: props.initialValue || 'placeholder'
        };
        // ES 6 类中的函数必须手动绑定
        this.handleChange = this.handleChange.bind(this);
    }
    handleChange(event) {
        this.setState({
            text: event.target.value
        });
```

```
    }
    render() {
        return (
            <div>
                Type something:
                <input onChange={this.handleChange}
                value={this.state.text} />
            </div>
        );
    }
}
```

React.Component 创建的组件，函数成员不会自动绑定 this，需要开发者手动绑定，否则 this 无法获取当前组件的实例对象。当然绑定 this 的方法有多种，除了上面的示例代码中在 constructor()中绑定 this 外，最常见的还有通过箭头函数来绑定 this，以及在方法中直接使用 bind(this)来绑定这两种。

通过箭头函数来绑定 this 示例：

```
// 使用 bind 来绑定
<div onClick={this.handleClick.bind(this)}></div>
```

在方法中直接使用 bind(this)来绑定 this 示例：

```
// 使用 arrow function 来绑定
<div onClick={()=>this.handleClick()}></div>
```

2.1.3 无状态组件

下面来看看无状态组件，它是 React 0.14 之后推出的。如果一个组件不需要管理 state，只是单纯地展示，那么就可以定义成无状态组件。这种方式声明的组件可读性好，能大大减少代码量。无状态函数式组件可以搭配箭头函数来写，更简洁，它没有 React 的生命周期和内部 state。

无状态函数式组件示例：

```
const HelloComponent = (props) =>(
  <div>Hello {props.name}</div>
)
ReactDOM.render(<HelloComponent name="marlon" />, mountNode)
```

无状态函数式组件在需要生命周期时，可以搭配高阶组件（HOC）来实现。无状态组件作为高阶组件的参数，高阶组件内存放需要的生命周期和状态，其他只负责展示的组件都使用无状态函数式的组件来写。

有生命周期的函数式组件示例：

```
import React from 'react';
export const Table = (ComposedComponent) => {
    return class extends React.Component {
        constructor(props) {
            super(props)
```

```
    }
    componentDidMount() {
        console.log('componentDidMount');
    }
    render() {
      return (
          <ComposedComponent {...this.props}/>
      )
    }
  }
}
```

🔔注意：React 16.7.0-alpha（内测）中引入了 Hooks，这使得在函数式组件内可以使用 state 和其他 React 特性。

2.2　组件的主要成员

在 React 中，数据流是单向流动的，从父节点向子节点传递（自上而下）。子组件可以通过属性 props 接收来自父组件的状态，然后在 render()方法中渲染到页面。每个组件同时又拥有属于自己内部的状态 state，当父组件中的某个属性发生变化时，React 会将此改变了的状态向下递归遍历组件树，然后触发相应的子组件重新渲染（re-render）。

如果把组件视为一个函数，那么 props 就是从外部传入的参数，而 state 可以视为函数内部的参数，最后函数返回虚拟 DOM。

本节将学习组件中最重要的成员 state 和 props。

2.2.1　状态（state）

每个 React 组件都有自己的状态，相比于 props，state 只存在于组件自身内部，用来影响视图的展示。可以使用 React 内置的 setState()方法修改 state，每当使用 setState()时，React 会将需要更新的 state 合并后放入状态队列，触发调和过程（Reconciliation），而不是立即更新 state，然后根据新的状态结构重新渲染 UI 界面，最后 React 会根据差异对界面进行最小化重新渲染。

React 通过 this.state 访问状态，调用 this.setState()方法来修改状态。

React 访问状态示例：

（源码地址为 https://jsfiddle.net/allan91/etbj6gsx/1/）

```
class App extends React.Component {
  constructor(props){
    super(props);
    this.state = {
    data: 'World'
```

```
    }
  }

  render(){
    return(
     <div>
          Hello, {this.state.data}
     </div>
    )
  }
}
ReactDOM.render(
 <App />,
 document.querySelector(''#app'')    // App 组件挂载到 ID 为 app 的 DOM 元素上
)
```

上述代码中，App 组件在 UI 界面中展示了自身的状态 state。下面使用 setState()修改这个状态。

React 修改状态示例：

（源码地址为 https://jsfiddle.net/allan91/etbj6gsx/3/）

```
class App extends React.Component {
  constructor(props){
    super(props);
    this.state = {
     data: 'World'
    }
  }

  handleClick = () => {
   this.setState({
       data:'Redux'
   })
  }

  render(){
    return(
     <div>
          Hello, {this.state.data}
           <button onClick={this.handleClick}>更新</button>
     </div>
    )
  }
}
ReactDOM.render(
 <App />,
 document.querySelector("#app")
)
```

上述代码中通过单击"更新"按钮使用 setState()方法修改了 state 值，触发 UI 界面更新。本例状态更改前后的展示效果，如图 2.1 所示。

Hello, World 更新　　　　　Hello, Redux 更新

图 2.1　**修改 state**

2.2.2　属性（props）

state 是组件内部的状态,那么组件之间如何"通信"呢?这就是 props 的职责所在了。通俗来说,props 就是连接各个组件信息互通的"桥梁"。React 本身是单向数据流,所以在 props 中数据的流向非常直观,并且 props 是不可改变的。props 的值只能从默认属性和父组件中传递过来,如果尝试修改 props,React 将会报出类型错误的提示。

props 示例应用:

（源码地址为 https://jsfiddle.net/n5u2wwjg/35076/）

```
function Welcome(props) {
 return <p>Hello, {props.name}</p>
}
function App(){
 return (
   <Welcome name='world' /> // 引用 Welcome 组件，name 为该组件的属性
 )
}
ReactDOM.render(
   <App />,
document.querySelector("#app")
 )
```

上述代码使用了函数定义组件。被渲染的 App 组件内引用了一个外部组件 Welcome,并在该组件内定义了一个名为 name 的属性,赋值为 world。Welcome 组件接收到来自父组件的 name 传递,在界面中展示 Hello, World。

当然,也可以使用 class 来定义一个组件:

```
class Welcome extends React.Component{
 render() {
   return <p>Hello, {this.props.name}</p>;
  }
}
```

这个 Welcome 组件与上面函数式声明的组件在 React 中的效果是一样的。

2.2.3　render()方法

render()方法用于渲染虚拟 DOM,返回 ReactElement 类型。

元素是 React 应用的最小单位,用于描述界面展示的内容。很多初学者会将元素与"组

件"混淆。其实，元素只是组件的构成，一个元素可以构成一个组件，多个元素也可以构成一个组件。render()方法是一个类组件必须拥有的特性，其返回一个 JSX 元素，并且外层一定要使用一个单独的元素将所有内容包裹起来。比如：

```
render() {
 return(
        <div>a</div>
        <div>b</div>
        <div>c</div>
 )
 }
```

上面这样是错误的，外层必须有一个单独的元素去包裹：

```
render() {
 return(
    <div>
     <div>a</div>
     <div>b</div>
     <div>c</div>
   </div>
)
 }
```

1．render()返回元素数组

2017 年 9 月，React 发布的 React 16 版本中为 render()方法新增了一个"支持返回数组组件"的特性。在 React 16 版本之后无须将列表项包含在一个额外的元素中了，可以在 render()方法中返回元素数组。需要注意的是，返回的数组跟其他数组一样，需要给数组元素添加一个 key 来避免 key warning。

render()方法返回元素数组示例：

（源码地址为 https://jsfiddle.net/n5u2wwjg/35080/）

```
render() {
 return [
   <div key="a">a</div>,
   <div key="b">b</div>,
   <div key="c">c</div>,
 ];
}
```

除了使用数组包裹多个同级子元素外，还有另外一种写法如下：

```
import React from 'react';
export default function () {
  return (
    <>
      <div>a</div>
      <div>b</div>
      <div>c</div>
    </>
  );
}
```

简写的<></>其实是 React 16 中 React.Fragment 的简写形式，不过它对于部分前端工具的支持还不太好，建议使用完整写法，具体如下：

```
import React from 'react';
export default function () {
    return (
        <React.Fragment>
            <div>a</div>
            <div>b</div>
            <div>c</div>
        </React.Fragment>
    );
}
```

最后输出到页面的标签也能达到不可见的效果，也就是在同级元素外层实际上是没有包裹其他元素的，这样能减少 DOM 元素的嵌套。

2．render()返回字符串

当然，render()方法也可以返回字符串。

render()方法返回字符串示例：

（源码地址为 https://jsfiddle.net/n5u2wwjg/35079/）

```
render() {
 return 'Hello World';
}
```

运行程序，界面中将展示以上这段字符串。

3．render()方法中的变量与运算符&&

render()方法中可以使用变量有条件地渲染要展示的页面。常见做法是通过花括号{}包裹代码，在 JSX 中嵌入任何表达式，比如逻辑与&&。

render()方法中使用运算符示例：

```
const fruits = ['apple', 'orange', 'banana'];
function Basket(props) {
  const fruitsList = props.fruits;
  return (
   <div>
    <p>I have: </p>
       {fruitsList.length > 0 &&
         <span>{fruitsList.join(', ')}</span>
       }
   </div>
  )
}
ReactDOM.render(<Basket fruits={fruits}/>, document.querySelector("#app"))
```

上述代码表示，如果从外部传入 Basket 组件的数组不为空，也就是表达式左侧为真，&&右侧的元素就会被渲染。展示效果如图 2.2 所示。如果表达式左侧为 false，&&右侧元素就会被 React 忽略渲染。

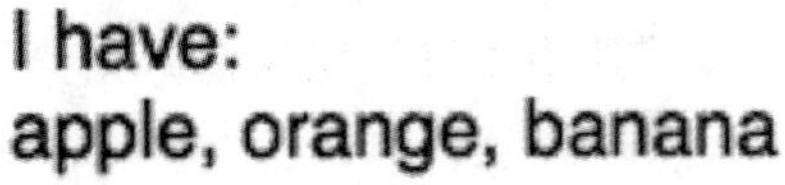

4．render()方法中的三目运算符

I have:
apple, orange, banana

在 render() 方法中还能使用三目运算符
condition ? true : false。

图 2.2　render()方法中的逻辑与&&

在 render()方法中使用三目运算符示例：

（源码地址为 https://jsfiddle.net/n5u2wwjg/35239/）

```
class App extends React.Component {
    constructor(props) {
    super(props);
        this.state = {
         isUserLogin: false
         }
      }
    render() {
      const { isUserLogin } = this.state;
      return (
        <div>
          { isUserLogin ? <p>已登录</p> : <p>未登录</p> }
        </div>
       )
     }
}
ReactDOM.render(<App/>, document.querySelector("#app"))
```

上述代码根据 isUserLogin 的真和假来动态显示 p 标签的内容，当然也可以动态展示
封装好的组件，例如：

```
return (
    <div>
       { isUserLogin ? <ComponentA /> : <ComponentB /> }
    </div>
)
```

2.3　组件之间的通信

React 编写的应用是以组件的形式堆积而成的，组件之间虽相互独立，但相互之间还
是可以通信的。本节将介绍组件中的几种通信方式。

2.3.1　父组件向子组件通信

前面章节已经提到过，React 的数据是单向流动的，只能从父级向子级流动，父级通
过 props 属性向子级传递信息。

父组件向子组件通信示例：

（源码地址为 https://jsfiddle.net/n5u2wwjg/35403/）

```
class Child extends React.Component {
    render (){
        return (
        <div>
            <h1>{ this.props.fatherToChild }</h1>
          </div>
        )
    }
}
class App extends React.Component {
  render() {
    let data = 'This message is from Dad!'
    return (
     <Child fatherToChild={ data } />
    )
  }
}
ReactDOM.render(
 <App/>,
 document.querySelector("#app")
)
```

上述代码中有两个组件：子组件 Child 和父组件 App。子组件在父组件中被引用，然后在父组件内给子组件定了一个 props：fatherToChild，并将父组件的 data 传递给子组件中展示。

🔔注意：父组件可以通过 props 向子组件传递任何类型。

2.3.2　子组件向父组件通信

虽然 React 数据流是单向的，但并不影响子组件向父组件通信。通过父组件可以向子组件传递函数这一特性，利用回调函数来实现子组件向父组件通信。当然也可以通过自定义事件机制来实现，但这种场景会显得过于复杂。所以为了简单方便，还是利用回调函数来实现。

子组件向父组件通信示例：

```
class Child extends React.Component {
  render (){
    return <input type="text" onChange={(e)=>this.props.handleChange
    (e.target.value)} />
  }
}
class App extends React.Component {
  constructor(props) {
  super(props);
    this.state = {
```

```
      data: ''
    }
  }

  handleChange = text => {
    this.setState({
      data: text
    })
  }

  render() {
    return (
    <div>
        <p>This message is from Child:{this.state.data}</p>
      <Child handleChange={ this.handleChange } />
    </div>
    )
  }
}
ReactDOM.render(
<App/>,
document.querySelector("#app")
)
```

上述代码中有两个组件：子组件 Child 和父组件 App。子组件被父组件引用，在父组件中定义了一个 handleChange 事件，并通过 props 传给子组件让子组件调用该方法。子组件接收到来自父组件的 handleChange 方法，当子组件 input 框内输入的值 Value 发生变化时，就会触发 handleChange 方法，将该值传递给父组件，从而达到子对父通信。

🔔注意：一般情况下，回调函数会与 setState()成对出现。

2.3.3 跨级组件通信

当组件层层嵌套时，要实现跨组件通信，首先会想到利用 props 一层层去传递信息。虽然可以实现信息传递，但这种写法会显得有点"啰嗦"，也不优雅。这种场景在 React 中，一般使用 context 来实现跨级父子组件通信。

context 的设计目的就是为了共享对于一个组件树而言是"全局性"的数据，可以尽量减少逐层传递，但并不建议使用 context。因为当结构复杂的时候，这种全局变量不易追溯到源头，不知道它是从哪里传递过来的，会导致应用变得混乱，不易维护。

context 适用的场景最好是全局性的信息，且不可变的，比如用户信息、界面颜色和主题制定等。

context 实现的跨级组件通信示例（React 16.2.0）：

（源码地址为 https://jsfiddle.net/allan91/Lbecjy18/2/）

```
// 子（孙）组件
class Button extends React.Component {
```

```
  render() {
    return (
      <button style={{background: this.context.color}}>
        {this.props.children}
      </button>
    );
  }
}
// 声明 contextTypes 用于访问 MessageList 中定义的 context 数据
Button.contextTypes = {
  color: PropTypes.string
};
// 中间组件
class Message extends React.Component {
  render() {
    return (
      <div>
        <Button>Delete</Button>
      </div>
    );
  }
}
// 父组件
class MessageList extends React.Component {
  // 定义 context 需要实现的方法
  getChildContext() {
    return {
      color: "orange"
    };
  }

  render() {
    return <Message />;
  }
}
// 声明 context 类型
MessageList.childContextTypes = {
  color: PropTypes.string
};
ReactDOM.render(
 <MessageList />,
 document.getElementById('container')
);
```

上述代码中，MessageList 为 context 的提供者，通过在 MessageList 中添加 childContextTypes 和 getChildContext()和 MessageList。React 会向下自动传递参数，任何组织只要在它的子组件中（这个例子中是 Button），就能通过定义 contextTypes 来获取参数。如果 contextTypes 没有定义，那么 context 将会是个空对象。

context 中有两个需要理解的概念：一个是 context 的生产者（provider）；另一个是 context 的消费者（consumer），通常消费者是一个或多个子节点。所以 context 的设计模式是属于生产-消费者模式。在上述示例代码中，生产者是父组件 MessageList，消费者是孙组件

Button。

在 React 中，context 被归为高级部分（Advanced），属于 React 的高级 API，因此官方不推荐在不稳定的版本中使用。值得注意的是，很多优秀的 React 第三方库都是基于 context 来完成它们的功能的，比如路由组件 react-route 通过 context 来管理路由，react-redux 的<Provider/>通过 context 提供全局 Store，拖曳组件 react-dnd 通过 context 分发 DOM 的 Drag 和 Drop 事件等。

> 🔔注意：不要仅仅为了避免在几个层级下的组件传递 props 而使用 context，context 可用于多个层级的多个组件需要访问相同数据的情景中。

2.3.4　非嵌套组件通信

非嵌套组件就是没有包含关系的组件。这类组件的通信可以考虑通过事件的发布-订阅模式或者采用 context 来实现。

如果采用 context，就是利用组件的共同父组件的 context 对象进行通信。利用父级实现中转传递在这里不是一个好的方案，会增加子组件和父组件之间的耦合度，如果组件层次嵌套较深的话，不易找到父组件。

那么发布-订阅模式是什么呢？发布-订阅模式又叫观察者模式。其实很简单，举个现实生活中的例子：

很多人手机上都有微信公众号，读者所关注的公众号会不定期推送信息。

这就是一个典型的发布-订阅模式。在这里，公众号就是发布者，而关注了公众号的微信用户就是订阅者。关注公众号后，一旦有新文章或广告发布，就会推送给订阅者。这是一种一对多的关系，多个观察者（关注公众号的微信用户）同时关注、监听一个主体对象（某个公众号），当主体对象发生变化时，所有依赖于它的对象都将被通知。

发布-订阅模式有以下优点：

- 耦合度低：发布者与订阅者互不干扰，它们能够相互独立地运行。这样就不用担心开发过程中这两部分的直接关系。
- 易扩展：发布-订阅模式可以让系统在无论什么时候都可进行扩展。
- 易测试：能轻易地找出发布者或订阅者是否会得到错误的信息。
- 灵活性：只要共同遵守一份协议，不需要担心不同的组件是如何组合在一起的。

React 在非嵌套组件中只需要某一个组件负责发布，其他组件负责监听，就能进行数据通信了。下面通过代码来演示这种实现。

非嵌套组件通信示例：

（1）安装一个现成的 events 包：

```
npm install events –save
```

（2）新建一个公共文件 events.js，引入 events 包，并向外提供一个事件对象，供通信时各个组件使用：

```
import { EventEmitter } from "events";
export default new EventEmitter();
```

（3）组件 App.js：

```
import React, { Component } from 'react';
import ComponentA from "./ComponentA";
import ComponentB from "./ComponentA";
import "./App.css";
export default class App extends Component{
    render(){
        return(
            <div>
                <ComponentA />
                <ComponentB />
            </div>
        );
    }
}
```

（4）组件 ComponentA：

```
import React,{ Component } from "react";
import emitter from "./events";
export default class ComponentA extends Component{
    constructor(props) {
        super(props);
        this.state = {
            data: React,
        };
    }
    componentDidMount(){
        // 组件加载完成以后声明一个自定义事件
        // 绑定 callMe 事件，处理函数为 addListener()的第 2 个参数
        this.eventEmitter = emitter.addListener("callMe",(data)=>{
            this.setState({
                data
            })
        });
    }
    componentWillUnmount(){
        // 组件销毁前移除事件监听
        emitter.removeListener(this.eventEmitter);
    }
    render(){
        return(
            <div>
                Hello , { this.state.data }
            </div>
        );
    }
}
```

（5）组件 ComponentB：

```
import React,{ Component } from "react";
import emitter from "./events";
export default class ComponentB extends Component{
    render(){
        const cb = (data) => {
            return () => {
                // 触发自定义事件
                // 可传多个参数
                emitter.emit("callMe", "World")
            }
        }
        return(
            <div>
                <button onClick = { cb("Hey") }>点击</button>
            </div>
        );
    }
}
```

当在非嵌套组件 B 内单击按钮后，会触发 emitter.emit()，并且将字符串参数 World 传给 callMe。组件 A 展示的内容由 Hello，React 变为 Hello，World。这就是一个典型的非嵌套组件的通信。

⌂注意：组件之间的通信要保持简单、干净，如果遇到了非嵌套组件通信，这时候读者需要仔细审查代码设计是否合理。要尽量避免使用跨组件通信和非嵌套组件通信等这类情况。

2.4 组件的生命周期

生命周期（Life Cycle）的概念应用很广泛，特别是在政治、经济、环境、技术、社会等诸多领域经常出现，其基本涵义可以通俗地理解为"从摇篮到坟墓"（Cradle-to-Grave）的整个过程。在 React 组件的整个生命周期中，props 和 state 的变化伴随着对应的 DOM 展示。每个组件提供了生命周期钩子函数去响应组件在不同时刻应该做和可以做的事情：创建时、存在时、销毁时。

本节将从 React 组件的"诞生"到"消亡"来介绍 React 的生命周期。由于 React 16 版本中对生命周期有所修改，所以本节只介绍最新版本的内容，React 15 版本的生命周期不推荐使用，如需了解请读者自行查阅。这里以 React 16.4 以上版本为例讲解。

2.4.1 组件的挂载

React 将组件渲染→构造 DOM 元素→展示到页面的过程称为组件的挂载。一个组件的挂载会经历下面几个过程：

- constructor()；
- static getDerivedStateFromProps()；
- render()；
- componentDidMount()。

组件的挂载示例：

（源码地址为 https://jsfiddle.net/allan91/n5u2wwjg/225709/）

```
class App extends React.Component {
  constructor(props) {
   super(props);
   console.log("constructor")
  }
  static getDerivedStateFromProps(){
   console.log("getDerivedStateFromProps")
    return null;
  }

  // React 17中将会移除 componentWillMount()
  // componentWillMount() {
  //   console.log("componentWillMount")
  //}
  render() {
    console.log("render")
    return 'Test'
  }
  // render()之后构造 DOM 元素插入页面
  componentDidMount() {
    console.log("componentDidMount")
  }
}
ReactDOM.render(
<App/>,
document.querySelector("#app")
)
```

打开控制台，上述代码执行后将依次打印：

```
constructor
getDerivedStateFromProps
render
componentDidMount
```

constructor()是 ES 6 中类的默认方法，通过 new 命令生成对象实例时自动调用该方法。其中的 super()是 class 方法中的继承，它是使用 extends 关键字来实现的。子类必须在 constructor()中调用 super()方法，否则新建实例会报错。如果没有用到 constructor()，React 会默认添加一个空的 constructor()。

getDerivedStateFromProps()在组件装载时，以及每当 props 更改时被触发，用于在 props（属性）更改时更新组件的状态，返回的对象将会与当前的状态合并。

componentDidMount()在组件挂载完成以后，也就是 DOM 元素已经插入页面后调用。而且这个生命周期在组件挂载过程中只会执行一次，通常会将页面初始数据的请求在此生命周期内执行。

🔔注意：其中被注释的 componentWillMount()是 React 旧版本中的生命周期，官方不建议使用这个方法，以后会被移除，因此这里不做介绍。

2.4.2　数据的更新过程

组件在挂载到 DOM 树之后，当界面进行交互动作时，组件 props 或 state 改变就会触发组件的更新。假如父组件 render()被调用，无论此时 props 是否有改变，在 render()中被渲染的子组件就会经历更新过程。一个组件的数据更新会经历下面几个过程：

- static getDerivedStateFromProps();
- shouldComponentUpdate();
- componentWillUpdate()/UNSAFE_componentWillUpdate();
- render();
- getSnapshotBeforeUpdate();
- componentDidUpdate()。

数据更新可以分为下面两种情况讨论：

1．组件自身state更新

组件自身 state 更新会依次执行：

```
shouldComponentUpdate() — > render() — > getSnapBeforeUpdate() — >
componentDidUpdate()
```

2．父组件props更新

父组件 props 更新会依次执行：

```
static getDerivedStateFromProps() —> shouldComponentUpdate()—> render()
—> getSnapBeforeUpdate()—> componentDidUpdate()
```

相对于自身 state 更新，这里多了一个 getDerivedStateFromProps()方法，它的位置是组件在接收父组件 props 传入后和渲染前 setState()的时期，当挂载的组件接收到新的 props 时被调用。此方法会比较 this.props 和 nextProps 并使用 this.setState()执行状态转换。

上面两种更新的顺序情况基本相同，下面来看看它们分别有何作用和区别：

- shouldComponentUpdate(nextProps, nextState)：用于判断组件是否需要更新。它会接收更新的 props 和 state，开发者可以在这里增加判断条件。手动执行是否需要去更新，也是 React 性能优化的一种手法。默认情况下，该方法返回 true。当返回值为

false 时，则不再向下执行其他生命周期方法。

- componentDidUpdate(object nextProps, object nextState)：很容易理解，从字面意思就知道它们分别代表组件 render()渲染后的那个时刻。componentDidUpdate()方法提供了渲染后的 props 和 state。

注意：无状态函数式组件没有生命周期，除了 React 16.7.0 的新特性 Hooks。

2.4.3　组件的卸载（unmounting）

React 提供了一个方法：componentWillUnmount()。当组件将要被卸载之前调用，可以在该方法内执行任何可能需要清理的工作。比如清除计时器、事件回收、取消网络请求，或清理在 componentDidMount()中创建的任何监听事件等。

组件的卸载示例：

```
import React, { Component } from "react";
export default class Hello extends Component {

  componentDidMount() {
    this.timer = setTimeout(() => {
      console.log("挂在 this 上的定时器");
    }, 500);
  }
  componentWillUnmount() {
    this.timer && clearTimeout(this.timer);
  }
}
```

2.4.4　错误处理

在渲染期间，生命周期方法或构造函数 constructor()中发生错误时将会调用 componentDidCatch()方法。

React 错误处理示例：

```
import React from "react";
class ErrorBoundary extends React.Component {
  constructor(props) {
    super(props);
    this.state = { hasError: false };
  }
  static getDerivedStateFromError(error) {
    return { hasError: true };
  }
  componentDidCatch(error, info) {
    this.setState({
      hasError: true
    });
```

```
  }
  render() {
    if (this.state.hasError) {
      return <h1>这里可以自定义一些展示，这里的内容能正常渲染。</h1>;
    }
    return this.props.children;
  }
}
```

在 componentDidCatch()内部把 hasError 状态设置为 true，然后在渲染方法中检查这个状态，如果出错状态是 true，就渲染备用界面；如果状态是 false，就正常渲染应该渲染的界面。

错误边界不会捕获下面的错误：

- 错误边界本身错误，而非子组件抛出的错误。
- 服务端渲染（Server side rendering）。
- 事件处理（Event handlers），因为事件处理不发生在 React 渲染时，报错不影响渲染）。
- 异步代码。

2.4.5 老版 React 中的生命周期

老版本的 React 中还有如下生命周期：

- componentWillMount()；
- componentWillReceiveProps()；
- componentWillUpdate()。

老版本中的部分生命周期方法有多种方式可以完成一个任务，但很难弄清楚哪个才是最佳选项。有的错误处理行为会导致内存泄漏，还可能影响未来的异步渲染模式等。鉴于此，React 决定在未来废弃这些方法。

React 官方考虑到这些改动会影响之前一直在使用生命周期方法的组件，因此将尽量平缓过渡这些改动。在 React 16.3 版本中，为不安全生命周期引入别名：

- UNSAFE_componentWillMount；
- UNSAFE_componentWillReceiveProps；
- UNSAFE_componentWillUpdate。

旧的生命周期名称和新的别名都可以在 React16.3 版本中使用。将要废弃旧版本的生命周期会保留至 React 17 版本中删除。

同时，React 官方也提供了两个新的生命周期：

- getDerivedStateFromProps()；
- getSnapshotBeforeUpdate()。

getDerivedStateFromProps()生命周期在组件实例化及接收新 props 后调用，会返回一个对象去更新 state，或返回 null 不去更新，用于确认当前组件是否需要重新渲染。这个生命周期将可以作为 componentWillReceiveProps()的安全替代者。

getDerivedStateFromProps()生命周期示例：

```
class App extends React.Component {
  static getDerivedStateFromProps(nextProps, prevState) {
    ...
  }
}
```

getSnapshotBeforeUpdate()生命周期方法将在更新之前被调用，比如 DOM 被更新之前。这个生命周期的返回值将作为第 3 个参数传递给 componentDidUpdate()方法，虽然这个方法不经常使用，但是对于一些场景（比如保存滚动位置）非常有用。配合 componentDidUpdate()方法使用，新的生命周期将覆盖旧版 componentWillUpdate()的所有用例。

getSnapshotBeforeUpdate()生命周期（官方示例）：

```
class ScrollingList extends React.Component {
  constructor(props) {
    super(props);
    this.listRef = React.createRef();
  }
  getSnapshotBeforeUpdate(prevProps, prevState) {
    // 是否添加新项目到列表
    // 捕获滚动定位用于之后调整滚动位置
    if (prevProps.list.length < this.props.list.length) {
      const list = this.listRef.current;
      return list.scrollHeight - list.scrollTop;
    }
    return null;
  }
  componentDidUpdate(prevProps, prevState, snapshot) {
    // 如果有新值，就添加进新项目
    // 调整滚动位置，新项目不会把老项目推到可视窗口外
    // （这里的 snapshot 来自于 getSnapshotBeforeUpdate()这个生命周期的返回值）
    if (snapshot !== null) {
      const list = this.listRef.current;
      list.scrollTop = list.scrollHeight - snapshot;
    }
  }
  render() {
    return (
      <div ref={this.listRef}>{/* ...contents... */}</div>
    );
  }
}
```

2.4.6　生命周期整体流程总结

React 组件的整个生命周期流程图如图 2.3 所示来描述。

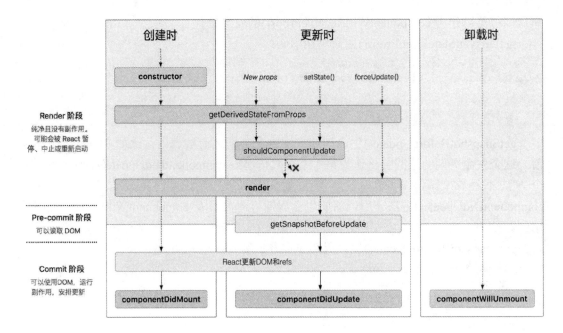

图 2.3　React 组件生命周期流程图

2.5　组件化实战训练——TodoList

前面章节中学习了如何配置 Webpack 来搭建 Hello World 项目，以及 React 的组件、组件通信和生命周期等。接下来继续基于前面的这个项目来实现一个简单的 TodoList，以此加深读者对组件化的了解。

在这个简单的 TodoList 项目中，需要实现：

- 通过 input 输入框输入 todo 内容；
- 单击 Submit 按钮将输入的内容展示在页面上。

在 1.5 节脚手架中，Webpack 的 loader 只对 JS 和 JSX 做了识别，现在需要在项目中加入 CSS 的相关 loader，目的是让 Webpack 识别和加载样式文件。

（1）安装 CSS 的相关 loader：

```
npm install css-loader style-loader --save-dev
```

（2）配置 Webpack 中的 loader：

```
var webpack = require("webpack");
var path = require("path");
const CleanWebpackPlugin = require("clean-webpack-plugin");
var BUILD_DIR = path.resolve(__dirname, "dist");
var APP_DIR = path.resolve(__dirname, "src");
```

```
const HtmlWebpackPlugin = require("html-webpack-plugin");
var config = {
  entry: APP_DIR + "/index.jsx",
  output: {
    path: BUILD_DIR,
    filename: "bundle.js"
  },
  module: {
    rules: [
      {
        test: /\.(js|jsx)$/,
        exclude: /node_modules/,
        use: {
          loader: "babel-loader"
        }
      },
      {
        test: /\.css$/,                    // 只加载.css 文件
        loader: 'style-loader!css-loader'  // 同时运行两个 loader
      }
    ]
  },
  devServer: {
    port: 3000,
    contentBase: "./dist"
  },
  plugins: [
    new HtmlWebpackPlugin({
      template: "index.html",
      // favicon: 'theme/img/favicon.ico',
      inject: true,
      sourceMap: true,
      chunksSortMode: "dependency"
    }),
    new CleanWebpackPlugin(["dist"])
  ]
};
module.exports = config;
```

至此，TodoList 的项目脚手架配置结束。

（3）接下来是相应组件的代码，入口页面 App.jsx 负责渲染组件头部 Header 和列表 ListItems，并在当前组件内部 state 维护列表的项目和输入的内容。

```
export default class App extends Component {
  constructor(props) {
    super(props);
    this.state = {
      todoItem: "",
      items: []
```

```
      };
    }
    render() {
      return (
        <div>
        </div>
      );
    }
  }
```

从上述代码可以看到 App 组件的 state 内有 todoItem 和 items。todoItem 用于存储输入框输入的值；items 用于存储输入框内提交的值，之后用于列表的渲染。

（4）再来编写输入框输入内容时的 onChange 事件：

```
onChange(event) {
    this.setState({
      todoItem: event.target.value
    });
}
<input value={this.state.todoItem} onChange={this.onChange} />
```

从上述代码中可以看到，input 的值来自于 App 组件内的 state。用户每次输入后，onChange 事件监听其变化，然后调用 this.setState()将改变的值实时写入 input 中展示。

（5）表单提交：

```
onSubmit(event) {
    event.preventDefault();
    this.setState({
      todoItem: "",
      items: [
        ...this.state.items,
        this.state.todoItem
      ]
    });
}
<form className="form-wrap" onSubmit={this.onSubmit}>
    <input value={this.state.todoItem} onChange={this.onChange} />
<button>Submit</button>
</form>
```

当单击 Submit 按钮时，输入框的值将通过表单提交的方式触发 onSubmit 事件，然后调用 this.setState()添加输入框中的值到 items 数组，同时清空输入框。

（6）将内容整理为 3 部分：头 Header、表单 form 和列表 ListItems。其中，Header 和 ListItems 各为一个组件。

./src/Header.js 内容如下：

```
import React from 'react';
const Header = props => (
  <h1>{props.title}</h1>
```

```
);
export default Header;
```

./src/ListItems.js 内容如下：

```
import React from 'react';
const ListItems = props => (
  <ul>
    {
      props.items.map(
        (item, index) => <li key={index}>{item}</li>
      )
    }
  </ul>
);
export default ListItems;
```

Header 和 ListItems 都是无状态函数式组件，接收父级./src/app.jsx 传入的 props 数据，用于各自的展示。

（7）在入口./src/app.jsx 中引入组件：

```
import React, { Component } from "react";
import { render } from "react-dom";
+ import ListItems from "./ListItems";
+ import Header from "./Header";
```

（8）引入样式：

```
import React, { Component } from "react";
import { render } from "react-dom";
import ListItems from "./ListItems";
import Header from "./Header";
+ import "./index.css";
```

至此，所有内容完成，此时这个项目的结构如下：

```
.
├── README.md
├── index.html
├── package-lock.json
├── package.json
├── src
│   ├── Header.js
│   ├── ListItems.js
│   ├── app.jsx
│   └── index.css
└── webpack.config.js
```

最终入口 app.jsx 文件的代码如下：

/src/app.jsx 内容如下：

```
import React, { Component } from "react";
import { render } from "react-dom";
```

```
import PropTypes from 'prop-types';          // 定义组件属性类型校验
import "./index.css";
import ListItems from "./ListItems";
import Header from "./Header";
export default class App extends Component {
  constructor(props) {
    super(props);
    this.state = {
      todoItem: "",
      items: ["吃苹果","吃香蕉","喝奶茶"]
    };

    this.onChange = this.onChange.bind(this);
    this.onSubmit = this.onSubmit.bind(this);
  }
  // 输入框 onChange 事件
  onChange(event) {
    this.setState({
      todoItem: event.target.value
    });
  }
  // 表单提交按钮单击事件
  onSubmit(event) {
    event.preventDefault();
    this.setState({
      todoItem: "",
      items: [
        ...this.state.items,
        this.state.todoItem
      ]
    });
  }
  render() {
    return (
      <div className="container">
        <Header title="TodoList"/>
        <form className="form-wrap" onSubmit={this.onSubmit}>
          <input value={this.state.todoItem} onChange={this.onChange} />
          <button>Submit</button>
        </form>
        <ListItems items={this.state.items} />
      </div>
    );
  }
}
App.propTypes = {
  items: PropTypes.array,
  todoItem: PropTypes.string,
  onChange: PropTypes.func,
```

```
   onSubmit: PropTypes.func
};
render(
  <App />,
  document.getElementById("app")
);
```

本例最终的展示效果如图 2.4 所示。

图 2.4　TodoList 展示效果

项目源码可在 GitHub 进行下载，地址是 https://github.com/khno/react-comonent-todolist 。

第 3 章　React 的事件与表单

表单的作用主要是采集网页中的数据，而采集的行为是通过用户触发浏览器中的各种事件实现的。本章首先介绍 React 的事件系统，之后结合表单提交和样式处理，深入讲解 React 中表单处理的方式。

考虑到本章与其他章节没有很强的关联性，读者可以根据需要选择性地阅读本章内容。

3.1　事　件　系　统

React 有自己的事件系统，定义的事件处理器会接收到合成事件（SyntheticEvent）的实例，并且所有事件都遵循 W3C 规范，这使得事件在不同浏览器中的表现一致。所有定义的事件都会被绑定到文档的根结点，当事件触发时，React 会将它映射到对应的组件元素，当组件卸载时会被自动移除。当然也可以通过使用 nativeEvent 访问浏览器原生事件对象。

React 事件系统和浏览器事件系统相比主要做了两件事：事件代理和事件自动绑定。这两个特性也正是合成事件的实现机制。

React 的事件书写方式与传统 HTML 事件监听器的书写基本相似。但 React 事件书写采用驼峰方式，如 onChange、onMouseMove、onKeyDown 等。比如给一个按钮添加单击事件：

```
// this.handleClick 表示当前组件中定义的事件
<button onClick={this.handleClick}>Click me</button>
```

3.1.1　合成事件的事件代理

跟传统的事件处理机制不同，React 把所有定义的事件都绑定到结构的最顶层。使用一个事件监听器 watch 所有事件，并且它内部包含一个映射表，记录了事件与组件事件处理函数的对应关系。当事件触发时，React 会根据映射关系找到真正的事件处理函数并调用。当组件被安装或被卸载时，对应的函数会被自动添加到事件监听器的内部映射表或者从表中删除。

3.1.2　事件的自动绑定

在 React 中，所有事件会被自动绑定到组件实例，并且会对该引用进行缓存，从而实现 CPU 和内存性能上的优化。

但如果使用 ES 6 Class 或无状态的函数式写法，默认不会绑定 this。因此在调用方法的时候需要手动绑定 this。

下面介绍几种绑定方式，以为 button 标签添加一个单击事件举例。

1.　在构造函数中使用bind()绑定this

在构造函数 constructor()内使用 bind()绑定 this，等之后调用这个方法的时候，无须再次绑定。这是官方推荐的具有最佳性能的绑定方式。

在构造函数中使用 bind()绑定 this 示例：

```
import React, { Component } from 'react';
import { render } from 'react-dom';
class Button extends Component {
  constructor(props) {
    super(props);
    // 在构造函数内完成 this 的绑定
    this.handleClick = this.handleClick.bind(this);
  }

  // 自定义的单击事件
  handleClick(){
    console.log('Clicked');
  }
  render() {
    return (
      <button onClick={this.handleClick}>          // 调用的时候不需要绑定 this
        Click me
      </button>
    );
  }
}
```

2.　使用箭头函数绑定this

每次调用函数时去绑定 this，会生成一个新的方法实例，因此对性能会有一定影响。同时当这个函数传入低阶组件时，这些组件可能会再次 re-render。

使用箭头函数绑定 this 示例：

```
import React, { Component } from 'react';
import { render } from 'react-dom';
class Button extends Component {
  // 单击事件
  handleClick(){
```

```
    console.log('Clicked');
  }
  render() {
    return (
      <button onClick={()=>this.handleClick()}>      // 利用箭头函数绑定
        Click me
      </button>
    );
  }
}
```

3. 使用bind()方法绑定this

同方法 2 一样，每次调用函数的时候再去绑定 this，会对性能有一定影响。

使用 bind()方法绑定 this 示例：

```
import React, { Component } from 'react';
import { render } from 'react-dom';
class Button extends Component {
  // 单击事件
  handleClick(){
    console.log('Clicked');
  }
  render() {
    return (
      <button onClick={this.handleClick.bind(this)}>      // 用 bind()方法绑定
        Click me
      </button>
    );
  }
}
```

4. 使用属性初始化器语法绑定this

因为使用属性初始化器语法绑定 this 的方法在创建时使用了箭头函数，所以一创建就绑定了 this，因此在调用的时候无须再次绑定。

使用属性初始化器语法绑定 this 示例：

```
import React, { Component } from 'react';
import { render } from 'react-dom';
class Button extends Component {
  // 用箭头函数定义单击事件，直接绑定到当前组件
  handleClick=()=>{
 console.log('Clicked');
  }
  render() {
    return (
      <button onClick={this.handleClick}>      // 直接使用上面定义的方法
        Click me
      </button>
    );
  }
}
```

以上 4 种方式都能实现类定义组件 this 的绑定。

3.1.3　在 React 中使用原生事件

虽然 React 提供了完善的合成事件，但需要使用浏览器原生事件时，可以通过 nativeEvent 属性去获取和使用。由于原生事件需要绑定在真实的 DOM 中，所以一般在 componentDidMount()生命周期阶段进行绑定操作。

注意：在 React 中使用 DOM 原生事件记得必须要在组件卸载时手动移除，否则将可能出现内存泄漏问题。

这里以一个单击事件来举例。

使用原生事件示例：

```
import React, { Component } from 'react';
import { render } from 'react-dom';
class NativeEvent extends Component {
    // 真实 DOM 加载完成才能去绑定原生事件到节点
    componentDidMount() {
        this.refs.myDiv.addEventListener('click', handleClick, false)
    }

    // 单击事件
    handleClick = (e) => {
        console.log(e)
    }
    // 组件卸载时，需要移除
    componentWillUnmount(){
     this.refs.myDiv.removeEventListener('click')
    }
    render() {
        return (
            <div ref="myDiv">Click me</div>
        )
    }
}
ReactDOM.render(
  <NativeEvent />,
  document.getElementById('root')
);
```

3.1.4　合成事件与原生事件混用

即便合成事件系统已经如此完善，还是会有部分场景和需求需要使用原生事件。比如页面有个模态框，当单击模态框周围区域，需要将模态框隐藏。由于无法将模态框组件中的事件绑定到 body 上，因此只能通过原生事件在弹窗挂载到 DOM 完成后获取 body，然后通过原生事件绑定到 body 去实现。

合成事件与原生事件混用示例：

```
import React, { Component } from 'react';
import { render } from 'react-dom';
class Demo extends Component {
 constructor(props){
  super(props);
  this.state={
   isModalShow: ture                   // 默认弹窗打开
  };
  // 将 this 绑定到单击事件
  this.handleClickModal = this.handleClickModal.bind(this);
 }
 componentDidMount() {
     document.body.addEventListener('click',e=>{
 // 判断是否在模态框内单击
     if(e.target && e.target.matches('div.modal'))
      return;
  // 单击模态框之外关闭
     this.setState({
      isModalShow: false
     })
    })
 }
 // 该生命周期表示组件将要卸载
 componentWillUnmount(){
 // 组件卸载之前先手动移除原生事件，避免出现内存泄漏
  document.body.removeEventListener('click');
 }
 render() {
     return (
        <div className="modal-wrapper">
         {
          this.state.isModalShow && // this.state.isModalShow 为真就显示 div
          <div className="modal">弹窗内容</div>
         }
        </div>
     )
   }
}
ReactDOM.render(
  <Demo />,
  document.getElementById('root')
);
```

在上述示例代码中，有一个细节需要特别注意。如果不使用 e.target 来判断单击的区域是否在弹窗内，就在示例代码中使用 React 的事件机制，如下：

```
clickInModal(e){
   e.stopPropagation();
 }
 render() {
   return (
```

```
    <div className="modal-wrapper">
    {
        this.state.isModalShow &&          // this.state.isModalShow 为真就显
                                           示后面的 div
        <div className="modal" onClick={this.clickInModal}>弹窗内容</div>
    }
    </div>
  )
}
```

以上代码是不能阻止弹窗关闭的。因为 React 的合成事件系统是事件代理，也就是事件并没有直接绑定在弹窗的 div 节点上。因此希望读者在 React 开发时尽量避免同时使用原生浏览器事件和 React 的合成事件。

本质上，React 的合成事件系统是属于原生浏览器事件的子集。所以原生事件中阻止冒泡可以阻止 React 的合成事件冒泡，反之在 React 合成事件中阻止冒泡无法阻止原生事件冒泡。

不管怎样，当有的场景 React 事件系统无法满足需求的时候，还是要使用原生事件。

3.2　表单（Forms）

用户行为数据的采集是通过表单才得以实现的，用户的每一次输入都离不开表单。要管理好表单的状态并不容易，由于每次改变都会涉及缓存用户的录入状态，因此也给 React 表单的处理机制带来了一些特殊性。

React 的核心理念就是对状态的可控性，只要状态来自于 props 或 state，所有组件中被渲染出来的状态就会保持一致，对于表单状态的处理方式也正是如此。本节将介绍 React 是如何处理表单的。

3.2.1　受控组件

在 React 中强调的是对状态的可控管理，也就是对组件状态的可预知性和可测试性。表单状态是会随用户在表单中的输入、选择或勾选等操作不断发生变化的，每当发生变化时，将它们的状态都写入组件的 state 中，这种组件就被称为受控组件（Controlled Component）。

这种类型的状态管理方式与 React 其他类型组件的模式一样，都是将状态交由 React 组件去控制。这也是 React 官方推荐的表单管理方式。

受控组件示例应用。

（源码地址为 https://jsfiddle.net/n5u2wwjg/17710/）

```
import React, { Component } from 'react';
import { render } from 'react-dom';
```

```
class MyForm extends Component {
  render(){
    return(
      <input type="text" value="Hello Form"/>
    )
  }
}
ReactDOM.render(
  < MyForm />,  // 将该组件挂载到 id 为 root 的真实 DOM 去渲染
  document.getElementById('root')
);
```

本例效果如图 3.1 所示。

以上代码渲染了一个输入框，在 input 内 value 绑定了一个不可变的值。用户的任何输入都不会生效，那么在 React 中如何才能实时在界面反应用户的输入呢？

Hello Form!

图 3.1　在 input 内 value 绑定了一个不可变值

实时反应用户的输入示例：

（源码地址为 https://jsfiddle.net/n5u2wwjg/23152/）

```
import React, { Component } from 'react';
import { render } from 'react-dom';
class MyForm extends Component {
  constructor(){
    super();
    this.state={
      inputValue: 'Hello Form!'
    };
  }
  // input 的 change 事件，每一次输入框的改变都会触发该事件
  handleChange(event) {
    this.setState({
      inputValue: event.target.value
    });
  }
  render(){
    return(
      <input type="text"
        value={this.state.inputValue}
        onChange={this.handleChange.bind(this)} /> // 这里用 bind()方法绑定
this（其他方法绑定 this 也可以）
    )
  }
}
ReactDOM.render(
  < MyForm />,
  document.getElementById('root')
);
```

从上面代码可以得知，只需要将该值绑定到组件的 state，然后通过 onChange 事件就能让该值随用户的输入实时发生变化。表单的数据都来源于 state。这种操作表单的方式看

似复杂，增加了代码量，但其实这样的处理方式能更好地控制数据流，这也正是 React 的状态（数据）驱动视图变化的设计思想。

注意：上面的 onChange 事件处理器正是 3.1.1 节所讲的 React 的事件合成机制，底层的操作就是拦截浏览器的原生 change 事件。在 setState() 被调用后，React 去计算差异，然后更新输入框的值。

视图展示的内容都是通过 JavaScript 控制的，比如当需要将用户输入的内容都转化为大写，可以这样写：

```
handleChange(event) {
    this.setState({
      inputValue: event.target.value.toUpperCase(),
    })
}
```

这样就能轻易控制用户输入内容的展示。除此之外，还可以对表单做诸如：输入字符长度限制、显示输入 HEX 值所代表的颜色，使用输入值去改变其他 UI 元素等行为的操作和控制。

3.2.2　非受控组件

非受控组件即无约束组件，React 强调的是对状态的可控管理，非受控组件是它的一种反模式。在大多数情况下，推荐使用受控组件来处理表单，当然这并不表明就不能使用非受控组件。比如有一个非常长的表单，希望用户先填写上面的表单域，填完了再去处理所有内容。

非受控组件示例：

（源码地址为 https://jsfiddle.net/n5u2wwjg/23122/）

```
import React, { Component } from 'react';
import { render } from 'react-dom';
class MyForm extends Component {
  constructor(props) {
    super(props);
    this.handleSubmit = this.handleSubmit.bind(this);
  }
  // 表单提交事件
  handleSubmit(event) {
    // 通过 event.target.name.value / event.target.email.value 获取已经输入的值
    console.log(event.target.name.value, event.target.email.value)
    event.preventDefault();
  }
  render() {
    return (
      <form onSubmit={this.handleSubmit}>
        <label>
          Name:
```

```
        <input type="text" />
      </label>
      <label>
        Email:
        <input type="mail" />
      </label>
      <button type="submit" value="Submit">Submit</button>
    </form>
  );
  }
}
ReactDOM.render(
  <MyForm />,
  document.getElementById('root')
);
```

上面代码使用 onSubmit 来处理非受控组件表单，可以明显看出表单的值是不受 React 的 state 和 props 控制的。数据来源是 DOM 元素，这种方式比较适合非完全 React 集成的前端项目。

⚠️注意：如果想为非受控组件添加默认初始值，可以使用 defaultValue 或 defaultChecked。

3.2.3 受控组件和非受控组件对比

非受控组件本身有自己的状态缓存，而受控组件由 React 的 state 状态进行缓存。在用户输入内容时，input 框中数值的每次改变都对应着调用一次 onChange 事件，调用的结果就是去触发一次 setState()。

非受控组件示例：

（源码地址为 https://jsfiddle.net/n5u2wwjg/22876/）

```
import React, { Component } from 'react';
import { render } from 'react-dom';
class MyForm extends Component {
  constructor(props) {
    super(props);
    this.state={
      value: ''              // 在 state 中可以设置 input 的初始值，这里初始值为空
    }
  }
  render() {
    return (
      <input
        type='text'
        value={this.state.value}
        onChange={(e) => { // 方法也可以直接写在元素内，与写在外面用 this.fn 方法一样
          this.setState({
            value: e.target.value.toUpperCase(),
          });
        }}
      />
```

```
    );
  }
}
ReactDOM.render(
  < MyForm />,
  document.getElementById('root')
);
```

在 React 中，数据流是单向的，但是在表单的 onChange 事件中将数据回写到 state 的这种方式实现了双向数据绑定。当需要在表单输入的时候实时绑定到页面其他元素，使用可控性组件无疑是最佳选择，可参考下面的示例。

受控组件示例：

（源码地址为 https://jsfiddle.net/n5u2wwjg/22872/）

```
import React, { Component } from 'react';
import { render } from 'react-dom';
class MyForm extends Component {
  constructor(props) {
    super(props);
    this.state={
      value: ''              // 在 state 中可以设置 input 的初始值，这里初始值为空
    }
  }

  render() {
    return (
      <div>
        <input
          type='text'
          value={this.state.value}
          onChange={(e) => {
            this.setState({
                value: e.target.value.toUpperCase(),
            });
          }}
        />
        <p> 您刚刚输入了 : { this.state.value }</p>  // 输入框输入的值被绑定到 p 标签
      </div>
    );
  }
}
ReactDOM.render(
  <MyForm />,
  document.getElementById('root')
);
```

本例效果如图 3.2 所示。

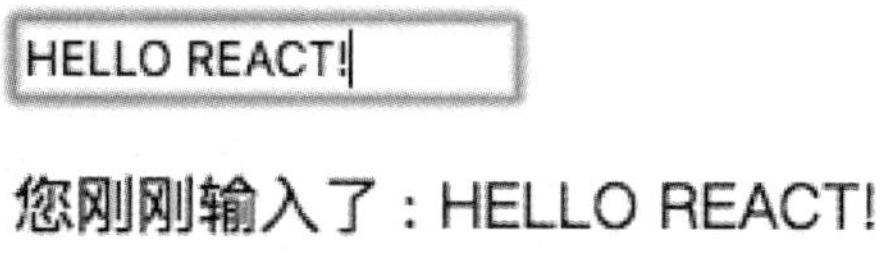

受控组件的优点是在用户输入和页面显示之间做了一道可控层，可以在用户输入之后和页面显示之前对输入值进行处理。上述案例中，用户输入的字母在显示前被转为大写字母，同时也在

HELLO REACT!

您刚刚输入了：HELLO REACT!

图 3.2　表单输入实时绑定到页面其他元素

下面 p 标签内同步展示。

受控组件的缺点是需要为每个表单组件都绑定一个 change 事件，并且定义一个事件处理器去绑定表单值和组件的状态，而且每次表单值的改变都必定会调用一次 onChange 事件，带来了一些性能上的损耗。

即使如此，利大于弊，还是提倡在 React 中使用受控组件。

🔔注意：Model 层数据改变，View 层随之同步更新就是单向绑定；有了单向绑定的基础，反过来用户让 View 层代码改变，Model 层随之被更新就是双向数据绑定。

3.2.4　表单组件的几个重要属性

表单组件中含有几个重要属性，用于用户在页面交互时展示应用的状态：

- value：用于<input>和<textarea>组件，类型为 text；
- checked：用于<checkbox>和<radio>组件，类型为 boolean；
- selected：用于 select 组件下面的<option>。

3.3　React 的样式处理

样式在应用中扮演着非常重要的角色，起到"美化"界面的作用。CSS 不算编程语言，它是对网页样式的一种描述。为了让其变得更像一门编程语言，从早先的 Less、Sass，到 PostCss 和 CSS in JS 都是为了解决这个问题。本节将带领读者了解如何在 React 中使用样式，以及 CSS Modules 相关概念。

3.3.1　基本样式设置

传统样式可以通过在标签内声明 class 或 id 名去定义，在 React 中也是一样。由于 class 在 JavaScript 属于保留字，为规避编译器的"误解"，JSX 语法中声明的标签属性中 class 必须使用 className 替换。

React 中的组件的样式设计示例：

className 支持常规 DOM 元素和 SVG 元素，例如：

```
<div className="button">Click me</div>
```

然后将定义的 css 文件在该组件顶部引用：

```
import './index.css'
class App extends React.Component {
  render() {
    return (
```

```
    <div className="btn">This is a demo</div>
    )
  }
}
ReactDOM.render(
 <App/>,
 document.querySelector("#app")
)
```

之后通过 Webpack 之类的工具进行编译，就能将样式作用于该组件了。

当然读者也可以使用行内样式。但在 React 中，行内样式 style 属性并不是以字符串形式被接收的，而是以一个带有驼峰命名的对象形式出现的。这个样式对象的 key 为驼峰命名规则的样式描述，对应的值通常是一个字符串或数字。这种设计方式可以与 DOM 中样式的命名保持一致，也有助于弥补 XSS 安全漏洞。

React 中的行内样式示例：

（源码地址为 https://jsfiddle.net/allan91/Lbecjy18/4/）

```
class App extends React.Component {
  render() {
    const divStyle = {
      color: 'red',
      fontSize: 12,
      backgroundColor: 'yellow'
    }
    return (
     <div style={divStyle}>This is a demo</div>
    )
  }
}
ReactDOM.render(<App/>, document.querySelector("#app"))
```

或：

```
const divStyle = {
  color: 'blue',
  backgroundImage: 'url(' + imgUrl + ')',
};
function HelloWorldComponent() {
  return <div style={divStyle}>Hello World!</div>;
}
```

注意：数字用于描述像素单位的值时不需要添加 px，React 支持自动将其转换为 px 单位，如 fontSize、height 和 lineHeight 等。

并不是所有的样式属性都能被转换为像素字符串，某些属性不行，例如 zoom、order 和 flex，更多这类属性参考如下：

```
/**
 * CSS 中接受数字但不以 px 为单位的属性
 */
var isUnitlessNumber = {
  animationIterationCount: true,
```

```
    borderImageOutset: true,
    borderImageSlice: true,
    borderImageWidth: true,
    boxFlex: true,
    boxFlexGroup: true,
    boxOrdinalGroup: true,
    columnCount: true,
    columns: true,
    flex: true,
    flexGrow: true,
    flexPositive: true,
    flexShrink: true,
    flexNegative: true,
    flexOrder: true,
    gridRow: true,
    gridRowEnd: true,
    gridRowSpan: true,
    gridRowStart: true,
    gridColumn: true,
    gridColumnEnd: true,
    gridColumnSpan: true,
    gridColumnStart: true,
    fontWeight: true,
    lineClamp: true,
    lineHeight: true,
    opacity: true,
    order: true,
    orphans: true,
    tabSize: true,
    widows: true,
    zIndex: true,
    zoom: true,

    // SVG-related 属性
    fillOpacity: true,
    floodOpacity: true,
    stopOpacity: true,
    strokeDasharray: true,
    strokeDashoffset: true,
    strokeMiterlimit: true,
    strokeOpacity: true,
    strokeWidth: true,
};
```

3.3.2 CSS Modules 样式设置

近几年由于 ES 5/ ES 6 的快速普及和 Babel 和 Webpack 等工具的快速发展，CSS 的进化被远远抛到了后面，也因此 CSS 逐渐成为前端工程化的障碍点。1996 年 CSS 1 发布，规范的目的是将文档与文档内容分开，声明中的操作词是"文件"。当时的网络并不是主流，内容仍然基于文档，少量的样式表易于解耦和维护。

现代互联网应用中，很少考虑文档中的内容。现代网络以高度动态的 Web 应用程序为主。这种规模的建立和维护 CSS 给开发团队带来了独特的挑战。克服这些挑战需要平衡团队的纪律、工具和框架。在现代的前端培训和学习中会经常提到 JavaScript 全局变量的危险性，但很多人忽视了样式的全局性也带有危险性。这也是 CSS 模块化所要解决的问题。前端模块化发展要继续进化的前提就是解决 CSS 模块化方案。

目前 CSS 模块化的解决方案有很多，但主流的有两类：

一类是利用 JS 或 JSON 来写样式，Radium，jsxstyle，react-style 属于这一类。它们能为 CSS 提供 JS 一样强大的模块化能力，但不能使用当前成熟的 CSS 预处理器 Less、Sass 和 PostCss 等，像:hover，active 等伪类的处理也比较复杂。

另一类是利用 JS 来处理 CSS，这种 CSSinJS 的方案相当于完全抛弃传统的 CSS 写法，转而在 JS 中以对象的形式来书写 CSS，最具代表性的就是 CSS Modules。它可以结合当前成熟的 CSS 生态和利用 JS 的模块化能力。这种解决方案学习成本不高，有 Webpack 就能在项目中使用。

使用 CSS Modules，需要在 Webpack 中配置：

```
{
    test: /\.css$/,
    loader: "style!css?module&localIdentName=[hash:base64:5]&-url"
}
```

如果使用 Sass 或 Less 只需要添加一个它们的 loader 就可以了。CSS Modules 内部通过 ICSS 来实现转换，但书写方式还是正常写法：

```
/* index.css */
.root {
 color: green;
}
.text {
 font-size: 16px;
}
```

将 CSSModules 导入 JS 模块内：

```
import styles from './index.css';
import React from 'react';
export default class Demo extends React.Component {
 render() {
  return (
   <div className={styles.root}>
   <p className={styles.text}>This is a demo!</p>
   </div>
  );
 }
};
```

然后渲染到页面，将看到类似如下代码：

```
<p class="p-text-abc4567"> … </p>
```

其中生成的 class 名 p—text-abc4567 是 CSS Modules 按照 localIdentName 自动生成的。经过混淆处理可以避免代码重复，所以在使用 CSS Modules 项目中书写的 class 名称可以保证是唯一的。

这样写的好处有：

- 保留了很好的组件复用性；
- 消除了全局命名的问题，在组件的 index.css 中可以随意起名字，不用担心命名冲突；
- 和 React 结合得很好；
- 很方便地按需加载。

使用了 CSS Modules 就相当于默认给每个样式名外层包裹了一个:local, .className{…}等价于:local(.className){…}，以此来实现样式的局部化。当需要让样式全局生效时，可以使用:global 包裹。例如：

```css
/* 定义全局样式 */
:global(.className) {
 color: green;
}
/* 定义多个全局样式 */
:global {
 .className1 {
 color: green;
 }
 .className2 {
 color: green;
 }
}
```

在 CSS Modules 中，可以使用 compose 来处理样式的复用，这也是其唯一的处理方式：

```css
/* 公共样式 */
.common {
 /* 公用样式 */
}
.textCenter {
 compose: common;
 /* .normal 的其他样式 */
}
import styles from './styles.css';
element.innerHTML = '<div class="' + styles.textCenter + '">This is a
demo!</div>'
```

最终将被渲染为：

```
<div class="div-common-abc147 div-textCenter-abc147">This is a demo!</div>
```

正是由于在该 div 元素的.textCenter 中引入了公共样式，所以会在编译后生成两个 class。当需要将 compose 所需文件从外部导入时，可以这样做：

```
otherClassName {
 compose: className from "./style.css";
}
```

　　样式命名规范：对于本地类名，建议使用驼峰（camelCase）命名，但不强制执行。当使用短横线（kebab-case）命名时，将有可能在编译时导致一些意外情况发生。要使用短横线命名法可以使用括号表示法来替代，比如 style['class-name']，不过还是推荐读者使用驼峰命名，更简洁。

第 4 章　React+Redux 的数据流管理

Flux 是建立客户端 Web 应用的前端架构，它通过利用一个单向的数据流补充了 React 的组合视图组件。确切来说，Flux 是 2014 年开源的一套用于构建用户界面的应用程序架构（Application Architecture for Building User Interface）。它跟 React 本身没有必然联系，也可以作用于其他框架或组件上。本章就来重点介绍 Flux 的原理、使用，以及它的衍生——Redux。

4.1　Flux 架构

Flux 是一种应用架构，或者说是一种思想，本节通过介绍 MVC 和 MVVM 来让读者了解 Flux 的由来及其运作流程。

4.1.1　MVC 和 MVVM

1．MVC简介

MVC （Model View Controller），是 Model（模型）－View（视图）－Controller（控制器）的缩写。MVC 不是框架，不是设计模式，也不是软件架构，而是一种架构模式。它们彼此之间是有区别的：

- 框架（Framework）：是一个系统的可重用设计，表现为一组抽象的可交互方法。它就像若干类的构成，涉及若干构件，以及构件之间的相互依赖关系、责任分配和流程控制等。比如，C++语言的 QT、MFC、GTK，Java 语言的 SSH、SSI，PHP 语言的 Smarty（MVC 模式），Python 语言的 Django（MTV 模式）等。
- 设计模式（Design Pattern）：是一套被反复使用、多数人知晓的、经过分类的代码设计经验总结。其目的是为了代码的可重用性、让代码更容易被他人理解、保证代码的可靠性。比如，工厂模式、适配器模式和策略模式等。
- 软件架构（Software architecture）：是一系列相关的抽象模式，用于指导大型软件系统各个方面的设计。软件架构是一个系统的草图，软件体系结构是构建计算机软件实践的基础。

- 架构模式（风格）：也可以说成框架模式，一个架构模式描述软件系统里基本的结构组织或纲要。架构模式提供一些事先定义好的子系统，指定它们的责任，并给出把它们组织在一起的法则和指南。一个架构模式常常可以分解成很多个设计模式的联合使用。MVC 模式就属于架构模式，还有 MTV、MVP、CBD 和 ORM 等。

　　框架与设计模式相似，但根本上是不同的。设计模式是对某种环境中反复出现的问题及解决该问题方案的描述，比框架更加抽象；框架可以用代码表示，也能直接执行或复用，而对模式而言只有实例才能用代码表示；设计模式是比框架更小的元素，一个框架中往往含有一个或多个设计模式，框架总是针对某一特定应用领域，但同一模式却可适用于各种应用。可以说，框架是软件，而设计模式是软件的知识。

　　介绍完框架、设计模式、软件架构和架构模式之后，再来看看属于架构模式的 MVC 示意图，如图 4.1 所示。

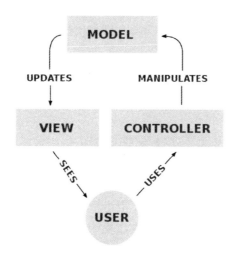

图 4.1　MVC 示意图

先来看一下维基百科中对 MVC 的解释：

Model–view–controller is commonly used for developing software that divides an application into three interconnected parts. This is done to separate internal representations of information from the ways information is presented to and accepted from the user.The MVC design pattern decouples these major components allowing for efficient code reuse and parallel development.

简单翻译成中文就是：

MVC 通常应用于软件开发中将应用程序划分为 3 个互连部分的软件。这是为了将信息的内部表示与信息呈现给用户并从用户接受的方式分开。MVC 设计模式将这些主要组件分离开，从而实现高效的代码重用和并行开发。

MVC 把软件工程分为三部分：模式、视图和控制器。这三者各有分工：

- 视图（View）：负责图形界面展示。前端 View 负责构建 DOM 元素，视图层是用户最直接接触到的，用户与之产生交互。View 一般都对应着一个 Model，可以读取或编辑 Model。View 接受 JSON 数据格式的数据。
- 模式（Model）：负责数据管理，保存着应用的数据和后端交互同步的数据。Model 不涉及表现层和用户界面。它的数据被 View 所使用，当 Model 发生改变时，它会通知视图作出对应的改变。
- 控制器（Controller）：作用是连接 View 和 Model。用户在 View 层的操作会通过 Controller 实施作用到 Model。前端 MVC 中对于 Controller 的划分界限不是特别清晰。Controller 的本质就是为了控制程序中 Model 与 View 的关联。

MVC 的出现是为了让应用的业务逻辑、数据和界面显示分离的方法来组织代码。其中，Controller 的存在是为了让视图和模型能同步。Controller 本身不输出任何内容，也不做任何处理，它只是接收请求并决定调用哪个模型构件去处理请求，然后确定用哪个视图来显示返回的数据。

在前端开发的应用中，一个事件的发生需要经历以下几步：

（1）用户与应用产生交互。

（2）事件处理器事件被触发。

（3）控制器从模型请求数据，并将其交给视图。

（4）视图呈现。

而现实中，这个流程不使用 MVC 也能实现，但为什么采用 MVC 去实现它呢？这是因为 MVC 能将它的每个部分都按照对应职责进行了分类、解耦，这样就能更好地对每个部分进行独立开发测试和维护。这就是 MVC 要达到的效果！

MVC 具有以下优点：

（1）独立开发

MVC 支持快速并行的开发。如果使用 MVC 模型开发任何特定的 Web 应用程序，那么有可能一个程序员在视图上工作，而另一个程序员在控制器上工作（创建 Web 应用程序的业务逻辑）。因此，使用 MVC 模型开发的应用程序可以比使用其他开发模式开发的应用程序更快。

（2）可重复性

在 MVC 模型中，我们可以为模型创建多个视图。面对当下应用程序的新需求日益增加，采用 MVC 开发无疑是一个很好的解决方案。而且在这种方法中，代码重复性小，因为它将数据和业务逻辑从显示中分离出来使用。

（3）低耦合

对于任何 Web 应用程序，用户界面往往会根据公司的业务规则频繁更改。很明显，开发人员可以频繁更改 Web 应用程序，例如更改颜色、字体、屏幕布局，以及为手机或平板电脑添加新设备支持等。而且，在 MVC 模式中添加新类型的视图非常容易，因为模型部分不依赖于视图部分。因此，模型中的任何更改都不会影响整个体系结构。

诸如上述的各类优点，MVC 这种架构模式在前端开发中可以高效、轻松完成各类复杂应用开发。最重要的一点是：它管理多个视图的能力能使 MVC 成为 Web 应用程序开发的最佳架构模式。

2．MVVM简介

MVVM（图 4.2）的演化历史：

2004 年，Martin Fowler 发表了 *Presentation Model*（下面简称 PM）的文章，它实现了从视图层中分离行为和状态。2005 年，John Gossman 在其博客公布 *Introduction to Model/View/ViewModel pattern for building WPF apps*（ https://blogs.msdn.microsoft.com/johngossman/2005/10/08/introduction-to-modelviewviewmodel-pattern-for-building-wpf-apps/ ）一文。但 MVVM 与 Martin Fowler 所说的 PM 模式其实是完全相同的，PM 模式是一种与平台无关的创建视图抽象的方法，而 John Gossman 的 MVVM 是专门用于 WPF 框架，简化用户界面的创建提出模式；可以认为 MVVM 是在 WPF 平台上对于 PM 模式的实现。

MVVM 架构模式由微软于 2005 年提出，它从诞生就与 WPF（微软用于处理 GUI 软件的框架）框架联系紧密，为其提供了一套优雅的、遵循 PM 模式的解决方案。从字面意思看它是 Model-View-ViewModel 的缩写，而本质上还是 MVC 的改进版。其设计思想是关注 Model 变化，让 MVVM 框架去自动更新 DOM。

这也是 AngularJS 的核心，它实现了数据绑定（Data Binding），将原来 MVC 中的 C（Controller）用 VM（ViewModel）来取代，相当于对 MVC 做了拓展。目前 MVVM 的前端框架有 Angular、Vue、Backbone.js 和 Ember 等。虽然是 Martin Fowler 在 2004 年就提出的概念，但到今天 PM 依旧非常先进。

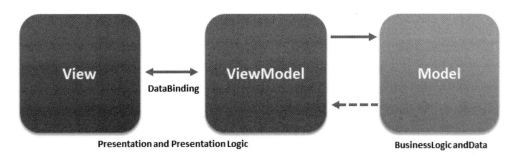

图 4.2　MVVM 示意图

除了熟悉的这 3 部分之外，其实在 MVVM 的实现中还引入了一个隐式的 Binder 层，如图 4.3 所示，声明式数据和命令绑定在 MVVM 模式中就是通过它实现的。

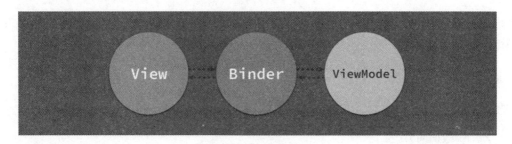

图 4.3　Binder 层

开发人员需要处理 View 层和 ViewModel（展示模型层）层之间的同步状态，于是使用隐式 Binder 和 XAML（视图层）文件来完成这两者之间的双向绑定。

不管是 MVVM 还是 PM，最重要的不是如何同步视图，以及同步展示模型和视图模型的状态，也不是使用观察者模式、双向数据绑定或是其他机制，最重要的是展示模型和视图模型创建了一个视图的抽象，将视图中的状态和行为抽离成了一个新的抽象。

3．总结

经过几十年的发展和演变，从 MVC 架构模式到 MVVM 架构模式，出现了诸多的实现方式，但本质是不变的。其核心是关注点的分离，需要将不同的模块和功能分布到合适的位置中，减少依赖和耦合。

当然，MVC 并不是完美的，在前端领域 MVC 的缺点如下：

- 视图对模型数据的低效率访问；
- 视图与控制器之间过于紧密的连接；
- 没有明确的定义，它的内部原理比较复杂，所以要完全理解 MVC 需要花费很多时间；
- 简单的界面如果严格按照 MVC 去开发会增加结构复杂性，降低运行效率，并且不适合中小型项目。中小型项目中使用 MVC 会得不偿失，增加项目复杂度。

在前端开发领域中，MVC 还拥有一个致命的缺点——数据流管理混乱。随着项目越来越大、逻辑关系越来越复杂，就会明显发现数据流十分混乱，难以维护。

4.1.2　Flux 介绍

Flux 同 React 一样，都是出自 Facebook。Flux 的核心思想是利用单向数据流和逻辑单向流来应对 MVC 架构中出现状态混乱的问题。起初由于 Facebook 公司业务庞大，代码也随着业务的复杂和增多变得非常庞大，代码由此变得脆弱及不可预测，尤其对于刚接触新业务的开发者来说，这是非常严重的问题。于是 Facebook 的工程师认为 MVC 架构无法满足他们对业务拓展的需求，于是开发了 Flux。Flux 是基于 Dispatcher 的前端应用架构模式，其名字来自拉丁文的 Flow。Flux 模型如图 4.4 所示。

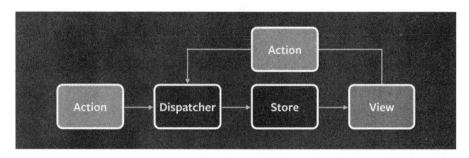

图 4.4　Flux 模型

Flux 由 3 部分组成：Dispatcher、Store 和 View。其中，Dispatcher（分发器）用于分发事件；Store 用于存储应用状态，同时响应事件并更新数据；View 表示视图层，订阅来自 Store 的数据，渲染到页面。

Flux 的核心是单向数据流，其运作方式是：

```
Action -> Dispatcher -> Store -> View
```

整个流程如下：

（1）创建 Action（提供给 Dispatcher）。

（2）用户在 View 层交互（比如单击事件）去触发 Action。

（3）Dispatcher 收到 Action，要求 Store 进行相应的更新。

（4）Store 更新，通知 View 去更新。

（5）View 收到通知，更新页面。

从上面的流程可以得知，Flux 中的数据流向是单向的，不会发生双向流动的情况，从而保证了数据流向的清晰脉络。而 MVC 和 MVVM 中数据的流向是可以双向的，状态在 Model 和 View 之间来回"震荡"，很难追踪和预测数据的变化。

Flux 做到了数据的单向流动，要知道想让数据单向流动并且让数据变动可追溯，这是一件非常困难的问题。但 Flux 完美地解决了，它利用强制规定 Store 不可被直接修改从而保障了数据的纯粹和干净。然后结合 React 作为 View 层，每当 Store 改变时，页面就重新以最小的代价进行渲染（虚拟 DOM 可以让页面渲染的性能问题不做考虑）。仅此，Flux 配合 React 的架构方式能够完美胜任各类复杂的中大型应用开发场景。

至此还无法断言 Flux 架构模式在任何场景都优于 MVC。但 Flux 这种全新的颠覆性设计思想目前还处于早期阶段，不得不让大家对它的未来充满期待。

4.1.3　深入 Flux

1. Dispatcher简介

Dispatcher 是 Flux 中的核心概念，它是一个调度中心，管理着所有的数据流，所有事件通过它来分发。Dispatcher 处理 Action（动作）的分发，维护 Store 之间的依赖关系，负责处理 View 和 Store 之间建立 Action 的传递。

Dispatcher 用于将 Action 分发给 Store 注册的回调函数，它与普通的发布-订阅模式（pub-sub）有两点不同：

- 回调函数不是订阅到某一个特定的事件或频道，每个动作会分发给所有注册的回调函数；
- 回调函数可以指定在其他回调函数之后调用。

Dispatcher 通常是应用级单例，所以一个应用中只需要一个 Dispatcher 即可，示例如下：

```
var Dispatcher = require('flux').Dispatcher;
var AppDispatcher = new Dispatcher();
```

从代码可以看出，AppDispatcher 是来自 dispatcher.js 生成的实例。dispatcher.js 源码也很简单，总体结构如下：

```
'use strict';
var invariant = require('invariant');
export type DispatchToken = string;
var _prefix = 'ID_';
// Dispatcher 用于向注册的回调函数广播 payloads
class Dispatcher<TPayload> {
  …
  constructor() {
    …
  }
  register(callback: (payload: TPayload) => void): DispatchToken {
    …
  }
  unregister(id: DispatchToken): void {
    …
  }
  waitFor(ids: Array<DispatchToken>): void {
    …
  }
  dispatch(payload: TPayload): void {
    …
  }
  isDispatching(): boolean {
    …
  }
  _invokeCallback(id: DispatchToken): void {
    …
  }
  _startDispatching(payload: TPayload): void {
    …
  }
  _stopDispatching(): void {
    …
  }
}
module.exports = Dispatcher;
```

先看上述代码中的第 3 行：

```
export type DispatchToken = string;
```

这是一个类型定义，一个 Flux 回调代码块有一个唯一的 Token，而这个 Token 的作用就是让别人调用你的代码。如何确保唯一性呢？来看下面的代码：

```
var id = _prefix + this._lastID++;
```

没错，就是这么简单，JS 是单线程的，这种自增 ID 的做法很高效也很安全。

再来看 Dispatcher 这个 class 中包含了哪些信息：

```
_callbacks: {[key: DispatchToken]: (payload: TPayload) => void};
_isDispatching: boolean;
_isHandled: {[key: DispatchToken]: boolean};
_isPending: {[key: DispatchToken]: boolean};
_lastID: number;
_pendingPayload: TPayload;
```

以上代码中，Dispatcher 包含的信息如下：

- callbacks：DispatchToken 和函数回调的字典；
- isDispatching：展示当前 Dispatcher 是否处于 Dispatch 状态；
- isHandled：Token 检测一个函数是否被处理过；
- isPending：Token 检测一个函数是否被提交 Dispatcher 过；
- lastID：最近一次被加入 Dispatcher 的函数体的唯一 ID，即 DispatchToken；
- pendingPayload：需要传递给调用函数的数据。

接下来介绍 Dispatcher 类的函数。

（1）register()函数：用于注册一个回调函数进入 Dispatch，同时为这个 callback 生成 DispatchToken，并加入字典。

```
register(callback: (payload: TPayload) => void): DispatchToken {
    var id = _prefix + this._lastID++;
    this._callbacks[id] = callback;
    return id;
  }
```

（2）unregister()函数：从字面意思就可以理解，是取消注册。它可以通过 DispatchToken 将 callback 从字典中删除。

```
unregister(id: DispatchToken): void {
    invariant(
      this._callbacks[id],
      'Dispatcher.unregister(...): '%s' does not map to a registered callback.',
      id
    );
    delete this._callbacks[id];
}
```

注意：invariant 是一个用于描述错误的 Node 包，接受两个参数，第 1 个参数是条件，第 2 个参数是报错信息描述。

（3）waitFor()函数：总体来说，它是一个等待函数，当执行到某些依赖的条件不满足时，就去等待它完成。

```
waitFor(ids: Array<DispatchToken>): void {
 // 判断当前是否处于 Dispatching，不处于 Dispatching 状态就不执行当前函数
   invariant(
     this._isDispatching,
     'Dispatcher.waitFor(...): Must be invoked while dispatching.'
);
// 从 DispatchToken 的数组中进行遍历，如果遍历到的 DispatchToken 处于 Pending 状态，
   =就暂时跳过
     for (var ii = 0; ii < ids.length; ii++) {
       var id = ids[ii];
if (this._isPending[id]) {
         invariant(
           this._isHandled[id],
           'Dispatcher.waitFor(...): Circular dependency detected while ' +
           'waiting for '%s'.',
           id
         );
         continue;
}
// 检查 Token 对应的 callback 是否存在
       invariant(
         this._callbacks[id],
         'Dispatcher.waitFor(...):'%s' does not map to a registered callback.',
         id
);
 //调用对应 Token 的 callback 函数
       this._invokeCallback(id);
     }
   }
```

（4）dispatch()函数：Dispatcher 用于分发 payload 的函数。首先判断当前 Dispatcher 是否已经处于 Dispatching 状态中了。如果是，就不去打断。然后通过_startDispatching 更新状态。更新状态结束以后，将非 Pending 状态的 callback 通过_invokeCallback 执行（Pending 在这里的含义可以简单理解为还没准备好或者被卡住了）。所有任务执行完成以后，通过_stopDispatching 恢复状态。

```
dispatch(payload: TPayload): void {
   invariant(
     !this._isDispatching,
     'Dispatch.dispatch(...): Cannot dispatch in the middle of a dispatch.'
   );
   this._startDispatching(payload);
   try {
     for (var id in this._callbacks) {
       if (this._isPending[id]) {
         continue;
       }
       this._invokeCallback(id);
     }
```

```
    } finally {
      this._stopDispatching();
    }
}
```

（5）_startDispatching()函数：该函数将所有注册的 callback 的状态都清空，并标记 Dispatcher 的状态进入 Dispatching。

```
_startDispatching(payload: TPayload): void {
    for (var id in this._callbacks) {
      this._isPending[id] = false;
      this._isHandled[id] = false;
    }
    this._pendingPayload = payload;
    this._isDispatching = true;
}
```

（6）_stopDispatching()函数：删除传递给 callback 的参数_pendingPayload，让当前 Dispatcher 不再处于 Dispatch 状态。

```
_stopDispatching(): void {
    delete this._pendingPayload;
    this._isDispatching = false;
}
```

Dispatcher 要点小结：

- register(function callback)：注册回调函数，返回一个可被 waitFor()使用的 Token；
- unregister(string id)：通过 Token 移除回调函数；
- waitFor(array ids)：在指定的回调函数执行之后才执行当前回调，该方法只能在分发动作的回调函数中使用；
- dispatch(object payload)：给所有注册的回调函数分发一个 payload；
- isDispatching()：boolean 值，返回 Dispatcher 当前是否处在分发的状态。

在实际开发应用中需要关注的是.register(callback)和.dispatcher(action)这两个方法。register()方法用来注册监听器，dispatch()方法用来分发 Action。

2．Action简介

Action 可以看作是一个交互动作，改变应用状态或 View 的更新，都需要通过触发 Action 来实现。Action 执行的结果就是调用了 Dispatcher 来处理相应的事情。Action 是所有交互的入口，改变应用的状态或者有 View 需要更新时就需要通过 Action 实现。

Action 是一个 JavaScript 对象，用来描述一个行为，里面包含了相关的信息。例如，要创建一篇文章的这个动作，它的 Action 写法如下：

```
{
actionName: "create-post",
data: {
 content: "new post"
}
}
```

Action 这个对象主要由两部分构成：type（类型）和 payload（载荷）。type 是一个字符串常量，用于表示这个动作的标记。所谓的动作（Action）就是用来封装传递数据的，它仅仅是一个简单的对象。下面来看如何创建一个 Action：

```
import AppDispatcher from './AppDispatcher';
var Actions = {
  addTodo(text) {
    AppDispatcher.dispatch({
      type: 'ADD_TODO',
      text,
    });
  },

  // 其他 Actions
  …
};
```

上述代码中，Actions 中的 addTodo()方法使用了 AppDispatcher，把动作 ADD_TODO 派发到 Store。

3．Store和View简介

Store 包含应用状态和逻辑，不同的 Store 管理不同的应用状态。Store 负责保存数据和定义修改数据的逻辑，同时调用 Dispatcher 的 register()方法将自己设为监听器。每当发起一个 Action（动作）去触发 Dispatcher，Store 的监听器就会被调用，用于执行是否更新数据的操作。如果更新了，那么 View 中将获得最新的状态并更新。

Store 在 Flux 中的特性是，管理应用所有的数据；只对外暴露 getter 方法，用于获取 Store 的数据，而没有暴露 setter 方法，这就意味着不能通过 Store 去修改数据。如果要修改 Store 的数据，必须通过 Action 动作去触发 Dispatcher 实现。

只要 Store 发生变更，它就会使用 emit()方法通知 View 更新并展示新的数据。

以上是关于 Flux 的流程，来回顾总结一下：当用户在 View 上发起一个交互动作时，Dispatch 会广播一个 Action（一个包会 Action 类型和数据的对象），然后 Store 对 Action 进行响应，数据如果改变，Store 就通知 View 界面进行重新渲染。在一个应用中，Dispatcher 这个总的调度台内注册了各种不同的 Action 以满足用户在界面中发起各种不同的功能和需求。

4.1.4 Flux 的缺点

Flux 的缺陷主要体现在增加了项目的代码量，使用 Flux 会让项目带入大量的概念和文件；单元测试难以进行，在 Flux 中，组件依赖 Store 等其他依赖，使得编写单元测试非常复杂。

虽然 Flux 的缺陷较明显，但换来的是相对于 MVC 更清晰的数据流和可预测的状态。

假如应用中没有涉及组件之间的数据共享，或者全是静态界面，那就无须使用 Flux。Flux 适合复杂项目，且组件数据相互共享的应用。

4.1.5　Flux 架构小结

Flux 是一种架构模式，它的出现可以说是 MVC 的"替代方案"，它是用于复杂应用中数据流管理的一种方案。

Flux 的核心思想是"单向数据流"，加之其"中心化控制"特点，得以让数据改变源头变得可控，Flux 架构追踪数据改变的复杂程度相对于 MVC 简单许多；Flux 让 View 保持高度整洁，无须关注太多逻辑，只需关注传入的数据；Flux 的 Action 提高了系统抽象的程度，对于用户来说，它仅仅就是一个动作。

虽然 Flux 的写法让应用产生了不少的冗余代码，但我们应该更加关注它的设计思想，毕竟它还"年轻"。近几年来，由 Flux 衍生的诸多"变种"已被社区开发者大量使用，其中最有名的就是 Redux，而且其知名度远远超越了 Flux，殊不知它的设计思想起源于 Flux。

4.2　Redux 状态管理工具

上一节了解了 Flux 单向数据流带来的好处，并且 Facebook 也给出了自己的实现方式。由于 Flux 还存在一些问题和不足，并未得到广泛推广和使用。但可喜的是，Flux 架构被广大开发者拓展并发扬光大，衍生出了 Refulx、Fluxxor 和 Redux 等优秀的 Flux 架构方案。其中，最受欢迎的当属 Redux，在 GitHub 上开源仅仅数月就揽获了上万 star。

本节将结合商城购物车实例来讲解 Redux 的运用，地址为 https://github.com/khno/react-redux-example。

4.2.1　Redux 简介

Redux 作者是 Dan Abramov。Dan Abramov 在 React Europe 2015 上进行了一次令人印象深刻的演示（https://www.youtube.com/watch?v=xsSnOQynTHs），之后 Redux 迅速成为最受人关注的 Flux 实现之一。Redux 由 Facebook 的 Flux 演变而来，并受到了函数式编程语言 Elm 的启发。截至 2018 年 7 月 15 日，Redux 在 GitHub 上的加星数量为 42538 个，并有超过 601 个贡献者、10426 次 Fork。

Redux 是一个"可预测的状态容器"，而实质也是 Flux 里面"单向数据流"的思想，但它充分利用函数式的特性，让整个实现更加优雅纯粹，使用起来也更简单。Redux 是超越 Flux 的一次进化。

Redux 通过极少的接口实现了强大的功能，这与 React 有异曲同工之妙，它们都是主张通过最少的接口实现其核心的功能。但有趣的是，Dan Abramov 并没有预料到 Redux 会变得如此受欢迎，当初他的本意只是为了利用 Flux 解决热加载和时间旅行问题。Dan Abramov 后来也加入了 Facebook，并在推特上发布了就职于 Facebook 的消息（图 4.5），这很有趣。

图 4.5　Dan Abramov 加入了 Facebook

4.2.2　Redux 的使用场景

在学习使用 Redux 之前，先来了解下它在 React 中所处的"位置"：React 是利用组件化思想进行的开发，将应用中各个模块细分为不同的组件，而组件之间有时候需要数据传递共享。一个组件的交互可能会影响另一个组件的状态展示，而 Redux 就是用来对这些组件进行状态管理的。Redux 可以比喻为买家和卖家之间的快递员，是一个"第三方"或"中介"。

需要注意的是，Redux 的存在仅仅是为了管理状态。

Dan Abramov 说过"只有遇到 React 实在解决不了的问题，你才需要 Redux。"如果应用满足以下场景：

- UI 层非常简单；
- 用户使用方式非常简单；
- 页面之间没有协作；
- 与服务器没有大量交互。

那么，应用没有必要使用 Redux，否则反而会增加项目的复杂程度，得不偿失。

当应用满足以下场景：

- 用户的使用方式复杂；
- 不同身份的用户有不同的使用方式（比如普通用户和管理员）；
- 多个用户之间可以协作；
- 与服务器大量交互，或者使用了 WebSocket；
- View 需要从多个来源获取数据。

那么，应用都是适合使用 Redux 的。上面场景可以总结为：这类应用是多交互、多数据源的！

4.2.3　Redux 的动机

近几年前端开发应用变得越来越复杂，各种框架组件层出不穷，随之而来的就是这些应用的状态变得难以维护。这些状态可能来自服务端返回的数据、本地缓存的数据、本地生成没有持久化到服务器的数据、数据加载时候的加载状态等。

对于这些动态状态的管理令开发者苦恼不堪，改变了一个状态，可能会引起其他无法预知的副作用。有时候状态在何时、何地、何因而改变，无从知晓，造成状态变化而无法预测与追踪。

Redux 就是为了解决这些问题而出现的，它可预测和追踪状态的改变。那么它是如何做到呢？下一节来看看它的特性。

4.2.4　Redux 三大特性

1．单一数据源

整个应用的 state 都存储在一个 JavaScript 对象——Store 中，可以将 Store 理解为全局的一个变量，且全局只有一个 Store。单一的状态树可以让调试变得简单，开发过程中可以将 state 保存在内存中，从而加快开发速度。

并且这种做法让同构应用开发也变得非常容易，来自服务器端的 state 可以在无须编写很多代码的情况下，被注入到客户端。

2．state是只读的

改变 state 的唯一方法就是触发 Action，Action 是一个普通的 JavaScript 对象，用于描述发生的事件。这样可以确保视图层和网络请求都无法直接修改状态，相反，它们仅仅是表达想要修改的意图。Store 中有一个 dispatch，dispatch 接收 Action 参数，然后通过 Store.dispatch(Action)来改变 Store 中的 state。

```
store.dispatch({
    type: types.RECEIVE_PRODUCTS,          // Action 名称
    products          // products 表示该 Action 携带的状态，最后将存储在 Store 中
})
```

3．使用纯函数执行修改

先来解释下什么是纯函数：一个函数的返回结果只依赖于它的参数，相同的输入，永远会得到相同的输出，而且没有任何可观察的副作用。

纯函数拥有以下特性：

● 可缓存性（Cacheable），总能根据输入来做缓存。

- 可移植性 / 自文档化（Portable / Self-Documenting），完全自给自足，纯函数需要的所有内容都能轻易获得。这种自给自足的好处是纯函数的依赖很明确，因此更易于观察和理解。

- 可测试性（Testable），纯函数在测试时只需要简单地输入一个输入值，然后断言输出即可。

- 引用透明性（Referential Transparency），如果一个表达式在程序中可以被它等价的值替换而不影响结果，那么就说这段代码是引用透明的。纯函数总能根据相同的输入返回相同的输出，所以能保证总是返回同一个结果。

- 并行代码，可以并行运行任意纯函数。因为纯函数根本不需要访问共享的内存，而且根据其定义，纯函数也不会因副作用而进入竞争态（Race Condition）。

通过以上阐述，相信读者已经了解了什么是纯函数，也得知了纯函数带来的好处。下面来看看 Redux 中如何利用纯函数修改状态。

这里所说的纯函数是指 Reducer，其作用是为了描述 Action 如何改变状态树。Reducer 接收之前的 state 和 Action，并返回新的 state。

Reducer 应用示例：

```
// 下面是一个 Reducer，它负责处理 Action，返回新的 state
const addedIds = (state = [], action) => {
  switch (action.type) {
    case ADD_TO_CART:
      return [ ...state, action.productId ]
    default:
      return state
  }
}
```

纯函数的使用可以让 Reducer 内对状态的修改变得更纯粹及可测试，并且 Redux 利用每次返回的新状态生成时间旅行（Time Travel）调试方式，让每次修改变得可以被追踪。

通过以上内容介绍，读者应该已经对 Redux 有个大概的理解了。无论如何，请读者先记住以上特性，接下来看 Redux 的组成。

4.2.5　Redux 的组成——拆解商城购物车实例

Redux 由 3 部分组成：Action、Reducer 及 Store。

Action 用来表达动作，Reducer 根据 Action 更新 State。Redux 的设计思想是将应用看作是一个状态机，视图与状态是一一对应的；所有状态都存放在 Store 这个对象内。用户通过触发 Vew 层的 Action 去改变 Store 中的状态，而 Vew 层的状态来源于 Store，一个 state 对应一个 Vew，也就是"状态驱动视图变化"。

下面通过一个商城购物车实例来贯穿讲解 Redux 的组成。

1．Action简介

在 Redux 中，Action 的概念、使用方法和创建方法与 Flux 基本一致，是一个用于描述发生了什么的事情 JavaScript 对象，它也是信息的载体。Action 是一个能够把 state 从应用传到 Store 的载体。

非常重要的一点，Action 是 Store 中数据的唯一来源。比如要获取商品列表的 Action，示例如下：

```
import * as types from '../actionTypes/ActionTypes';    // Action 类型定义
{
  type: types.RECEIVE_PRODUCTS,                          // Action 名称
  products                   // products 表示该 Action 携带的状态，最后将存储在 Store
}
```

上述代码中 Action 的名称是 ADD_ITEM，它携带的信息是 item。其中 type 是必须的属性，表示当前这个 Action 的名称。

由于 type 是一个字符串常量，表示要执行的动作名称，因此在大型项目中建议使用模块或文件夹单独存放 actionType。

actionType 源码：

```
export const ADD_TO_CART = 'ADD_TO_CART'
export const CHECKOUT_REQUEST = 'CHECKOUT_REQUEST'
export const CHECKOUT_SUCCESS = 'CHECKOUT_SUCCESS'
export const CHECKOUT_FAILURE = 'CHECKOUT_FAILURE'
export const RECEIVE_PRODUCTS = 'RECEIVE_PRODUCTS'
```

然后在 Action 中引用：

```
import * as types from '../actionTypes/';
```

由于应用中一般不会只有一个 Action，如果一个个手写会很麻烦。因此可以创建一个函数专门用于生成 Action，这个函数就是 Action Creator。

生成 Action 的示例：

```
/**
 * Action 创建函数
 * 创建一个被绑定的 Action 创建函数来自动 dispatch
 */
export const getAllProducts = () => dispatch => {
  shop.getProducts(products => {
    dispatch(getProducts(products))
  })
}
```

学习了前面的基础知识后，读者可以根据下面的代码注释来分析购物车 Action 的源码：

```
import shop from '../api/shop'                  // 模拟获取服务端数据
import * as types from '../actionTypes/'        // actionType 定义
/**
```

```
 * Action 创建函数
 * 获取商品（书籍）
 */
const getProducts = products => ({
  type: types.RECEIVE_PRODUCTS,
  products
})
/**
 * Action 创建函数
 * 创建一个被绑定的 Action 创建函数来自动 dispatch
 */
export const getAllProducts = () => dispatch => {
  shop.getProducts(products => {
    dispatch(getProducts(products))
  })
}
/**
 * Action 创建函数
 * 加入购物车
 */
const addToCartUnsafe = productId => ({
  type: types.ADD_TO_CART,
  productId
})
/**
 * 加入购物车
 */
export const addToCart = productId => (dispatch, getState) => {
  if (getState().products.byId[productId].inventory > 0) {
    dispatch(addToCartUnsafe(productId))
  }
}
/**
 * 去结算
 */
export const checkout = products => (dispatch, getState) => {
  const { cart } = getState()
  dispatch({
    type: types.CHECKOUT_REQUEST
  })
  shop.buyProducts(products, () => {
    dispatch({
      type: types.CHECKOUT_SUCCESS,
      cart
    })
  })
}
```

2．Reducer简介

Action 定义了要执行的操作，但没有规定如何更改 state。而 Reducer 的职责就是定义整个应用的状态如何更改。Reducer 主要作用是根据 Action 执行去更新 Store 中的状态。

在 Redux 中，所有状态都被保存在一个单一的 JavaScript 对象中。这与 Flux 是不一样的，Flux 可以有多个 Store 来存储各种不同的状态。Reducer 没有什么特别的，可以理解为是一个纯函数，它接受之前的 state 和 Action 对象，并返回新的 state。如之前所说的，纯函数在这里的使用不会有副作用，只要传入的参数确定，返回的结果总是唯一的。以将商品放入购物车举例，Reducer 写法如下：

```
src/reducer/products.js:
import { ADD_TO_CART } from '../actionTypes/'
const products = (state, action) => {
  switch (action.type) {
    case ADD_TO_CART:
      return {
        ...state,
        inventory: state.inventory - 1
      }
    default:
      return state
  }
}
```

随着应用变得越来越复杂，可以将 Reducer 函数拆分成多个单独的函数，拆分后的每个函数负责独立管理 state 的一部分。这样能更好地管理代码，让代码结构更加清晰，最后再将这一个个小小的 Reducer 合并到一起。这个时候会用到 combineReducers()方法，这个方法由 Redux 提供。

combineReducers(Object)只接收一个对象参数，使用如下：

```
import { combineReducers } from 'redux';
rootReducer = combineReducers({
 cart: cartReducer,
 products: productsReducer
});
// rootReducer 将会返回如下 state 对象
{
 cart: {
  // cart 的 state 对象
 },
 products: {
  // products 的 state 对象
 }
}
```

当然，也可以通过更改 combineReducers()被传入的 Reducer 的 key，来修改返回的 statekey 的命名。例如：

```
import { combineReducers } from 'redux';
rootReducer = combineReducers({
 yourCart: cartReducer,
 yourProducts: productsReducer
});
```

也可以直接命名 Reducer，然后使用 ES 6 的简写：

```
import { combineReducers } from 'redux';
rootReducer = combineReducers({
 cartReducer,
 productsReducer
});
```

上述写法与下面写法是等价的：

```
rootReducer = combineReducers({
 cart: cartReducer,
 products: productsReducer
});
```

3. Store简介

Redux 中的 Store 概念和 Flux 中的 Store 基本相同，但 Redux 中全局只有一个 Store，用于存储整个应用的状态。它有以下 4 个 API：

- getState()方法用于获取 state；
- dispatch(action)方法用于执行一个 Action；
- subscribe(listener)用于注册回调，监听 state 变化；
- replaceReducer(nextReducer)更新当前 Store 内的 Reducer（一般只会在开发模式中使用）。

实际开发中最常用到的是 getState()和 dispatch()这两个方法。

Store 是通过 Redux 提供的 createStore()方法来创建的，这也是 Redux 最核心的方法。例如：

```
import { createStore } from 'redux'
import reducers from './reducers'
let store = createStore(reducers)          // Store 的创建使用 Reducer 作为参数
```

或者：

```
import { createStore, applyMiddleware } from 'redux'
import reducers from './reducers'
const store = createStore(
  reducer,
  applyMiddleware(...middleware)
)
```

上述代码中，createStore()的第 2 个参数是可选的，用于初始值的设置。这对于同构引用开发来说非常有用，当服务端 Redux 应用的状态结构与客户端一致时，客户端可以直接在这里传入服务数据用于初始化 state。

```
let store = createStore(reducer, window.STATE_FROM_SERVER)
```

createStore(reducer, [preloadedState], enhancer) 方法有 3 个参数，下面分别介绍。

（1）reducer(Function)

接收两个参数，分别是当前 state 和要执行的 Aciton，并返回新 state 树。

（2）[preloadedState](any)

可选参数。初始 state 状态，在同构应用中可以使用这个参数去初始化 state，或者从之前保存的用户会话中恢复并传给它。如果使用 combineReducers()创建 Reducer，它必须是一个普通对象，与传入的 keys 保持同样的结构；否则，可以任意传入任何 Reducer 能理解和识别的内容。

（3）enhancer(Function)

可选参数。enhancer 就是指 store enhancer，顾名思义是增强 Store 的功能。它是一个高阶函数，其参数是创建 Store 的函数。与 middleware 相似（4.3 节介绍），允许通过复合函数改变 Store 接口。

createStore()函数返回 Store，里面保存了所有 state 对象。例如：

```
import { createStore } from 'redux'
// Reducer 定义
const addToCart = (state = initialState.quantityById, action) => {
  switch (action.type) {
    case ADD_TO_CART:
      const { productId } = action
      return { ...state,
        [productId]: (state[productId] || 0) + 1
      }
    default:
      return state
  }
}
// store 创建
// 第 1 个参数：传入 Reducer；第 2 个参数：初始化 state
let store = createStore(addToCart, ['Hello Redux'])
```

需要注意的是，应用中不要创建多个 Store，可以通过 combineReducers()把多个 Reducer 创建成一个根 Reducer，并且记住永远不要修改 state。比如 Reducer 内不要使用 Object.assign(state, newData)，应该使用 Object.assign({}, state, newData)。或者使用对象拓展操作符（object spread spread operator，参考 https://github.com/tc39/proposal-object-rest-spread）特性中的 return{ ...state, ...newData }。

当 Store 创建完之后，Redux 会 dispatch 一个 Action 到 Reducer，用于初始化 Store。但无须处理这个 Action。如果第 1 个参数（也就是传入的 state）是 undefined，则 Reducer 应该返回初始的 state。

4.2.6　Redux 搭配 React 使用

Redux 是不依赖于 React 而存在的，它本身能支持 React、Angular、Ember 和 jQuery 等。要让其在 React 上运行，就得让二者绑定起来去建立连接。于是就有了 react-redux，它能将 Redux 绑定到 React 上。

⌂注意：react-redux 是基于容器组件和展示组件相互分离的开发思想（更多详情，可参见笔者博客 https://medium.com/@dan_abramov/smart-and-dumb-components-7ca2f9a7c7d0）。

安装 react-redux：

```
npm install –save react-redux
```

react-redux 提供了两个重要对象：Provider 和 connect。

1. Provider简介

使用 react-redux 时需要先在最顶层创建一个 Provider 组件，用于将所有的 React 组件包裹起来，从而使 React 的所有组件都成为 Provider 的子组件。然后将创建好的 Store 作为 Provider 的属性传递给 Provider。

Provider 应用示例：

```
import React from "react";
import { render } from 'react-dom';
import { createStore } from 'redux';
import { Provider } from "react-redux";
// 导入 reducer
import reducer from './reducers';
// store 创建
const store = createStore(
  reducer
)

render(
  <Provider store={store}>          // Provider 需要包裹在整个应用组件的外部
    <App />                          // React 组件
  </Provider>,
  document.getElementById('root')
)
```

2. connect简介

connect 的主要作用是连接 React 组件与 Redux Store。当前组件可以通过 props 获取应用中的 state 和 Actions。

connect 接收 4 个参数：mapStateToProps()、mapDispatchToProps()、mergeProps()和 options。项目中经常使用的是前面 2 个参数，相关介绍如下：

（1）[mapStateToProps(state, ownProps): stateProps]：该函数允许开发者将 Redux 的 Store 中的数据作为 props 绑定到组件上，返回对象的所有 key 都为当前组件的 props。此时该组件会监听 Store 的变化。一旦 Store 发生变化，mapStateToProps()函数就会被调用，并返回一个纯对象，这个对象将与当前组件的 props 合并。该函数的第 2 个参数 ownProps 表示当前组件自身的 props。只要组件接收到新的 props，mapStateToProps()就会被调用，计算出一个新的 stateProps 提供给组件使用。示例如下：

```
const mapStateToProps = (state) => {          // store 的第 1 个参数就是 Redux 的
                                              Store
  return {
    list: state.list // 从 Redux 的 Store 中获取 list（只获取当前组件需要的 state）
  }
}
```

（2）[mapDispatchToProps(dispatch, [ownProps]): dispatchProps]：它的功能是将 Action 作为 props 绑定到当前组件。返回当前组件的 actioncreator，并与 dispatch 绑定。如果指定了第 2 个参数 ownProps，该参数的值将会传递到该组件的 props 中，之后一旦组件收到新的 props，mapDispatchToProps()也会被调用。

（3）[mergeProps(stateProps, dispatchProps, ownProps): props]：如果指定了这个函数，可以将 mapStateToProps()和 mapDispatchToProps()返回值和当前组件的 props 作为参数，返回一个完整的 props。不管是 stateProps 还是 dispatchProps，都需要和 ownProps 合并之后才会被赋给组件使用。如果不传递这个参数，connect 将使用 Object.assign 代替。

（4）[option]：可选的额外配置项，一般不太使用。如果指定这个参数，可以去制定 connector 的行为。

在演示项目中，目前只关注 mapStateToProps()和 mapDispatchToProps()函数。

mapStateToProps()和 mapDispatchToProps()示例应用：

```
import React from 'react';
import PropTypes from 'prop-types';
import { connect } from 'react-redux';
import * as cartActions from '../../actions';
import ItemComponent from './ItemComponent';
import CartComponent from './CartComponent';
const App = React.createClass({
 render() {
  const lists = this.props;
  const cartActions = this.props.cartActions;
  return(
   <div>
    <ItemComponent {...lists} />
    <CartComponent {...cartActions} />
   </div>
  )
 }
})
// connect 包裹 App 组件
export default connect(state => ({
 lists: state.list
}), dispatch => ({
 cartActions: bindActionCreators(cartActions, dispatch)
})
) (App)
```

上述例子中，connect 和 Provider 组件相互配合将 Actions 和 lists 以 props 的形式传入组件 App 中。在 mapStateToProps()中，选取整棵 Store 树中的 list 分支作为当前组件的 props，并命名为 lists。然后在组件中使用 this.props.lists。在 mapDispatchToProps()中，使用 Redux

提供的工具方法将 cartActions 与 dispatch 绑定，最后在组件中使用 this.props.cartActions。

react-redux 的 connect 属于高阶组件，它允许向一个现有组件添加新功能，同时不改变其结构，属于装饰器模式（Decorator Pattern）。

注意：ES 7 中添加了 decorator 属性，使用@符号表示，可以更精简地书写。

decorator 属性应用示例：

```
import React from 'react';
import {render} from 'react-dom';
import connect from './connect';
@connect
class App extends React.Component{
  render(){
  return <div>…</div>
  }
}
```

上述代码中，组件中通过 connect 将 Store 中的数据转换为组件可用的数据，并且生产 Action 的派发函数。react-redux 利用 connect 将当前"木偶组件"进行包裹，并为该组件传递数据。

木偶组件（Dumb components）也叫 UI 组件，是与 Redux 没有直接联系的组件。该组件不知道 Store 或 Action 的存在，需要通过 props 传入组件，让组件得到且使用它们。所谓"木偶组件"，就是该组件能独立运作，不依赖于这个应用的 Actions 或 Stores 存在而存在。它不必存在 state，也不能使用 state，允许接收数据和数据改动，但只能通过 porps 来处理。原则上它只负责展示，像一个"木偶"，受到"外界"props 的控制。

木偶组件中的事件可以使用 Actions 方法的调用，Actions 中的函数是经过 bindActionCreators 处理过的，会直接派发，从而改变 Store 数据，触发视图重渲染。重渲染的过程其实就是由于 props 传入新的数据通过比较后对 DOM 的更新。

如果不使用 react-redux 的 Provider 和 connect 这种机制，也可以直接使用 Redux。但本质是一样的，还是在 React 组件最外层组件将其包裹，作为 props 属性向内层递进传递，但是不提倡这种做法的。

直接使用 Redux 示例：

```
class App extends Component {
 componentWillMount() {
  store.subscribe(state => this.state(state))
 }
 render() {
  return <BooksContainer state={this.state}
   onClick={() => store.dispatch(actions.addToCart())}
 />
 }
}
```

与 Flux 对比后就可以知道，使用 react-redux 的结构分离点更清晰，因此在 React 中还是推荐使用 react-redux。

4.3　middleware 中间件

之前 Action 的发起是同步的，如果现在需要发起异步的 Action，那么此时就是中间件 middleware 发挥作用的时候。本节先从问题分析说起，再介绍自己动手构建中间件来解决问题，通过这个过程让读者了解什么是中间件。

4.3.1　为何需要 middleware

Redux moddleware provides a third-party extension point between dispatching an action, and the moment it reaches the reducer.

以上是官方对于 Redux 中间件的描述。Redux 中间件在发起一个 Action，Action 到达 Reducer 的之间，提供了一个第三方拓展。也就是说，middleware 是架在 Action 和 Store 之间的一座桥梁。

如果读者之前使用过 Express 或 Koa 等服务端框架（7.2 节服务端渲染中将会有介绍），那么对 middleware 应该不会陌生。在这类框架中，middleware 是嵌入在框架接收请求 req 和响应 res 之间的中间层，在这里能做很多事情，比如可以在 middleware 中完成日志记录、添加 CORS headers、内容压缩等，Redux 中 middleware 的作用也类似。

从前面知识点可以得知，Redux 是用来控制和管理所有数据的输入和输出，而 dispatch()作为一个纯函数只是单纯地用于派发 Action 来修改数据，所以当碰到需要记录每次 dispatch()等问题时就变得很不容易。而中间件可以对每一个流过的 Action 进行检阅，并进行相应的操作。也可以在原有 Action 的基础上创建一个新的 Action 和 dispatch()并触发一些额外的行为，例如日志记录、创建崩溃报告、调用异步接口或路由等。而中间件的价值由此得以体现。

4.3.2　深入理解 middleware

middleware 本质上就是通过插件的形式，将原本 Action→Reducer 的流程改为 Action → middleware1 → middleware2 → middleware3… → Reducer。这也正是 Redux 中间件 middleware 最优秀的特性，可以被链式组合和自由拔插。下面以记录日志和创建崩溃报告为例，来引导读者体会从分析问题到构建 middleware 解决问题的思维过程。

1．手动记录

Redux 的一个好处就是能让 state 的变化过程变得可预知和可追踪。每个 Action 发起后都会被计算并保存下来。假如有这样一个需求，需要记录应用中每一个 Action 发起的信息和 state 的状态。这样,当程序出现问题时,就能通过查阅日志找出哪个 Action 导致了 state 不正确。

最简单的做法就是,在每次调用 store.dispatch(action)前后手动记录。

记录日志示例:

```
let action = actionTodo('Use Redux');
console.log('dispatching', action);
store.dispatch(action);
console.log('next state', store.getState());
```

这样就能满足记录应用中每一个 Action 发起的信息和 State 的状态这个需求,但是这样就意味着每当 dispatch 一个 Action 的时候,就需要重复性书写以上代码。这样会造成重复性代码,并不是开发者想要的。

2. 封装dispatch()

由于手动记录代码是重复性的,因此可以将以上的代码封装成一个函数。

记录日志的函数示例:

```
function dispatchAndLog(store, action) {
  console.log('dispatching', action)
  store.dispatch(action)
  console.log('next state', store.getState())
}
```

这样每当需要发起一个 Action 的时候就会导入这个方法,写法上有所简化,但实际代码量还是没有改变。

3. 替换dispatch()

由于 Redux 的 Store 是一个包含一些方法的普通对象,因此可以直接替换 Redux 的 Store 方法:

```
const next = store.dispatch;                          // 获取Redux 中的dispatch
store.dispatch = function dispatchAndLog(action) {    // 重新覆盖原有的方法
  console.log('dispatching', action);
  let result = next(action);
  console.log('next state', store.getState());
  return result;
}
```

这样一来,就非常接近满足开发者去记录每次发起 Action 时想要获取 aciton 信息和 state 这个需求的理想方式了。

4. 添加多个middleware

现在来思考如何添加多个中间件。中间件的功能各不相同,发起 Action 的时候要按顺序依次执行,所以添加多个中间件并不是一件简单的事情。比如再来增加一个报错记录的需求。

首先，需要将日志记录和报错记录这两个函数区分开，独立封装。

日志记录和报错记录示例：

```
function patchStoreToAddLogging(store) {
  const next = store.dispatch
  store.dispatch = function dispatchAndLog(action) {
    console.log('dispatching', action)
    let result = next(action)
    console.log('next state', store.getState())
    return result
  }
}
function patchStoreToAddCrashReporting(store) {
  const next = store.dispatch
  store.dispatch = function dispatchAndReportErrors(action) {
    try {
      return next(action)
    } catch (err) {
      console.error('捕获一个异常!', err)
      Raven.captureException(err, {
        extra: {
          action,
          state: store.getState()
        }
      })
      throw err
    }
  }
}
```

然后依次调用上面两个函数就可以覆盖原来的 store.dispatch()函数，最后得到增强的 store.dispatch()。

```
patchStoreToAddLogging(store);
patchStoreToAddCrashReporting(store);
store.dispatch(addTodo('Use Redux'));
```

此时再去调用 store.dispatch()方法，就具备日志记录和报错记录的功能了。但这并非最佳方案。

之前采用直接覆盖 API 的方式来实现日志记录和报错记录，这种写法可以拓展和增强这个 API 本身的功能。每次给 store.dispatch()赋值的时候就意味着已经获取了前一个对 middleware 修改的方法。这就是一种链式调用，新增的功能将会使 store.dispatch()变得越来越强大。

除此之外，还有一种方法也可以实现前面的需求，那就是把 store.dispatch 的引用当作参数传递到另一个函数中，而不是直接改变它的值。示例如下：

```
function logger(store) {
  const next = store.dispatch
  // 之前的做法
  // store.dispatch = function dispatchAndLog(action) {
  return function dispatchAndLog(action) {
    console.log('dispatching', action)
```

```
      let result = next(action)
      console.log('next state', store.getState())
      return result
    }
  }
```

上面代码中的 next()就是 dispatch()，但这个 dispatch()函数每次执行时会保留上一个 middleware 传递的 dispatch()函数的引用。接下来写一个方法将多个 middleware 连起来，该方法的主要作用是将上一次返回的函数赋值给 store.dispatch：

```
function applyMiddlewareByMonkeypatching(store, middlewares) {
  middlewares = middlewares.slice()
  middlewares.reverse()
  // 在每一个 middleware 中变换 dispatch 方法
  middlewares.forEach(middleware =>
    // 每次 middle 会直接返回函数，然后赋值给 store.dispatch
    store.dispatch = middleware(store)
  )
}
```

然后可以在其他地方像下面这样使用多个 middleware：

```
applyMiddlewareByMonkeypatching(store, [logger, crashReporter])
```

在 applyMiddle 内需要给 store.dispatch 赋值，否则在下一个中间件中就拿不到最新的 dispatch。

5．柯里化middleware

其实，还有另一种方式也可以实现之前的链式调用，示例如下：

```
function logger(store) {
  return function wrapDispatchToAddLogging(next) {
    return function dispatchAndLog(action) {
      console.log('dispatching', action)
      let result = next(action)
      console.log('next state', store.getState())
      return result
    }
  }
}
```

看到这里，相信读者已经明白了。没错，这种做法就是让中间件以方法参数的形式接收一个 next()方法，而不是通过 Store 的实例去获取。上面的写法看起来比较奇怪，下面再换一种写法，用 ES 6 的箭头函数来表达函数柯里化（currying）：

logger：

```
const logger = store => next => action => {
  console.log('dispatching', action)
  let result = next(action)
  console.log('next state', store.getState())
  return result
}
```

从上面代码可以得知，middleware 接收一个 next()的 dispatch 函数，并返回一个

dispatch，返回的函数又会被当做下一个中间件的 next()，依次传递。又由于考虑到 Store 中的 getState()方法可能会被使用，因此将其作为顶层参数向内传递，从而使得在所有 middleware 中可以被使用到。

按下来，再用箭头函数完善之前的错误报告。

crashReporter：

```
const crashReporter = store => next => action => {
  try {
    return next(action)
  } catch (err) {
    console.error('Caught an exception!', err)
    Raven.captureException(err, {
      extra: {
        action,
        state: store.getState()
      }
    })
    throw err
  }
}
```

6. 最终版本

将上面介绍的两个中间件 logger 和 crashReporter 引用到 Redux Store ：

```
import { createStore, combineReducers, applyMiddleware } from 'redux'
let todoApp = combineReducers(reducers)
let store = createStore(
  todoApp,
  // applyMiddleware() 告诉 createStore() 如何处理中间件
  applyMiddleware(logger, crashReporter)
)
```

这样在每次 Action 发起的时候都会流经这两个中间件。现在，读者可以参照上面的写法书写自己的中间件，然后使用 applyMiddleware()方法加载使用了。

4.4　Redux 实战训练——网上书店

本节通过项目实战来加深和巩固之前学习的内容。项目脚手架采用 create-react-app 来搭建，在此省略项目脚手架的搭建过程。

4.4.1　目录结构

项目中，非 UI 部分有 Action（actions 和 actionTypes）、Store（Reducer）和模拟接口请求的 API。从目录结构中，可以得知应用的大致组成和逻辑关系，具体如下：

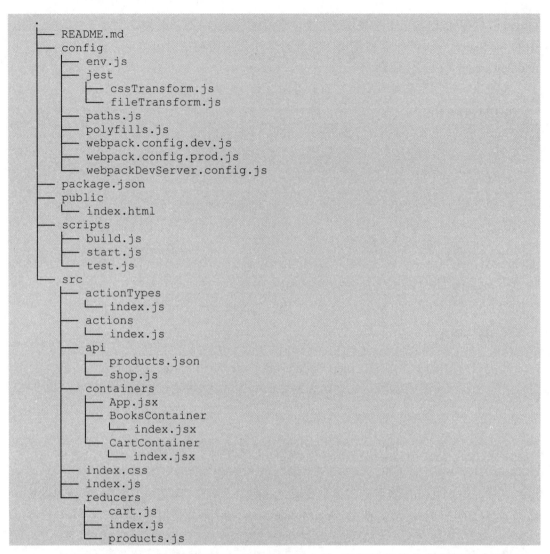

```
.
├── README.md
├── config
│   ├── env.js
│   ├── jest
│   │   ├── cssTransform.js
│   │   └── fileTransform.js
│   ├── paths.js
│   ├── polyfills.js
│   ├── webpack.config.dev.js
│   ├── webpack.config.prod.js
│   └── webpackDevServer.config.js
├── package.json
├── public
│   └── index.html
├── scripts
│   ├── build.js
│   ├── start.js
│   └── test.js
└── src
    ├── actionTypes
    │   └── index.js
    ├── actions
    │   └── index.js
    ├── api
    │   ├── products.json
    │   └── shop.js
    ├── containers
    │   ├── App.jsx
    │   ├── BooksContainer
    │   │   └── index.jsx
    │   └── CartContainer
    │       └── index.jsx
    ├── index.css
    ├── index.js
    └── reducers
        ├── cart.js
        ├── index.js
        └── products.js
```

app/目录下的其他文件多为项目脚手架的配置文件。应用的具体业务逻辑基本位于/src 目录中。因此主要关注 src/目录中的内容。

不难发现，其中的 actions、actionTypes 和 reducers 便是 Redux 在项目中的组成部分，而 containers 则是应用中 UI 相关的部分。

4.4.2　应用入口 src/index.js

当执行 npm start 命令启动项目后，先确认当前的开发环境，然后执行 config/webpack.config. dev.js 命令。此时 Webpack 会找到 public/index.html 和 src/index.js 这两个文件，并在浏览器中打开 index.html 和加载被 Webpack 打包处理过的静态文件。当然以上这些是 create-react-app 项目脚手架中已经配置好的，无须初学者修改。重点来关注 Webpack 的 entry 入口文件 ./src/index.js。代码如下：

```
import React from "react";
import { render } from "react-dom";
import { createStore, applyMiddleware } from "redux";
import { composeWithDevTools } from 'redux-devtools-extension';
                                                // 浏览器 Redux 工具
import { Provider } from "react-redux";// Redux 顶层组件，用于包裹原有的组件
import { createLogger } from "redux-logger";    // 中间件，日志打印
import thunk from "redux-thunk";                // 中间件
import reducer from "./reducers";               // 应用的 Reducer
import { getAllProducts } from "./actions";     // 应用的 Action
import App from "./containers/App.jsx";         // 应用的 UI 组件
import "./index.css";                           // 样式
const middleware = [thunk];
if (process.env.NODE_ENV !== "production") {     // 如果是开发环境，就添加中间件
  middleware.push(createLogger());               // 日志打印
}
// 创建 Store，整个应用中有且仅有一个 Store，用于存放整个应用中所有的 state
const store = createStore(reducer, composeWithDevTools(
 applyMiddleware(…middleware),
));
// 请求接口获取数据
store.dispatch(getAllProducts());
render(
  <Provider store={store}>             // 使原来整个应用成为 Provider 的子组件
    <App />
  </Provider>,
  document.getElementById("root")      // 渲染的节点，index.html 中有一个 ID 为
                                        root 的 div
);
```

简而言之，上述代码是这个应用的入口文件，它主要做了以下工作：

- 引入应用相关的 UI 组件和样式；
- 在开发环境里加入中间件；
- 请求接口，获取应用初始数据；
- 利用 Provider 组件将应用<APP/>包裹；
- 创建 Store 并通过 Provider 的 Store 属性传入应用。

注意：为了更好地调试，在项目中额外增加了 redux-devtools-extension，用于在浏览器中使用 ReduxDevTools。并且它可以在各种浏览器中安装使用，非常优雅且方便地供开发者在使用 Redux 过程中进行代码的调试。详情见 https://github.com/zalmoxisus/redux-devtools-extension，这里不再赘述。

安装如下：

```
npm install --save-dev redux-devtools-extension
```

使用：

```
import { createStore, applyMiddleware } from 'redux';
import { composeWithDevTools } from 'redux-devtools-extension';
const store = createStore(reducer, composeWithDevTools(
  applyMiddleware(...middleware),
  // other store enhancers if any
));
```

然后在浏览器中可以看到如图 4.6 所示的面板。

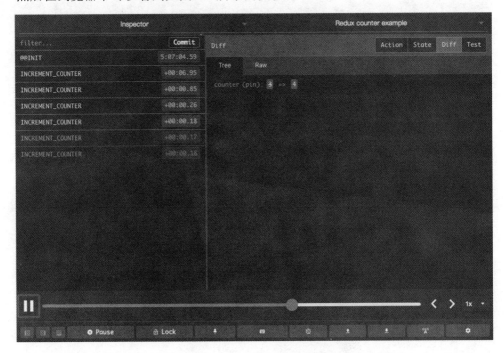

图 4.6　Redux DevTools 面板

4.4.3　Action 的创建和触发

Action 用于描述整个应用中的所有行为。在入口文件 src/index.js 中，请求了一个初始数据，笔者从这里开始讲解。

```
// src/index.js 中，请求接口获取数据
store.dispatch(getAllProducts());
```

其中，getAllProducts() 函数是一个 Action Creators，用来生成 Action。下面来看./src/actions/index.js：

```
import shop from '../api/shop'              // 模拟获取服务端数据
import * as types from '../actionTypes/'    // actionType 定义
/**
```

```
 * Action 创建函数
 * 获取商品（书籍）
 */
const getProductsAction = products => ({
  type: types.RECEIVE_PRODUCTS,        // type 是一个常量，用来标识动作类型
  products          // products 用于这个 Action 动作携带的数据，这里写法相当于
                         products:products
})
/**
 * Action 创建函数
 * 创建一个被绑定的 Action 创建函数来自动 dispatch
 */
export const getAllProducts = () => dispatch => {
  shop.getProducts(products => {
    // 请求到内容后再发起另一个 dispatch action 将返回结果存于 store
    dispatch(getProductsAction(products))
  })
}
…
```

getAllProducts() 最终返回一个 Action。在这个动作中，它请求了一个接口，并将获取的数据在此发起一个 Action，将数据放到 Store。因此在 src/index.js 中才能使用 dispatch 去触发，并将请求到的数据存于 Store 中。

./src/actions/index.js 完整代码如下：

```
import shop from '../api/shop'             // 模拟获取服务端数据
import * as types from '../actionTypes/'   // actionType 定义
/**
 * Action 创建函数
 * 获取商品（书籍）
 */
const getProductsAction = products => ({
  type: types.RECEIVE_PRODUCTS,
  products
})
/**
 * Action 创建函数
 * 创建一个被绑定的 Action 创建函数来自动 dispatch
 */
export const getAllProducts = () => dispatch => {
  shop.getProducts(products => {
    // 请求到内容后再发起另一个 dispatch action 将返回结果存于 Store
    dispatch(getProductsAction(products))
  })
}
/**
 * Action 创建函数
 * 加入购物车
 */
const addToCartAction = productId => ({
  type: types.ADD_TO_CART,
  productId
```

```
})
/**
 * 加入购物车
 */
export const addToCart = productId => (dispatch, getState) => {
  if (getState().products.byId[productId].inventory > 0) {
    dispatch(addToCartAction(productId))
  }
}
/**
 * 去结算
 */
export const checkout = products => (dispatch, getState) => {
  const { cart } = getState()
  dispatch({
    type: types.CHECKOUT_REQUEST
  })
  shop.buyProducts(products, () => {
    dispatch({
      type: types.CHECKOUT_SUCCESS,
      cart
    })
    // Replace the line above with line below to rollback on failure:
    // dispatch({ type: types.CHECKOUT_FAILURE, cart })
  })
}
```

其中，Action 的 type 通常定义为常量，放置于 actionTypes 文件的./src/actionTypes/index.js 下。

```
export const ADD_TO_CART = 'ADD_TO_CART'
export const CHECKOUT_REQUEST = 'CHECKOUT_REQUEST'
export const CHECKOUT_SUCCESS = 'CHECKOUT_SUCCESS'
export const CHECKOUT_FAILURE = 'CHECKOUT_FAILURE'
export const RECEIVE_PRODUCTS = 'RECEIVE_PRODUCTS'
```

上面的 actionTypes 都用字符串字面量定义，然后 export 出去。

简单来说，一个 Action 的创建有 3 点：定义类型（type）、定义内容（payload）和定义 Action Creator（Action 生成函数）。

4.4.4　Reducer 的创建

Reducer 用于处理 Action 触发后对 Store 的修改。在 Redux 中，不允许用户直接修改应用中的状态树，必须通过 dispatch()发起一个 Action 触发去修改 Store。这部分内容已经在上一章中讲解过，可以翻阅前面章节再次了解。

在 4.4.3 节中，定义完 Action 之后，接下来需要创建对应的 Store。Store 的创建可以理解为 Reducer 的创建，Store 的设计实际上也就是对 Reducer 的设计。在 src/index.js 中可以看到这么一行代码：

```
const store = createStore(reducer, applyMiddleware(...middleware));
```

这就是 Store 的创建，它通过 createStore()方法创建。createStore()方法将 Reducer 作为它的必要参数生成应用的 Store。在 src/reducers 文件中创建了购物车和商品列表两个 Reducer，然后在 src/reducers/index.js 中汇总。代码如下：

./src/reducers/products.js：

```
import { combineReducers } from 'redux'
import { RECEIVE_PRODUCTS, ADD_TO_CART } from '../actionTypes/'
const products = (state, action) => {
  switch (action.type) {
    case ADD_TO_CART:
      return {
        ...state,
        inventory: state.inventory - 1
      }
    default:
      return state
  }
}
const byId = (state = {}, action) => {
  switch (action.type) {
    case RECEIVE_PRODUCTS:
      return {
        ...state,
        ...action.products.reduce((obj, product) => {
          obj[product.id] = product
          return obj
        }, {})
      }
    default:
      const { productId } = action
      if (productId) {
        return {
          ...state,
          [productId]: products(state[productId], action)
        }
      }
      return state
  }
}
const visibleIds = (state = [], action) => {
  switch (action.type) {
    case RECEIVE_PRODUCTS:
      return action.products.map(product => product.id)
    default:
      return state
  }
}
export default combineReducers({
  byId,
  visibleIds
})
export const getProduct = (state, id) =>
  state.byId[id]
export const getVisibleProducts = state =>
```

```
state.visibleIds.map(id => getProduct(state, id))
```

./src/reducers/cart.js：

```
import {
  ADD_TO_CART,
  CHECKOUT_REQUEST,
  CHECKOUT_FAILURE
} from '../actionTypes/'
const initialState = {
  addedIds: [],
  quantityById: {}
}
const addedIds = (state = initialState.addedIds, action) => {
  switch (action.type) {
    case ADD_TO_CART:
      if (state.indexOf(action.productId) !== -1) {
        return state
      }
      return [ ...state, action.productId ]
    default:
      return state
  }
}
const quantityById = (state = initialState.quantityById, action) => {
  switch (action.type) {
    case ADD_TO_CART:
      const { productId } = action
      return { ...state,
        [productId]: (state[productId] || 0) + 1
      }
    default:
      return state
  }
}
export const getQuantity = (state, productId) =>
  state.quantityById[productId] || 0
/**
 * 从中过滤出所有所选商品的 ID
 * 当结算时，会作为参数传递给后台
 */
export const getAddedIds = state => state.addedIds
/**
 * 购物车结算
 */
const cart = (state = initialState, action) => {
  switch (action.type) {
    case CHECKOUT_REQUEST:
      return initialState
    case CHECKOUT_FAILURE:
      return action.cart
    default:
      return {
        addedIds: addedIds(state.addedIds, action),
        quantityById: quantityById(state.quantityById, action)
```

```
      }
    }
  }
}
export default cart
```

./src/reducers/index.js：

```
import { combineReducers } from 'redux'
import cart, * as fromCart from './cart'
import products, * as fromProducts from './products'
/**
 * 用于 Reducer 的拆分，定义各个子 Reducer 函数，然后用这个方法，
 * 将它们合成一个大的 Reducer。
 */
export default combineReducers({
  cart,
  products
})
const getAddedIds = state => fromCart.getAddedIds(state.cart)
const getQuantity = (state, id) => fromCart.getQuantity(state.cart, id)
const getProduct = (state, id) => fromProducts.getProduct(state.products, id)
/**
 * 获取购物车内商品的价格
 */
export const getTotal = state =>
  getAddedIds(state)
    .reduce((total, id) =>                // 价格累加
      total + getProduct(state, id).price * getQuantity(state, id),
      0
    )
    .toFixed(2)                          // 保留 2 位小数
/**
 * 向后台请求获取到的商品列表
 */
export const getCartProducts = state =>
  getAddedIds(state).map(id => ({
    ...getProduct(state, id),
    quantity: getQuantity(state, id)
  }))
```

上述代码中，用 Redux 的 combineReducers()方法将两个 Reducer 合并，然后 export 到 src/index.js 中使用。

./src/index.js：

```
import reducer from "./reducers"
…
const store = createStore(reducer)
```

其中，getTotal()方法用于计算在购物车中商品的价格，也就是说，这里购物车内商品的总价格也被保存在 Store 中，最后将在应用的 UI 界面上被展示。

./src/containers/CartContainer/index.jsx：

```
…
// 页面展示
```

```
<p>总价是：{total}元</p>
…
// mapstatetoprops 用于建立一个从 store 的状态对象到当前组件 props 对象的映射关系
const mapStateToProps = (state) => ({
  total: getTotal(state)
})
…
```

getCartProducts()方法也是类似，这里不再赘述。

4.4.5 UI 展示组件的创建

在 src/index.js 中引入<App/>，并挂载到了 HTML 文件 ID 为 root 的 div 上。

public/index.html

```
<!doctype html>
<html lang="en">
  <head>
    <meta charset="utf-8">
    <meta name="viewport" content="width=device-width, initial-scale=1">
    <title>Redux</title>
  </head>
  <body>
    <div id="root"></div>
    <!--
      This HTML file is a template.
      If you open it directly in the browser, you will see an empty page.
      You can add webfonts, meta tags, or analytics to this file.
      The build step will place the bundled scripts into the <body> tag.
      To begin the development, run 'npm start' in this folder.
      To create a production bundle, use 'npm run build'.
    -->
  </body>
</html>
```

src/containers/App.jsx 就是页面中 UI 的展示文件。代码如下：

```
import React from 'react'
import BooksContainer from './BooksContainer/index.jsx'
import CartContainer from './CartContainer/index.jsx'
const App = () => (
  <div>
    <BooksContainer />
    <CartContainer />
  </div>
)
export default App
```

从以上代码可以看出，整个项目中的 UI 分为两部分：商品货架 BooksContainer 和购物车 CartContainer。下面分别给出具体代码。

src/containers/BooksContainer/index.jsx 商品货架：

```
import React from 'react'
import PropTypes from 'prop-types'
import { connect } from 'react-redux'
import { addToCart } from '../../actions'
import { getVisibleProducts } from '../../reducers/products'
const BooksContainer = ({ products, addToCart }) => (
  <div>
    <h2>网上书店</h2>
    <div className="products-container">
      {products.map(product =>
        <div key={product.id}>
          {product.title} - {product.price}元 库存数量：{product.inventory ?
          '${product.inventory}' : null}
          <button
            className="add-btn"
            onClick={() => addToCart(product.id)}
            disabled={product.inventory > 0 ? '' : 'disabled'}>
            {product.inventory > 0 ? '添加到购物车' : '售罄'}
          </button>
        </div>
      )}
    </div>
  </div>
)
BooksContainer.propTypes = {
    products: PropTypes.arrayOf(PropTypes.shape({
    id: PropTypes.number.isRequired,
    title: PropTypes.string.isRequired,
    price: PropTypes.number.isRequired,
    inventory: PropTypes.number.isRequired
    })).isRequired,
    addToCart: PropTypes.func.isRequired
}
// mapStateToProps 用于建立组件和 store 中 state 的映射关系
const mapStateToProps = state => ({
    products: getVisibleProducts(state.products)
})
// connect 用于连接 React 组件与 Redux store
export default connect(
  mapStateToProps,
  { addToCart }
)(BooksContainer)
```

src/containers/CartContainer/index.jsx 商品购物车：

```
import React from 'react'
import PropTypes from 'prop-types'
import { connect } from 'react-redux'
import { checkout } from '../../actions'
import { getTotal, getCartProducts } from '../../reducers'
const CartContainer = ({ products, total, checkout }) => {
  const hasProducts = products.length > 0;
  return (
    <div>
      <h3>您的购物车</h3><em>请选择以上商品</em>
```

```
      <div className="cart-container">
        <div>
          {
            products.map(product =>
              <div key={product.id}>{product.title} - {product.price}元
              {product.quantity ? ' x ${product.quantity} 本' : null}</div>
            )
          }
        </div>
        <p>总价是: {total}元</p>
      </div>
      <button className="submit-btn" onClick={() => checkout(products)}
        disabled={hasProducts ? '' : 'disabled'}>
        去结算
      </button>
    </div>
  )
}
CartContainer.propTypes = {
  products: PropTypes.arrayOf(PropTypes.shape({
    id: PropTypes.number.isRequired,
    title: PropTypes.string.isRequired,
    price: PropTypes.number.isRequired,
    quantity: PropTypes.number.isRequired
  })).isRequired,
  total: PropTypes.string,
  checkout: PropTypes.func.isRequired
}
// mapStateToProps 用于建立组件和 store 中 state 的映射关系
const mapStateToProps = (state) => ({
  products: getCartProducts(state),
  total: getTotal(state)
})
// connect 用于连接 React 组件与 Redux store
export default connect(
  mapStateToProps,
  { checkout }
)(CartContainer)
```

4.4.6　发起一个动作 Action（ 添加商品到购物车）

以添加商品到购物车举例，用户单击页面中商品列表中的"添加到购物车"按钮。按钮代码如下：

```
<button
    className="add-btn"
    onClick={() => addToCart(product.id)}
    disabled={product.inventory > 0 ? '' : 'disabled'}>
    {product.inventory > 0 ? '添加到购物车' : '售罄'}
</button>
```

以上代码中，当 product.inventory 商品库存为 0 时，页面按钮展示文案为"售罄"，并将按钮置为 disabled 不可点击；否则展示按钮为"添加到购物车"。单击"添加到购物车"这个事件时将触发一个 Action 动作 addToCart：

```
/**
 * Action 创建函数
 * 加入购物车
 */
const addToCartAction = productId => ({
  type: types.ADD_TO_CART,
  productId
})
/**
 * 加入购物车
 */
export const addToCart = productId => (dispatch, getState) => {
  if (getState().products.byId[productId].inventory > 0) {
    dispatch(addToCartAction(productId))
  }
}
```

以上述代码中，单击按钮时将商品 ID 传入 addToCart 这个 Action Creator，然后在 addToCart 内部再 dispatch 一个 Action 将该商品 ID 存到 Store，同时将库存减 1。代码如下：

src/reducers/products.js

```
const products = (state, action) => {
  switch (action.type) {
    case ADD_TO_CART:
      return {
        ...state,
        inventory: state.inventory - 1
      }
    default:
      return state
  }
}
```

添加商品到购物车的页面展示，如图 4.7 所示。

图 4.7　添加商品至购物车

该项目中其他的功能逻辑大致类似，此处不再赘述。有兴趣的读者可以在 GitHub 中下载并翻阅上述代码。

本节项目的源码读者可以从 GitHub 上复制下来并运行，地址是 https://github.com/khno/react-redux-example.git。该项目可以通过在终端执行以下命令获取并启动：

```
git clone https://github.com/khno/react-redux-example.git
npm install
npm start
```

项目启动后展示效果如图 4.8 所示。

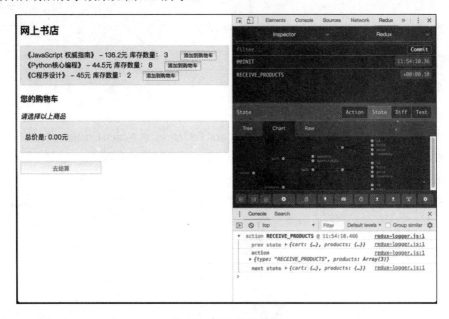

图 4.8　网上书店截图

第5章 路　　由

近几年单页应用（Single Page Web Application，SPA）发展迅猛，前端控制路由变为主流，单页应用也是前端路由的主要使用场景。在传统多页应用开发中，路由的概念往往存在于后端（后端路由），用户每次访问一个新的页面会向后台发起请求，然后服务器去响应。这个过程需要用户等待，从性能和用户体验上来讲，无疑前端路由会比后端路由提升很多。本章将介绍 React 中的路由实现原理和使用方法。

5.1　前端路由简介

在一般 SPA 开发中，路由的管理十分重要，它是 React 技术体系中非常重要的组成部分。

那么，什么是路由呢？路由是根据不同 URL 地址展示不同的内容或页面。

简单来说，假如有一台 Web 服务器地址是 http://192.168.0.1，在它下面有 index 首页、lists 列表页和 details 详情页 3 个页面，那么用户访问将是：

```
http://192.168.0.1/index
http://192.168.0.1/lists
http://192.168.0.1/details
```

它们的路径是/index、/lists 和/details。当用户访问详情页面的时候，服务器收到这个请求，然后会解析 URL 中的路径/details。按照以往的做法就是后台会去配置这几个路径，然后导航到对应的 HTML 页面。如果后台没有配置，那么这个页面就无法正常访问。

前端路由其实就是通过 JavaScript 来配置路由。单页应用基本也是前后端分离的，因此后端不提供路由。前端路由和后端路由实现原理是一样的，只是实现方式不同。

5.2　前端路由的实现原理

前端路由的主要实现方式有两种：Hash 和 HTML 5 的 history API。本节我们来讲解前端路由的具体实现方式。

5.2.1 history API 方式

在 HTML 5 的 history API 之前，前端路由通过 Hash 来实现，它也能兼容低版本浏览器。

先来看看 Mozilla（Mozilla 基金会）在其官方文档的描述：

```
// 只读属性。返回一个整数，该整数表示会话历史中元素的数目，包括当前加载的页。例如，
在一个新的选项卡加载的一个页面中，这个属性返回 1
window.history.length
Returns the number of entries in the joint session history.
// 允许 Web 应用程序在历史导航上显式地设置默认滚动恢复行为。此属性可以是自动的（auto）
或者手动的（manual）
window.history.scrollRestoration[=value]
Returns the scroll restoration mode of the current entry in the session
history.
Can be set, to change the scroll restoration mode of the current entry in
the session history.
// 返回一个表示历史堆栈顶部的状态值。这是一种可以不必等待 popstate 事件而查看
状态的方式。
window.history.state
Returns the current serialized state, deserialized into an object.
// 通过当前页面的相对位置从浏览器历史记录（会话记录）加载页面
window.history.go([delta])
Goes back or forward the specified number of steps in the joint session
history.
A zero delta will reload the current page.
If the delta is out of range, does nothing.
// 往上一页，用户可单击浏览器左上角的返回按钮模拟此方法，等价于 history.go(-1)
window.history.back()
Goes back one step in the joint session history.
If there is no previous page, does nothing.
// 往下一页，用户可单击浏览器左上角的前进按钮模拟此方法，等价于 history.go(1)
window.history.forward()
Goes forward one step in the joint session history.
If there is no next page, does nothing.
// 按指定的名称和 URL（如果提供该参数）将数据 push 进会话历史栈，数据被 DOM 进行不透明
处理；可以指定任何可以被序列化的 javaScript 对象
window.history.pushState(data,title[,url])
Pushes the given data onto the session history, with the given title, and,
if provided and not null, the given URL.
// 按指定的数据，名称和 URL（如果提供该参数），更新历史栈上最新的入口。这个数据被 DOM
进行了不透明处理。可以指定任何可以被序列化的 javaScript 对象。
window.history.replaceState(data,title[,url])
Updates the current entry in the session history to have the given data,
title, and, if provided and not null, URL.
```

先来关注上述代码中最下面的 2 个接口，history.pushState()和 history.replaceState()。这是 history 新增的 API，可以为浏览器提供历史栈。这两个 API 都接收 3 个参数，分别是：

- 状态对象（state object）：一个 JavaScript 对象，与用 pushState()方法创建的新历史

记录条目关联。无论何时用户导航到新创建的状态，popState 事件都会被触发，并且事件对象的 state 属性都包含历史记录条目的状态对象的复制。

- 标题（title）：FireFox 浏览器目前会忽略该参数，虽然以后可能会用上。考虑到未来可能会对该方法进行修改，传一个空字符串会比较安全。或者也可以传入一个简短的标题，标明将要进入的状态。

- 地址（URL）：新的历史记录条目的地址。浏览器不会在调用 pushState()方法后加载该地址，但之后可能会试图加载，例如用户重启浏览器。新的 URL 不一定是绝对路径；如果是相对路径，它将以当前 URL 为基准；传入的 URL 与当前 URL 应该是同源的，否则，pushState()会抛出异常。该参数是可选的；如果不指定，则为文档当前 URL。

pushState()会增加一条新的历史记录，当使用了这个接口，浏览器的返回按钮能返回到上一次访问的 URL，在浏览器的历史记录中也会多出一条记录。而 replaceState()会替换当前历史记录，浏览器的返回按钮无法返回到上一次的记录，浏览器的历史记录中也将用当前的 URL 替换为上一次的 URL 作为浏览记录储存。读者可以自行在浏览器控制台执行这 2 个方法，然后在浏览器历史记录中查看并验证。

值得注意的是，pushState()和 replaceState()这 2 个接口不会引起页面刷新，这一点同 Hash 一样。这样就实现了页面无刷新情况下改变 URL，这也是前端路由得以实现的关键点！

接下来就只要监听浏览器 URL 改变的事件即可对页面展示内容进行切换，在 history 中的事件是 popState。在历史记录中切换时就会产生 popState 事件。各浏览器之间在实现上会有一定差异，根据不同浏览器做兼容即可。

以上就是 history 模式实现路由的基本思路。

注意，pushState()和 replaceState()不支持跨域。比如：

当打开 https://www.zhihu.com?name=1，在此域名下执行

```
window.history.pushState(null, null, "https://www.zhihu.com/name/orange");
```

这时控制台将会报如下错误提示：

```
VM462:1 Uncaught DOMException: Failed to execute 'pushState' on 'History':
A history state object with URL 'https://www.zhihu.com/name/orange' cannot
be created in a document with origin 'https://www.baidu.com' and URL
'https://www.baidu.com/'.
    at <anonymous>:1:16
```

5.2.2 Hash 方式

Hash（哈希）也称作锚点，指的是 URL 中#号以后的字符。其本身用于页面定位，它可以配合 id 的元素显示在可视区域内。同样地，它可以改变浏览器 URL，同时做到不刷新页面。但依旧可以通过 hashChange 事件去监听其变化，从而进行页面展示内容的切换。

相比于 history API 模式，Hash 这种方式可以考虑到低版本浏览器，但有人认为浏览器 URL 上多一个#会不美观。这就要根据个人喜好进行选择了。

在 React 项目中，通常使用第三方路由库去使用路由，当然也可以不使用第三方库，简单示例如下。

Hash 方式实现路由示例：

```
import React from 'react'
import { render } from 'react-dom'
// 各个路由对应的组件
const Home = ()=> <div>Home</div>
const About = ()=> <div>About</div>
const Inbox = ()=> <div>Inbox</div>
const App = React.createClass({
  getInitialState() {
    return {
      route: window.location.hash.substr(1) // 获取浏览器 Hash 值，并存储在 state 中
    }
  },
  componentDidMount() {
    // 利用监听 Hash 事件去改变路由值
    window.addEventListener('hashchange', () => {
      this.setState({
        route: window.location.hash.substr(1)
      })
    })
  },
  render() {
    let Child
    // 根据 state 的 route 值来响应当前内容的动态展示
    switch (this.state.route) {
      case '/about': Child = About; break;
      case '/inbox': Child = Inbox; break;
      default:       Child = Home;
    }
    return (
      <div>
        <a href="#/about">About</a>
                                    // 单击 a 标签会改变浏览器地址栏 URL，但不会刷新页面
        <a href="#/inbox">Inbox</a>
        <Child />
      </div>
    )
  }
})
React.render(<App />, document.body)
```

5.3 react-router 路由配置

react-router 是 React 中用来实现路由的第三方 JavaScript 库，也是基于 React 开发的。

它拥有简单 API 和强大的路由处理机制，如代码缓冲加载、动态路由匹配，以及建立正确的位置过渡处理。它可以快速地在应用中添加视图和数据流，保持页面展示内容和 URL 的同步。

5.3.1 react-router 的安装

react-router 3.x 安装：

```
npm install –save react-router
```

react-router4 版本之后，不再引入 react-router，react-router 4 安装：

```
npm install react-router-dom
```

5.3.2 路由配置

以 Webpack 作为项目的模块管理器为例，react-router 3.x 的配置示例代码如下：

```
// v3
import React from "react";
import ReactDOM from "react-dom";
import { Route, IndexRoute, hashHistory } from "react-router";
import App from "./app/containers/app/";
import Home from "./app/containers/home/";
import User from "./app/containers/user/";
ReactDOM.render(
 <Router history={hashHistory} />
  <Route path="/" component={App}>
   {/* 当 url 为/时渲染 Home */}
        <IndexRoute component={Home} />                    // 首页
        <Route path="/user" component={User} />
   </Route>
 </Router>,
    document.getElementById("root")
);
```

然后在 App 组件中，使用 this.props.childen 属性配置路由的组件：

```
// App.js
const Inbox = React.createClass({
 render() {
  return (
   <div>
        {/* 渲染这个 child 路由组件 */}
        {this.props.children}
      </div>
  )
  }
})
```

上述代码中 Router 标签代表路由器。路由器中的 history 表示 react-router 路由的模式。

　　<Route>是 react-router 最重要的组件，它的职责是在其 path 属性与某个 location 匹配时呈现指定的视图，用于配置路由和组件的对应关系。

```
<Route path="/list" component={List} />
```

　　path 表示路由的路径，component 代表路由对应的页面组件。其中/代表应用的根路径，假设当前应用的访问地址是 http://www.example.com/，当用户在访问这个地址时，应用会加载 App 这个组件，并且实际上访问的地址会是 http://www.example.com/#/。当访问 http://www.example.com/#/home 时，会切换到 Home 组件。其他路由以此类推。

　　子路由也可以不写在 Router 组件内，可以写在 Router 组件的属性内，示例如下：

```
let routes = <Route path="/" component={App}>
<Route path="/home" component={Home} />
<Route path="/about" component={About} />
</Route>;
<Router routes={routes} history={hashHistory} />
```

5.3.3　默认路由

　　在 react-router 3.x 中可以指定默认路由（IndexRoute）。

　　react-router 3.x 中指定默认路由示例：

```
// v3
<Router>
 <Route path="/" component={App}>
  <IndexRoute component={Home}/>
  <Route path="about" component={About}/>
  <Route path="help" component={Help}/>
 </Route>
</Router>
```

　　当用户在访问"/"时，App 组件被渲染，App 内部的 this.props.children 会去寻找 IndexRoute，将它作为最高层级的路由。如若不指定 IndexRoute，App 内部的 this.props.children 将为 undefined。

　　需要注意的是，在 react-router v4 中没有<IndexRoute>，而是通过<Switch>组件提供相似功能。

　　react-router 4.x 中指定默认路由示例：

```
// v4
const App = () => (
  <Switch>
    <Route exact path='/' component={Home} />
    <Route path='/about' component={About} />
    <Route path='/help' component={Help} />
  </Switch>
)
```

5.3.4　路由嵌套

react-router 可以实现路由的嵌套，嵌套路由被描述成一种树形结构。react-router 会深度遍历整个路由配置来匹配给出的路径。

在 react-router 4.0 以下的版本中，路由的嵌套可以放在<Route>中。

react-router 3.x 的路由嵌套示例：

```
// v3
<Route path="parent" component={Parent}>
 <Route path="child1" component={Child1} />
 <Route path="child2" component={Child1} />
</Route>
```

在 react-router 4.0 以上的版本中，路由嵌套书写方式发生了变化，子<Route>会由父<Route>呈现。

react-router 4.0 以上版本的路由嵌套示例：

```
// v4
<Route path="parent" component={Parent} />
const Parent = () => (
 <div>
  <Route path="child1" component={Child1} />
  <Route path="child2" component={Child1} />
 </div>
)
```

5.3.5　重定向

在 react-router 3.x 的版本中，如果要从一个路径重定向到另一个路径，可以使用<IndexRedirect>。

react-router 3.x 的重定向示例：

```
// v3
<Route path="/" component={App}>
 <IndexRedirect to="/AnotherApp" />
 <Route path="anotherApp" component={ anotherApp }>
</Route>
```

上述代码中，当用户访问"/"根路径时，会自动跳转到/AnotherApp。

而在 react-router 4.x 中，使用方式同样有所改变，改为<Redirect>。

react-router 4.x 的重定向示例：

```
// v4
import { Route, Redirect } from 'react-router';
<Route exact path="/" render={() => (
  loggedIn ? (
    <Redirect to="/homePage"/>
```

```
  ) : (
    <LoginPage/>
  )
}}/>
```

上述代码中，如果用户已登录就跳转到 homePage；否则，跳到登录页面。

5.4　react-router 下的 history

react-router 中有 history 属性，用于监听浏览器地址栏的改变，并解析这个 URL 转化为 location 对象，从而匹配 react-router 配置的路由去渲染对应的视图。

react-router 中有 3 种形式：

- browserHistory；
- hashHistory；
- createMemoryHistory。

5.4.1　browserHistory 模式

browserHistory 是基于使用浏览器 history API 实现的，也是 react-router 应用推荐的路由模式。可以从 react-router 中引入使用：

```
import { browserHistory } from 'react-router'
render(
  <Router history={browserHistory} routes={routes} />,
  document.getElementById('app')
)
```

这种模式的优点是更像"真实的"URL，形如/index/homePage。这种模式的缺点就是当用户在子路由刷新或向服务器直接请求子路由，则会显示找不到，给出 404 报错。这时候就需要服务器去配置并处理这些路由访问，假如读者的服务器是 Nginx，可以使用 try_files 指令：

```
server {
  ...
  location / {
    try_files $uri /index.html
  }
}
```

当在服务器上找不到其他文件时，Nginx 服务器可以提供静态资源并指向 index.html文件。

如果是 Apache 服务器，就创建一个.htaccess 文件在文件根目录下：

```
RewriteBase /
RewriteRule ^index\.html$ - [L]
```

```
RewriteCond %{REQUEST_FILENAME} !-f
RewriteCond %{REQUEST_FILENAME} !-d
RewriteRule . /index.html [L]
```

其他服务器处理方式类似，处理方式的实质都是一样的。

5.4.2　hashHistory 模式

hashHistory 是基于哈希（#）实现的。形如/#/index/homePage?_k=adsis 。示例如下：

```
import { hashHistory } from 'react-router'
render(
 <Router history={hashHistory} routes={routes} />,
 document.getElementById('app')
)
```

5.4.3　createMemoryHistory 模式

createMemoryHistory 模式用于服务端渲染。它不会在地址栏被操作或读取，但会在内存中进行历史记录的存储。

它与其他两种模式不同的是，需要手动去创建它：

```
const history = createMemoryHistory(location)
```

5.5　react-router 路由切换

当 react-router 路由路径配置完之后，那么读者知道不同路由之间是如何跳转，以及不同路由之间是如何传参的吗？传统多页应用中一般使用 a 标签来做 URL 的跳转。但是在 react-router 中，则需要通过调用路由的 API 来完成不同路径之间的切换。下面针对路由切换进行讲解。

5.5.1　Link 标签

Link 是 react-router 中用于路由相互跳转的其中一种方法。其本质就是一个被处理过的<a>标签，它可以接收 Router 的状态。

Link 标签实现的路由切换示例：

```
render(){
 return (
  <div>
   <ul>
    <li><Link to="/">点击跳转首页</Link></li>
    <li><Link to="/login">点击跳转登录页</Link></li>
```

```
    </ul>
  </div>
)
}
```

Link 可以知道哪个 Route 的链接是激活状态，并可以为该链接添加 actionClassName
或 activeStyle 属性。这就使得当用户在 Tab 切换的时候，可以方便地设置激活时的样式展
示。示例如下：

```
<Link to="/home" activeStyle={{color: 'red'}}>Home</Link>
<Link to="/about" activeStyle={{color: 'red'}}>About</Link>
```

或：

```
<Link to="/home" activeClassName="active">Home</Link>
<Link to="/about" activeClassName="active">About</Link>
```

注意：如果链接到根路由"/"，要使用<IndexLink>。

5.5.2 history 属性

在 react-router 3.x 中，路由的跳转一般这样处理：

- 从 react-router 导出 browserHistory；
- 使用 browserHistory.push()等方法进行路由跳转。

react-router 3.x 示例中的路由跳转示例：

```
import browserHistory from 'react-router';
...
browserHistory.push('/user');
```

在 react-router 4.x 中，不提供 browserHistory 等方法，而是通过使用高阶组件 withRouter
去使用 history 的方法实现路由跳转。

react-router 4.x 示例中的路由跳转示例：

```
// v4
import React,{Component} from 'react'
import {withRouter} from 'react-router-dom'
class User extends Component{
    constructor(){
        super()
    }
    linkTo(){
        this.props.history.push('/about')
    }
    render(){
        return(
            ...
        )
    }
}
export default withRouter(User);
```

5.5.3　传参

应用跳转的时候可能会涉及参数的传递，在 react-router 中传参也很简单。先通过 Route 的 path 进行配置，然后在 Link 的 to 属性中添加需要的参数，最后在跳转后的页面去获取。

示例 1：react-router 中，使用 this.props.params.query 获取参数。

```
<Router history={history}>
 <Route path="user/:id" component={User} />              // 路由中配置:id
</Router>
...
<Link to={{pathname: '/user/{id}' }} activeClassName="active">
 Click to userPage
</Link>
```

示例 2：react-router 中，使用 this.props.location.query 获取参数。

```
<Router history={history}>
 <Route path="user" component={User} />
</Router>
...
<Link to={{pathname: "/User", query:{id: id} }} activeClassName="active">
 Click to userPage
</Link>
```

示例 3：react-router 中使用 this.params.id 获取参数。

如果采用 history 跳转，那么在 user 页面中可以使用 this.params.id 获取参数。

```
<Router history={hashHistory}>
 <Route path='/user/:id' component={User}></Route>
</Router>
...
hashHistory.push("/user/888")
```

5.6　进入和离开的 Hook

Route 可以定义 onEnter 和 onLeave 两个 Hook，这两个钩子会在路由跳转确认时触发一次。这对于权限验证和路由跳转前数据持久化保存有很大作用。

5.6.1　onEnter 简介

onEnter Hook 会在即将进入路由时触发，会从最外层的父路由开始，直到最下层子路由结束。它可以接收 3 个参数：

```
type EnterHook = (nextState: RouterState, replaceState: RedirectFunction,
callback?: Function) => any;
```

第 1 个参数 nextState 表示它接收的下一个 router state ，第 2 个参数 replaceState function 用于触发 URL 的变化，第 3 个参数 callback 用于设置回调函数，以便于继续往下执行。

注意：在 onEnter Hook 中使用 callback 会让变换过程处于阻塞状态，直到 callback 被回调。如果不能快速地回调，这可能会导致整个 UI 失去响应。

5.6.2　onLeave 简介

onLeave Hook 会在即将离开路由时触发，从最下层的子路由开始，直到最外层父路由结束。它是一个用户自定义的函数，用于在离开时被调用。有兴趣的读者可自行查阅相关资料，此处不再赘述。

第 6 章　React 的性能及性能优化

React 最神奇的亮点就是虚拟 DOM 和高效的 diff 算法。这让开发者无须过多担心性能上的问题，但并非没有性能问题，不佳的写法也会导致出现问题。本章一起来深入理解 diff 算法，以及如何做到书写高性能的组件。

6.1　diff 算法

在 React 中，UI 界面由组件构成。当前组件的状态发生变化时，真实 DOM 树需要重新更新渲染，而真实 DOM 树来源于 React 的虚拟 DOM 树。React 将虚拟 DOM 树转换为真实 DOM 树的最小计算过程称为调和（reconciliation），而 diff 算法便是调和的具体实现！

简单来说，diff 算法就是给定任意的两棵树从中找到最少的转换步骤，或者说是从上一个渲染转到下一个渲染的最少步骤。

6.1.1　时间复杂度和空间复杂度

说到最小生成树（tree）的算法，就不得不提到计算时间复杂度和空间复杂度这两个概念，这是衡量一个算法优劣的两个方面。

1. 时间复杂度

时间复杂度是一个函数，表示该算法运行耗费的时间。这是一个关于代表算法输入值的字符串长度的函数。时间复杂度常用大 O 符号表示，不包括这个函数的低阶项和首项系数。

一般情况下，算法中基本操作重复执行的次数是问题规模 n 的某个函数，用 T(n)表示，若有某个辅助函数 $f(n)$，使得 $T(n)/f(n)$ 的极限值（当 n 趋近于无穷大时）为不等于零的常数，则称 $f(n)$ 是 $T(n)$ 的同数量级函数。记作 $T(n)=O(f(n))$，称 $O(f(n))$ 为算法的渐进时间复杂度，简称时间复杂度。

随着模块 n 的增大，算法执行的时间的增长率和 $f(n)$ 的增长率成正比，所以 $f(n)$ 越小，算法的时间复杂度越低，算法的效率越高。那么时间复杂度怎么计算呢？

如果算法执行时间不随着 n（n 称为问题的规模）的增长而增长，执行时间只是一个比较大的常数，那么它的时间复杂度为 $O(1)$，举例：

```
i = 100000;
while(i--){
printf("Bonjour")
}
```

这个算法执行 100 000 次，虽然次数多，但循环内执行时间是常数量，所以它的时间复杂度是 $O(1)$。

如果按数量级递增排列，常见的时间复杂度还有：对数阶 $O(\log 2n)$、线性阶 $O(n)$、线性对数阶 $O(n\log 2n)$、平方阶 $O(n^2)$、立方阶 $O(n^3)$…k 次方阶 $O(n^k)$、指数阶 $O(2^n)$。可以看出，随着问题规模 n 的不断增大，上述时间复杂度不断增大，算法的执行效率越低。

如果是嵌套循环：

```
count = 0;
for(i=1;i<=n;i++)
  for(j=1;j<=i;j++)
    for(k=1;k<=j;k++)
      count++;
...
```

这个算法中主要执行的是 count++，它的执行时间是常数值，但算法的时间复杂度是由嵌套层数最多的循环语句的语句频度决定的。每层每次分别执行的次数是：$[(n-1)]$，$[(n-1)+(n-2)...]$，$[(n-1-1)+(n-2-1)...]$，所以时间复杂度为 $O(n^3+剩余低次项) \approx O(n^3)$，这里取的是运行次数函数的最高阶项。

2．空间复杂度

一个程序的空间复杂度是指运行完一个程序所需内存的大小。利用程序的空间复杂度，可以对程序运行所需要内存的大小有个预先估计。一个程序执行时除了需要存储空间和存储本身所使用的指令、常数、变量和输入数据外，还需要一些对数据进行操作的工作单元和存储一些为现实计算所需信息的辅助空间。程序执行时所需存储空间包括以下两部分。

- 固定部分：这部分空间的大小与输入、输出数据的个数多少、数值无关，主要包括指令空间（代码空间）、数据空间（常量和变量）等所占用的空间，这部分属于静态空间。
- 可变空间：这部分空间主要包括动态分配的空间，以及递归栈所需的空间等，这部分的空间大小与算法有关。一个算法所需的存储空间用 $f(n)$ 表示，$S(n)=O(f(n))$，其中 n 为问题的规模，$S(n)$ 表示空间复杂度。

注意：大 O 符号（Big O notation）是用于描述函数渐近行为的数学符号。更确切地说，它是用另一个（通常更简单的）函数来描述一个函数数量级的渐近上界。在数学中，它一般用来刻画被截断的无穷级数，尤其是渐近级数的剩余项；在计算机科学中，它在分析算法复杂性方面非常有用。

本节理论引用来源：

https://grfia.dlsi.ua.es/ml/algorithms/references/editsurvey_bille.pdf;

https://baike.baidu.com/item/%E7%A9%BA%E9%97%B4%E5%A4%8D%E6%9D%82%E5%BA%A6/9664257?fr=aladdin;

https://baike.baidu.com/item/%E6%97%B6%E9%97%B4%E5%A4%8D%E6%9D%82%E5%BA%A6;

https://www.cnblogs.com/xiong233/p/6704846.html。

6.1.2　diff 策略

现在读者知道，树的算法不是有了 React 才出现的算法，而是之前就有的。传统算法中（论文参考：https://grfia.dlsi.ua.es/ml/algorithms/references/editsurvey_bille.pdf）的做法是将每个节点一一对比，循环遍历所有子节点，然后判断子节点的更新状态，其复杂度为 $O(n^3)$（n 是树中节点的总数），效率很低。有多低呢？打个比方，假如有 1 000 个元素，那么需要计算 10 亿次左右。将此算法应用到计算机用于前端渲染，那么代价太大了。即便当下的 CPU 每秒执行约 30 亿条指令，以最高效实现效果也很差。而 React 将时间复杂度为 $O(n^3)$ 的算法直接转为 $O(n)$，砍掉了一部分算法，无疑这样肯定是有牺牲的。但如何保证其性能，它又是怎样实现的呢？

首先要理解 diff 的核心在于两点：对比和修改。React 中它基于两个假设实现了一个启发式的 $O(n)$ 的算法：

- 两个不同类型的元素将产生两个不同的树；
- 同一级的一组子节点，可以从中埋入一个 key 属性用于区分；

事实上，这些假设几乎能作用于所有实际用例。在此基础上 React 大胆采用了 3 种策略：

- DOM 节点跨层级操作特别少，所以可以忽略；
- 拥有相同类的两个组件会生成相似树形结构，拥有不同类的两个组件将会产生不同树形结构；
- 同一层级一组子节点通过唯一 id（key）区分。

下面来具体介绍这 3 种策略的具体做法。

1. Tree Diff

Tree Diff 是两棵新旧虚拟 DOM 树按照层级的对应关系，把同一层级的节点遍历一遍，即同层比较，这样就能快速找到有差异的地方。但有一个前提，它们得是同一父节点下的子节点进行比较，父节点不同也就无须比较下面的节点了，即"同层求异"，如图 6.1所示。

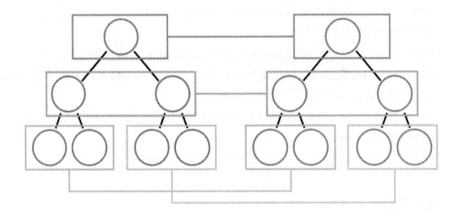

图 6.1　Tree Diff

Tree 的比较适用于界面 DOM 节点跨层级操作少的情形，这样就可以忽略不计层级带来的影响。它的分层比较，层级控制非常高效，当发现子节点不在了将会直接删除该节点以及它下面的所有子节点，也就是只需要遍历一遍。这种方式看似"暴力"，但的确是一种不错的方式。

2．Component Diff

React 构建的应用是以组件组合而成的，以组件为单位的差异对比策略也类似。

对于类型相同的组件，根据 Virtual DOM 树按照原来的策略继续比较 Tree 即可。

对于类型不同的组件，React 会将这个组件内部所有的子节点重新替换。而这个组件在 React 中被称为 dirty component。比如，组件 B 变为组件 C，虽然子组件内容相似，但一旦识别到父组件 B 和 C 不同，就直接删除 B 组件，重新创建 C 组件，如图 6.2 所示。

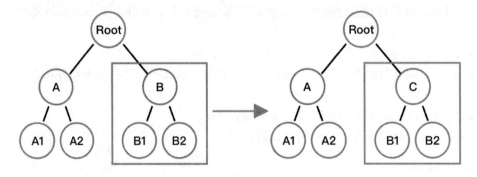

图 6.2　Component Diff

注意：dirty component 可以理解为组件最近一次发生改变，但还未重新渲染的组件。

3．Element Diff

React 在遇到类型相同的组件时，会继续对组件内部元素进行对比，检查内部元素异同，这就是 Element Diff。它可以进行插入、移动、删除这 3 种操作。源码（https://github.com/facebook/react/blob/f33f03e3572d11e6810f4ce110eb3af97cbd24a8/src/renderers/shared/stack/reconciler/ReactMultiChild.js#L33）如下：

```
function makeInsertMarkup(markup, afterNode, toIndex) {
    return {
        type: 'INSERT_MARKUP',
        content: markup,
        fromIndex: null,
        fromNode: null,
        toIndex: toIndex,
        afterNode: afterNode,
    };
}

function makeMove(child, afterNode, toIndex) {
    return {
        type: 'MOVE_EXISTING',
        content: null,
        fromIndex: child._mountIndex,
        fromNode: ReactReconciler.getHostNode(child),
        toIndex: toIndex,
        afterNode: afterNode,
    };
}

function makeRemove(child, node) {
    return {
        type: 'REMOVE_NODE',
        content: null,
        fromIndex: child._mountIndex,
        fromNode: node,
        toIndex: null,
        afterNode: null,
    };
}
```

下面举例说明，先来看这样一组同级元素，见图 6.3 所示。

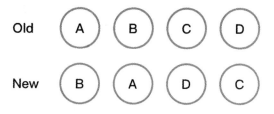

图 6.3　新老节点 diff

旧元素 A、B、C、D 发生变化需要排列为 B、A、D、C，当发现 B 不等于 A 时，则将 B 节点创建并插入至新组建，同时删除 A 节点，以此类推。即使有相同的节点，而且仅仅只是移动了位置，但还是需要删除并重写，无疑这种操作很繁琐低效。

在 React 中，它可以给每个同层节点设置一个唯一的 key，给它们做了标记如图 6.4 所示。同样的问题，当元素 A、B、C、D 发生变化需要排列为 B、A、D、C 时，diff 差异化对比后发现新旧节点存在相同的，则无须进行重新创建和删除，只需将旧的节点集合进行位置移动即可。

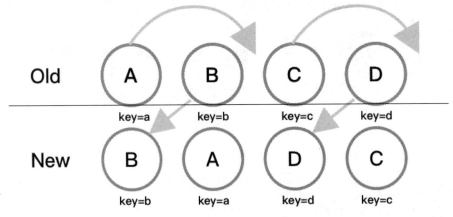

图 6.4 带 key 节点的 diff

其内部具体执行是，先将新的节点集合进行遍历循环，然后通过唯一标记 key 去老的节点集合中寻找是否有命中的标记，如果有，就执行移动操作。需要注意的是，与此同时当前节点在旧集合中索引的值必须小于新集合中当前节点的索引值 lastIndex，因为这样能节省更多不必要的操作从而节省时间，这样可以更加优化算法效率。源码（https://github.com/facebook/react/blob/f33f03e3572d11e6810f4ce110eb3af97cbd24a8/src/renderers/shared/stack/reconciler/ReactMultiChild.js#L33）参考如下：

```
// 对要呈现的标记进行更新，并在提供的索引处插入
function makeInsertMarkup(markup, afterNode, toIndex) {
  // NOTE: Null values reduce hidden classes.
  return {
    type: 'INSERT_MARKUP',
    content: markup,
    fromIndex: null,
    fromNode: null,
    toIndex: toIndex,
    afterNode: afterNode,
  };
}
//将现有元素移动到另一个索引
function makeMove(child, afterNode, toIndex) {
  // NOTE: Null values reduce hidden classes.
  return {
```

```
            type: 'MOVE_EXISTING',
            content: null,
            fromIndex: child._mountIndex,
            fromNode: ReactReconciler.getHostNode(child),
            toIndex: toIndex,
            afterNode: afterNode,
    };
}

//删除索引处的元素
function makeRemove(child, node) {
    // NOTE: Null values reduce hidden classes.
    return {
        type: 'REMOVE_NODE',
        content: null,
        fromIndex: child._mountIndex,
        fromNode: node,
        toIndex: null,
        afterNode: null,
    };
}
//设置节点的标记
function makeSetMarkup(markup) {
    // NOTE: Null values reduce hidden classes.
    return {
        type: 'SET_MARKUP',
        content: markup,
        fromIndex: null,
        fromNode: null,
        toIndex: null,
        afterNode: null,
    };
}
// 进行设置文本内容的更新
function makeTextContent(textContent) {
    // NOTE: Null values reduce hidden classes.
    return {
        type: 'TEXT_CONTENT',
        content: textContent,
        fromIndex: null,
        fromNode: null,
        toIndex: null,
        afterNode: null,
    };
}
// 将更新推送到队列
function enqueue(queue, update) {
    if (update) {
        queue = queue || [];
        queue.push(update);
    }
    return queue;
}
// 处理任何排队的更新
```

```
    function processQueue(inst, updateQueue) {
      ReactComponentEnvironment.processChildrenUpdates(
          inst,
          updateQueue,
      );
    }
    // 用新的子节点渲染
    updateChildren: function(nextNestedChildrenElements,transaction,context){
      // Hook used by React ART
      this._updateChildren(nextNestedChildrenElements, transaction, context);
    },
    _updateChildren:function(nextNestedChildrenElements,transaction,context){
      var prevChildren = this._renderedChildren;
      var removedNodes = {};
      var mountImages = [];
      // 获取新的子元素数组
      var nextChildren = this._reconcilerUpdateChildren(
        prevChildren,
        nextNestedChildrenElements,
        mountImages,
        removedNodes,
        transaction,
        context
      );
      // 如果不存在 nextChildren 并且不存在 prevChildren，则不需要 diff
      if (!nextChildren && !prevChildren) {
        return;
      }
      var updates = null;
  var name;

      // nextIndex 将为 nextChildren 中的每个子项递增，
      // 但 lastIndex 将是 prevChildren 中访问的最后一个索引
      var nextIndex = 0;
  var lastIndex = 0;
  // nextMountIndex 将为每个新安装的子项递增
      var nextMountIndex = 0;
      var lastPlacedNode = null;
      for (name in nextChildren) {
        if (!nextChildren.hasOwnProperty(name)) {
          continue;
        }
        var prevChild = prevChildren && prevChildren[name];
        var nextChild = nextChildren[name];
        if (prevChild === nextChild) {
          // 同一个引用，说明使用的是同一个 component，所以需要做移动的操作
          // 移动已有的子节点
          // 根据 nextIndex, lastIndex 决定是否移动
          updates = enqueue(
            updates,
            this.moveChild(prevChild, lastPlacedNode, nextIndex, lastIndex)
          );
          // 更新 lastIndex
          lastIndex = Math.max(prevChild._mountIndex, lastIndex);
```

```
        // 更新 component 的.mountIndex 属性
        prevChild._mountIndex = nextIndex;
      } else {
        if (prevChild) {
          // 通过卸载来取消设置_mountIndex 之前更新 lastIndex
          lastIndex = Math.max(prevChild._mountIndex, lastIndex);
      // 下面的 removedNodes 循环实际上会删除子节点
        }
        // 添加新的子节点在指定的位置上
        updates = enqueue(
          updates,
          this._mountChildAtIndex(
            nextChild,
            mountImages[nextMountIndex],
            lastPlacedNode,
            nextIndex,
            transaction,
            context
          )
        );

        nextMountIndex++;
      }
      // 更新 nextIndex
      nextIndex++;
      lastPlacedNode = ReactReconciler.getHostNode(nextChild);
    }
    // 移除不存在的旧子节点，和旧子节点和新子节点不同的旧子节点
    for (name in removedNodes) {
      if (removedNodes.hasOwnProperty(name)) {
        updates = enqueue(
          updates,
          this._unmountChild(prevChildren[name], removedNodes[name])
        );
      }
    }
  }
...
_mountChildAtIndex: function(
    child,
    mountImage,
    afterNode,
    index,
    transaction,
    context) {
    child._mountIndex = index;
    return this.createChild(child, afterNode, mountImage);
},
// 移除子节点方法
_unmountChild: function(child, node) {
    var update = this.removeChild(child, node);
    child._mountIndex = null;
    return update;
},
```

React diff 算法小结如图 6.5 所示。

- Tree Diff：采用分层求异的策略，将新旧两棵 DOM 树按照层级对应的关系进行对比，这样只需要对树进行一次遍历，就能够找到哪些元素是需要更新的。
- Component Diff：查看两个组件的类型是否相同。如果类型不同，则需要更新，更新时先把旧的组件删除，再创建一个新的组件插入之前删除的位置。类型相同时，暂时不需要更新。
- Element Diff：通过设置唯一 key 值，对元素 diff 进行优化。（组件类型相同时看内部元素）元素发生了改变，则找到需要修改的元素，有针对性进行修改。

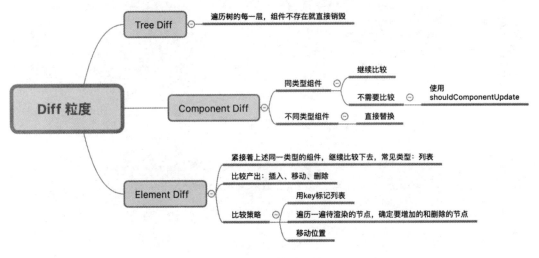

图 6.5　diff 算法小结

6.1.3　key 属性

key 是 React 中一个特殊的属性，不能被开发者获取，而是仅仅用于 React 本身。比如无法获取某个设置 key 节点的 key 值。前面章节已经提到了，在 Element Diff 中采用设置唯一 key 来标记同级节点，用以优化 diff 算法，这是 key 的作用。它就像一个人的身份证，唯一并且稳定，能用这个 id 来作为身份标识。不稳定的 key（比如 Math.random()函数的结果）可能会让 DOM 节点重渲染时产生非必要的重新创建，造成极大的性能损失。

key 属性的应用示例：

```
this.state = {
  users: [{id:1, name: '张三'}, {id:2, name: '李四'}, {id: 3, name: "王五"},
  {id: 4, name: "赵六"}]
}
render()
  return(
   <div>
```

```
    <h2>User list</h2>
    {this.state.users.map(item => <div key={item.id}>{item.name}</div>)}
  </div>
 )
);
```

假如上述代码中不写 key，React 会默认以数组的 index 作为 key，但是控制台将会报警告，如图 6.6 所示。

⊗ ▸Warning: Each child in an array or iterator should have a unique "key" prop.　　react.development.js:225

Check the render method of `App`. See https://fb.me/react-warning-keys for more information.
    in ListItems (created by App)
    in App

图 6.6　不写 key 的 warning

key 的应用场景最多的是由数组动态创建子组件的情景，如果列表数据只是纯展示 map，可以使用 index 作为 key。

列表数据中 key 应用示例：

```
this.state = {
  menu: ['home', 'news', 'about us']
}
render(){
  return(
   <div>
     <h2>Menu</h2>
     {this.state.menu.map((name, index) => <div key={index}>{name}</div>)}
   </div>
  )
};
```

如果不是动态生成的列表，可以不需要 key，如：

```
render()
  return(
   <div>
    <h2>Menu</h2>
    <div>home</div>
    <div>news</div>
    <div>about us</div>
   </div>
  )
);
```

假如读者在动态生成的组件内使用索引 index 作为 key，虽然不会报警告，但是这种做法是不对的，因为动态生成的节点每次索引会更新，此时的 key 不是唯一也不是稳定的标识。

6.2　组件重新渲染

React 的组件状态发生变化时，就会触发浏览器的重绘（reflow）或重排（repaint），而重绘和重排是影响网页性能的最大因素。得益于 React 的 Virtual DOM 和 diff 算法，才使得浏览器尽可能地减少重绘和重排。

使用 diff 算法可以把新老虚拟 DOM 进行比较，如果新老虚拟 DOM 树相等，则不重新渲染，否则就重新渲染。这个过程又被称为"子集校正"（reconciliation）。DOM 操作是很耗性能的，所以要提高组件的性能就应该尽可能地减少组件的重新渲染。

在 React 中，任何时刻调用组件的 setState()方法，React 不是立即对其更新，而是先将其标记为 Dirty（脏）状态，如图 6.7 所示。也就是说，setState()之后变更的状态不会立即生效，React 使用了事件轮询对变更做批量处理绘制。

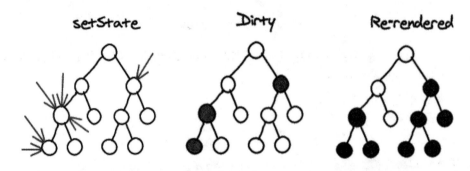

图 6.7　当调用组件的 setState()时，React 将其标记为 Dirty 状态

当事件轮询结束后，React 会将标有 Dirty 的组件及其子节点进行重绘。所有后代节点的 render()方法都会被调用，即使这些后代节点没有任何变化。虽然看起来这样的效率很低，但是现代浏览器对于 JavaScript 处理这类的操作速度已经非常快了。由于这些过程都发生在计算机内存中，而不是真实 DOM，所以不用担心其性能会影响渲染的速度。在前面章节读者已经知道，书写 render()时返回的都是 JSX 或 ReactElement。实际上，它返回的只是一个用于描述 DOM 结构的普通 JavaScript 对象。示例代码：

```
{
  type: 'button',
  props: { className: 'btn-primary' },
  children: [{
    type: 'em',
    children: 'Confirm'
  }]
}
```

React 就是用上述代码来描述界面中的标签，当状态改变时，就与前一次渲染的对象做比较，如果数据没有变化，就不用更新界面中的 DOM。因此对于 JavaScript 来说，对比这类 JavaScript 对象的成本不算高，计算速度已经足够快了。这好比不足 1 毫秒的渲染时间在提升了 10 倍的速度后依旧还是不足 1 毫秒！

不过 React 还是提供了一种方法对这些后代节点进行优化，可以阻止后代节点树的重绘，那就是重写 shouldCompoentUpdate()生命周期。它于组件重新渲染开始前触发，这个函数默认返回 true，当然如果设置为 false，当前组件将不去重渲染，从而提升更新速度。

```
shouldComponentUpdate(nextProps, nextState) {
  return false;
}
```

可能读者会碰到这样的场景，只想让组件的某个特定的状态值改变时才去做重新渲染。那么可以这样做：

```
class CounterButton extends React.Component {
  constructor(props) {
    super(props);
    this.state = { count: 1 };
  }
  shouldComponentUpdate(nextProps, nextState) {
    if (this.props.color !== nextProps.color) {
      return true;
    }
    if (this.state.count !== nextState.count) {
      return true;
    }
    return false;
  }
  render() {
    return (
      <button
        color={this.props.color}
        onClick={() => this.setState(state => ({ count: state.count + 1 }))}
      >
        Count: {this.state.count}
      </button>
    );
  }
}
```

在上述代码中，shouldComponentUpdate()只检查 props.color 和 state.count 的变化。如果这些值没有变化，组件就不会更新。

🔸注意：当使用 shouldCompoentUpdate()方法没有对页面造成能用肉眼观察到的速度提升时，就不要过早优化。这不仅会增加代码的复杂度，也可能造成一些衍生出来的其他 bug，并且难以排查。shouldCompoentUpdate()相当于是 React 的一扇"后门"，它是保证性能的紧急出口，所以一般不会轻易使用它。只有当读者真正需要的时候，再去使用它。一般情况下，不建议随意使用。

从上述对于 render()方法和 shouldCompoentUpdate()方法在组件更新时的描述中可以得知，组件的属性在传递时只需传递其需要的 props 即可，传的过多或过深会加重shouldCompoentUpdate()内数据对比的负担；复杂的页面不要在一个组件内写完，尽量拆分成组件；适当的组件拆分有利于复用和组件性能优化。

6.3 PureRender 纯渲染

从上一节中可以得知，每当组件状态改变时都会触发其后代组件重渲染，并且必定会触发各组件的 shouldComponentUpdate()这个生命周期，因此可以通过在这个生命周期中进行新旧状态对比看是否有变化来判断是否重新渲染当前组件。但如果要做到充分比较就得进行深比较，这是非常昂贵的操作：

```
shouldComponentUpdate(nextProps, nextState){
 return isDeepEqual(this.props, nextProps) &&
  isDeepEqual(this.state, nextState);
}
```

出于此考虑，React 在早期就为开发者提供了一个第三方插件 react-addons-pure-render-mixin（现在官方使用的是 react-addons-shallow-compare）。其原理就是重写了 shouldComponentUpdate()这个生命周期，但它内部的做法是让新旧 props 进行浅比较（shallow comparison），PureRender 只对对象进行了引用的比较，而没有作值的比较。

浅比较源码：

```
export default function shallowEqual(objA, objB) {
  if (objA === objB) {                          // 比较其引用，而没有对值进行比较
    return true;
  }
  if (typeof objA !== 'object' || objA === null ||
      typeof objB !== 'object' || objB === null) {
    return false;
  }
  var keysA = Object.keys(objA);
  var keysB = Object.keys(objB);
  if (keysA.length !== keysB.length) {
    return false;
  }
  // Test for A's keys different from B.
  var bHasOwnProperty = Object.prototype.hasOwnProperty.bind(objB);
  for (var i = 0; i < keysA.length; i++) {
    if (!bHasOwnProperty(keysA[i]) || objA[keysA[i]] !== objB[keysA[i]]) {
      return false;
    }
  }
  return true;
}
```

PureRender 的使用：

```
import PureRenderMixin from 'react-addons-pure-render-mixin'; // ES 6
class FooComponent extends React.Component {
  constructor(props) {
    super(props);
    this.shouldComponentUpdate = PureRenderMixin.shouldComponentUpdate.
```

```
    bind(this);
  }
  render() {
    return <div className={this.props.className}>foo</div>;
  }
}
```

在 React 15.3.0 中加入了 React.PureComponent，用来替换 react-addons-pure-render-mixin：

```
export class FooComponent extends React.PureComponent {
  render() {
    return <div className={this.props.className}>foo</div>;
  }
}
```

简单概括，PureComponent 和 shouldComponentUpdate 的关注点是 UI 界面是否需要更新，而 render 的关注点在于虚拟 DOM 的 diff 的过程。PureComponent 是 Component 的一个优化组件，通过减少不必要的 render 操作的次数，从而可以提高界面的渲染性能。

📖注意：React.PureComponent 中的 shouldComponentUpdate 只会对对象进行浅对比。如果对象包含复杂的数据结构，它可能会因深层的数据不一致而产生错误的判断。当组件只拥有简单的 props 和 state 时，才能使用 PureComponent，或者知道深层的数据结构已经发生改变时，可以使用 forceUpate()。

6.4　Immutable 持久性数据结构库

Immutable（持久性数据结构库）是近期 JavaScript 中伟大的发明，它可以让项目性能得到极大的提升，本节将带领读者了解 Immutable，以及如何在项目中使用它提升组件的渲染性能。

6.4.1　Immutable 的作用

JavaScript 中对象是可变的（Mutable），引用数据类型中新的引用对象可以改变原始对象。例如：

```
const a = { foo: 'bar' };
const b = a;
b.foo = 'baz';
a === b; // true
```

虽然 b 改变了，但是由于它与 a 引用的是同一个对象，所以它们是相等的。虽然这种做法可以节约内存，但当应用复杂之后就会造成一定的安全隐患。此时 Mutable 带来的优点会得不偿失！为应对这个问题，可以使用深复制或浅复制，但这种做法会造成 CPU 和内存的浪费。

而 Immutable 的出现能够很好地处理这些问题，它存在的意义就是弥补了 JavaScript 没有不可变数据结构的问题。

Immutable.js 是 Facebook 工程师 Lee Byron 花了三年时间打造的。其本质就是 JavaScript 的持久化数据结构的库（Persistent Data Structure），并且数据结构和方法非常丰富，整个包只有 16KB 大小。

Immutable 数据一旦创建就不能被修改。数据对象的任何修改都会返回一个新的 Immutable 对象，同时原来的对象依旧可用且保持不变，这就是持久化数据结构。为了避免 deepCopy 把所有节点都复制一遍带来的性能损耗，Immutable 使用了 Structural Sharing（结构共享），即如果对象树中一个节点发生变化，只修改这个节点和受它影响的父节点，其他节点则进行共享。

虽然通过深复制和浅复制也能解决上述问题，但与 Immutable 相比，其性能较差。比如，每次深复制都要把整个对象递归复制一份，但 Immutable 的实现却不是这样，而是有点像链表。当修改一个节点后，它能把旧节点的父子关系转移到新节点上，这样以来性能就能得以提升。使用 Immutable 后，当橙色节点的 state 变化后，不会再渲染树中的所有节点，而是只渲染中间图中蓝色的部分，如图 6.8 所示。

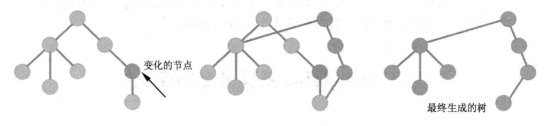

图 6.8　Immutable

当然，Immutable 的强大远不止于此。Immutable.js 提供了如下几种数据类型：

- List：有序索引集，类似 JavaScript 中的 Array。
- Map：无序索引集，类似 JavaScript 中的 Object。
- OrderedMap：有序的 Map，根据数据的 set() 进行排序。
- Set：没有重复值的集合。
- OrderedSet：有序的 Set，根据数据的 add() 进行排序。
- Stack：有序集合，支持使用 unshift() 和 shift() 进行添加和删除操作。
- Record：一个用于生成 Record 实例的类。类似于 JavaScript 的 Object，但是只接收特定字符串为 key，具有默认值。
- Seq：序列，但是可能不能由具体的数据结构支持。
- Collection：是构建所有数据结构的基类，不可以直接构建。

Immutable.js 拥有非常全的 map，filter，groupBy，reduce 和 find 等函数式操作方法，而且其 API 与 Object 或 Array 是类似的。详情见官方文档：http://facebook.github.io/

immutable-js/docs/#/ 。

安装：

```
npm install immutable
```

简单示例：

```
const { Map } = require('immutable')
const map1 = Map({ a: 1, b: 2, c: 3 })
const map2 = map1.set('b', 50)
map1.get('b') + " vs. " + map2.get('b')                        // 2 vs. 50
```

6.4.2　Immutable 的优缺点

1．优点

Immutable 的优点主要体现于数据的不可变，这个特征带来的优点如下：

（1）降低 Mutable 带来的复杂度

Immutable 可以降低 Mutable 带来的复杂度，由于数据是不可变的，所以可以放心地对对象进行任何操作。

（2）节省内存

虽然引用赋值能节省内存，但当应用复杂之后，可变状态往往会变得难以预测和维护，这会导致很多意想不到的问题。Immutable 使用了 StructureSharing 会尽量复用内存，甚至以前使用的对象也可以再次被复用。没有被引用的对象会被垃圾回收。

（3）并发安全

由于 JavaScript 是单线程运行的，因此在做并发的时候数据会改变，这很难处理。但使用了 Immutable 就能解决这个问题。因为数据是不会改变的。

（4）数据易追溯

由于每次数据都是不一样的，所以可以轻易地追溯历史数据。这一点就能让开发者很方便地实现数据变更的撤销之类的功能。

（5）函数式编程

Immutable 本身就是函数式编程的概念，函数式编程利于组件开发。函数式编程关心数据的映射，同样的输入必定得到同样的输出。

2．缺点

缺点是需要一定的学习成本和额外引入的静态资源，并且其 API 和原生对象类似，会产生混淆。

6.4.3　Immutable 和原生 JavaScript 对象相互转换

1．原生JavaScript转换为Immutable

formJS()用于将一个原生 JS 数据转换为 Immutable 类型的数据，如将原生 Object 转换为 Map，原生 Array 转换为 List。示例：

```
Immutable.fromJS( value, converter )
```

value 是要转变的数据，converter 是要做的操作。第 2 个参数可选，默认情况会将数组转换为 List 类型，将对象转换为 Map 类型，其余不做操作。

将原生 Object 转为 Map：

```
Immutable.Map( {} )
```

将原生 Array 转换为 List：

```
Immutable.List( [] )
```

Immutable.fromJS()的好处在于它会嵌套递归执行转换，但 Map 与 List 不支持深层嵌套转换。

2．Immutable转换为原生JavaScript

toJS()方法用于将一个 Immutable 数据转换为 JavaScript 类型的数据。它会自动判别 Map 与 List 并转换为原生 Object 与 Array。

```
ImmutableDate.toJS( )
```

6.4.4　Immutable 中的对象比较

1．值比较

is()用于将两个对象进行"值比较"。示例：

```
Immutable.is(map1, map2)
```

和 JavaScript 中对象的比较不同，JavaScript 中比较两个对象比较的是地址。但是在 Immutable 中采用的是字典树（trie）数据结构来存储，比较的是这个对象 hashCode 或 valueOf，只要两个对象的 hashCode 相等，那么值就是一样的。这种算法避免了深度遍历，所以性能非常不错。

2．引用比较

引用比较中，比较的是内存地址，所以速度非常快，Immutable 中示例如下：

```
const map1 = Immutable.Map({a: 1, b: 2, c: 3});
const map2 = Immutable.Map({a: 1, b: 2, c: 3});
map1 === map2;  // false
```

6.4.5　Immutable 与 React 配合使用

在 React 中配合使用 Immutable.js 可以更方便、更安全地进行开发，并且这是一个独立的库，无论在哪个框架中都能使用。

在 React 中一旦组件的状态发生变化，就会触发后代组件中 render()方法，从而进行虚拟 DOM 的 diff 算法进行比较差异，即使后代组件中的状态没有更改，也会触发此操作。从这一点上，无疑会造成性能上的浪费。虽然 React 留了一个 shouldComponentUpdate()生命周期来控制是否触发虚拟 DOM 的 diff，但其本质还是将对象进行浅比较，如果碰到深层次的数据结构，那就不顶用了。

因此，这个时候就是 Immutable.js 发力的时候！

Immutable 提供了简洁高效的判断数据是否变化的方法，只需===和 is 比较就能知道是否需要执行 render()，而这个操作几乎是零成本，可以极大提高性能。修改后的 shouldComponentUpdate 是这样的：

```
import { is } from 'immutable';
shouldComponentUpdate: (nextProps = {}, nextState = {}) => {
  const thisProps = this.props || {}, thisState = this.state || {};
  if (Object.keys(thisProps).length !== Object.keys(nextProps).length ||
      Object.keys(thisState).length !== Object.keys(nextState).length) {
    return true;
  }
  for (const key in nextProps) {
    if (thisProps[key] !== nextProps[key] || !is(thisProps[key], nextProps
    [key])) {
      return true;
    }
  }
  for (const key in nextState) {
    if (thisState[key] !== nextState[key] || !is(thisState[key], nextState
    [key])) {
      return true;
    }
  }
  return false;
}
```

React 中可以把 state 当作 Immutable，可以这么做：

```
import { Map } from "immutable";                       // 引入 immutable
export class App extends React.Component {
    constructor(props) {
        super(props);
```

```
        this.state = {
    userName：Map({firstName: "Zhang", lastName: "San"})
                                        // 设置 state 为 immutable
        };
    }

    updateState({target}){
    // 创建一个新的 immutable 对象存入 state
    let userName = this.state.userName.set(target.name, target.value);
    this.setState({ userName });
    }
}
```

　　那么，是否必须得在 React 中使用 Immutable 呢？这取决于组件的 state 有多大、多复杂。如果组件 state 仅仅用于处理 API 返回的数据或者处理静态数据，这时候就没有必要使用 immutable；如果组件需要涉及大量 state 并且对象深层嵌套，那么使用 Immutable 是非常适合的。在这类场景中，使用 Immutable 最大的好处在于其高效。结构共享（Structural Sharing）的数据能让应用在处理数据时变得非常快，避免了维护那些大量让人头疼的数据问题。

第 7 章　React 服务端渲染

前面章节中的示例代码都是基于客户端渲染（CSR）的。随着富客户端应用的发展，各种交互操作变得越来越复杂，对于用户的体验要求也变得越来越高。虽然单页应用解决了很多问题，但也伴随出现了其他问题。比如客户端静态资源加载完成之前的间隙会有白屏出现等。因此出现了对应的解决方案——服务端渲染，本章将带领读者针对服务端渲染内容一探究竟。

7.1　客户端渲染和服务端渲染的区别

很多读者不清楚什么是客户端渲染（Client Side Rendering，CSR）和服务端渲染（Server Side Rendering，SSR），也不清楚它们的区别。因此在介绍服务端渲染之前，先来了解一下什么是客户端渲染和服务端渲染。

服务器端渲染，也即后端渲染。在早期，Web 是由 HTML 和 CSS 构建的静态界面，没有太多的交互，所有的用户行为由服务端来创建和提供。呈现在用户面前的是经过浏览器解析的 HTML 文件，而这些 HTML 文件是由服务端的模板文件生成，如 JSP 和 PHP 等。这些模版的核心设计理念就是在 HTML 文件内放占位符，然后由服务端逻辑替换成真实数据，最后由浏览器呈现给用户。当前依旧有大量的企业网站采用这种"老式"的写法，单击一次，页面会刷新一次，每一次刷新都是在向后台请求新的页面数据。它的好处就是前端只需将 HTML 进行展示，耗时少，利于 SEO；弊端就是占用服务器运算资源，网络传输的数据量大。这可以理解为模板式的服务端渲染。

与早期"模板式"的服务端渲染不同，当下所说的服务端渲染的主要用途是做网页性能加速和搜索引擎优化，服务端渲染无须等待 JS 文件下载执行的过程。它的优势还在于有了中间层（node 层）为客户端发起请求，并由 node 渲染页面，更易于维护，并且服务端和客户端可以共享某些代码。

客户端渲染，也即前端渲染。与服务端渲染不同的是，用户的 HTTP 请求拿到的不是渲染后的网页，而是由 HTML 和 JavaScript 组成的应用。显示的数据是在应用启动之后运行的逻辑，浏览器变成了应用的执行环境，而后端则变成了给前端页面展示服务的数据接口提供者。前端渲染得益于 JavaScript 的兴起，还有 AJAX 的出现，以及后来出现的前、后端分离等。前、后端交互只需通过约定好的 API 交互，让后端专注于逻辑开发，让前端专注于 UI 开发。它的好处是让网络数据传输量变得更小，从而减轻服务器的压力。弊端是前端耗时增多，并且还不利于 SEO（后端渲染爬虫能看到完整的源码，前端渲染爬虫看不到完整源码）。

从本质上来说，无论是客户端渲染还是服务端渲染，都是一样的。它们做的工作都是将数据渲染进一个固定格式的 HTML 代码中，然后在页面上展示。两端渲染各有利弊，要考虑的是不同业务场景下用哪一端去渲染才是最佳选择。

那么该如何选择使用客户端渲染还是服务端渲染呢？

比如，要做一个注重 SEO 的网站，展示内容占大比重，交互场景很少，那么无疑服务端渲染是最好的选择。如果要做一个后台管理界面，增、删、改、查等业务场景较多，那么适合使用客户端渲染。这样能让后端专注于处理数据和提供接口，让前端专注于交互和 UI，这样分工明确，也便于以后维护。

"成也萧何，败也萧何"，使用了服务端渲染就意味着作为读者得去学习一门后端语言（Node.js），对于企业来说，需要聘用一个既会前端又会 Node 的前端工程师，成本较高。但从另一角度来说服务端和客户端可以共享某些代码。笔者认为，如果仅仅是为了解决首屏加载速度问题，随着近几年浏览器引擎的不断换代和 5G 网络的即将普及，这些都将不会是问题。并且 SEO 也有其它解决方案。目前来看，除了强势的前端团队，小型企业还是很少使用服务端渲染的。

值得注意的是，纵观当下绝大多数互联网开发团队，所有工作在早期全部由后端负责完成，到前、后端（岗位职责）的分离，又到服务端渲染让前端"有机会"介入后端这一系列的演变过程，可以思考一下，前、后端的分离在今后是否又会合二为一？或者职责分离，但岗位应该由一人完成呢？这些问题留给读者思考。

与客户端渲染不同，服务端渲染还有很多知识点需要掌握，本章首先了解服务端渲染所需要的知识点，然后用一个简单的实战训练来完成本章的介绍。

7.2　在 React 中实现服务端渲染

本节将介绍服务端的基础知识，各基础知识点之间没有直接的关联性，读者可以跳过已经掌握的相关知识点。

7.2.1　为何需要服务端渲染

使用服务端渲染主要有以下 3 个优点：
- 利于 SEO，让搜索引擎更容易读取页面内容；
- 让首屏渲染速度更快，无须等待 JS 文件下载执行的过程；

● 更易于维护，服务端和客户端代码共享。

7.2.2　服务端渲染中的 API

先来重点介绍 renderToString()和 renderToStaticMarkup()这两个方法，这两个 API 是服务端渲染的前提基础。它们是 React 用于在服务端渲染中使用的 API，可以配合与 react-router 和 Redux 一起使用进行首屏渲染。

renderToString()和 renderToStaticMarkup()的作用是将 Virtual DOM 渲染成 HTML 字符串。这两个 API 与 render()一样，都是由 react-dom 提供的，但与 render()不同的是，renderToString()和 renderToStaticMarkup()是在 react-dom/server 内的。引用如下：

```
import render from 'render';
import {renderToString} from 'react-dom/server';
import {renderToStaticMarkup} from 'react-dom/server';
```

从前面章节已经知道，render()方法接受两个参数，即 render([react element], [DOM node])，但在服务端渲染中这两个 API 只接受一个参数，最终返回一段 HTML 字符串：

● renderToString(react element)；
● renderToStaticMarkup(react element)。

renderToString()方法将 React 组件转换为 HTML 字符串，生成 HTML 的 DOM 渲染时带 data-reatid 属性。

renderToStaticMarkup()同样是将 React 组件转换为 HTML 字符串，但生成的 HTML 的 DOM 不会携带 data-reactid 属性，可以减少 I/O 传输流量。可以认为它就是一个简化版的 renderToString()，当应用为静态文本时使用为宜。

开发中用到比较多的是 renderToStrin()方法。在服务端，通过这个方法将虚拟 DOM 渲染为 HTML 字符串，然后传到客户端，客户端再做一些事件绑定等操作。在这个流程中，为了保证 DOM 结构的一致性，React 通过 data-react-checksum 来做检测。除了在服务端产生"干瘪"的字符串之外，还会额外产生一个 data-react-checksum 值，客户端再对这个值进行校验，如果与服务端一致，客户端会进行事件绑定；否则，React 会丢弃服务端返回的 DOM 再去重新渲染。

7.2.3　渲染方法

在 React 15.x 中，服务端渲染的客户端代码与普通写法没有区别，是调用 ReactDOM.render()方法把虚拟 DOM 转换为真实 DOM 后渲染到界面上。

React 15.x 中的渲染方式示例：

```
import React from "react";
import { render } from "react-dom";
// HomePage 组件来自 client/components/homePage/index.js
```

```
import HomePage from "./client/components/homePage/index.js";
render(
 <HomePage />,
 document.getElementById("app")
);
```

要注意的是，React 15.x 中的 ReactDOM.render()能利用 data-react-checksum 作为标记来复用 ReactDOMServer 的渲染结果，再根据 data-reactid 属性进行事件绑定。

在 React 16.x 版本中，ReactDOMServer 渲染内容移除了 data-react 属性，相当于直接使用服务端渲染的 HTML 结构。因此也就带来了问题，没有了 data-react-checksum 如何判断是否能复用呢？别急，Reactv 16.x 提供了新的 API——hydrate()。服务端输出的是字符串，而客户端需要根据这些字符串为 React 完成初始化工作，因此这个方法可以理解为向服务端输出干瘪的字符串"注水"。注满水后就"充满活力"，能正常运转。

React 16.x 中的 hydrate()应用示例：

```
import React from "react";
import { hydrate } from "react-dom";
// HomePage 组件来自 client/components/homePage/index.js
import HomePage from "./client/components/homePage/index.js";
hydrate(
 <HomePage />,
 document.getElementById("app")
);
```

在服务器端，通过调用 renderToString()方法把虚拟 DOM 转为字符串然后返回给客户端。

用 Express 作为服务器示例：

```
import express from 'express';
import fs from 'fs';
import path from 'path';
import React from 'react';
import ReactDOMServer from 'react-dom/server';
// HomePage 组件来自 client/components/homePage/index.js
import HomePage from "./client/components/homePage/index.js";
function handleRender(req, res) {
  // 将组件渲染进 HTML
  const html = ReactDOMServer.renderToString(<HomePage />);
  // 加载 HTML 内容
  fs.readFile('./index.html', 'utf8', function (err, data) {
    if (err) throw err;
    // 在 div 中插入渲染好的 HTML 元素
    const document = data.replace(/<div id="app"><\ /div>/, '<div id="app">
    ${html}</div>');
    // 发送请求结果到客户端
    res.send(document);
  });
}
const app = express();
// 服务器获取静态资源文件位置
```

```
app.use('/build', express.static(path.join(__dirname, 'build')));
// 服务器请求 handleRender 函数
app.get('*', handleRender);
// 服务开始
app.listen(8080);
```

上述代码中，不同端的 App 组件在不同端渲染，但引用的是同一个路径（根目录下的 client/src/index），这样做就达到了一个应用共用一套代码的目的，如图 7.1 所示。

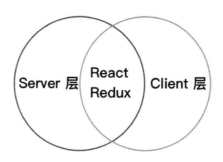

图 7.1　前后同构

上面的服务端渲染使用 res.send() 发送字符串内容，这是用于 Express 快速上手的案例，在真实项目中如果这样写，输出完整 HMLT 结构就会显得很麻烦。而 Express 正好支持模板渲染，并且支持多种模板格式。所谓模板就是一组 HTML 标记，启用带有一些特殊的标签可以插入变量或运行一定的逻辑。接下来使用 EJS 作为案例来讲解。

EJS 渲染示例：

下面先给出 EJS 项目结构，以及渲染步骤：

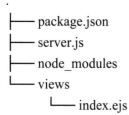

（1）使用 npm install ejs —save 命令安装 EJS，然后安装 npm install express —save。

（2）在根目录下创建 ./views/index.ejs：

```
<!DOCTYPE html>
<html lang="en">
<head>
    <meta charset="UTF-8">
    <meta name="viewport" content="width=device-width, initial-scale=1.0">
    <meta http-equiv="X-UA-Compatible" content="ie=edge">
    <title>Document</title>
</head>
<body>
    <div>
```

```
      <%= data %>
    </div>
</body>
</html>
```

（3）在根目录下创建 server.js，使用模板引擎渲染上面的 index.ejs：

```
var express = require('express');
const app = express();
app.set("view engine", "ejs");
app.get("/", (req, res) => {
  res.render("index", { data: "Welcome" });
});
// 让服务器在 8080 端口执行监听，开始执行后会打印 Listening on port 8080
app.listen(8080, () => {
  console.log("Listening on port 8080");
});
```

（4）最后在终端上执行 node server.js，或者在 package.json 中修改命令执行 npm start：

```
  "scripts": {
    "start": "node server.js"
  },
```

（5）在浏览器中输入 http://localhost:8080，得到如图 7.2 所示结果。

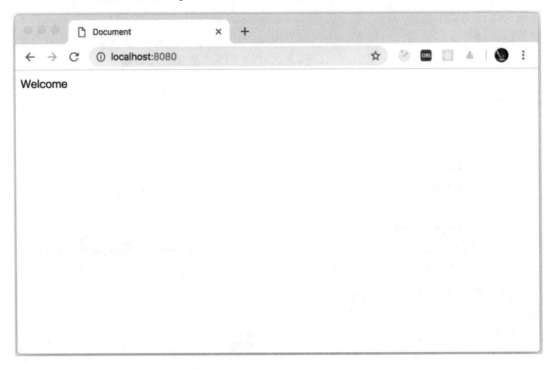

图 7.2　模板引擎

该项目源码地址为 https://github.com/khno/express-ejs-example 。

7.2.4　状态管理

非私有组件状态依旧采用 Redux 来管理，中间件可以采用 redux-thunk 和 redux-logger 等。为了让客户端与服务端数据同步，需要在服务端把初始状态传入客户端，客户端拿到初始状态后作为预加载状态来创建 Store 的实例。

下面介绍服务端状态管理示例。

服务端：

```
import { renderToString } from 'react-dom/server';
import { Provider } from 'react-redux';
import { createStore } from 'redux';
import App from './App';
import rootReducer from './reducers';
const store = createStore(rootReducer);
async function(ctx) {
    await ctx.render('index', {
        root: renderToString(
            <Provider store={store}>
                <App />
            </Provider>
        ),
        state: store.getState()
    })
}
```

服务端的 index：

```
'<body>
    <div id="root">${content}</div>
    <script>
        window.__REDUX_DATA__ = ${JSON.stringify(data)}>;
    </script>
</body>'
```

客户端：

```
import { render } from 'react-dom';
import { Provider } from 'react-redux';
import { createStore } from 'redux';
import App from './App';
import rootReducer from './reducers';
const store = createStore(rootReducer, window.__REDUX_DATA__);
render(
    <Provider store={store}>
        <App />
    </Provider>,
    document.getElementById('root')
)
```

7.2.5 Express 框架简介

为了能让 React 应用在服务器上直接运行，可以使用 Express（http://expressjs.com/）或 Koa（https://koajs.com/）等。当了解了它们之后还可以去了解下 Egg（https://eggjs.org/），笔者此处使用 Express，接下来简单介绍它的物品及应用。

Express 是一个简洁而灵活的 Node.js Web 应用框架，提供了一系列强大特性帮助开发者创建各种 Web 应用和丰富的 HTTP 工具。使用 Express 可以快速地搭建一个完整功能的网站。

Express 框架有以下核心特性：

● 可以设置中间件来响应 HTTP 请求。

● 定义了路由表用于执行不同的 HTTP 请求动作。

● 可以通过向模板传递参数来动态渲染 HTML 页面。

Express 使用示例 1：

（1）使用 NPM 命令安装 Express：

```
$ npm install express —save
```

执行完上述命令后会在当前项目中额外多出几个 Node 包（在 node_modules 目录下），它们是安装 Express 所依赖的。此时的项目结构是：

```
.
├── node_modules
└── package.json
```

（2）然后在根目录下新建 server.js 文件，代码如下：

```
var express = require('express');
var app = express();

// 主页输出 Hello Express
app.get('/', function (req, res) {
   res.send('Hello Express');
})

app.listen(8888, function () {
 console.log("server is start: 8888")
})
```

项目结构此时变成：

```
.
├── node_modules
├── server.js
└── package.json
```

（3）在终端执行 server.js 代码：

```
$ node server.js
```

（4）然后可以在浏览器中输入 http://localhost:8080 访问。在页面中将展示 Hello Express 字样，如图 7.3 所示。

图 7.3　Express demo1 效果

上述代码中，直接通过服务端代码在浏览器中展示文案 Hello Express，那么如何加载服务端的静态资源 index.html 文件呢？

很简单，Express 中可以通过 express.static()方法请求来获取服务端的静态资源。Express 提供了内置的中间件 express.static 来设置静态文件，如 HTML、JavaScript、CSS 和图片等。

Express 使用示例 2：

（1）开发者可以使用 express.static 中间件来设置静态文件路径。例如，将 HTML、JavaScript、CSS 和图片文件放在 dist 目录下，可以这么写：

```
app.use(express.static('dist'));
```

（2）在根目录中新建一个 dist 文件夹，然后在里面新建一个 index.html：

```
<!DOCTYPE html>
<html lang="en">
<head>
    <meta charset="UTF-8">
    <meta name="viewport" content="width=device-width, initial-scale=1.0">
    <meta http-equiv="X-UA-Compatible" content="ie=edge">
    <title>Document</title>
</head>
<body>
```

```
    Hello World
</body>
</html>
```

（3）然后修改 server.js 文件：

```
var express = require("express");
var app = express();
// 设置静态文件目录
app.use(express.static("dist"));
app.get("/index.html", function(req, res) {
  // res.send('Hello Express');
  res.sendFile(__dirname + "/" + "index.html");
});
app.listen(8888, function() {
  console.log("server is start: 8888");
});
```

此时项目结构为：

```
.
├── node_modules
├── dist                            // 前端静态资源
│      └── index.html
├── server.js
└── package.json
```

（4）执行 node server.js 文件，在浏览器中输入 http://localhost:8888 将会渲染 dist/ index.html 的内容，如图 7.4 所示。

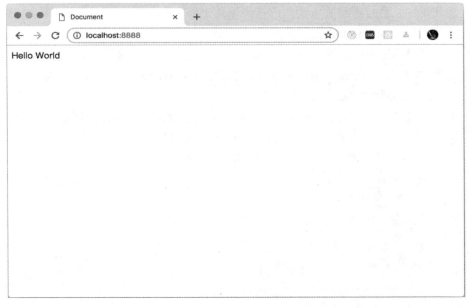

图 7.4　Express demo2 效果

现在，已经建立起了服务端渲染的基础，后面介绍的内容会在此基础上加以拓展。

7.2.6 路由和 HTTP 请求

在 SPA 中路由是前端控制的，但在服务端渲染中，用户访问的路由是由 Server 层来做。在 Express 中定义了路由表来执行不同 HTTP 的请求动作。在 HTTP 中可以通过路由提取请求的 URL 和 GET 或 POST 参数。

下面介绍一个增加路由示例。

（1）要添加其他的路由，可以直接在 server.js 中添加 get() 方法来配置，跟首页配置方法一样。比如增加一个登录页，./dist/login.html 内容如下：

```
<!DOCTYPE html>
<html lang="en">
<head>
    <meta charset="UTF-8">
    <meta name="viewport" content="width=device-width, initial-scale=1.0">
    <meta http-equiv="X-UA-Compatible" content="ie=edge">
    <title>Document</title>
</head>
<body>
    <form action="http://127.0.0.1:8888/login" method="POST">
        账号: <input type="text" name="account"> <br>
        密码: <input type="password" name="password">
        <input type="submit" value="登录">
    </form>
</body>
</html>
```

（2）书写 server.js 文件代码如下：

```
var express = require("express");
var app = express();
// 设置静态文件目录
app.use(express.static("dist"));
app.get("/index.html", function(req, res) {
  // res.send('Hello Express');
  res.sendFile(__dirname + "/" + "index.html");
});
app.get("/login", function(req, res) {
  console.log("/login 响应 get 请求");
  res.sendFile(__dirname + "/" + "login.html");
});
app.listen(8888, function() {
```

```
  console.log("server is start: 8888");
});
```

（3）在终端再次执行 server.js，在浏览器中输入 http://localhost:8888/login.html，就能打开之前创建的新页面。以此类推，新增其他页面。

下面模拟一个登录的 POST 请求示例。

继续来拓展前面的内容，模拟一个登录的 POST 请求。继续修改 server.js 文件如下：

```
var express = require("express");
var app = express();
// express 中间件
var bodyParser = require("body-parser");
// 创建 application/x-www-form-urlencoded 编码解析
var urlencodedParser = bodyParser.urlencoded({ extended: false });
// 设置静态文件目录
app.use(express.static("dist"));
app.get("/index.html", function(req, res) {
  // res.send('Hello Express');
  res.sendFile(__dirname + "/" + "index.html");
});
app.get("/login", function(req, res) {
  console.log("/login 响应 get 请求");
  res.sendFile(__dirname + "/" + "login.html");
});
// POST 请求
app.post("/login", urlencodedParser, function(req, res) {
  // 输出 JSON 格式
  var response = {
    account: req.body.account,
    password: req.body.password
  };
  console.log(response);
  res.end(JSON.stringify(response));
});
app.listen(8888, function() {
  console.log("server is start: 8888");
});
```

注意：body-parser 是 express 中常用的中间件，作用是对 POST 请求体进行解析。这里不做深入探讨，有兴趣的读者可自行查阅相关资料。

在终端执行 node server.js，在浏览器中输入 http://localhost:8888/login.html，展示效果如图 7.5 所示。

输入账号和密码后单击"登录"按钮，页面展示效果如图 7.6 所示。

图 7.5　Express demo3 效果

图 7.6　Express demo4 效果

当服务端能得到 HTTP 请求返回结果后，就只剩下对数据库的增、删、改、查操作了。Node.js 中有 Sequelize 等对象关系映射（ORM）技术工具，可以轻松对数据库进行操作，本书暂不展开对数据库操作的解读。

其他相关的 HTTP 请求知识，读者可以自行了解，这里不做探讨。了解了上面案例之后，读者可以尝试完成 cookie 管理、文件上传等操作。

7.3　实战训练——服务端渲染

学习了前面的基础知识之后，本节将通过搭建一个简单的服务端渲染项目来加深读者对知识的理解。

7.3.1　项目结构

新建一个项目，主干目录结构如下：

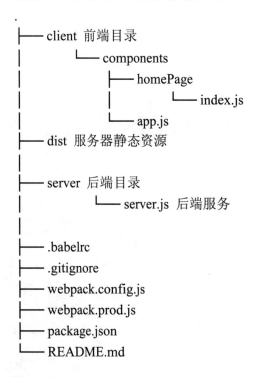

```
.
├── client  前端目录
│       └── components
│               ├── homePage
│               │         └── index.js
│               └── app.js
├── dist  服务器静态资源
│
├── server  后端目录
│         └── server.js  后端服务
│
├── .babelrc
├── .gitignore
├── webpack.config.js
├── webpack.prod.js
├── package.json
└── README.md
```

7.3.2　项目实现

首先来搭建 Webpack 配置。Webpack 配置了两种环境：webpack.config.js 用于开发环境打包配置，webpack.prod.js 用于生产环境的打包配置。先来书写这两个文件。

（1）./webpack.config.js 文件内容如下：

```
var webpack=require('webpack');
var path=require('path');
```

```
module.exports={
  entry:{
    app:'./client/app.js',                               // 入口
    vendor:['react', 'react-dom']
  },
  output:{
    path:path.resolve(__dirname,'dist'),
    filename:'js/[name].js',
    publicPath: '/'
  },
  module:{
    loaders:[
      {
        test:/\.js$/,                                    // JS 编译
        loader:'babel-loader',
        exclude:path.resolve(__dirname,'node_modules'),
        include:path.resolve(__dirname,'client'),
        query:{
          presets:['latest','stage-0', 'react']
        }
      },{
        test:/\.tpl$/,
        loader:'ejs-loader'
      },
      {
        test:/\.css$/,                                   // CSS 样式编译
        loader:'style-loader!css-loader?importLoaders=1!postcss-loader'
      },{
        test:/\.less$/,                                  // less 样式编译
        loader:'style-loader!css-loader!postcss-loader!less-loader'
      },{
        test:/\.scss$/,                                  // scss 样式编译
        loader:'style-loader!css-loader!postcss-loader!sass-loader'
      },{
        test:/\.html$/,                                  // HTML 相关编译
        loader:'html-loader'
      },{
        test:/\.(png|jpg|gif|svg)$/i,                    // 图片编译
        loader:'file-loader',
        query:{
          name:'assets/[name]-[hash].[ext]'
        }
      },{
        test: /\.(woff|woff2|eot|ttf|otf)$/,             // 字体编译
        loader:'file-loader',
        query:{
          name:'assets/[name]-[hash].[ext]'
        }
      },{
        test: /\.(csv|tsv)$/,                            // csv/tsv 编译
        loader:'csv-loader',
        query:{
          name:'assets/[name]-[hash].[ext]'
        }
```

```
      },{
        test: /\.xml$/,                                        // XML 编译
        loader:'xml-loader',
        query:{
          name:'assets/[name]-[hash].[ext]'
        }
      }
    ]
  },
  devServer:{
    hot:true,
    contentBase:path.resolve(__dirname,'dist'),
    publicPath:'/',
  },
  plugins:[
    // 公用的 js 库
    new webpack.optimize.CommonsChunkPlugin({
      name:'vendor',
      filename:'vendor.bundle.js'
    }),
    new webpack.HotModuleReplacementPlugin(),
    new webpack.NamedModulesPlugin(),
  ],
  devtool:"inline-source-map"
}
```

（2）./webpack.prod.js 文件内容如下：

```
var webpack=require('webpack');
var path=require('path');
module.exports={
  entry:{
    main:'./client/app.js',                                  // 打包入口
  },
  output:{
    path:path.resolve(__dirname,'lib'),
    filename:'app.min.js',
    libraryTarget: 'umd',
    publicPath: '/'
  },
  module:{
    loaders:[
      {
        test:/\.js$/,                                        // JS 编译
        loader:'babel-loader',
        exclude:path.resolve(__dirname,'node_modules'),
        include:path.resolve(__dirname,'client'),
        query:{
          presets:['latest','stage-0', 'react']
        }
      },{
        test:/\.tpl$/,                                        // tpl 编译
        loader:'ejs-loader'
      },
      {
```

```
      test:/\.css$/,                              // CSS 编译
      loader:'style-loader!css-loader?importLoaders=1!postcss-loader'
    },{
      test:/\.less$/,                             // less 编译
      loader:'style-loader!css-loader!postcss-loader!less-loader'
    },{
      test:/\.scss$/,                             // scss 编译
      loader:'style-loader!css-loader!postcss-loader!sass-loader'
    },{
      test:/\.html$/,                             // HTML 编译
      loader:'html-loader'
    },{
      test:/\.(png|jpg|gif|svg)$/i,               // 图片编译
      loader:'file-loader',
      query:{
        name:'assets/[name]-[hash].[ext]'
      }
    },{
      test: /\.(woff|woff2|eot|ttf|otf)$/,        // 字体编译
      loader:'file-loader',
      query:{
        name:'assets/[name]-[hash].[ext]'
      }
    },{
      test: /\.(csv|tsv)$/,                       // csv/tsv 编译
      loader:'csv-loader',
      query:{
        name:'assets/[name]-[hash].[ext]'
      }
    },{
      test: /\.xml$/,                             // XML 编译
      loader:'xml-loader',
      query:{
        name:'assets/[name]-[hash].[ext]'
      }
    }
  ]
},
externals: {                        // 该配置可以让 Webpack 不打包以下 JS 库
  'react': 'umd react',
  'react-dom': 'umd react-dom'
},
plugins:[
  new webpack.optimize.UglifyJsPlugin({
    compress: {
    warnings: false
    }
  })
],
devtool:"cheap-module-source-map"
}
```

entry 为该项目的入口，也就是./client/app.js，output 为打包后的输出路径。关于 Webpack

的内容，第 1 章有相应介绍，这里不再介绍。

（3）配置服务./server/server.js：

```
import express from "express";
import React from "react";
import { renderToString } from "react-dom/server";
// HomePage 组件来自客户端组件
import HomePage from "../client/components/homepage/index.js";
let app = express();
// 设置静态资源文件目录
app.use("/dist", express.static("dist"));
app.get("/", (req, res) => {
  res.write(
    "<!DOCTYPE html><html><head><title>Hello HomePage</title></head><body>"
  );
  res.write('<div id="app">');
  res.write(renderToString(<HomePage />));
  res.write("</div></body>");
  res.write(
    '<script type="text/javascript" client="../dist/vendor.bundle.js">
    </script><script type="text/javascript" client="../dist/js/app.js">
    </script>'
  );
  res.write("</html>");
});
app.listen(8080, () => {
  console.log("server is start:", 8080);
});
```

当执行 server.js 这个脚本文件后，在浏览器中输入 http://localhost:8080，就能访问到根目录下的./dist 内的静态资源。Express 的 get 方法中，当访问 http://localhost:8080 时，会写入 HTML 的内容，其中的组件通过引用客户端组件 HomePage 用 renderToString()方法来加载：

```
renderToString(<HomePage />)
```

（4）在 package.json 中，使用 npm run 命令来执行对应的 Webpack 脚本对项目进行编译和打包：

```
"scripts": {
  "server": "babel-node ./server/server.js",
  "compile": "webpack --config webpack.config.js --progress --display-
  modules --display-reasons  --colors",
  "build": "webpack --config webpack.prod.config.js --progress --display-
  modules --display-reasons  --colors"
},
```

npm run server 命令用于启动 node 服务，该命令就是用 babel-node 执行了./server/server.js。这里之所以采用 babel-node 代替 node 命令，是因为 babel-node 可以直接运行 ES 6 脚本，而 server.js 正是用 ES 6 写的。babel-node 不用单独安装，而是随着 babel-cli 一起安装。然后执行 babel-node 就进入 PEPL 环境。npm run compile 命令用于编译本地开发，npm run build 用于生成生产环境使用的静态资源。

（5）服务端配置完成后，接下来看./client 下面的客户端代码，结构如下：

```
.
client
├── app.js
└── components
      └── homePage
            └── index.js
```

./client/app.js 为入口文件，React 不同版本的写法略有不同，介绍如下：

React 15.x 版本：

```
import React from "react";
import { render } from "react-dom";
import HomePage from "./components/homepage/index.js";
render(<HomePage/>,document.getElementById('app'));
```

React 16.x 版本：

```
import React from "react";
import { hydrate } from "react-dom";
import HomePage from "./components/homepage/index.js";
hydrate(<HomePage />, document.getElementById("app"));
```

（6）React 16.x 版本中渲染方法变更为 hydrate()，主要是用于给服务端渲染出的 HTML 结构进行 "注水"，由于新版本中 SSR 出的 DOM 节点不再带有 data-react，为了能尽可能复用 SSR 的 HTML 内容，所以需要使用新的 hydrate()方法进行事件绑定等客户端独有的操作。

./client/components/homePage/index.js:

```
import React from "react";
export default class HomePage extends React.Component {
  componentDidMount() {
    console.log("渲染了 HomePage");
  }
  render() {
    return <h1>Hello World</h1>;
  }
}
```

client 端的内容开发流程基本没有大的变化，依旧是组件化的概念。

以上就是一个简单的服务端渲染项目，现在读者了解了如何在服务端渲染 React 组件及如何 "挂载"。之后可以根据产品业务需要进行不断拓展，比如在此基础上读者还可以添加 Webpack 热更新、添加路由、Redux 状态管理，甚至写接口操作数据库等。

第 8 章　自动化测试

由于前端项目变得越来越复杂，日常项目的开发和维护中需要修复问题或在原功能基础上不断迭代新功能，为了确保原功能不会引入 bug，就需要自动化测试。本章将介绍什么是前端的自动化测试，以及如何编写 React 测试用例。

8.1　测试的作用

测试是整个开发流程中的最后一环，它用来保障产品的质量。前端开发同样也需要测试，前端偏向于 GUI（Graphical User Interface）软件的特殊性，很多人目前还是以"人肉"测试为主。很多前端开发者没有编写和维护测试用例的习惯，认为开发完就行了，实则相反。虽然后面的工作有专门的测试部门的测试人员来完成，但开发人员做好自测可以减少开发的 bug，提高代码质量，快速定位问题等。有了自动化测试，能让开发者更加信任自己的代码，减少整个开发流程中测试与开发者反复修改的时间。

自动化测试一般是指软件测试的自动化。软件测试就是在预设条件下运行系统或应用程序，评估运行结果，预先条件应包括正常条件和异常条件。从广义上来说，通过工具的方式来代替或者辅助手工测试的行为都可以理解为自动化测试。

不同种类的测试扮演着不同的角色：接口测试自动化关注点在于 API，用于保障接口不出现问题；功能测试自动化是确保应用程序从用户的角度来看是正常运行的自动化测试；单元测试自动化用于被测试的类或方法，根据类或方法的参数，传入相应的数据，然后得到一个返回结果等。

🔔说明：由于自动化测试包含的内容比较广，本章主要介绍针对 React 的视图层和功能层的自动化测试。

8.2　单元测试简介

单元测试（unit testing），是指对软件中的最小可测试单元进行检查和验证。它就是

一个检测，所以只有通过与不通过两种结果。对于单元测试的定义，维基百科中的解释是
这样的：

In computer programming, unit testing is a method by which individual units of source
code, sets of one or more computer program modules together with associated control data,
usage procedures, and operating procedures are tested to determine if they are fit for use.

简而言之，就是以最小可测试单元为单位通过测试工具确认其是否能使用。单元测试
是在软件开发过程中进行的最低级别的测试活动，软件的独立单元将在与程序的其他部分
相隔离的情况下进行测试。单元测试最大的特点是测试对象的细颗粒度性，即被测对象独
立性高、复杂度低。

前端自动化测试一般是指是在预设条件下运行前端页面或逻辑模块，评估运行结果。
预设的条件中理应包含正确的条件和异常条件，从而达到能自动运行和减少人工干预测
试。通常针对的是 JavaScript 相关的函数、对象和模块所做的测试。如果测试通过，那么
这个程序就可以开始使用，否则，需要完善并改进相关代码。

前端单元测试与其他测试最大的区别在于前端单元测试无法避免存在兼容性问题，比
如涉及调用浏览器的 API 等。因此前端单元测试需要在"浏览器"环境下运行。

从测试环境上来分，前端单元测试主要有以下 3 种方案。

1. 基于JSDOM

优点：执行速度最快，因为不需要启动浏览器。

缺点：无法测试如 Seesion 或 Cookie 等相关操作，并且由于不是真实浏览器环境，因
此无法保证一些如 DOM 相关和 BOM 相关操作的正确性，并且 JSDOM 未实现
localStorage，如果需要进行覆盖，只能使用第三方库如 node-localStorage（这个库本身对
执行环境的判断有一些问题）进行模拟。

2. 基于PhantomJs等无头浏览器

优点：相对较快，并且具有真实的 DOM 环境。

缺点：不在真实浏览器中运行，难以调试，并且项目 issue 非常多，puppeteer 发布后
作者宣布不再维护。

3. 使用Karma或puppeteer等工具，调用真实的浏览器环境进行测试

优点：配置简单，能在真实的浏览器中运行测试，并且 karma 能将测试代码在多个浏
览器中运行，同时方便调试。

缺点：唯一的缺点就是相对于前两者运行稍慢，但是在单元测试可接受范围内。

8.3 测 试 工 具

什么工作都离不开工具，测试也有很多工具，本节将介绍常用的几款测试工具。

8.3.1 常见的测试工具

1. Karma

Karma 是一个基于 Node.js 的 JavaScript 测试执行过程管理工具（Test Runner）。它的原名是 Testacular，Google 在 2012 年开源了它，2013 年 Testacular 改名为 Karma。该工具可用于测试所有主流 Web 浏览器，也可集成到 CI（Continuous Integration）工具，也可和其他代码编辑器一起使用。这个测试工具的一个强大特性就是它可以监控文件的变化，然后自行执行，通过 console.log 显示测试结果。Karma 也是 Google Angular 团队开发的测试运行平台，配置简单灵活，能够很方便地将测试在多个真实浏览器中运行。

2. Mocha

Mocha 是 JavaScript 的一种单元测试框架，既可以在浏览器环境下运行，也可以在 Node.js 环境下运行。它有完善的生态系统，简单的测试组织方式，不对断言库和工具做任何限制，非常灵活。Mocha 既可以测试简单的 JavaScript 函数，又可以测试异步代码，因为异步是 JavaScript 的特性之一。并且可以自动运行所有测试，也可以只运行特定的测试。可以支持 before，after，beforeEach 和 afterEach 来编写初始化代码。更多详可请访问：https://mochajs.org/查阅。

3. Jasmine

Jasmine 是单元测试框架。它不依赖浏览器、DOM 和其他 JavaScript 框架。它有拥有灵巧而明确的语法可以让开发者轻松地编写测试代码。和 Mocha 语法非常相似，最大的差别是提供了自建的断言、Spy 和 Stub。更多详可请访问：https://jasmine.github.io/查阅。

4. Jest

Jest 是 Facebook 的一个专门进行 JavaScript 单元测试的工具，之前仅限他们的前端工程师在公司内部使用，后来进行开源，它是在 Jasmine 测试框架上演变开发而来。更多详情可访问 https://jestjs.io/en/查阅。

5. AVA

AVA 是一个简约的测试库，它的优势是 Java 的异步特性和并发运行测试，这反过来提高了性能。利用了 Java 的异步特性优势为测试提供了额外的好处。最主要的好处是优化了在部署时的时间等待。和其他测试框架最大的区别在于多线程，运行速度更快。

前端测试工具比较多，以上只例举了部分测试工具，读者可自行查阅其他工具。在 React 中，官方虽然也有配套的测试工具 react-addons-test-utils（React 16.x 中迁移到 react-dom/test-utils），但用起来比较繁琐，写出来的测试代码也不易维护。

8.3.2　React 的测试工具

React 本身有内置的测试工具 react-dom/test-utils，从目录就可看出它是一个 react-dom 的辅助测试工具。这个库的主要作用是遍历 ReactDOM 生成的 DOM 树，方便编写断言。

当测试的对象是事件（如 click、change、blur）时，用 react-dom/test-utils 比较合适。缺点是它的 API 比较繁琐，通常使用 Enzyme 等工具来代替它。即便如此，还是有人会选择用 Jest 搭配 react-dom/test-utils 来写测试。而且这个工具这可以更好地理解 React 的工作原理。

注意：react-dom/test-utils 需要提供 DOM 环境。

8.3.3　单元测试工具 Jest

Jest 是 Facebook 开源的 JavaScript 单元测试工具，由开源社区的开发者和 Facebook 员工在维护，适合在 React 中使用。Jest 提供了包括内置的测试环境 DOMAPI 支持、断言库、Mock 库等，还包含了 Spapshot Testing，Instant Feedback 等特性。

Jest 被 Facebook 用来测试包括 React 应用在内的所有 JavaScript 代码。Jest 的理念是，提供一套完整集成的"零配置"测试体验。它有两个特性：

- 能在虚拟 DOM 中运行测试；
- 支持 JSX 语法。

如果项目是使用 create-react-app 或 react-nativeinit 创建的，那么此时 Jest 都已经被配置好并可以直接使用了。可以直接在根目录创建__tests__文件夹下放置测试用例，或者在需要测试的组件内部创建以.spec.js 或.test.js 为后缀的文件。不管选择哪一种方式，Jest 都能找到并且运行它们。

假如没有使用 create-react-app 或 react-nativeinit，那么就以下面官方的快照测试为例，来介绍如何使用 Jest。想要确保 UI 不会意外被更改，快照测试是非常有用的工具。如果前后快照不匹配，测试失败，此时就可以判断是否被意外修改了。

⚠注意：快照测试用于确保 UI 不会有意外的更改。

Jest 使用示例：

（1）首先新建项目 myjest，在根目录下执行 npm init -y 生成一个 package.json 文件（-y 表示 yes，跳过 npm init 的提问阶段，直接生成一个 package.json），如下：

```
{
  "name": "myjest",
  "version": "1.0.0",
  "description": "",
  "main": "index.js",
  "scripts": {
    "test": "echo \"Error: no test specified\" && exit 1"
  },
  "keywords": [],
  "author": "",
  "license": "ISC"
}
```

（2）然后执行 npm install —save-dev jest babel-jest babel-preset-env babel-preset-react react-test-rendere 安装必要的 Node 包。其中，react-test-rendere 作用是负责将组件输出成 JSON 对象以便遍历、断言或进行 snapshot 测试：

```
{
  "name": "myjest",
  "version": "1.0.0",
  "description": "",
  "main": "index.js",
  "scripts": {
    "test": "echo \"Error: no test specified\" && exit 1"
  },
  "keywords": [],
  "author": "",
  "license": "ISC",
  "devDependencies": {
    "babel-jest": "^23.6.0",
    "babel-preset-env": "^1.7.0",
    "babel-preset-react": "^6.24.1",
    "jest": "^23.6.0",
    "react-test-renderer": "^16.5.2"
  }
}
```

（3）安装 React 相关包，npm install —save react react-dom：

```
  "dependencies": {
    "react": "^16.5.2",
    "react-dom": "^16.5.2"
  }
```

（4）在根目录下添加.babelrc，该文件用来设置转码的规则和插件：

```
{
  "presets": ["env", "react"]
}
```

（5）然后新建一个用于测试的 React 组件 index.js。实现一个非常简单的小功能，鼠标在一个 a 标签上移入和移出，移入 a 标签样式变为 hovered，移出 a 标签样式变为 normal。代码如下：

```
import React from 'react';
const STATUS = {
  HOVERED: 'hovered',
  NORMAL: 'normal',
};
export default class Link extends React.Component {
  constructor(props) {
    super(props);
    this._onMouseEnter = this._onMouseEnter.bind(this);
    this._onMouseLeave = this._onMouseLeave.bind(this);
    this.state = {
      class: STATUS.NORMAL,
    };
  }
  _onMouseEnter() {
    this.setState({
class: STATUS.HOVERED
    });
  }
  _onMouseLeave() {
    this.setState({
class: STATUS.NORMAL
    });
  }
  render() {
    return (
      <a
        className={this.state.class}
        href={this.props.url || '#'}
        onMouseEnter={this._onMouseEnter}
        onMouseLeave={this._onMouseLeave}
      >
        {this.props.children}
      </a>
    );
  }
}
```

（6）接下来使用 react-test-render 和 Jest 快照与组件进行交互，在根目录下创建 __test__/index.test.js：

```
import React from 'react';
// 引入需要测试的 Link 组件
import Link from './index';
import renderer from 'react-test-renderer';
test('Link changes the class when hovered', () => {
  const component = renderer.create(
    <Link url="https://jestjs.io/">Delightful JavaScript Testing</Link>,
  );
  let tree = component.toJSON();
```

```
    expect(tree).toMatchSnapshot();
    // 手动触发回调函数
    tree.props.onMouseEnter();
    // 重渲染
    tree = component.toJSON();
    expect(tree).toMatchSnapshot();
    // 手动触发回调函数
    tree.props.onMouseLeave();
    // 重渲染
    tree = component.toJSON();
    expect(tree).toMatchSnapshot();
});
```

上述代码中，toMatchSnapshot()方法会对比当前将要生成的结构与上次生成的结构的区别。

（7）最后，在终端执行 jest，执行结果如下：

```
MacBook-Pro:myjest jack$ jest
 PASS  ./index.test.js
   ✓ Link changes the class when hovered (17ms)
Test Suites: 1 passed, 1 total
Tests:       1 passed, 1 total
Snapshots:   3 passed, 3 total
Time:        0.847s, estimated 1s
Ran all test suites.
```

此时项目根目录下生成了一个快照文件 ./__test__/__snapshots__/index.test.js.snap：

```
// Jest Snapshot v1, https://goo.gl/fbAQLP
exports['Link changes the class when hovered 1'] = '
<a
  className="normal"
  href="https://jestjs.io/"
  onMouseEnter={[Function]}
  onMouseLeave={[Function]}
>
  Delightful JavaScript Testing
</a>
';
exports['Link changes the class when hovered 2'] = '
<a
  className="hovered"
  href="https://jestjs.io/"
  onMouseEnter={[Function]}
  onMouseLeave={[Function]}
>
  Delightful JavaScript Testing
</a>
';
exports['Link changes the class when hovered 3'] = '
<a
  className="normal"
  href="https://jestjs.io/"
  onMouseEnter={[Function]}
  onMouseLeave={[Function]}
```

```
>
  Delightful JavaScript Testing
</a>
';
```

当下次执行测试命令时，渲染的结果将会和上一次生成的快照进行对比。如果快照测试不通过，就得查看是否有问题；如果符合预期，就执行 jest-u 来重写快照。

（8）如果修改了 Link 组件，在 a 标签内增加一个 p 标签<p>，这里新增了 text</p>：

```
render() {
  return (
    <a
      className={this.state.class}
      href={this.props.url || '#'}
      onMouseEnter={this._onMouseEnter}
      onMouseLeave={this._onMouseLeave}
    >
      <p>这里新增了 text</p>
      {this.props.children}
    </a>
  );
}
```

（9）此时，执行 jest，终端将会展示如下内容：

```
MacBook-Pro:myjest jack$ jest
 FAIL  __test__/index.test.js
  ✕ Link changes the class when hovered (26ms)
  ● Link changes the class when hovered
    expect(value).toMatchSnapshot()
    Received value does not match stored snapshot "Link changes the class
    when hovered 1".
    - Snapshot
    + Received
    @@ -2,7 +2,8 @@
        className="normal"
        href="https://jestjs.io/"
        onMouseEnter={[Function]}
        onMouseLeave={[Function]}
      >
    +   这里新增了 text
        Delightful JavaScript Testing
      </a>
       8 |   );
       9 |   let tree = component.toJSON();
    >  10 |   expect(tree).toMatchSnapshot();
          |            ^
      11 |
      12 |   // 手动触发回调函数
      13 |   tree.props.onMouseEnter();
      at Object.toMatchSnapshot (__test__/index.test.js:10:16)
  ● Link changes the class when hovered
    expect(value).toMatchSnapshot()
    Received value does not match stored snapshot "Link changes the class
    when hovered 2".
```

```
- Snapshot
+ Received
@@ -2,7 +2,8 @@
    className="hovered"
    href="https://jestjs.io/"
    onMouseEnter={[Function]}
    onMouseLeave={[Function]}
  >
+   这里新增了 text
    Delightful JavaScript Testing
  </a>
  14 |   // 重渲染
  15 |   tree = component.toJSON();
> 16 |   expect(tree).toMatchSnapshot();
     |                    ^
  17 |
  18 |   // 手动触发回调函数
  19 |   tree.props.onMouseLeave();
    at Object.toMatchSnapshot (__test__/index.test.js:16:16)
● Link changes the class when hovered
expect(value).toMatchSnapshot()
Received value does not match stored snapshot "Link changes the class
when hovered 3".
- Snapshot
+ Received
@@ -2,7 +2,8 @@
    className="normal"
    href="https://jestjs.io/"
    onMouseEnter={[Function]}
    onMouseLeave={[Function]}
  >
+   这里新增了 text
    Delightful JavaScript Testing
  </a>
  20 |   // 重渲染
  21 |   tree = component.toJSON();
> 22 |   expect(tree).toMatchSnapshot();
     |                    ^
  23 | });
    at Object.toMatchSnapshot (__test__/index.test.js:22:16)
› 3 snapshots failed.
Snapshot Summary
› 3 snapshots failed from 1 test suite. Inspect your code changes or re-run
jest with '-u' to update them.
Test Suites: 1 failed, 1 total
Tests:       1 failed, 1 total
Snapshots:   3 failed, 3 total
Time:        1.437s
Ran all test suites.
```

　　由于更新和修改了组件的内容，这次的组件快照和上一次的组件快照不匹配，所以这次快照会执行失败，并且详细记录此次修改的位置和内容。这对于开发 UI 组件来说是非常有用的。

该测试项目的结构如下：

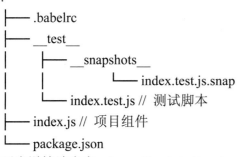

```
.
├── .babelrc
├── __test__
│       ├── __snapshots__
│       │           └── index.test.js.snap
│       └── index.test.js  // 测试脚本
├── index.js  // 项目组件
└── package.json
```

更多详情请参考：https://jestjs.io/docs/en/tutorial-react。

8.3.4　单元测试工具 Enzyme

Enzyme 是由 Airbnb 开发的用于 React 单元测试的工具。它扩展了 React 的 TestUtils，并通过支持类似于 jQuery 的 find 语法，可以很方便地对 render()出来的结果做各种断言。Enzyme 模拟类似 jQuery 的 API 非常直观，便于开发者使用和学习。

它提供了 3 种渲染方式，分别介绍如下。

（1）shallow：浅渲染是对官方 shallow rendering 的封装，仅渲染出虚拟节点。它不会返回真实的节点，能极大提高测试性能。而且它只渲染第一层，不会渲染所有子组件，因此速度快。它不适合测试包含子组件及需要测试声明周期的组件。shallow 只渲染本组件内容，引用的外部组件不渲染。

```
import { shallow } from 'enzyme';
const wrapper = shallow(<MyComponent />);
// ...
```

（2）mount：用于将 React 组件加载为真实 DOM 节点。然而真实 DOM 需要一个浏览器环境，为了解决这个问题，会用到 jsdom（使用 JS 模拟的 DOM 环境）。mount 全渲染，会渲染组件内所有内容。

```
import { mount } from 'enzyme';
const wrapper = mount(<MyComponent />);
// ...
```

（3）render：用于将 React 组件渲染成静态的 HTML 字符串，然后分析这段 HTML 代码的结构，返回一个 JS 对象。render 返回的 wrapper 与上面两个 API 类似，不同的是，render 使用了第三方 HTML 解析器和 Cheerio（模拟 DOM 环境，Enzyme 内部使用的全渲染框架）。

```
import { render } from 'enzyme';
const wrapper = render(<MyComponent />);
// ...
```

如果不需要操作和断言子组件，使用 shallow 就可以了。shallow 只渲染当前组件，但只能对当前组件做断言；而 mount 适用于含有 DOMAPI 交互组件或需要测试含有完整声明周期的组件，它会渲染当前组件及所有子组件。但 mount 耗时比 shallow 长。

Enzyme 的部分 API 如下：

- .get(index)：返回指定位置的子组件的 DOM 节点；

- .at(index)：返回指定位置的子组件；

- .first()：返回第一个子组件；

- .last()：返回最后一个子组件；

- .type()：返回当前组件的类型；

- .text()：返回当前组件的文本内容；

- .html()：返回当前组件的 HTML 代码形式；

- .props()：返回根组件的所有属性；

- .prop(key)：返回根组件的指定属性；

- .state([key])：返回根组件的状态。

从上面的 API 可以看出，Enzyme 的 API 用法形似 jQuery，非常简单易懂。下面来演示上述 3 种渲染方式。

Enzyme shallow 示例：

```
import React from 'react';
import { expect } from 'chai';
import { shallow } from 'enzyme';
import sinon from 'sinon';
// 被测试组件引入
import MyComponent from './MyComponent';
import Foo from './Foo';
describe('<MyComponent />', () => {
  it('renders three <Foo /> components', () => {
    const wrapper = shallow(<MyComponent />);                // 浅渲染
    expect(wrapper.find(Foo)).to.have.lengthOf(3);
  });
  it('renders an \'.icon-star\'', () => {
    const wrapper = shallow(<MyComponent />);
    expect(wrapper.find('.icon-star')).to.have.lengthOf(1);
  });
  it('renders children when passed in', () => {
    const wrapper = shallow((
      <MyComponent>
        <div className="unique" />
      </MyComponent>
    ));
    expect(wrapper.contains(<div className="unique" />)).to.equal(true);
  });
  it('simulates click events', () => {
    const onButtonClick = sinon.spy();
    const wrapper = shallow(<Foo onButtonClick={onButtonClick} />);
    wrapper.find('button').simulate('click');
    expect(onButtonClick).to.have.property('callCount', 1);
  });
});
```

Enzyme mount 示例：

```
import React from 'react';
import sinon from 'sinon';
import { expect } from 'chai';
import { mount } from 'enzyme';
// 被测试组件引入
import Foo from './Foo';
describe('<Foo />', () => {
  it('allows us to set props', () => {
    const wrapper = mount(<Foo bar="baz" />);
    expect(wrapper.props().bar).to.equal('baz');
    wrapper.setProps({ bar: 'foo' });
    expect(wrapper.props().bar).to.equal('foo');
  });
  it('simulates click events', () => {
    const onButtonClick = sinon.spy();
    const wrapper = mount((
      <Foo onButtonClick={onButtonClick} />
    ));
    wrapper.find('button').simulate('click');
    expect(onButtonClick).to.have.property('callCount', 1);
  });
  it('calls componentDidMount', () => {
    sinon.spy(Foo.prototype, 'componentDidMount');
    const wrapper = mount(<Foo />);
    expect(Foo.prototype.componentDidMount).to.have.property('callCount',1);
    Foo.prototype.componentDidMount.restore();
  });
});
```

Enzyme render 示例：

```
import React from 'react';
import { expect } from 'chai';
import { render } from 'enzyme';
// 被测试组件引入
import Foo from './Foo';
describe('<Foo />', () => {
  it('renders three '.foo-bar's', () => {
    const wrapper = render(<Foo />);
    expect(wrapper.find('.foo-bar')).to.have.lengthOf(3);
  });
  it('renders the title', () => {
    const wrapper = render(<Foo title="unique" />);
    expect(wrapper.text()).to.contain('unique');
  });
});
```

8.4 Jest 和 Enzyme 实战训练

前面学习了单元测试的理论知识,本节将基于第 2.4 节的组件化实例——Todolist(源码地址（https://github.com/khno/react-comonent-todolist）进行单元测试实战。为了方便理解，将之前项目结构稍作改动，改动后的项目结构如下：

```
.
├── README.md
├── index.html
├── package-lock.json
├── package.json
├── src
│   ├── app.css
│   ├── app.js
│   └── components
│       ├── Form.js
│       ├── Header.js
│       └── ListItems.js
└── webpack.config.js
```

下面给出主要文件的代码。

（1）./src/app.js 代码清单：

```
import React, { Component } from "react";
import { render } from "react-dom";
import PropTypes from "prop-types";
import "./app.css";
import Header from "./components/Header";
import Form from "./components/Form";
import ListItems from "./components/ListItems";
export default class App extends Component {
  constructor(props) {
    super(props);
    this.state = {
      todoItem: "",
      items: ["吃苹果", "吃香蕉", "喝奶茶"]
    };
    this.onChange = this.onChange.bind(this);
    this.onSubmit = this.onSubmit.bind(this);
  }
  onChange(event) {
    this.setState({
      todoItem: event.target.value
    });
  }
  onSubmit(event) {
    event.preventDefault();
    this.setState({
      todoItem: "",
      items: [...this.state.items, this.state.todoItem]
    })
  }
  render() {
    return (
      <div className="container">
        <Header title="TodoList" />
        <Form
          onSubmit={this.onSubmit}
```

```
          onChange={this.onChange}
          todoItem={this.state.todoItem}
        />
        <ListItems items={this.state.items} />
      </div>
    );
  }
}
App.propTypes = {
  items: PropTypes.array,
  todoItem: PropTypes.string,
  onChange: PropTypes.func
};
render(<App />, document.getElementById("app"));
```

（2）./src/components/Header.js 代码清单：

```
import React from 'react';
const Header = props => (
  <h1>{props.title}</h1>
);
export default Header;
```

（3）./src/components/Form.js 代码清单：

```
import React from "react";
const Form = props => (
  <div className="form-wrap">
    <input value={props.todoItem} onChange={props.onChange} />
    <button onClick={props.onSubmit}>Submit</button>
  </div>
);
export default Form;
```

（4）./src/components/ListItems.js 代码清单：

```
import React from 'react';
const ListItems = props => (
  <ul>
    {
      props.items.map(
        (item, index) => <li key={index}>{item}</li>
      )
    }
  </ul>
);
export default ListItems;
```

本节将基于以上项目继续开发。

8.4.1 Jest 和 Enzyme 的配置

（1）安装 Jest 和 Enzyme 相关的 Node 包。

```
npm i --save-dev enzyme enzyme-adapter-react-16 jest react-test-renderer
@types/enzyme @types/jest
```

（2）基于此，读者还需要在根目录下创建以下文件：

- test-setup.js；
- test-shim.js。

test-setup.js 是为 Enzyme 创建 React 16.x 的初始配置，代码如下：

```
/**
 * Defines the React 16 Adapter for Enzyme.
 *
 * @link http://airbnb.io/enzyme/docs/installation/#working-with-react-16
 * @copyright 2017 Airbnb, Inc.
 */
const enzyme = require("enzyme");
const Adapter = require("enzyme-adapter-react-16");
enzyme.configure({ adapter: new Adapter() });
```

test-shime.js 是配置去除有关缺少浏览器 polyfill 的警告，代码如下：

```
/**
 * Get rids of the missing requestAnimationFrame polyfill warning.
 *
 * @link https://reactjs.org/docs/javascript-environment-requirements.html
 * @copyright 2004-present Facebook. All Rights Reserved.
 */
global.requestAnimationFrame = function(callback) {
    setTimeout(callback, 0);
};
```

（3）创建完以上文件后需要在 package.json 中配置它们，package.json 配置代码如下：

```
"jest": {
    "setupFiles": [
      "<rootDir>/test-shim.js",
      "<rootDir>/test-setup.js"
    ],
    "moduleFileExtensions": [
      "js"
    ],
    "testMatch": [
      "**/__tests__/*.(js)"
    ]
  }
```

以上代码中：

- setupFiles：用于运行某些代码以配置或设置测试环境的模块的路径。每个测试文件将运行一次 setupFile。由于每个测试都在自己的环境中运行，因此这些脚本将在执行测试代码本身之前立即在测试环境中执行。
- moduleFileExtensions：是模块使用的文件扩展名格式，如果需要模块而不指定文件扩展名，则这些是 Jest 将寻找的扩展。如果使用的是 TypeScript，那么应该写成：

```
["js", "jsx", "json", "ts", "tsx"]
```

- testMatch：用于测试匹配对应的文件，"**/__tests__/*.(js) "能查找项目中以 __tests__ 命名的文件，然后在里面寻找所有以 js 为后缀的文件名进行执行测试。

（4）由于项目组件中有 css 引入，使用 Jest 测试代码的时候会发生识别报错，因此还需要 identity-obj-proxy 来 mock，它能在引用 class 的地方直接返回 class 的类名。安装命令：

```
npm install --save-dev identity-obj-proxy
```

（5）在 package.json 的 jest 中配置 moduleNameMapper：

```
"jest": {
    "setupFiles": [
      "<rootDir>/test-shim.js",
      "<rootDir>/test-setup.js"
    ],
    "moduleFileExtensions": [
      "ts",
      "js"
    ],
+   "moduleNameMapper": {
+     "\\.(css|less)$": "identity-obj-proxy"
+   },
    "testMatch": [
      "**/__tests__/*.(ts|js)"
    ]
  }
```

（6）最后在 package.json 的 scripts 中配置 test：

```
"scripts": {
    "start": "webpack-dev-server --open --mode development",
    "build": "webpack -p",
+   "test": "jest"
  },
```

然后就可以通过 npm run test 来执行测试命令了。至此项目 Jest 的环境配置完成。

8.4.2　测试 From 组件视图和单击事件

现在正式编写测试代码。在./src 下新建文件夹__test_，然后新建测试文件 Form.test.js：

```
mkdir -p src/__tests__
cd src/__test__
touch Form.test.js
```

先来测试 Form 组件的视图是否正常渲染：

```
import React from "react";
import { shallow } from "enzyme";
// 引入被测试组件
import Form from "../components/Form";
// case1 测试组件是否正常渲染
describe("FormView", () => {
```

```
  it("Form Component should be render", () => {
    const wrapper = shallow(<Form />);
    expect(wrapper.find("input").exists()).toBeTruthy();
    expect(wrapper.find("button").exists()).toBeTruthy();
  });
});
```

上述代码中，先从./src/components 中引入 From 组件，用于测试。上面通过查找组件内部是否存在 input 和 button 来测试组件是否正常渲染。其中.find(selector)是 Enzyme 提供的 shallow Rendering 语法，用于查找节点。详细用法见 Enzyme 文档：http://airbnb.io/enzyme/docs/api/shallow.html。上面测试案例中 expect(wrapper.find("input").exists()).toBeTruthy()和 expect(wrapper.find("button").exists()).toBeTruthy()用了 expect 断言，可以判断组件内视图层结构是否被破坏。

在终端执行测试命令：

```
npm run test
```

打印结果如图 8.1 所示。

```
[AllandeMacBook-Pro:react-jest-enzyme alan$ npm run test

> myfirstapp@1.0.0 test /Users/alan/Desktop/react-jest-enzyme
> jest

  PASS  src/__tests__/Form.test.js
    FormView
      ✓ Form Component should be render (11ms)

Test Suites: 1 passed, 1 total
Tests:       1 passed, 1 total
Snapshots:   0 total
Time:        1.398s
Ran all test suites.
```

图 8.1　Form 组件视图测试通过

这就表明执行了一则测试，测试通过，且用时 1.398 秒。假如有开发者误删了按钮，则代码改变：

./src/components/Form.js：

```
import React from "react";
const Form = props => (
  <div className="form-wrap">
    <input value={props.todoItem} onChange={props.onChange} />
    {/* <button onClick={props.onSubmit}>Submit</button> */}
  </div>
);
export default Form;
```

执行 npm run test 会出现的结果，如图 8.2 所示。

```
AllandeMacBook-Pro:react-jest-enzyme alan$ npm run test

> myfirstapp@1.0.0 test /Users/alan/Desktop/react-jest-enzyme
> jest

 FAIL  src/__tests__/Form.test.js
  FormView
    ✕ Form Component should be render (22ms)

  ● FormView › Form Component should be render

    expect(received).toBeTruthy()

    Received: false

      10 |       const wrapper = shallow(<Form />);
      11 |
    > 12 |       expect(wrapper.find("button").exists()).toBeTruthy();
         |                                               ^
      13 |       expect(wrapper.find("input").exists()).toBeTruthy();
      14 |     });
      15 |   });

      at Object.<anonymous> (src/__tests__/Form.test.js:12:45)

Test Suites: 1 failed, 1 total
Tests:       1 failed, 1 total
Snapshots:   0 total
Time:        1.666s
Ran all test suites.
npm     code ELIFECYCLE
npm     errno 1
npm     myfirstapp@1.0.0 test: `jest`
npm     Exit status 1
npm
npm     Failed at the myfirstapp@1.0.0 test script.
npm     This is probably not a problem with npm. There is likely additional logging
 output above.

npm     A complete log of this run can be found in:
npm         /Users/alan/.npm/_logs/2018-11-22T12_02_24_032Z-debug.log
```

图 8.2　Form 组件视图测试不通过

　　下面来测试单击事件的功能测试，在__test__/Form.test.js 中继续编写第二则测试案例。
代码如下：

```
// case2 测试组件单击事件是否能正常执行
describe("executes a handler function on button", () => {
  const mockEvent = {
    onSubmit: jest.fn()
  };
  it("Onsubmit works", () => {
    // 通过 shallow
    const wrapper = shallow(<Form onSubmit={mockEvent.onSubmit} />);
    // 通过 find 查找 button
    const button = wrapper.find("button");
    // 模拟提交
    button.simulate("click");
    expect(mockEvent.onSubmit).toBeCalled();
  });
});
```

上述代码中，用 jest.fn() 来模拟单击事件，用 shallow 来渲染 Form 组件，找到 button 按钮。当单击按钮时，模拟单击提交事件，用 expect(mockEvent.onSubmit).toBeCalled() 来断言是否测试成功。

此时完成对 Form 的组件测试，Form.test.js 代码清单：

```
import React from "react";
import { shallow } from "enzyme";
// 引入被测试组件
import Form from "../components/Form";
// case1 测试组件是否正常渲染
// 通过查找，存在 input 和 button，测试组件正常渲染
describe("FormView", () => {
  it("Form Component should be render", () => {
    const wrapper = shallow(<Form />);
    expect(wrapper.find("button").exists()).toBeTruthy();
    expect(wrapper.find("input").exists()).toBeTruthy();
  });
});
// case2 测试组件单击事件是否能正常执行
describe("executes a handler function on button", () => {
  const mockEvent = {
    onSubmit: jest.fn()
  };
  it("Onsubmit works", () => {
    // 通过 shallow
    const wrapper = shallow(<Form onSubmit={mockEvent.onSubmit} />);
    // 通过 find() 查找 button
    const button = wrapper.find("button");
    // 模拟提交
    button.simulate("click");
    expect(mockEvent.onSubmit).toBeCalled();
  });
});
```

8.4.3 测试 ListItems 组件视图

在 ./src/__tests__ 文件内新建文件 ListItems.test.js：

```
mkdir -p src/__tests__
cd src/__test__
touch ListItems.test.js
```

编写测试代码如下：

```
import React from "react";
import { shallow } from "enzyme";
// 引入被测试组件
import ListItems from "../components/ListItems";
// case1 测试组件是否正常渲染
describe("ListItemsView", () => {
  it("ListItemsView Component should be render", () => {
```

```
  const setup = () => {
    // 模拟 props
    const props = {
      items: [1, 2]
    };
    // 通过 enzyme 提供的 shallow（浅渲染）创建组件
    const wrapper = shallow(<ListItems {...props} />);
    return {
      props,
      wrapper
    };
  };
  const { wrapper, props } = setup();
  expect(wrapper.find("li").exists()).toBeTruthy();
});
});
```

上述代码中，通过向组件内部传入属性 items 数组查看 li 标签来判断测试是否通过。
本节源码可以通过 https://github.com/khno/react-jest-enzyme 访问。

第 9 章 实战——React+Redux 搭建社区项目

通过前面章节的学习，相信读者已经理解了 React 和 Redux 的相关知识。本章通过搭建一个常见的社区项目来加深读者对之前章节的理解和巩固。该项目的目的在于让读者系统地认识和了解一个完整的项目体系，万变不离其宗，完成这个项目能够让读者在今后的工作或项目实践上有所领悟和帮助。

9.1 项 目 结 构

本项目将基于上一章搭建的脚手架继续深入开发，脚手架源码地址为：https://github.com/khno/ react-jest-enzyme。本项目涉及的技术栈有 React、Redux、react-router v4 和 Webpack 4 等。

从业务上分，社区项目包含首页/列表页、详情页、个人中心，其中包含了各类常见的功能。项目正式开始前，需要搭建基础配置：Less 的编译、路由和 Redux 等。读者可以下载脚手架跟着本章内容一步步完成项目的搭建。

9.2 Less 文件处理

为了方便书写样式，需要在 Webpack 配置文件中配置用于加载.less 后缀文件的 loader。
（1）安装 loader：

```
npm install less less-loader -dev-save
```

（2）在 webpack.config.js 的 rules 中增加：

```
{
  test: /\.less$/,
  use: [
    {
      loader: "style-loader"          // 将 JS 字符串生成为 style 节点
    },
```

```
      {
        loader: "css-loader"              // 将 CSS 转化成 CommonJS 模块
      },
      {
        loader: "less-loader"             // 将 Less 编译成 CSS
      }
    ]
  }
```

9.3　路由和 Redux 配置

路由是 React 项目中不可或缺的技术组成部分，Redux 的运用可以让项目数据管理更加便利。本节来向读者展示如何在项目中配置和使用路由及 Redux。

9.3.1　前期配置

本例路由采用 react-router v4。

（1）首先安装路由和 Redux：

```
npm install react-router-dom redux –dev-save
```

（2）修改 src/app.js 为：

```
import React from "react";
import { render } from "react-dom";
import { HashRouter } from "react-router-dom";
import { Provider } from "react-redux";
import configureStore from "./store/configureStore";        // Redux Store
import AppRouter from "./containers/AppRouter.jsx";          // 路由
const store = configureStore();
render(
  <HashRouter>
    <Provider store={store}>
      <AppRouter />
    </Provider>
  </HashRouter>,
  document.getElementById("app")
);
```

这是 Webpack 打包的入口文件，路由中使用 hashRouter，然后用 Redux 的 Provider 将 Store 注入整个项目。

（3）根据上面引入的文件，需要在 src 下新建文件夹 store,结构如下：

store
   ├── configureStore.dev.js
   ├── configureStore.js

```
└── configureStore.prod.js
```

其中，configureStore.js 内容为：

```
if (process.env.NODE_ENV === "production") {
    module.exports = require("./configureStore.prod");
} else {
    module.exports = require("./configureStore.dev");
}
```

上述代码表示在开发环境中使用 configureStore.dev.js，在生产环境中使用 configureStore. prod.js。接下来是两个文件的代码。

configureStore.dev.js：

```
import { createStore, applyMiddleware, compose } from "redux";
import thunk from "redux-thunk";
import { hashHistory } from "react-router-dom";
import { routerMiddleware } from "react-router-redux";
import rootReducer from "../reducers";
const router = routerMiddleware(hashHistory);
const enhancer = compose(
  applyMiddleware(thunk, router),
  window.__REDUX_DEVTOOLS_EXTENSION__ && window.__REDUX_DEVTOOLS_EXTENSION__()
);
export default function configureStore(initialState) {
  const store = createStore(rootReducer, initialState, enhancer);
  if (module.hot) {
    module.hot.accept("../reducers", () => {
      const nextReducer = require("../reducers").default; // eslint-
      disable-line global-require
      store.replaceReducer(nextReducer);
    });
  }
  return store;
}
```

configureStore.prod.js：

```
import { createStore, applyMiddleware } from "redux";
import thunk from "redux-thunk";
import rootReducer from "../reducers";
export default function configureStore(initialState) {
  return createStore(rootReducer, initialState, applyMiddleware(thunk));
}
```

（4）这里需要强调一下，Redux 应用只有一个单一的 Store。当需要拆分数据处理逻辑时，应该使用 Reducer 组合（combine）而不是创建多个 Store。新建文件 src/reducers/index.js：

```
import { combineReducers } from "redux";
import { aReducer, bReducer } from "reducersPath";
```

```
export default combineReducers({
  // aReducer,
  // bReducer
});
```

该文件的作用就是将需要存储的数据根据组件进行拆分，最终整合到全局唯一的 Store 中。

至此，路由和 Redux 在项目中的基本建设已配置完成，接下来测试路由是否可以正常使用。

9.3.2 路由功能的测试

根据 https://reacttraining.com/react-router/web/guides/quick-start react-router v4 官网的示例代码来测试。新建路由文件 src/containers/AppRouter.jsx：

```
import React from "react";
import { BrowserRouter as Router, Route, Link } from "react-router-dom";
const Index = () => <h2>Home</h2>;
const About = () => <h2>About</h2>;
const Users = () => <h2>Users</h2>;
const AppRouter = () => (
  <Router>
    <div>
      <nav>
        <ul>
          <li>
            <Link to="/">Home</Link>
          </li>
          <li>
            <Link to="/about/">About</Link>
          </li>
          <li>
            <Link to="/users/">Users</Link>
          </li>
        </ul>
      </nav>
      <Route path="/" exact component={Index} />
      <Route path="/about/" component={About} />
      <Route path="/users/" component={Users} />
    </div>
  </Router>
);
export default AppRouter;
```

此时浏览器的显示效果，如图 9.1 所示，单击链接，如果能正常跳转，就表明路由配置成功。

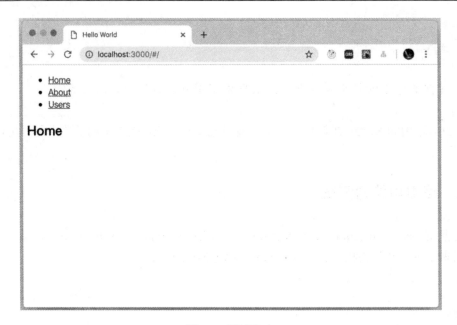

图 9.1 测试路由

9.4 业 务 入 口

接下来开始具体业务代码的开发。我们都知道 React 是组件化的编程，开发前需要规
划如何拆分页面模块为组件。这个项目中，页面由 3 块组成，分别是首页/列表页、详情
页、个人中心页，3 个页面顶部都用公共头和可以登录的模态框。

业务入口文件配置如下：

```
import React from "react";
import { Route, Switch } from "react-router-dom";
import Header from "../components/Header/index.jsx";
import Home from "./home/index.jsx";
import Details from "./details/index.jsx";
import Mine from "./mine/index.jsx";
class AppRouter extends React.Component {
  render() {
    return (
      <React.Fragment>
        {/* 公用头 */}
        <Header />
        {/* 路由配置 */}
        <Switch>
          {/* 首页/列表 */}
          <Route exact path="/" component={Home} />
          {/* 个人中心 */}
```

```
        <Route exact path="/mine" component={Mine} />
        {/* 详情页 */}
        <Route exact path="/details/:id" component={Details} />
      </Switch>
    </React.Fragment>
  );
 }
}
export default AppRouter;
```

这个文件中包含了公共头、登录用的模态框和各个页面的路由配置。其中 path 为"/"的为首页，/details/:id 为从列表页到详情页的传参。

9.5　首　　页

根据页面布局来划分组件，首先完成静态页面布局展示。首页布局展示效果如图 9.2 所示。

图 9.2　首页布局（列表数据为假数据）

页面的布局从上往下看可以看出由头部和列表（切换菜单和列表）内容组成。组件划分可以将此页面分为两部分：头部和列表内容。

9.5.1　头部

由于头部固定在页面顶部，并且在多个页面需要公用，因此将头部放在 src/components 文件夹下，结构如下：

```
.
└── components
    └── Header
        ├── index.jsx
        └── index.less
```

先来实现 Header 头部组件的布局内容，相关文件代码如下：

（1）src/components/Header/index.jsx 的代码：

```jsx
import React from "react";
import { Link } from "react-router-dom";
import "./index.less";

const Header = props => {
  return (
    <header>
      <nav className="header-title">
        {/* logo */}
        <div className="header-logo">
          <Link to="/">
            <i className="iconfont">&#xe64b;</i>
          </Link>
        </div>
        {/* 登录按钮 */}
        <div className="header-login">
          <button>登录</button>
        </div>
      </nav>
    </header>
  );
};
export default Header;
```

上述代码利用函数式方法声明了 Header 组件，这是一个简单的静态页面。其中，Link 属于 react-router-dom 的方法，专门用来作为路由的跳转。细心的读者会在浏览器的 HTML 文件中发现，其底层其实就是一个 a 标签。

（2）src/components/Header/index.less 的代码：

```less
@blue :#3296FA;
.header-title {
  height: 52px;
```

```
line-height: 50px;
margin-bottom: 10px;
padding: 0 16px;
display: flex;
align-items: center;
justify-content: space-between;
box-shadow: 0px 0px 6px #eaeaea;
position: fixed;
width: 100%;
box-sizing: border-box;
background: #fff;
z-index: 1;
.header-logo {
  display: flex;
  -ms-flex-pack: center;
  justify-content: center;
  i {
    color: @blue;
    font-size: 30px;
  }
}
.header-login {
  display: flex;
  button {
    color: @blue;
    font-size: 16px;
  }
}
}
```

以上为 Header 组件的 Less 样式文件，Webpack 会通过 Less 相关 loader 将其编译为 CSS 内容。这里用 header-title 这个"顶级"类包裹这个组件当中的所有样式，以防应用中样式相互污染。

9.5.2　列表内容

列表内容由两部分组成：菜单和列表。理论上可以将列表内容组件写成两部分，但由于内容较少，无须划分过细。新建文件如下：

```
.
└── containers
    └── home
        ├── index.jsx
        └── index.less
```

（1）首先实现列表的静态布局内容，相关文件代码如下所示。

src/containers/home/index.jsx 的代码：

```
import React from "react";
import "./index.less";
```

```
export class Home extends React.Component {
  constructor() {
    super();
    this.state = {};
  }
  render() {
    return (
      <div className="home">
        {/* 顶部菜单 */}
        <div className="fix-header-nav">
          <button className="active">推荐</button>
          <button>生活</button>
          <button>科技</button>
        </div>
        {/* 列表 */}
        <div className="list-warp">
          <a className="article-item">
            <h4>这是列表标题</h4>
            <div className="content">
              <img src="" alt="" />
              <p>这是列表内容</p>
            </div>
            <p className="item-footer">须畅 的创作 3 个赞</p>
          </a>
          <a className="article-item">
            <h4>这是列表标题</h4>
            <div className="content">
              <img src="" alt="" />
              <p>这是列表内容</p>
            </div>
            <p className="item-footer">须畅 的创作 3 个赞</p>
          </a>
          <a className="article-item">
            <h4>这是列表标题</h4>
            <div className="content">
              <img src="" alt="" />
              <p>这是列表内容</p>
            </div>
            <p className="item-footer">须畅 的创作 3 个赞</p>
          </a>
        </div>
      </div>
    );
  }
}
export default Home;
```

上述代码为列表的静态 HTML，布局内容上由列表顶部的 tab 菜单和列表主体两部分组成。

src/containers/home/index.less 的代码：

```
.home {
  background: #fff;
```

```
.list-warp{
  padding-top: 96px;
}
.article-item {
  padding: 15px 0 14px;
  margin: 0 15px;
  border-bottom: 0.5px solid #efefef;
  outline: none;
  text-decoration: none;
  display: block;
  color: #333;
}
h4 {
  overflow: hidden;
  -webkit-box-orient: vertical;
  text-overflow: ellipsis;
  display: -webkit-box;
  -webkit-line-clamp: 2;
}
.content {
  display: flex;
  padding-top: 11px;
  -ms-flex-align: center;
  align-items: center;
  width: 100%;
}
p {
  -webkit-line-clamp: 2;
  font-size: 15px;
  overflow: hidden;
  font-weight: 400;
  text-overflow: ellipsis;
  display: -webkit-box;
  line-height: 21px;
  letter-spacing: normal;
  color: #444;
  -webkit-box-orient: vertical;
}
.item-footer {
  margin-top: 10px;
  color: #999;
}
.fix-header-nav {
  padding: 64px 0 10px;
  position: fixed;
  width: 100%;
  background: #fff;
  button {
    display: inline-block;
    width: 58px;
    height: 24px;
    border-radius: 12px;
    background-color: #fff;
    border: 0.5px solid #ebebeb;
    text-align: center;
```

```
    margin: 0px 5px;
    color: #999;
    font-size: 12px;
    line-height: 24px;
   }
   .active {
    color: #444;
    font-weight: 600;
   }
  }
  .bottom-tips{
   padding: 10px 0;
   text-align: center;
   font-size: 13px;
   color: #999;
  }
 }
```

以上为列表的 Less 文件，外层用.home 这个"顶级"类将其包裹，同样是为了防止样式相互之间被污染。

（2）接下来将使用接口来动态展示列表内容，接口请求使用 axios，用命令安装：

```
npm install axios --save-dev
```

（3）请求接口获取数据：

```
// 接口请求放在 componentDidMount 生命周期执行
componentDidMount() {
  // page 为当前页码，type 为列表类型：推荐、生活、科技
  this.fetchList({ page: 1, type: 0 });
}
//  列表数据获取
fetchList = (params, isRefresh) => {
  axios({
    url: "/mock/list",
    params: params
  }).then(res => {
    const { result, success } = res.data;
    if (success) {
      let data;
      if (isRefresh) {
        data = result.data;
      } else {
        data = this.state.data.concat(result.data);
      }
      this.setState({
        data,
        page: result.page,
        hasMore: result.hasMore
      });
    }
  });
};
```

上述代码中，使用 axios()方法实现接口请求，其中的 url 为接口地址，params 为接口

的入参。请求方法在组件 componentDidMount()这个声明周期中去请求，请求成功后使用 setState()方法对数据进行渲染。isRefresh 标记为是否刷新当前页面，如果 isRefresh 为真，直接将接口返回数据复制给 data，否则在原先的数组中继续拼接。最后 setState()当前接口返回的数据，其中 hasMore 标记为后端返回，用于判断是否存在下一页，page 为当前页面索引。

（4）由于列表的数据只需在该组件内使用，所以不需要存入全局的 Store。将上面存入 state 的列表数据，直接在 render()中展示，如下：

```
render() {
  const { data, hasMore, active } = this.state;
  return (
    <div className="home">
    {/* 其他代码 */}
      {/* 列表 */}
      <div className="list-warp">
        {data.map((item, index) => {
          return (
            <a
              className="article-item"
              key={index}
            >
              <h4>{item.title}</h4>
              <div className="content">
                <p>{item.content}</p>
              </div>
              <p className="item-footer">
                {item.name} 的创作 {item.num}个赞
              </p>
            </a>
          );
        })}
      </div>
    </div>
  );
}
```

（5）为了让接口请求时有一个 loading 加载的效果，可新建一个 Loading 的公共组件。此时结构如下：

```
.
└── components
    └── Loading
        ├── index.js
        └── index.less
```

src/components/Loading/index.js 的代码：

```
import React from "react";
import ReactDom from "react-dom";
import "./index.less";
export default class Loading extends React.Component {
```

```
    constructor(props) {
      super(props);
    }
    render() {
      return (
        <div className="init-loading-wrapper">
          <div className="init-loading">
            <div className="loading-ring">
              <div className="loading-ball-holder">
                <div className="loading-ball1" />
                <div className="loading-ball2" />
                <div className="loading-ball3" />
                <div className="loading-ball4" />
              </div>
            </div>
          </div>
        </div>
      );
    }
}
const showLoading = () => {
  const wrapper = document.createElement("div");
  ReactDom.render(<Loading />, wrapper);
  document.body.appendChild(wrapper);
  return wrapper;
};
const hideLoading = wrapper => {
  wrapper && document.body.removeChild(wrapper);
};
export const addLoading = function() {
  if (!window.loadingWrapper) {
    window.loadingWrapper = showLoading();
  }
};
export const removeLoading = function() {
  if (window.loadingWrapper) {
    hideLoading(window.loadingWrapper);
    window.loadingWrapper = null;
  }
};
```

以上代码为 loading 效果的布局和对外的方法，其中 addLoading 和 removeLoading 分别为添加 loading 效果和移除 loading 效果。

🔔 **注意**：为了不让 loading 的显示和隐藏给浏览器造成重绘和重排，可以将 Loading 这个组件添加到整个 body 的最后。这样，添加和移除就不会给原先的 DOM 节点造成影响。

src/components/Loading/index.less 的代码：

```
.init-loading-wrapper {
position: absolute;
top: 0;
left: 0;
```

```css
  width: 100%;
  height: 100%;
  z-index: 10000;
}
.init-loading{
  position: absolute;
  top: 50%;
  left: 50%;
  margin-top: -25px;
  margin-left: -25px;
  width: 50px;
  height: 50px;
  border-radius: 8px;
  z-index: 9999;
  box-sizing: border-box;
}
.loading-ring {
  position: relative;
  width: 48px;
  height: 48px;
  margin: 0 auto;
  border: 2px solid #9C27B0;
  border-radius: 100%;
  border: hidden;
}
.loading-ball-holder {
  position: absolute;
  width: 12px;
  height: 48px;
  left: 18px;
  top: 0;
  animation: loading-ball 1.3s linear infinite;
}
.loading-ball1 {
  position: absolute;
  width: 12px;
  height: 12px;
  border-radius: 100%;
  background: #F25643;
}
.loading-ball2 {
  position: absolute;
  bottom: 0;
  width: 12px;
  height: 12px;
  border-radius: 100%;
  background: #15BC83;
}
.loading-ball3 {
  position: absolute;
  top: 18px;
```

```
   left: -18px;
   width: 12px;
   height: 12px;
   border-radius: 100%;
   background: #3296FA;
}
.loading-ball4{
   position: absolute;
   top: 18px;
   right: -18px;
   width: 12px;
   height: 12px;
   border-radius: 100%;
   background: #FF943E;
}
@keyframes loading-ball {
   0 {
      transform:rotate(0deg)
   }
   30% {
      transform: rotate(190deg);
   }
   100% {
      transform:rotate(360deg)
   }
}
```

上述代码为 Loading 的 Less 文件，其中用到了 CSS 3 动画。

（6）将 Loading 组件应用在列表的接口调用中，如下：

```
fetchList = (params, isRefresh) => {
  // 展示 loading 效果
  addLoading();
  axios({
    url: "/api/list",
    params: params
  }).then(res => {
    const { result, success } = res.data;
    if (success) {
      // 移除 loading 效果
      removeLoading();
      let data;
      if (isRefresh) {
        data = result.data;
      } else {
        data = this.state.data.concat(result.data);
      }
      this.setState({
        data,
        page: result.page,
        hasMore: result.hasMore
      });
    }
```

```
    });
  };
```

当数据请求未返回时，页面展示效果如图 9.3 所示，请求数据返回时展示列表，loading 效果消失。

当然还有更合适的实现方式，那就是将 axios 进行封装，在每次接口请求时都打开 loading 效果，这里不作展开介绍。

以上就是列表部分的展示。当用户单击列表欲进入详情页的时候，根据用户的权限进行拦截，已登录的用户有权限进入详情页，否则，弹出需要用户登录的模态框。当然这个模态框也可通过单击页面顶部右上角的"登录"按钮打开，展示效果相同，如图 9.4 所示。

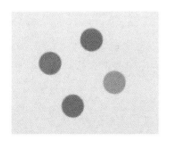

图 9.3　loading 效果　　　　　　　　图 9.4　用户登录模态框

创建模态框，代码在项目中的结构为：

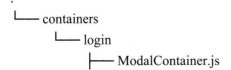

```
├── index.jsx
└── index.less
```

下面展示这个模态框的相关代码。

src/containers/login/index.jsx 的代码：

```jsx
import React, { Component } from "react";
import { connect } from "react-redux";
import { bindActionCreators } from "redux";
import ModalContainer from "./ModalContainer";
import { signinUser, loginModalhide } from "../../actions/index";
import "./index.less";
class Login extends Component {
  constructor(props) {
    super(props);
    this.state = {
      userName: "",
      password: ""
    };
  }
  // 表单 onchange 事件
  handleChange = event => {
    const target = event.target;
    if (target.type === "text") {
      this.setState({
        userName: target.value
      });
    }
    if (target.type === "password") {
      this.setState({
        password: target.value
      });
    }
  };
  // 表单提交
  toLogin = () => {
    const { userName, password } = this.state;
    const { signinUser, loginModalhide } = this.props;
    // 模拟后端验证账号和密码
    if (userName === "" || userName !== "admin") {
      alert("请输入正确账号！");
      return;
    } else if (password === "" || password !== "123456") {
      alert("请输入正确的密码！");
      return;
    }
    signinUser({ userName, password })
      .then(res => {
        // 接口请求成功，关闭弹窗
        if (res.success) {
          loginModalhide();
        }
      })
      .catch(err => {
```

```
        // 接口报错处理
        console.log(err);
      });
    };
  render() {
    const { isLoginModalShow, loginModalhide } = this.props;
    const { visible } = isLoginModalShow;
    const divStyle = {
      zIndex: visible ? "1" : "-1"
    };
    return (
      <ModalContainer>
        <div
          className={`${visible ? "modal fade show" : "modal fade"}`}
          style={divStyle}
        >
          <div className="modal-backdrop" />
          <div className="modal-dialog">
            <div className="modal-content">
              <div className="modal-header">
                <i onClick={loginModalhide} className="iconfont">
                  &#xe85c;
                </i>
                <h4 className="modal-title">登录</h4>
              </div>
              <div className="modal-body">
                <input
                  type="text"
                  placeholder="请输入账号: admin"
                  onChange={this.handleChange}
                />
                <input
                  type="password"
                  placeholder="请输入密码: 123456"
                  onChange={this.handleChange}
                />
                <input
                  type="submit"
                  className="submit-btn"
                  value="登录"
                  onClick={this.toLogin}
                />
                <a href="">忘记密码? </a>
                <p className="login-tips">登录即表示您同意《用户协议》</p>
              </div>
            </div>
          </div>
        </div>
      </ModalContainer>
    );
  }
}
const mapStateToProps = state => ({
  isLoginModalShow: state.isLoginModalShow
```

```
});
const mapDispatchToProps = dispatch => {
  return bindActionCreators(
    {
      signinUser,
      loginModalhide
    },
    dispatch
  );
};
export default connect(
  mapStateToProps,
  mapDispatchToProps
)(Login);
```

上述代码中，实现了模态框的布局和业务逻辑，将模态框的显示隐藏的标记 isLogin-ModalShow 交由 Redux 来完成，这样便于全局共享这个状态。signinUser()用于用户提交登录表单，成功后调用 loginModalhide 这个 Action 来触发 dispatch()修改 Store 中模态框隐藏。

src/containers/login/ModalContainer.js 的代码：

```
import { Component } from "react";
import { createPortal } from "react-dom";
export default class ModalContainer extends Component {
    constructor(props) {
        super(props);
        const doc = window.document;
        this.node = doc.createElement("div");
        doc.body.appendChild(this.node);
        window.document.body.appendChild(window.document.createElement
        ("div"));
    }
    componentWillUnmount() {
        window.document.body.removeChild(this.node);
    }
    render() {
        return createPortal(this.props.children, this.node);
    }
}
```

从上述代码中可以看到，模态框 Login 外层嵌套了一个 ModalContainer 组件，ModalContainer 是一个高阶组件，在本例中的作用是让模态框的显示隐藏能够避免不必要的重绘和重排。这里使用了 react-dom 中的 createPortal()方法，这个方法是一个"传送门"，它能够提供一种方式让读者把想要渲染的 DOM 放到其他地方。其实现效果与 9.4.2 节的 Loading 组件类似。

```
ReactDOM.createPortal(child, container)
```

由于模态框是一个独立的组件，展示在页面中央，所以不应该嵌套在其他业务代码中，可以通过 createPortal()将它放在整个 body 的最底部。有关于 createProtal()更多内容见官方文档：https://reactjs.org/docs/react-dom.html#createportal。

src/containers/login/index.less 的代码：

```less
.modal {
  position: fixed;
  top: 0;
  right: 0;
  bottom: 0;
  left: 0;
  z-index: 1050;
  outline: 0;
  .modal-content {
    height: 80%;
    position: relative;
    display: -ms-flexbox;
    display: -webkit-box;
    display: flex;
    -ms-flex-direction: column;
    -webkit-box-orient: vertical;
    -webkit-box-direction: normal;
    flex-direction: column;
    width: 100%;
    pointer-events: auto;
    background-color: #fff;
    background-clip: padding-box;
    border-radius: 12px;
    outline: 0;
  }
  .modal-header {
    h4 {
      font-size: 24px;
      font-weight: 500;
      margin-bottom: 20px;
      margin-top: 32px;
      padding: 0px 30px;
    }
    .iconfont {
      padding: 10px;
      float: right;
    }
  }
  .modal-dialog {
    position: relative;
    width: auto;
    margin: 0.5rem;
    pointer-events: none;
    display: flex;
    -webkit-box-align: center;
    align-items: center;
    min-height: calc(100% - (0.5rem * 2));
  }
  .modal-body {
    padding: 20px 30px;
    input {
      display: block;
      width: 100%;
```

```
          height: calc(2.25rem + 2px);
          padding: 0.375rem 0.75rem;
          font-size: 1rem;
          line-height: 1.5;
          color: #495057;
          background-color: #fff;
          background-clip: padding-box;
          border: 1px solid #ced4da;
          border-radius: 0.25rem;
          -webkit-transition: border-color 0.15s ease-in-out,
            -webkit-box-shadow 0.15s ease-in-out;
          transition: border-color 0.15s ease-in-out,
            -webkit-box-shadow 0.15s ease-in-out;
          transition: border-color 0.15s ease-in-out, box-shadow 0.15s ease-
          in-out;
          transition: border-color 0.15s ease-in-out, box-shadow 0.15s ease-in-
          out,
            -webkit-box-shadow 0.15s ease-in-out;
            margin-bottom: 15px;
        }
      .submit-btn{
        background: #4170ea;
        // background: @theme-color;
        color: #fff;
      }
      a{
        color: #4170ea;
        font-size: 14px;
      }
      .login-tips{
        font-size: 12px;
        color: #999;
        text-align: center;
        margin-top: 55px;
      }
    }
  .modal-backdrop {
    position: fixed;
    top: 0;
    right: 0;
    bottom: 0;
    left: 0;
    background: rgba(0, 0, 0, 0.5);
  }
}
.fade {
  transition: opacity 0.15s linear;
  &:not(.show) {
    opacity: 0;
  }
  .modal-dialog {
    transition: transform 0.3s ease-out, -webkit-transform 0.3s ease-out;
    transform: translate(0, -25%);
  }
}
```

```
.show {
  opacity: 1;
  .modal-dialog {
    transform: translate(0, 0);
  }
}
```

以上为模态框的 Less 样式文件。

模态框的展示与隐藏通过 visible 字段进行判断，其值为，真表示展示，为假表示隐藏。这里使用到 Redux，visible 存于全局的 Store 中，以便于组件之间数据的共享。模态框的打开通过 Action 发起，代码如下：

src/actions/index.js

```
// 登录模态框关闭
const LOGIN_MODAL_HIDE = "login_modal_hide";
const LOGIN_MODAL_SHOW = "login_modal_show";
// 登录模态框展示
export const loginModalShow = () => dispatch => {
  dispatch({ type: LOGIN_MODAL_SHOW });
};
// 登录模态框关闭
export const loginModalhide = () => dispatch => {
  dispatch({ type: LOGIN_MODAL_HIDE });
};
```

在业务代码中，将通过调用 loginModalhide 方法来触发 dispatch() 的一个 Action，从而改变 Store 中 isLoginModalShow 的值。Action 本质是一个 JS 对象，除了 type 之外，Action 对象的结构可以自己定义。其中 type 为将要执行的动作，以字符串形式出现，一般情况下会有一个对象用于传递数据的载体（payload）。这里用到一个 type，在下面 Reducer 文件中，根据 type 类型来修改模态框 visible 的值。当业务组件中调用 loginModalhide 这个方法的时候，模态框展示的标记 visible 为 false，将会隐藏。同理反之，调用 loginModalShow 方法将会打开模态框。

src/reducers/auth_reducer.js 的代码：

```
import {
  LOGIN_MODAL_SHOW,
  LOGIN_MODAL_HIDE
} from "../actions/types";
export function isModalShowReducer(state = { visible: false }, action) {
  switch (action.type) {
    case LOGIN_MODAL_SHOW:
      return { ...state, visible: true };
    case LOGIN_MODAL_HIDE:
      return { ...state, visible: false };
    default:
      return state;
  }
}
```

上述代码是整个应用中的其中一个 Reducer，项目中会有很多个 Reducer，一个 Reducer

函数独立负责整个应用中 state 的一部分。所以此时使用 combineReducers()辅助函数的作用是，把一个由多个不同 Reducer 函数作为 value 的 object，合并成一个最终的 Reducer 函数，然后可以对这个 Reducer 调用 createStore()方法。由 combineReducers()返回的 state 对象，会将传入的每个 Reducer 返回的 state 按其传递给 combineReducers()时对应的 key 进行命名。本例中的代码如下：

src/reducers/index.js

```
import { combineReducers } from "redux";
import { authReducer, isModalShowReducer } from "./auth_reducer.js";
export default combineReducers({
  auth: authReducer,
  isLoginModalShow: isModalShowReducer
});
```

前面已经定义好了 Action，接下来需要将 Action 与业务组件进行关联，这时会用到 connect 方法。需要将打开模态框的动作（Action）关联到组件 Header，当单击"登录"按钮的时候触发这个动作（Action）。Header 组件中代码实现如下：

```
import React from "react";
import { connect } from "react-redux";
import { bindActionCreators } from "redux";
import { Link } from "react-router-dom";
// loginModalShow 方法来自 action
import { loginModalShow } from "../../actions/index";
import "./index.less";
const Header = props => {
  const { loginModalShow } = props;
  return (
    <header>
      <nav className="header-title">

...

        {/* 登录按钮 */}
        <div className="header-login">
          <button onClick={loginModalShow}>登录</button>
        </div>

...
      </nav>
    </header>
  );
};
const mapDispatchToProps = dispatch => {
  // 注意 bindActionCreators 的使用：当需要把 Action Creator 传到一个组件上时使用
  // 将 loginModalShow 这个 Action Creator 传给当前组件 Header 使用
  return bindActionCreators(
    {
      loginModalShow
    },
    dispatch
  );
};
```

```
export default connect(
  null,
  mapDispatchToProps
)(Header);
```

上述代码中，当单击页面顶部的"登录"按钮，将会调用 loginModalShow 方法，这个方法会触发 dispatch 一个 Action，从而改变 Store 中 visible 的值，当 visible 改变后会触发 Login 组件重渲染，从而打开模态框。

那么，为什么 Store 中 Visible 的值改变会触发 Login 组件重渲染呢？接下来看看 Login 组件（即登录的模态框）：

```
import React, { Component } from "react";
import { connect } from "react-redux";
import ModalContainer from "./ModalContainer";
import "./index.less";
class Login extends Component {
  constructor(props) {
    super(props);
    this.state = {};
  }
  render() {
    const { isLoginModalShow, loginModalhide } = this.props;
    const { visible } = isLoginModalShow;
    return (
      <ModalContainer>
        <div
          className={`${visible ? "modal fade show" : "modal fade"}`}
        >
          ...

        </div>
      </ModalContainer>
    );
  }
}
const mapStateToProps = state => ({
  isLoginModalShow: state.isLoginModalShow
});
export default connect(
  mapStateToProps,
  null
)(Login);
```

上述代码中，通过 mapStateToProps 方法将组件跟 Store 的 state 建立映射关系。将存于 Store 中的 isLoginModalShow 放在当前组件使用，用于判断模态框的展示或隐藏。在 React 中，知道组件自身的 state 变化或外部传入的 props 改变都会触发 render()的重渲染，所以当 isLoginModalShow 的状态发生变化，会重新渲染当前组件，也就实现了模态框的显示与隐藏。

上面围绕模态框的显示和隐藏的标记 visible 来使用了 Redux，下面来回顾一下有关 Redux 的内容：

- 定义 Action：用户单击"登录"按钮的方法就是触发 Action，通过方法触发 dispatch 一个 Action 来改变 Store 中的值。通俗点理解，Action 就是用来描述"发生了什么"。
- 定义 Reducer：根据 Action 发出的 type 来做某件事。
- Store：就是把 Reducer 关联到一起的一个对象，提供了 dispatch(action)方法更新 state，getState 方法获取 state。

要理解 Redux 的使用，必须先理清 Action、Reducer 和 Store 之间的关系，简单示例：

```
import book from'./reducers'
import { deleteBook } from './action/book'
let store=createStore(book)                        //关联 reducer
store.dispatch(deleteBook);
```

下面再来回顾一下如何触发 Action，然后修改 state 起到更新界面的作用：

```
// 顶部 Header 组件
import { loginModalShow } from "../../actions/index";
...

 <button onClick={loginModalShow}>登录</button>
...
const mapDispatchToProps = dispatch => {
  // 注意: bindActionCreators 使用: 当需要把 Action Creator 传到一个组件上时使用
  // 将 loginModalShow 这个 Action Creator 传给当前组件 Header 使用
  return bindActionCreators(
    {
      loginModalShow
    },
    dispatch
  );
};
export default connect(null, mapDispatchToProps)(Header);
```

用 connect 将组件包裹，从而与 Store 建立联系，再用 mapDispatchToProps 方法将 Action 作为 props 绑定到组件中。当单击"登录"按钮时，则调用了这个 Action，修改 Store 中的 visible。

```
// 模态框组件
...
render() {
    const { isLoginModalShow, loginModalhide } = this.props;
    const { visible } = isLoginModalShow;
    return (
      <ModalContainer>
        <div
          className={`${visible ? "modal fade show" : "modal fade"}`}
          style={divStyle}
        >
          ...

        </div>
      </ModalContainer>
```

```
    );
  }
...
const mapStateToProps = state => ({
  isLoginModalShow: state.isLoginModalShow
});
export default connect(mapStateToProps, null)(Login);
```

　　模态框组件中，依旧通过用 connect 将组件包裹与 Store 建立联系，再用 mapState
ToProps 方法将 Store 中的数据作为 props 绑定到组件中。而模态框的展示与否，通过来自
Store 的 visible 来判断，当 visible 改变时，模态框重渲染，发生显示或隐藏。

　　虽然 Redux 的写法有点"绕"，但理清其相互之间的关系，理解起来还是很简单的。

　　回到本节案例，以上内容实现了单击顶部 Header 组件的"登录"按钮操作。当用户
没有登录时，没有权限并且无法单击列表到详情页，此时依旧弹出登录模态框用于拦截。
相关代码如下：

　　src/containers/home/index.jsx：

```
...
// 详情页跳转，没有登录时需要先登录
  toDetails = id => {
    const { authenticated, loginModalShow } = this.props;
    if (authenticated) {
      const { history } = this.props;
      history.push({
        pathname: `/details/${id}`
      });
    } else {
      loginModalShow();
    }
  };
...
render() {
    const { data, hasMore, active } = this.state;
    return (
      <div className="home">
        ...
        <div className="list-warp">
          {data.map((item, index) => {
            return (
              <a
                className="article-item"
                key={index}
                onClick={() => this.toDetails(item.id)}
              >
                ...
              </a>
            );
          })}
        </div>
      </div>
    );
```

```
  }
  ...

// 将 store 中的数据 authenticated 作为 props 绑定到组件
const mapStateToProps = state => ({
  authenticated: state.auth.authenticated
});
// 将 action 作为 props 绑定到组件中
const mapDispatchToProps = dispatch => {
  return bindActionCreators(
    {
      loginModalShow
    },
    dispatch
  );
};
export default connect(
  mapStateToProps,
  mapDispatchToProps
)(Home);
```

单击列表，向方法 toDetails()传入当前 id，用于跳转后传递给详情页（用于根据 id 调用详情接口）。在 toDetails()方法中，用存于 Store 中 auth 对象中的 authenticated 属性来判断是否有权限。没有权限则调用 loginModalShow 方法打开登录模态框。

至此，首页内容完成。

9.6 详 情 页

通过单击首页内容可以进入详情页，本节将实现详情页的页面布局、渲染等内容。

9.6.1 静态页面开发

先来看详情页的布局，如图 9.5 所示。

从图 9.5 可以知道，这个页面包含头部及正文，头部内容依旧引用之前写好的组件 Heaer 来做展示。正文内容含有作者头像、姓名、发布时间这些作者的个人信息，然后是文章的标题和内容，内容底部还有阅读次数、点赞次数。页面内容比较简单，暂时无须分成组件单独处理。

静态页面布局代码如下：

```
import React from "react";
import "./index.less";

class Details extends React.Component {
  constructor() {
    super();
    this.state = {};
```

```
    }
    render() {
      return (
        <div className="details">
          <div className="container">
            <div className="header">
              <a href="">
                <img src="img.png" />
              </a>
              <div className="article-info">
                <span className="user-name">高昌</span>
                <span className="publish-date">3 天前</span>
              </div>
              <h4>这里是标题</h4>
            </div>
            <div className="detail-body">
              <div>这里是内容，还能放入图片。这里是内容，还能放入图片。这里是内容，还能
              放入图片。</div>
              <span className="read-counts">111 次阅读</span>
              <span className="read-counts">222 次点赞</span>
            </div>
            <div className="detail-footer">
              <i className="iconfont">
                &#xe630;
              </i>
            </div>
          </div>
        </div>
      );
    }
}
export default Details;
```

图 9.5　详情页

样式代码清单如下：

src/containers/details/index.less：

```less
.details {
  padding-top: 70px;
  padding-left: 10px;
  padding-right: 10px;
  .container {
    background: #fff;
    padding: 15px;
    margin-bottom: 10px;
    border-radius: 4px;
  }
  .header {
    margin-bottom: 10px;
    border-bottom: 1px solid #efefef;
    a {
      display: inline-block;
      vertical-align: middle;
      img {
        width: 40px;
        height: 40px;
        border-radius: 50%;
      }
    }
    .article-info {
      display: inline-block;
      margin-left: 20px;
      vertical-align: middle;
      span {
        display: block;
      }
      .publish-date {
        font-size: 13px;
        color: #999;
        margin-top: 12px;
      }
    }
    h4 {
      font-size: 25px;
      line-height: 30px;
      font-weight: 500;
      margin: 15px 0;
    }
  }
  .detail-body {
    border-bottom: 1px solid #efefef;
    margin-bottom: 20px;
    img {
      width: 100%;
    }
    p {
      line-height: 25px;
      margin-bottom: 16px;
    }
```

```
    .read-counts {
      margin: 0px 0px 10px;
      display: inline-block;
      font-size: 14px;
      color: #999;
      margin-right: 10px;
    }
  }
  .detail-footer {
    i {
      font-size: 14px;
      color: #999;
      padding: 6px;
    }
  }
}
```

至此，静态页面布局完成。

9.6.2　根据 id 获取详情

接下来通过接口向后端请求真实数据，开发中依旧使用 mock 数据。在之前路由中配置了如下代码：

```
<Route exact path="/details/:id" component={Details} />
```

也就是说，在其他页面跳转过来会附带 id：

```
const { history } = this.props;
  history.push({
    pathname: `/details/${id}`
  });
```

然后，在详情页可以根据这个 id 向后端请求对应的详情内容：

```
// 在 componentDidMount 这个生命周期请求数据
componentDidMount() {
  this.fetchDetail();
}
// 根据 id 获取详情
fetchDetail = () => {
  const { id } = this.props.match.params;
  axios({
    url: `/mock/details/${id}`
  }).then(res => {
    const { result, success } = res.data;
if (success) {
      this.setState({
        author: result.author,
        img: result.img,
        publishDate: result.publishDate,
        title: result.title,
        content: result.content,
        readCount: result.readCount,
        favoriteCount: result.favoriteCount,
```

```
        hasFavorite: result.hasFavorite
      });
    }
  });
};
```

9.6.3　渲染内容

向后端请求的数据需要展示在页面上，数据写入 render()内，代码如下：

```
render() {
    const {
      author,
      img,
      publishDate,
      title,
      content,
      readCount,
      favoriteCount
    } = this.state;
    return (
      <div className="details">
        <div className="container">
          <div className="header">
            <a href="">
              <img src={img} />
            </a>
            <div className="article-info">
              <span className="user-name">{author}</span>
              <span className="publish-date">{publishDate} 天前</span>
            </div>
            <h4>{title}</h4>
          </div>
          <div className="detail-body">
            <div dangerouslySetInnerHTML={{
                __html: content
              }}
            />
            <span className="read-counts">{readCount}次阅读</span>
            <span className="read-counts">{favoriteCount}次点赞</span>
          </div>
          <div className="detail-footer">
            <i className="iconfont" onClick={this.toFavorite}>
              &#xe630;
            </i>
          </div>
        </div>
      </div>
    );
  }
```

由于列表正文内容编写来自富文本编辑器，传给后端会保留 HTML 标签，所以此时请求得到的也是带 HTML 标签的内容，如图 9.6 所示。

content: "<p>A Simple Component</p><p>React components implement a render() method

图 9.6　接口返回的标签

这里需要使用 dangerouslySetInnerHTML 正常渲染上面的内容，有关 dangerously SetInnerHTML 的介绍这里不做展开介绍，预知详情可访问：https://reactjs.org/docs/dom-elements.html#dangerouslysetinnerhtml。

完整代码如下：

src/containers/details/index.jsx：

```
import React from "react";
import axios from "axios";
import { removeLoading, addLoading } from "../../components/Loading/index";
import "./index.less";
class Details extends React.Component {
  constructor() {
    super();
    this.state = {};
  }
  componentDidMount() {
    this.fetchDetail();
  }
  // 根据 id 获取详情
  fetchDetail = () => {
    const { id } = this.props.match.params;
    addLoading();                                        // 展示 loading
    axios({
      url: `https://www.easy-mock.com/mock/590766877a878d73716e4067/mock/
      details/${id}`
    }).then(res => {
      const { result, success } = res.data;
      if (success) {
        removeLoading();                                 // loading 隐藏
        this.setState({
          author: result.author,
          img: result.img,
          publishDate: result.publishDate,
          title: result.title,
          content: result.content,
          readCount: result.readCount,
          favoriteCount: result.favoriteCount,
          hasFavorite: result.hasFavorite
        });
      }
    });
  };
  // 点赞功能
  toFavorite = () => {
    console.log("点赞！");
  };
  render() {
    const {
```

```
          author,
          img,
          publishDate,
          title,
          content,
          readCount,
          favoriteCount
        } = this.state;
      return (
        <div className="details">
          <div className="container">
            <div className="header">
              <a href="">
                <img src={img} />
              </a>
              <div className="article-info">
                <span className="user-name">{author}</span>
                <span className="publish-date">{publishDate} 天前</span>
              </div>
              <h4>{title}</h4>
            </div>
            <div className="detail-body">
              <div
                dangerouslySetInnerHTML={{
                  __html: content
                }}
              />
              <span className="read-counts">{readCount}次阅读</span>
              <span className="read-counts">{favoriteCount}次点赞</span>
            </div>
            <div className="detail-footer">
              <i className="iconfont" onClick={this.toFavorite}>
                &#xe630;
              </i>
            </div>
          </div>
        </div>
      );
    }
}
export default Details;
```

　　至此，详情页内容开发结束。在本例中仅做了接口调用和内容展示，实际中还会含有点赞、文章收藏、用户之间的评论等功能，考虑到这并不是本节要展示给读者的内容，此处省略这部分内容的开发。

9.7　个 人 中 心

　　本节将带领读者实现个人中心页面的开发。由于静态页面布局比较简单并且前面章节已经介绍过了，所以这里跳过静态页面布局。为了聚焦 Redux 的使用，本节将跳过其他不相关功能，只对用户登录和登出操作做具体介绍。

9.7.1　分析页面功能

当在首页登录之后，Header 右上角的"登录"按钮变为用户头像，可以单击用户头像进入个人中心，如图 9.7 所示。

图 9.7　个人中心入口

在个人中心页面，包含了登出、我的发布、我的收藏、我的点赞、设置等功能。但出于聚焦在 React 和 Redux 的使用上，在这里只介绍登出功能，其他功能不在本节需要完成范围内。先来看个人中心页面布局，如图 9.8 所示。

图 9.8　个人中心

9.7.2 模拟用户登录和登出

这个应用中，通过在入口 src/app.js 中判断 localStorage 本地存储中 token 字段是否为真来模拟用户是否登录。代码如下：

src/app.js：

```
import React from "react";
import { render } from "react-dom";
import { HashRouter } from "react-router-dom";
import { Provider } from "react-redux";
import configureStore from "./store/configureStore";
import { AUTH_USER } from "./actions/types";
import AppRouter from "./containers/AppRouter.jsx";
import "./styles/index.less";
const store = configureStore();
// localStorage 中 token 是否为真，真为登录过有权限，否则没有登录
const token = localStorage.getItem("token");
if (token) {
  store.dispatch({ type: AUTH_USER });
}
render(
  <HashRouter>
    <Provider store={store}>
      <AppRouter />
    </Provider>
  </HashRouter>,
  document.getElementById("app")
);
```

当 localStorage 中 token 为真，则发起一个 dispatch()修改 Store 中 authenticated 的值。

src/reducers/auth_reducer.js：

```
export function authReducer(state = {}, action) {
  switch (action.type) {
    case AUTH_USER:
      return { ...state, authenticated: true };
    case UNAUTH_USER:
      return { ...state, authenticated: false };
    case AUTH_ERROR:
      return { ...state, error: action.payload };
    case FETCH_MESSAGE:
      return { ...state, message: action.payload };
    default:
      return state;
  }
}
```

这时候，进入应用的首页/列表页,列表能否跳转到详情页,是根据 Store 中 authenticated 的真假来判断的;同时 Header 头右上角展示用户头像或"登录"按钮,也是通过 authenticated 的真假来判断的。实际上，全局需要登录状态的地方都应该从 Store 的 authenticated 来判

断，这就是 Redux 实现了全局各个组件数据共享的点。

所以在个人中心页面，需要登出的功能也必然是通过发起一个 Action 改变 Store 中的登录状态的标记，同时还需要移除本地存储的 token。

先来看看 Action 方法。

src/actions/index.js：

```
// 登出
export const signoutUser = () => dispatch => {
  return new Promise(resolve => {
    localStorage.removeItem("token");
    dispatch({ type: UNAUTH_USER });
    resolve();
  });
};
```

当单击个人中心的"登出"按钮时，应该执行这个方法：

```
import { signoutUser } from "../../actions/index";
...
signoutUser = () => {
    this.props.signoutUser().then(res => {
      alert("登出成功! ");
      const { history } = this.props;
      history.push({
        pathname: `/`
      });
    });
  };
...
<a
      onClick={this.signoutUser}
      href="javascript:void(0);"
      className="row-item mt15"
    >
      <div className="item-name">退出登录</div>
    </a>
...
const mapDispatchToProps = dispatch => {
  return bindActionCreators(
    {
      signoutUser
    },
    dispatch
  );
};
export default connect(
  null,
  mapDispatchToProps
)(Mine);
```

这里用了 Promise 方法来执行成功登出之后需要处理的事情，当成功登出之后，页面弹出"登出成功!"的字样，然后跳转到首页。

9.8 实战项目回顾

至此，完成了本应用所有内容的开发。本章首先搭建了项目的脚手架，配置了 Less、Redux 和 react-router 等。然后具体业务中聚焦于 React 和 Redux 的搭配使用，完成了首页、详情页、登录、个人中心页的开发。在开发过程中还使用到了后端接口请求、请求过程中 loading 动画效果的封装、登录窗口模态框的封装（含动画效果）等。将重点放在了登录状态用 Redux 在 Store 的储存，出于让读者聚焦学习的目的，放弃了部分应用中应该有的小功能的开发。

万变不离其宗，当读者能理解本章的所有内容后，相信读者能轻松完成其他小功能的开发，也能投身到实际项目中了。

本章项目完整源码地址：https://github.com/khno/react-starter-kit。

在本书的最后，留给读者一个问题：前端开发的核心价值是什么？

推荐阅读

人工智能极简编程入门（基于Python）

作者：张光华 贾庸 李岩　书号：978-7-111-62509-4　定价：69.00元

"图书+视频+GitHub+微信公众号+学习管理平台+群+专业助教"立体化学习解决方案

本书由多位资深的人工智能算法工程师和研究员合力打造，是一本带领零基础读者入门人工智能技术的图书。本书的出版得到了地平线创始人余凯等6位人工智能领域知名专家的大力支持与推荐。本书贯穿"极简体验"的讲授原则，模拟实际课堂教学风格，从Python入门讲起，平滑过渡到深度学习的基础算法——卷积运算，最终完成谷歌官方的图像分类与目标检测两个实战案例。

从零开始学Python网络爬虫

作者：罗攀 蒋仟　书号：978-7-111-57999-1　定价：59.00元

详解从简单网页到异步加载网页，从简单存储到数据库存储，从简单爬虫到框架爬虫等技术

本书是一本教初学者学习如何爬取网络数据和信息的入门读物。书中涵盖网络爬虫的原理、工具、框架和方法，不仅介绍了Python的相关内容，而且还介绍了数据处理和数据挖掘等方面的内容。本书详解22个爬虫实战案例、爬虫3大方法及爬取数据的4大存储方式，可以大大提高读者的实际动手能力。

从零开始学Python数据分析（视频教学版）

作者：罗攀　书号：978-7-111-60646-8　定价：69.00元

全面涵盖数据分析的流程、工具、框架和方法，内容新，实战案例多
详细介绍从数据读取到数据清洗，以及从数据处理到数据可视化等实用技术

本书是一本适合"小白"学习Python数据分析的入门图书，书中不仅有各种分析框架的使用技巧，而且也有各类数据图表的绘制方法。本书重点介绍了9个有较高应用价值的数据分析项目实战案例，并介绍了NumPy、pandas库和matplotlib库三大数据分析模块，以及数据分析集成环境Anaconda的使用。

推 荐 阅 读

Vue.js项目开发实战

作者：张帆　书号：978-7-111-60529-4　定价：89.00元

通过一个完整的Web项目案例，展现了从项目设计到项目开发的完整流程

本书以JavaScript语言为基础，以Vue.js项目开发过程为主线，介绍了一整套面向Vue.js的项目开发技术。从NoSQL数据库的搭建到Express项目API的编写，最后再由Vue.js显示在前端页面中，让读者可以非常迅速地掌握一门技术，提高项目开发的能力。

React Native移动开发实战

作者：袁林　书号：978-7-111-57179-7　定价：69.00元

详解React Native应用从创建、开发到发布的全过程，展示各组件和API的用法

本书以实战为主旨，以React Native应用开发为主线，以iOS和Android双平台开发为副线，通过完整的电商类App项目案例，详细地介绍了React　Native应用开发所涉及的知识，让读者全面、深入、透彻地理解React Native的主流开发方法，从而提升实战开发水平和项目开发能力。

Docker从入门到实战

作者：黄靖钧　书号：978-7-111-57328-9　定价：69.00元

深度剖析Docker的核心概念、实现原理、应用技巧和生态系统
结合实际生产环境，通过实战案例提供有较高价值的应用参考

本书从Docker的相关概念与基础知识讲起，结合实际应用，通过不同开发环境的实战案例，详细介绍了Docker基础知识与进阶实战等相关内容，以引领读者快速入门并提高。本书分为3篇，第1篇为容器技术与Docker概念，第2篇为Docker基础知识，第3篇为Docker进阶实战。